中国式**金融**现代化的**伦理**奠基

# Financial Ethics
# 金融伦理学
## （第二版）

王曙光　等◎著

**图书在版编目(CIP)数据**

金融伦理学/王曙光等著. —2版. —北京：北京大学出版社，2023.4

ISBN 978-7-301-33836-0

Ⅰ.①金… Ⅱ.①王… Ⅲ.①金融学—伦理学—教材 Ⅳ.①B82-053

中国国家版本馆CIP数据核字(2023)第045906号

| | |
|---|---|
| 书　　名 | 金融伦理学（第二版）<br>JINRONG LUNLIXUE（DI-ER BAN） |
| 著作责任者 | 王曙光　等著 |
| 责任编辑 | 兰　慧 |
| 标准书号 | ISBN 978-7-301-33836-0 |
| 出版发行 | 北京大学出版社 |
| 地　　址 | 北京市海淀区成府路205号　100871 |
| 网　　址 | http://www.pup.cn |
| 微信公众号 | 北京大学经管书苑（pupembook） |
| 电子信箱 | em@pup.cn |
| 电　　话 | 邮购部010-62752015　发行部010-62750672　编辑部010-62752926 |
| 印 刷 者 | 三河市北燕印装有限公司 |
| 经 销 者 | 新华书店 |
| | 787毫米×1092毫米　16开本　23印张　531千字 |
| | 2011年8月第1版 |
| | 2023年4月第2版　2023年4月第1次印刷 |
| 定　　价 | 75.00元 |

# 序 言 一

多年前我就认识了王曙光博士,读过他的不少文章,还向他请教过问题。他研究发展金融和农村金融,学问做得很扎实,还经常到比较艰苦的地方开展调研,搜集第一手的材料,研究实实在在的问题。这样的学风,我非常欣赏、非常佩服。今年春节刚过,曙光博士告诉我,他刚刚完成了一部《金融伦理学》的书稿,并嘱我作序。我虽然关注、研究金融法律问题已经二十多年,但对“金融伦理学”实在是门外汉。我相信这个领域具有极大的学术价值,也相信曙光的厚积薄发,拜读了书稿之后,果然感到获益匪浅。

《孙子兵法》中讲,“兵者,国之大事,死生之地,存亡之道,不可不察也”。其实,金融也一样,是关系到国家兴衰成败、生死存亡的大事。从 1997 年的亚洲金融危机,到 2008 年的华尔街次贷危机,我们就看得非常清楚:一个国家要生存、要发展,就必须高度重视金融能力的建设,确保金融安全,特别是要处理好金融体系中法律规制和伦理规制的关系。

我想举一些例子。比如,在 2008 年以来的金融危机中,我们发现,各国金融监管机构都面临一个问题:既有的金融监管体系不能对金融危机做出有效预警,也不能有效弥补由金融危机引发巨大损失的疏漏,对于引发弥天大祸的金融寡头们束手无策,很难进行惩罚。这到底该怎么办?

金融危机当然有着复杂的根源,但监管失灵肯定是一个重要原因。我们所处的这个世界已经深刻改变了,各国政府的监管思路却没有改变。金融资本的规模早已超过实物经济,而对金融消费者的保护却成反比弱化。金融衍生品交易越来越活跃,交易模式的复杂程度也越来越高,但是金融消费者得不到应有的保护。在实业经济中,保护消费者的例子很多,如产品召回制度、食品药品安全监管制度、安全生产制度、劳动者保护制度等。特别在药品和食品领域,还用刑法来规制和保护。而在金融服务业,消费者在利益受到损害时,很难追究生产者的责任、拿到补偿。

另外,在金融信息化过程中,非金融机构控制的、处于监管范围以外的“部门货币”也越来越多——“部门货币”是我杜撰的一个概念,指的是那些处于中央银行监管之外的、被不同部门“圈”起来的资金,很多部门其实都在发行“货币”,而且量很大。由于缺乏监管,“部门货币”已与金融机构的“货币”并存。“部门货币”可能会便利市场交易、适应金融信息化发展的大趋势。但其也有负面影响,因为缺乏监管和对消费者的保护措施,如果给消费者造成损失,只能退回到《中华人民共和国合同法》(2021 年 1 月 1 日起《中华人民共和国民法典》施行,《中华人民共和国合同法》同时废止——编者注)的诉讼程序中寻找解决方案,这比起实业经济领域,不仅严重落后,而且严重地不负责任。

这两个例子说明法律不是万能的,法律滞后于现实是常态,而且,我们也都明白,要让法律真正发挥应有的作用,必须有强大的伦理道德基础。“法不外乎人情”,所以我有一个判断,金融法制体系的改进完善,可能首先还需要建立和完善金融伦理。说到底,金融的背后还是人，金融服务关系的本质还是人与人的关系，人的行为主要靠伦理而不是靠法律来规范。

我们不妨再借用一个医学领域的例子。在医学伦理学日益发达的今天，一种新药从开始试验到最后进入临床，每个环节都要经过医学伦理学方面的审查。从动物试验到临床试验的各个环节，都要按照医学伦理学的具体要求来进行。如果某个试验环节违反医学伦理学的规范，这个新药就不能在临床使用。前不久，我又听说，在医学科学论文发表时，世界著名的医学专业期刊也要求论文内容中要有医学伦理学方面的综述，如动物试验符合医学伦理学规范要求。缺乏这种综述，论文将不能跻身全球该领域最优秀论文之列。缺乏伦理学综述意味着研究者还没有意识到医学伦理学对医学发展的意义，或者意识到了，但试验取得科研数据的过程不符合伦理学的规范。因为医药与人的生命和健康有关，也与自然界中其他生命群体有关，还与人的精神观念有关。因此医药研发及产业化过程应该符合医学伦理学，否则，医药只有市场价值，而缺乏社会关怀的价值，更缺乏精神层面的价值。

医学是人命关天的事情，金融何尝不是呢？所以在金融领域，我们也必须重视金融伦理的问题。例如，金融机构在向广大消费者推销金融产品时，是否也应该符合金融伦理的规范要求？对那些有悖金融伦理的产品，有关机构和人员是否应该承担相应的责任？进一步，这些伦理规范由谁来认定、谁来解释、谁来执行？

王曙光博士写作这部《金融伦理学》，意义也就在此。在这部书中，曙光深入探讨了金融体系中的平等、公平、诚信等伦理原则及其实现方式，系统梳理了金融市场中的权利—义务关系、委托—代理关系和自律—他律关系，对金融市场的伦理冲突和金融机构的社会责任进行了较为全面的阐述与反思，我认为，这些都为金融伦理体系的建立做出了很好的探索。我国的金融市场发展非常快，在这个跨越发展的过程中，既需要法律体系的完善，也需要伦理规制和职业道德体系的构建，希望曙光的这本著作能够引起大家更深入的思考。

**吴志攀**

2011 年 3 月 10 日

# 序　言　二

王曙光博士的《金融伦理学》一书于 2011 年春节完成，即将付梓，请我作个序。作为一个研究经济学的学者，经济和金融中的伦理问题也一直是我关注的核心问题之一，因此我也乐意借此机会谈谈我对金融伦理和经济伦理的看法。

2010 年 6 月，我到西班牙首都马德里参加第 46 届国际保险学会年会，大会以“金融危机之后果”为主题，20 多位大会演讲人和 400 多位参会代表就金融危机根源和全球保险业的未来展望等议题进行了讨论。给我深刻印象的是大会的第一位主题演讲人——日本生命保险主席——的观点。他谈到此次全球金融危机中所反映出来的金融企业的贪婪、金融机构职业操守的缺失、评级机构不负责任等伦理失范问题给全球金融安全和公民福利带来的巨大损失。在他看来，这些问题的统一标志是金融体系内公平、正义、伦理道德和社会责任的丧失。因此，他认为，“通向经济复苏之路最重要的一步就是让我们的金融企业重建正直的品格和‘中庸’的道德观”。

对此观点，我深有感触。长期以来，经济学与道德伦理之间的关系就是一个充满争议的命题。虽有不少经济学家认为“经济学不讲道德”（我的理解是，这里的“不讲道德”是强调经济学的“经济理性人的分析前提”和“成本收益的分析方法”），然而，普遍的看法是，经济学和伦理学有着紧密的、不可分割的联系。规范经济学的分析就具有明确的价值判断，而价值判断就必然涉及伦理道德的问题。我的体会是，伦理即人与人相处的各种道德准则，道德则是人们共同生活及其行为的准则和规范。不同时代、不同地域的人群之所以形成共同生活及其行为的准则和规范，显然与经济社会发展方式以及经济发展水平有极其密切的联系。自亚当・斯密（Adam Smith）之后，人们在讨论经济与伦理话题的时候，最常引用的是亚当・斯密分别于 1759 年出版的《道德情操论》和 1776 年出版的《国富论》。斯密曾经学习和工作过的英国格拉斯哥大学社会科学院副院长克里斯托弗・贝里（Christopher Berry）教授来北京大学经济学院时，发表了题为“道德经济？——亚当・斯密的今生和未来”的演讲。贝里教授在澄清对斯密理论的一些误解时特别强调，斯密对商业社会的推崇并不是对自私自利本性的辩护，更不是提倡商业社会的“非道德化”。日本生命保险主席也从凯恩斯将经济学称为“道德科学”的判断中引申出“道德是经济学的必需品”的结论。

在中国经济迅速转型的发展阶段，市场经济所需要的伦理道德和人格基础还没有完全建立，企业、个人和政府在经济运行中还存在各种伦理缺失的情况，这些现象极大地影响了经济增长的速度和质量，降低了公民的福利水平。大家现在已经意识到了伦理道德在经济发展和金融发展中的重要性，但是我也不主张将道德伦理问题泛化，或者简单化。经济和金融中的伦理道德也有不同的层次。我认为，在现阶段，应该着重强调的是经济和金融中的一种底线伦理，即职业操守，这是人们在从事任何职业活动中都必须遵从的道德底线和行业伦理规范，尤其是金融从业人员，更要严格履行自己的职业伦理规范，有很好的职业操守。如果一个社会中的各行各业都能确保具备明确的职业操守，所有的专业人士都能确保其专业能力，如果严格的法律制度能够使违背职业操守的人受到严惩，这无疑比单纯的道德抨击和道德说教更为有力。

经济和金融中的伦理道德涉及不同的主体，从这个角度来说，伦理道德是一个全社会的问题，既有产品生产者和提供者的道德问题，也有产品需求者和消费者的道德问题，还有制度制定者和制度执行者的道德问题。实际上，这三者恰恰对应着经济运行中的供方、需方和监管方。比如在保险领域，既有保险公司和从业人员的伦理问题，也有参保人的伦理问题，还有保险监管者的伦理问题，不能把道德问题仅仅归因于其中一方。

曙光博士从事金融伦理研究有年，这部厚重的《金融伦理学》著作，基本建立了一个初步的金融伦理学理论框架，对金融伦理的内涵和核心范畴做了深入的探讨和梳理。同时，这部著作还对金融机构和金融市场中的伦理问题分门别类地加以详细研讨，对商业银行、投资银行、保险机构、资本市场上市公司、证券公司、评估机构和监管机构的伦理问题都有所涉及，视野很宽，也很有针对性，我相信它对我国金融业界和理论界都会有很好的借鉴价值。

亚当·斯密说："经济只有在一个道德伦理健全的社会中才能运行良好。"这是一个真理。要让经济在一个道德伦理健全的社会中良好地运行，每个国家都有许多事情要做，而中国所面临的挑战无疑更为严峻。希望曙光博士的这部著作能够让学术界和金融界对金融伦理问题有更多的讨论，加强对金融伦理的研究与实践，共同构建一个健康、安全、有效率、负责任的金融体系。

**孙祁祥**

2011 年 3 月 2 日于北京大学经济学院

# 自序　本书的缘起、旨趣、方法与框架

## 一、经济学的困惑：经济学和伦理学的“分”与“合”

作为我国高校第一本《金融伦理学》教材，本书仅仅是我对金融伦理学这个学科进行系统研究的一个初步尝试。一个受过经济学和金融学专业训练的人，在什么样的时代背景下对伦理问题发生兴趣，又经由何种机缘对伦理学进行了较为系统的探讨与研究，回答这些问题似乎本身就具有某种学术意义。因此，在描述金融伦理学的理论框架之前，我追溯一下自己学习和研究伦理学的过程，回顾和反思中国经济学发展的历程，似乎并不是多余的。

20 世纪 80 年代到 90 年代初期是现代经济学进入中国并得到迅猛普及的关键阶段。我有幸在 90 年代初进入北京大学经济学院，开始系统地接受现代经济学的训练。在北京大学的经济学讲坛中，我们接受了来自三个不同方向的经济学传统的熏陶：一是传统的政治经济学，即由马克思主义经典作家们开创并由中国经济学家继续开拓的政治经济学体系，在 80 年代之后，这套体系有了崭新的形态，可以称之为中国特色的马克思主义政治经济学。二是现代西方经济学体系，主要是始于保罗・萨缪尔森（Paul Samuelson）而迄于 80 年代新自由主义学派的微观经济学和宏观经济学体系。这套体系经由在改革开放之后最早从美国获得博士学位的一批学者的传扬，而成为中国经济学教育中的主流话语。三是中国传统的经济思想体系，这是绵延两千多年的中国固有且特有的经济思想体系，这套体系以中国传统的伦理价值为核心，贯穿着一种人文主义的经济学精神。我 1990 年考入北大，我们那批学生可以说接受了当时最优秀的一批学者的经济学教育与熏陶。在社会主义政治经济学领域，那时厉以宁教授的政治经济学体系和改革理论正处于理论上的完善时期，并对中国经济改革进程和思想界的解放造成了深刻的影响。厉老师的课程和讲座总给人振聋发聩般的启迪。刘伟教授那时正值学术开创的黄金时期，他的社会主义经济体制改革理论和产权理论撞击着我们这些初学者的头脑。在西方经济学方面，90 年代初创建的中国经济研究中心集结了林毅夫、易纲、海闻等从海外归来的优秀学者，这些学者在北京大学的开创性工作，对现代经济学在中国的传播起到重要的作用。在中国传统经济思想体系方面，我有幸在北京大学接触了中国经济思想史领域的开拓者和奠基人之一赵靖先生，以及我尊敬的老院长石世奇先生，他们对中国经济思想的系统阐述给了我全新的视角，中国传统经济思想中对于伦理道德的重视也给我留下了深刻印象，这些影响也渗透到本书的写作中。

现在的年轻学子可能很难想象 20 世纪 90 年代初期经济学界那种风云际会、热闹纷繁的景象。经过这三大经济学体系的熏陶，我们自然就会产生对不同思想体系之间的差异与共同点进行比较探讨的学术兴趣。说实话，我在本科学习经济学的过程中，一直是怀着深深的困惑的，现代经济学那种冷冰冰的“工具理性”使我对经济学始终怀着一种本能的怀疑与抗拒心理,使经济学在我心目中着实成了一门“沉闷的科学”[dismal science,据考证是英国19世纪思想家托马斯·卡莱尔(Thomas Carlyle)提出的]。实际上,这种困惑几乎困扰着所有经济学学生,直到现在。这种困惑促使我从方法论的角度对经济学的价值理性与工具理性进行思考。我那时不可能知道,在20世纪末期的欧美,同样兴起了一场现代经济学的反思运动,一些著名学府的研究生和教授大力呼吁进行深刻的经济学教育改革。[①]

就在我本科时代对经济学感到困惑的时候,我很幸运地选修了北京大学哲学系王海明教授的伦理学课程,在这门每次上课都人满为患的全校公选课上,我接受了伦理学的启蒙教育。王海明教授的伦理学课程给了我反思经济学的一个有力的工具。在此后长达18年的交往中,我对他的伦理学思想有了更多的学习机会和更深的体悟。他是一个有着强烈学术使命感的学者,自年轻时代就醉心于科学伦理学的研究,先后出版了《寻求新道德》和《公正·平等·人道》等专著,又经过若干年苦心孤诣的潜心探索,为学术界贡献出皇皇巨著《新伦理学》,其对学术的虔诚与执着令人感佩。同时,我也阅读了当代最优秀的一批伦理学家的著作,如万俊人先生、赵汀阳先生、何怀宏先生的作品。可以毫不夸张地说,没有王海明先生的学术启蒙,就没有读者面前的这本《金融伦理学》。我要向王海明先生表达我最诚挚的敬意和感谢。

1994年年底,当我面临本科毕业论文选题时,作为国际金融专业的学生,我并没有选择当时时髦的金融学命题,而是选择了一个经济伦理命题,这在很多人看来是非常奇怪的。在我的导师、以研究中国经济思想史见长的陈为民教授的精心指导下,我最终选择了东亚企业伦理为研究题目。后来这篇论文被收录在陈为民教授主编的《儒家伦理与现代企业精神的承接》一书[②]中,后又以《东亚企业精神的儒家资源及其现代性转化——韦伯理论的经验考察:以日本为核心》为题收在我的经济学方法论著作《理性与信仰——经济学反思札记》中。写作这篇论文的起点是针对学术界有关马克斯·韦伯(Max Weber)的“新教伦理与资本主义精神”的争议。经由对西方基督教伦理与东方儒教以及其他宗教伦理的对照,韦伯对东方文化传统能否引致西方意义上的现代化表示了深深的怀疑。韦伯的理论影响深远,但其理论缺陷也非常明显:一方面,赵靖先生就指出,韦伯的理论其实是一种“倒立”的理论,新教伦理并非先于资本主义天然存在,而恰恰是资本主义现代化进程的精神产物。另一方面,所谓新教伦理本身,显而易见是传统基督教伦理经过“现代性转化”而获得的现代形态,因而我们研讨的焦点就应该是,传统基督教伦理经过何种路径、在何种社会激励系统之下完成这种现代性转化,而在这种转化进程中,新教伦

---

① 2001年8月在密苏里大学堪萨斯分校(UMKC),来自22个国家的75名学生、研究者和教授发表了《给所有大学经济学系的国际公开信》,这份被称为“堪萨斯建议”的公告响应了之前剑桥大学经济学博士生公开信中要求改革经济学教育和方法论的呼吁:“我们相信经济理论的发展受到了非历史的方法和抽象的形式主义方法论的阻碍,它对经济行为的复杂性只提供了有限的理解。这种狭隘的经济学方法论阻碍了经济学产生真正注重实际和现实性的政策方案,阻碍了与其他社会科学学科进行富有成果的对话。所有经济学系都应对经济学教育进行改革,使之包括对支撑我们这一学科的方法论假设的反思。一种负责任的和有效的经济学,应该在更宽广的背景环境中考察经济行为,应该鼓励在哲学基础层面的挑战和争论。” 参见 Post-autistic Economics Movement 网站(http://www.paecon.net/)中的相关内容。

② 陈为民主编:《儒家伦理与现代企业精神的承接》。北京:中国社会出版社1997年版。

理是如何对传统基督教伦理进行历史性的反思与扬弃的。我的观点是,文化传统(历史资源)作为经济与社会制度变迁的重要路径依赖特征,是影响现实世界(从精神世界到实体世界)的核心要素之一,因而动态而非静态地、历史延续性而非割裂性地探讨历史资源与社会经济制度变迁之间的关系,也就是题中应有之义。现实世界中的经济与社会结构的变化,其背后隐藏的是意识结构的变迁,而意识结构的变迁无疑不能脱离其历史形态而空洞地存在。所以这篇论文要解决的问题实质上是,意识结构的历史形态(文化传统)以何种方式进入现代性系统,其自身又经过何种适应性嬗变才能符合现代性要求,从而融入现代性系统。

虽然我在本科阶段还没有从伦理学的视角来探讨金融体系的运作,但是从学习伦理学的体会出发,我初步感到,经济学要想真正成为一门"使人幸福的科学"(萧伯纳),那么它就应该把视角重新投向"人",从而再次关注苏格拉底所提出的"人应该怎样活着"这样的根本问题(socratic question)。回归古典作家所秉持的人文精神,重新关注人、关注伦理,从而将理性主义与人文关怀加以融合,是经济学未来发展的必由之路。

## 二、"不道德"的经济学和经济学家的伦理热:几位经济学家的影响

20 世纪 90 年代中后期,一股对经济学进行反思的浪潮席卷整个经济学界,经济学家们探讨伦理问题一时成为热潮。就在短短的三五年间,很多经济学家发表了论文或者专著,系统地探讨经济学与伦理学的关系以及经济与伦理的关系。经济学家"不务正业"探讨伦理学问题成为那个年代的"时尚"。就在我攻读硕士学位和博士学位的这段时间,经济学界的伦理热给了我深刻的、至为关键的影响。就在这几年,茅于轼先生出版了《中国人的道德前景》,张曙光先生出版了《经济学(家)如何讲道德》,厉以宁教授出版了《经济学的伦理问题》和《超越市场与超越政府——论道德力量在经济中的作用》,刘伟教授出版了《冲突与和谐的集合:经济与伦理》,盛洪先生出版了《经济学精神》,樊纲先生在《读书》上发表的《"不道德"的经济学》更是引起了经济学界和伦理学界的热烈讨论。面对这场讨论,尤其是其中很多学者又是我非常熟悉且敬仰的长辈,自己也就不知不觉地受到影响,在阅读了很多经济学家关于伦理问题的著述之后,自然对经济伦理问题产生了更深的思考。

北京大学的两位经济学前辈在经济伦理方面给我以深刻影响。第一位是厉以宁先生。我曾经有一篇长文评述厉以宁先生的经济思想[①],对厉以宁先生的经济伦理思想给予了特别的关注。经济学和道德哲学的学术分野并未成为经济学家关注道德问题的阻碍,事实上,每一个严肃的有着人文关怀的经济学家都必然怀有道德忧患意识。中国经济学家热衷于谈论道德问题似乎具有某种象征含义:在中国由传统体制向市场经济体制变迁的进程中,经济学家对伦理道德问题的普遍而强烈的关注不仅反映出学者们强烈的道德忧患意识和社会使命感,而且折射出整个社会在制度转型期面临道德规范的混乱与道德意识的迷茫时对于道德秩序的普遍呼唤与强烈渴求。厉以宁先生是国内经济学界

---

① 王曙光:《经济非均衡、市场主体和转型发展——厉以宁经济思想述评》,见王曙光:《理性与信仰——经济学反思札记》。北京:新世界出版社 2002 年版。

较早关注道德伦理问题的学者之一，从他的许多著作中我们可以看到他试图从伦理学的视角对经济学的诸多范畴进行规范分析的努力[①]，作为一个经济学家，其理论进路与伦理学家的相异之处在于，他并不将眼光停留在有关道德的是非判断与善恶评价上，而是将道德置于整个经济运行体制中去考量，探讨道德在经济发展和经济转型中对经济运行的调节作用。在厉以宁先生看来，由于存在市场缺陷和政府失灵的情形，单纯依赖市场调节和政府调节就不能达到预期的经济运行目标，而市场调节和政府调节所遗漏的空白，应该由习惯及道德调节来填充和弥补，在交易活动中如此，在非交易领域就更是如此。由此，厉以宁先生提出，道德调节和习惯调节是超越市场和超越政府的一种调节，它的社会整合和经济调节功能介于作为“无形之手”的市场调节与“有形之手”的政府调节之间，作为第三种调节起作用，三者共同维系和引导着整个经济的和谐有效的运转。[②] 习惯和道德调节的力量来自经济中的行为主体内部，即来自每一个行为者自身，它表现为各个行为者按照自己的认同所形成的文化传统、道德信念和道德原则来影响社会生活，使资源使用效率和资源配置格局发生变化。因此，习惯和道德调节的约束力与有效性取决于社会成员对群体的价值观念和传统信仰的认同程度的高低，取决于社会成员建立在共同价值谱系基础之上的自律程度的高低。换言之，道德作为维系社会运行的一种手段，通过各个行为主体自身的道德约束和相互之间的道德约束从而形成一种渗透于社会生活的道德风尚，它使得经济行为主体对他人的行为和社会前景形成稳定的预期，以此为整个社会经济运行提供一种道德坐标和道德秩序。厉以宁先生认为，效率具有双重基础，即效率的物质技术基础和效率的道德基础，单纯用物质技术因素来阐释效率是不够的。事实上，物质技术因素只能产生常规效率，而道德力量才能真正挖掘效率增长的潜力从而产生非常规效率，从这个意义上而言，道德力量是效率的真正源泉，这个结论已经被经济史中无数例证以及管理学的现代理论所证实。

厉以宁先生强调道德力量在经济运行中的作用，但他并非一个“道德乌托邦主义者”或“道德万能论者”。第一，他一直强调道德激励与利益动机的相容性。社会成员的道德的自我激励激发了他们为实现公共利益和公共目标而努力的热情，使他们自愿在个人利益和公共目标冲突时将公共目标的实现置于个人利益之上，但是，社会群体对于个人正当利益动机的尊重是社会成员实现自我道德激励的必要前提，而社会成员持久的积极性和创造性的发挥既来自自我的道德激励和道德约束，也来自自我的正当的利益动机。第二，他始终重视现代社会运行中法律的作用。从制度经济学角度来看，习俗或道德传统属于非正式制度，而法律属于正式制度，在现代社会中，社会习俗和道德文化传统等非正式的制度安排与政府的法律规范等正式的制度安排一起确立了社会成员的行为准则。习惯和道德调节在社会经济运行中起着不可替代的制衡作用和协调作用，但是，习惯和道德调节必须以法律的规定作为边界，不能违背现行的法律规范。第三，他关注政府的

① 厉以宁:《经济学的伦理问题》。北京:生活·读书·新知三联书店 1995 年版。这是一部较为集中探讨经济学的伦理问题的著作，读者若想查阅其他著作中的有关论述，可参见《经济学的伦理问题》第 258 页，附录“厉以宁有关经济学伦理问题的著作目录”。

② 厉以宁:《超越市场与超越政府——论道德力量在经济中的作用》。北京:经济科学出版社 1999 年版，第 1—29 页。

道德自律并主张建立一套严密的筛选机制、保障与激励机制、约束与监督机制，以此规范政府的行为。厉以宁先生的这些思想，或多或少地都融入了《金融伦理学》这本书中。

第二位在经济伦理方面给我启发的北京大学学者是刘伟教授。与厉以宁先生一样，刘伟教授也较早关注伦理问题，关注市场经济的伦理奠基问题。① 他深刻指出，市场经济是个体积极性充分发挥的经济，因而作为一种文明，对人格前提和人文精神的要求极其突出。越是自由竞争的经济，越要求人们本身的自律。在个性凸显的市场经济中，仅有制度性的约束是不充分的，必须有社会道德层面的力量推动人们的自我约束。刘伟教授曾经如此论述市场经济中的诚信：市场经济对道德秩序最基本的要求是守信，因为市场经济本身是信用经济，市场经济中所运用的一切交易工具、交易方式和交易行为，无不是信用的体现，客观存在的信用经济关系自然要求以信任作为宗旨来构造市场经济道德秩序。从市场经济发展史来看，越是竞争激烈、趋于完善的市场经济制度，越是在制度上和道义上要求人们守信，越是排斥欺诈和放纵等不负责任的败德行为。刘伟教授对转轨时期的“道德无政府状态”做了深入的剖析。他认为，道德上的欺诈、背信及由此引发的种种道德无序，在向市场经济转轨过程中极易发生。历史上，在资本主义市场经济初期，尤其是在产业革命前的商业资本活跃时代，以失信为特征的海盗文化、商业欺诈、信用崩溃等道德秩序混乱就曾严重危及市场经济秩序发育，因而早在 18 世纪就有人疾呼：信誉就是金钱。之所以在转轨时期容易发生道德秩序混乱，在于这一历史时期原有的与传统自然经济相适应的、以“忠义”为核心的道德秩序受到根本冲击，而与新的市场经济相适应的、以“信任”为核心的道德秩序尚未真正形成，所以社会有可能进入既不讲忠义、也不言信任的道德无政府状态。刘伟教授对转轨时期道德失序的思想，对这本《金融伦理学》中转型期伦理价值变迁的研究有直接的启发意义。

2002 年年初，当我还在美国明尼苏达大学访学的时候，我的《理性与信仰》一书付梓，该书用很多篇章探讨经济学中的伦理问题和经济学方法论问题，可以说，该书是我对经济伦理问题研究的一个阶段成果的小结。刘伟教授欣然应允为那本尚不成熟的小册子作序。在序言中，他深刻论述了经济学的科学属性、历史属性与道德属性，对经济学的价值问题做了高屋建瓴的论述。他在序言中写道：经济学诚然是关于利益关系的讨论，却是对于“人”的社会利益关系的讨论，因此，经济学家不能没有人文关怀，不能没有必要的社会责任感。思想史上但凡著名的经济学家，都有自己执着的经济哲学观和对道德情操的特别强调，这不仅构成他们学术内容不可或缺的部分，更表明经济学家本身作为人所具有的历史社会性格。

20 世纪 90 年代后期以来，经济学界关于市场经济中道德问题的讨论开始升温，这当然跟当时社会主义市场经济构建初期社会伦理体系的混乱有关。樊纲、张曙光、汪丁丁、盛洪关于经济伦理问题的文章我都非常熟悉。1999 年，在我留母校北京大学任教之后的第二年，我应邀参加“亚当 · 斯密《道德情操论》研讨会”并做了主旨发言，记得当时一起

---

① 刘伟、梁钧平：《冲突与和谐的集合：经济与伦理》。北京：北京教育出版社 1999 年版。在后来的一些著作中，刘伟深化了对市场经济的人格基础的探讨，详见刘伟：《经济学导论》。北京：中国发展出版社 2002 年版。

去主讲的还有北京大学中国经济研究中心的姚洋教授。"斯密悖论"[①]是个老问题，但是在当时的历史背景下探讨这个老问题，具有特殊的时代意义。亚当·斯密一生中写过两部重要著作，一是《国富论》，二是《道德情操论》，前者奠定了现代经济学的根基，后者成为道德哲学史上不朽的经典之作，而前者利己主义的人性假设和后者人类同情心的人性假设历来被视为斯密经济哲学与道德哲学中的悖论。我当时写了一篇《经济学的道德中性与经济学家的道德关怀——斯密〈道德情操论〉读书随笔三则》（收于《理性与信仰》一书），该文从经济学的价值判断出发，探讨了经济学的道德中立姿态和经济学家的道德关怀问题，剖析道德研究在经济学中的科学定位，并进而由对《道德情操论》中的四个关键词（公正的旁观者、同情、合宜性和一致的估价）的梳理，从斯密自身的逻辑阐释了长期纠结学界的所谓"斯密问题"，从而达成了斯密体系中两种看似相悖的人性假设的和谐统一，完成由"自我赞同"向"社会赞同"的过渡。这一时期我对于经济伦理的思考对于我个人的经济学研究而言是一个很重要的事件，这些思考拓宽了我对于经济学方法论的理解，经济学是理性与信仰的统一，是科学主义和人文的统一。我赞同盛洪先生对于经济学精神的诠解方式："在最高境界中，经济学不是一堆结论，不是一组数学公式，也不是一种逻辑，甚至不是一种分析方法，而是一种信仰，一种文化，一种精神。"[②]也就是说，经济学应该具有理性和信仰的双重维度，应该是科学精神与人文精神的和谐统一。

## 三、没有伦理的金融不可能存在：对金融伦理的系统思考

1998 年，正当我服务母校的第一年，阿玛蒂亚·森（Amartya Sen）被授予诺贝尔经济学奖。这件事情给我很大的震动和鼓舞。作为当代最杰出的经济学家和哲学家之一，森在《论经济不公平》《贫穷和饥荒》《伦理学与经济学》《饥饿与公共行为》《饥饿政治经济学》《以自由看待发展》《理性与自由》等著作中都体现了他的人文关怀的经济学取向和对伦理哲学视角的关注。森横跨经济学和哲学两个领域，对方法论、道德哲学和政治哲学都有很大贡献。森这样阐述学习哲学对他的意义："在哲学方面的深入研究对我来说很重要，因为经济学中使我感兴趣的主要领域都与哲学联系密切，比如，社会选择理论利用了伦理哲学，对不公平以及剥夺的研究也是如此。"森的获奖似乎预示着经济学在 21 世纪的转型与回归：从纯粹工具理性中解脱出来，重新关注人的价值和幸福，重新把伦理道德置于经济学研究的核心，从而实现对经济学方法论的一场深刻的革命。《伦理学与经济学》一书，对我的金融伦理学研究有极为重要的启发意义，但更为重要的是，森的获奖标志着主流经济学对森所开启的经济学革命的认同与肯定，这对我的激励意义甚至超过了学术意义本身。从那个时候开始，以伦理的视角关注经济发展和金融发展，成为我学术研究中一个自觉而清晰的价值倾向。

2003 年，我的博士论文《金融自由化与经济发展》付梓，在这部探讨金融自由化纯理论的著作中，我经由对"制度质量"这一概念的界定阐述了伦理道德在金融体系中的作

---

① 其实早在 1990 年，我所尊崇的经济学一代宗师陈岱孙先生就曾精辟地论述过"斯密难题"，参见陈岱孙：《亚当·斯密思想体系中同情心和利己主义矛盾的问题》，见晏智杰、唐斯复编著：《陈岱孙学术精要与解读》。福州：福建人民出版社 1998 年版（原文载《真理的追求》，1990 年第 1 期）。

② 参见盛洪：《经济学精神》。广州：广东经济出版社 1999 年版。

用。作为一个信用交易体系,金融市场的有效性取决于参与交易者相互信任的程度,尤其在现代化的金融衍生品交易中,市场参与者的信任以及道德自律对于克服道德风险极为重要。从某种意义上来说,金融危机正是源于扭曲的金融道德和无处不在的金融腐败,这一点从亚洲金融危机中即可窥见一斑。[①] 2006 年,我发表了《市场经济的伦理奠基与信任拓展:超越主流经济学分析框架》一文,系统阐述了乡土社会向契约社会演进过程中市场经济的信用拓展路径和可能出现的伦理悖论,对金融演进过程中的社会信任体系构建提出了自己的看法。[②] 在 2007 年出版的《经济转型中的金融制度演进》一书中,我又深化了这一思想。[③] 在 2010 年出版的《金融发展理论》一书中,我特意加入了“金融发展的伦理视角”一章,旨在从伦理视角重新审视金融体系,使学习金融学的学生认识金融发展过程中金融体系本身存在的伦理冲突和伦理关系,使他们了解金融伦理的重要性以及金融伦理的内涵,并探讨金融伦理中的基本范畴和核心关系。可以说,这是我的金融发展理论体系中比较有特色的一章,我尝试从伦理学的角度来考察金融发展,弥补以往发展金融学中忽视伦理问题这一缺失。在《金融发展理论》一书中,我首先从制度质量的角度引入金融伦理的重要性,探讨了金融体系中的伦理冲突和金融伦理与金融法律的关系;然后详尽探讨了金融伦理的基本范畴和内涵,系统分析了金融伦理中三大基本范畴——公正、平等、诚信;同时对金融伦理中三组核心的关系进行了探讨,即权利—义务关系、委托—代理关系和自律—他律关系,从而建立了金融伦理的基本理论框架。[④] 这一框架在《金融伦理学》一书中得到了系统化和深化。另外,近年来,我也参与了一些应用伦理学或经济伦理学专著与教材的写作,这些都为写作本书奠定了基础。[⑤]

实际上,在我于北京大学经济学院开设的“农村金融学”“金融市场学”“金融发展理论”等金融专业课程中,我一直在有意识地将金融伦理视角渗透其中。在《金融市场学》课程中,我十年来一直坚持这样的讲授传统:在课程中强调伦理在金融体系中的重要性,每次组织学生进行课堂讨论都以金融伦理为核心内容,为此同学们整理了很多精彩的金融伦理案例,从而加深了他们对金融市场运行的理解。如果一个金融系的学生在本科和研究生课程中仅仅学到了一些技术性的模型,而没有从伦理视角对金融体系的道德属性和诚信原则有深入的体会,则他所受的金融学教育一定是不完善的、残缺的。这种金融学教育结构中的残缺不仅会对这些学生的金融职业生涯有致命的影响,而且从整个金融体系来说也为很多金融败德行为和金融危机埋下伏笔。波及全球的美国金融危机更是使整个金融体系和学术界认识到了伦理在金融运行中的重要性。金融从业人员和金融机构在疯狂逐利中的贪婪行为和毫无约束与自律的违规交易,使整个金融体系陷入危机的深渊,全球经济都为此付出了惨重的代价。实际上,在国外一些著名高等学府(尤其是著名大学的商学院和金融系)中,金融伦理学或商业伦理学课程是必不可少的,可是在中

---

① 王曙光:《金融自由化与经济发展》。北京:北京大学出版社 2003 年第一版,2004 年第二版,第一章、第五章。

② 王曙光:《市场经济的伦理奠基与信任拓展:超越主流经济学分析框架》,《北京大学学报》(哲学社会科学版),2006 年第 5 期。

③ 王曙光:《经济转型中的金融制度演进》。北京:北京大学出版社 2007 年版,第二章。

④ 王曙光:《金融发展理论》。北京:中国发展出版社 2010 年版,第七章。

⑤ 我参与写作的经济伦理学教材或应用伦理学专著包括孙英、吴然主编:《经济伦理学》。北京:首都经济贸易大学出版社 2005 年版。吴国盛主编:《社会转型中的应用伦理》。北京:华夏出版社 2004 年版,第 117—128 页。

国大学的商学院和金融系中,这样的课程非常罕见。这不能不说是我国金融学教育的一个重大缺陷。

以上我简单追溯了学习与研究经济伦理和金融伦理的过程。在近二十年的学习过程中,我逐渐加深了这样的信念:尽管现代经济学尚未对伦理问题有足够的认识,尽管现代金融学还没有对伦理问题给予足够的重视,但是经济学和金融学的发展趋势表明,对伦理学的关注一定会成为一个崭新的充满希望的发展方向。金融学界和金融体系的实践者必定会持续加深对金融体系中伦理重要性的理解,金融伦理学在未来必将成为显学。

## 四、本书的旨趣、方法与框架

### (一) 旨趣

本书的旨趣在于为金融学教育倡导一种新的角度,即伦理角度。本书并没有颠覆传统的金融学理论,仅仅是挖掘了传统金融学教育中不被重视的伦理侧面,而这个侧面对金融体系的健康运行和金融从业者的职业生涯非常重要。本书的目的,是使任何受过金融学教育的学生,都能理解伦理在金融体系中的重要性,都能将伦理原则贯彻到他们未来的金融职业生涯中。所以,如果让我概括本书的宗旨,就是两句话:"将伦理视角融入金融学教育过程之中,将道德基因嵌入金融学学生的心灵之中。"

谈到这本书的旨趣问题,我不能不提到另外一位对本书的研究有特别启发意义的学者、金融家和社会改革家,那就是孟加拉乡村银行的创始人、曾任孟加拉国吉大港大学经济学系主任的穆罕默德·尤努斯(Muhammad Yunus)教授。这位矢志于运用金融手段进行反贫困斗争的银行家,在三十多年的银行业实践中不断反思传统经济学和金融学教育,不断挑战和颠覆传统的金融法则,在其学术研究和金融职业生涯中有机地融入伦理道德、使命与价值,对当代的金融业和社会发展产生了深刻影响。如果说,森告诉我一个经济学家应该怎样关注道德伦理、平等正义和人类的终极命运,尤努斯则告诉我一个银行家应该如何关注其道德使命,如何关注贫困、社会责任和人类的福利。北京大学经济学院曾邀请尤努斯教授在2006年和2008年两度来演讲,每次演讲都给我很大的震撼和深刻的启发。[①] 从尤努斯的研究与实践中,我更加相信,如果我们在经济学和金融学教育中更多地植入伦理、价值、使命与责任的信念,如果我们的金融界在金融体系的运行过程中能够更多地倡导职业道德、伦理行为与社会责任,那么我们的金融学教育体系和金融运转体系都会更加健康,公众的福利和社会的发展都将进一步得到保障。

作为一本研究型的教材,本书的目的是开创完整的金融伦理的理论框架和教学体系,即努力使金融学及相关专业学生通过这门课程,系统地透过伦理视角,审视整个金融体系的运作,深刻地反思和检讨金融与伦理的辩证关系,理解金融体系内部的伦理冲突及其相关利益者之间的伦理关系,全面把握金融伦理的核心范畴和基本价值观,从而确

① 尤努斯教授的两篇演讲稿的中文译本均发表于《经济科学》杂志,参见:《小额信贷:缓解贫困问题的一条重要途径——穆罕默德·尤纳斯教授在北京大学的演讲》,《经济科学》,2006年第6期,第5—10页;《危机时代的小额信贷、社会企业与反贫困——穆罕默德·尤努斯教授在北京大学的演讲》,《经济科学》,2009年第3期,第5—14页。

立一种有利于金融稳健运作、公众福利提升与社会和谐发展的崭新的金融伦理规则。

(二) 方法

本书的写作和研究都是围绕教学需要而展开的,所以在写作方法和研究方法上更多地考虑到金融学或其他相关专业学生的需求。本书首先考虑到金融伦理学是金融学和伦理学的交叉学科,考虑到金融学和伦理学的知识互补。由于金融伦理学主要是为金融系或经济系的学生开的,而这些专业的学生又很少经过系统的伦理学训练,因此,本书第一篇和第二篇的纯理论部分对经济伦理和金融伦理进行了详尽的探讨,其中很大程度涉及伦理学的一些基本范畴和理论,希望可以使金融学和经济学专业的学生得到初步的伦理学的训练。同时,本书也考虑到伦理学或哲学系专业学生的需要,在论述金融体系的伦理规则的同时,用相当的篇幅结合一些专栏来阐释金融体系的运作机制,如资本市场、商业银行、保险机构和投资银行等究竟是如何运作的,这些金融体系在运作中都涉及哪些主体和哪些伦理关系,这样伦理学专业的学生在谈金融伦理时就不会有凌空蹈虚的感觉。本书在阐述金融伦理理论的同时,也收入了大量的金融伦理案例。金融伦理学如果不结合具体的金融机构和金融市场机制进行阐释,就很难让人理解,也很难讲透讲清。相信本书的大量案例会有助于学生们更直观地理解商业银行、投资银行、保险机构、股票市场中的金融伦理的特征与表现。本书同时注重对经济伦理思想史和金融史材料的把握,在第六篇"金融伦理的历史解读与借鉴"中,我们对中国异常丰富的传统经济伦理思想进行了梳理,同时运用我国清代山西票号和近代私营银行的伦理实践来观照今日的金融伦理实践,古今交融,师古知今,相信历史的借鉴会给我们新的启示。

(三) 框架

本书分六篇,共十六章。

**第一篇"导言:经济学、金融学与伦理学"**:本篇作为全书的导言部分,综论经济学、金融学和伦理学之间的关系,为全书理论框架的展开提供方法论基础。本篇从新古典经济学的方法论反思出发,探讨了经济学中的价值判断问题,并揭示经济学与伦理学必将再次融合的基本趋势。本篇在阐释市场经济道德生成与演进的内在机制的基础上,探讨了社会转型中的伦理与秩序问题,以及转型期伦理失序的经济根源。本篇集中探讨了金融体系的伦理冲突,强调了金融学中伦理视角的重要性,并讨论了金融伦理与金融法律之间的辩证关系。

**第二篇"金融伦理学的理论体系"**:本篇构建了金融伦理学的基本理论框架。本篇首先探讨了金融伦理学作为一门学科的内涵和研究对象,系统分析了金融伦理中三大基本价值范畴——公正、平等、诚信,以及这些价值范畴在金融体系中的主要表现;继而系统探讨了金融伦理学中三组最核心的伦理关系,即委托—代理关系、权利—义务关系和自律—他律关系,从而建立了金融伦理学的基本理论框架。

**第三篇"金融机构的伦理问题"**:本篇在前两篇所建立的金融伦理学基本理论框架基础上,具体探讨金融机构的伦理问题,从金融机构的实践中,概括出不同金融机构伦理行为的基本原则,总结不同金融机构伦理失范的主要表现和伦理规制的主要制度框架及政策框架。本篇探讨了商业银行、投资银行、保险机构等金融主体在其运行过程中面临的伦理问题和伦理规范,系统总结金融机构从业人员的基本职业操守和伦理行为准则。本篇最后探讨了金融危机与金融伦理的关系，深刻揭示了伦理缺失在金融危机生成中的作用机制，并以美国金融危机为例探讨了金融法律、金融伦理和金融市场稳健性的关系。

**第四篇“金融市场中的伦理问题”**：本篇主要探讨金融市场中的伦理问题，尤其是探讨金融市场中各利益主体的利益冲突、金融市场的伦理基础、金融市场伦理失范的主要表现，以及金融市场的伦理规制方法。本篇分三章。第十章探讨股票市场（资本市场的主要组成部分）的伦理问题，阐释股票市场的运作机制和伦理行为规范，揭示股票市场中市场操纵的伦理根源，同时从资本市场中上市公司和资本市场评估机构两个方面探讨了资本市场金融伦理失范的主要表现与规制方法。第十一章探讨了我国金融市场中非常特殊和典型的一类——民间金融市场——的伦理问题，探讨了民间金融市场的伦理支撑和内生机制，揭示村庄信任在民间金融运作和演进中的核心作用及其局限性，同时探讨了民间金融市场的伦理危机和伦理规制。第十二章探讨金融市场监管中的伦理问题，主要从经济自由主义和国家干预主义的伦理价值嬗变出发，探讨金融市场监管应遵循的伦理原则，揭示了金融市场监管腐败的原因，并以美国金融监管变革为例探讨了自由主义监管伦理的转向。

**第五篇“金融机构的社会责任体系构建”**：本篇集中探讨金融机构的企业社会责任体系构建问题。作为最近一些年来兴起的企业社会责任思潮，其在金融体系中的应用将极大地增强金融机构与社会之间的互动，改善金融机构的经营管理模式并有效促进金融机构的安全性与社会绩效。本篇分两章。第十三章基于对企业社会责任理论和商业银行社会责任理论历史发展轨迹的梳理，系统地阐述企业社会责任和内涵及其对企业发展的重要意义，揭示商业银行社会责任的内在结构，并从商业银行的特殊性出发，探讨了商业银行特有的企业社会责任。第十四章主要介绍国内外优秀的商业银行在企业社会责任方面的成功实践，由案例出发，探讨国内外商业银行在履行社会责任方面的法律框架、伦理规制框架和商业银行社会责任创新，同时，从我国商业银行的社会责任体系构建的反思出发，揭示我国商业银行体系在社会责任构建方面的不足及其背后的经济制度根源，并据此提出我国商业银行社会责任体系构建的系统性的政策框架，从微观机制和宏观体制两方面提出政策建议。

**第六篇“金融伦理的历史解读与借鉴”**：本篇主要探讨中国传统经济伦理思想以及商业伦理实践，并以山西票号和近代私营银行的金融伦理实践来观照今日中国的金融伦理问题。中国在几千年的文明史中积淀了极为深厚、极为宝贵的德性主义伦理观，历代思想家都提出了极其深刻的经济伦理思想，值得珍视。本篇分两章。第十五章对我国传统经济伦理思想和实践做了系统的梳理。该章首先对我国传统伦理的形成与特征做出分析，指出我国古代伦理思想对道德在经济发展中的核心作用的强调，成为我国传统农业社会长期维持的伦理基础。该章分析了信用文化在中国古代各个学派的表述方式，并系统梳理了自孔子以来传统义利观的演变与发展，分析了义利范畴在中国传统经济伦理中的重要性及其内涵与层次，尤其详尽阐释了孔子的“见利思义”和“义以生利”的思想及其对现代经济和金融体系运行的意义。该章还对荀子以来尤其是司马迁、王安石、陈亮和叶适等人的功利主义义利观做了深入解析，并以范蠡、白圭、苏云卿等历代优秀的商贾为例，说明了我国古代商业伦理的成功实践及其现代意义。第十六章通过山西票号和近代私营银行的金融伦理实践,说明山西票号作为传统金融机构如何通过金融伦理建设和信用机制建设而创造了金融奇迹,同时说明近代私营银行如何在借鉴近代国际经验的基础上,有效而巧妙地融入我国传统经济伦理和商业伦理,成功地将其运用于我国私营银行的经营管理实践。金融伦理是金融学专业学生的必修课,也是有志于开启金融职业生涯的年轻学子必须具备的职业素养。在编写本书的过程中,秉承教育部《高等学校课程思政建设指导纲要》所倡导的基本精神,笔者始终追求和遵循这样一个写作宗旨,那就是:力求将思政教育融入金融知识,将金融伦理作为金融学专业学生思政教育的核心内容,把思政教育与金融伦理的理论和实践融为一个有机整体,以坚持正确伦理导向、强化价值引领,从而为所有金融专业学生贡献一本呼应新时代金融人才培养需求的优秀教材。

**王曙光**

2011 年 2 月 10 日一稿

2021 年 9 月 24 日修订

# 目　　录

## 第一篇　导言：经济学、金融学与伦理学



## 第二篇　金融伦理学的理论体系

## 第三篇　金融机构的伦理问题



## 第四篇　金融市场中的伦理问题

## 第五篇　金融机构的社会责任体系构建



## 第六篇　金融伦理的历史解读与借鉴

# 图 目 录

# 表　目　录

# 专栏目录

# 第一篇 导言：经济学、金融学与伦理学

本篇作为全书的导言部分，综论经济学、金融学和伦理学之间的关系，为全书理论框架的展开提供方法论基础。本篇从新古典经济学的方法论反思出发，探讨了经济学中的价值判断问题，并揭示经济学与伦理学必将再次融合的基本趋势。本篇在阐释市场经济道德生成与演进的内在机制的基础上，探讨了社会转型中的伦理与秩序问题，以及转型期伦理失序的经济根源。本篇集中探讨了金融体系的伦理冲突，强调了金融学中伦理视角的重要性，并讨论了金融伦理与金融法律之间的辩证关系。

# 第一章　经济学与伦理学

## 【本章目的】

学习金融伦理学之前要解决的一个基本问题是经济学与伦理学之间的关系。学习本章的目的,是从经济学的历史发展轨迹和经济学作为一门科学的内在要求出发,探讨经济学与伦理学的关系,讨论经济学的伦理视角和价值判断的意义。学习本章,应该从方法论的高度,理解新古典经济学主流的内在缺陷,并理解伦理视角对经济学未来发展的意义。

## 【内容提要】

本章首先从经济学的历史发展轨迹,分析了理性精神与人文关怀在经济学发展史上地位的变迁,在此基础上,探讨了新古典经济学的基本缺陷,尤其是其中伦理视角的缺失对经济学的发展带来的困境。本章还着重探讨了经济学中的价值中立和伦理考虑的关系,分析了经济学说史上长期争论不休的"斯密悖论"的意义,并给出了可信的解释。最后,本章探讨了道德问题引起学术界争议的背景以及现代社会的伦理困境,并预言经济学和伦理学有可能出现的新的融合及其意义。

## 第一节　新古典经济学的框架与缺陷

### 一、经济学的理性精神和人文关怀

追溯经济学的发展历史,我们可以看到,经济学的兴起与西方理性主义思潮的展开有密切关系。理性精神是欧洲文艺复兴以及启蒙时代的主旋律和最重要的成就之一,正是秉持着这种精神,文艺复兴和启蒙时代的思想家们开始系统地反思弥漫中世纪的思想蒙昧和精神钳制,开启了真正意义上的思想革命。人类重新沐浴在对于自身理性和理解力的骄傲和自信中,替代了上帝的意志从而使得人类的判断成为"万物的尺度"。正如德国思想家伊曼努尔·康德(Immanuel Kant)所说的,"启蒙"就是个人敢于独立运用自己的理性。16—18 世纪的欧洲,正是这种理性精神最为洋溢和茂盛的时刻,各种社会和人文学科与自然科学一道取得了迅猛的进展,经济学就是在这样的历史情境中开始了它的萌芽和孕育。古典和前古典时期的经济学家们,如亚当·斯密(Adam Smith,1723—1790)、与斯密同时代的大卫·休谟(David Hume,1711—1776)以及斯密之前的威廉·配第(William Petty,1623—1687)、约翰·洛克(John Locke,1632—1704)、弗朗斯瓦·魁奈(Francois Quesnay,1694—1774),还带着任何一门学科初生时的深刻印记和特征:他们既是经济学的先驱人物，也是哲学和政治学等学科的巨匠。从某种意义上，经济学滥觞于启蒙时代以来的理性主义，这种精神的本质特征就是相信人类自身的理性最终会穷尽这个世界的所有规律，尽管这个过程可能是曲折和漫长的，但是终极的目标是清晰而坚定的。

经济学这种带有浓厚西方色彩的学术从本质上来讲正是西方理性精神和科学叙事模式的一个重要代表。[①] 近两百年来，经济学家们理性主义的努力取得了公认的成就，使得经济学成为近代以来发展最为迅速和完善的社会学科。理性主义在经济学中的应用所带来的最明显的后果，是经济学家们对自己所开创的方法论无比自信，这种方法论从古典时代便奠定了它基本的假定和研究方向的框架，可以说，在亚当·斯密为数不多的经济学著作中，我们可以找到后世经济学发展的所有源泉性的因素。后来经过大卫·李嘉图（David Ricardo，1772—1823）、里昂·瓦尔拉斯（Léon Walras，1834—1910）以及边际革命先驱们的努力，经济学逐渐扩张和完善了自己的学科疆域，并在数理形式方面取得了突飞猛进的成就，在20世纪，保罗·萨缪尔森（Paul Samuelson，1915—2009）的数理性研究成为经济学研究的专业样板。经济学的数理化从此成为经济学的重要特征之一，而与其他社会人文学科形成了对峙关系。如果说，经济学滥觞于西方理性精神这一事实是经济学最初孕育和拓展的重要力量，那么，在经济学逐步巩固了它的数理形式并朝着这个方向过度发展的时候，此时洋溢在古典经济学中的理性精神就逐渐演变成一种机械的“工具理性”。这是一种相当值得警惕的趋势，这种趋势的弊端，在笔者看来，一方面是对于理性的过分夸大，从而导致对理性的误用；另一方面是工具理性的泛滥，使得经济学日益走向“数学逻辑形式主义”。笔者试着来分别论述这两个有关联的主题。

对第一种弊端抨击最激烈的思想家莫过于弗里德里希·奥古斯特·冯·哈耶克（Friedrich August von Hayek，1899—1992），在他的名著《致命的自负》（*The Fatal Conceit*）中，他批判了康德哲学中建构理性的倾向（“理性为自然立法”），对人类理性的力量边界提出了自己的怀疑。理性是人类在学习和理性化过程中积累的力量，正是理性赋予人理解并驾驭世界的力量，但是同时，理性也导致人类产生狂妄，这种狂妄源于人类对自身理性和理解力过度的骄傲，正是在这种意义上，理性主义的精神成为人类“致命的自负”。哈耶克敏锐地从启蒙时代以来的科学进步中看到了这种“致命的自负”所带来的潜在危险，也就是说，每一个科学领域所取得的成就，都是对人类自由不断形成的一种威胁，因为它强化了人类在判断自己的理性控制能力和理解力上的幻觉。[②] 尽管这些论述并不是用来作为对经济学的批判的，但是这些思想为我们反思经济学提供了有力的论据。在笔者看来，经济学家的骄傲正是源于这种“致命的自负”。在一些经济学家的观念中，经济学往往被拿来与精密的自然科学相类比，他们的理想学术目标便是努力运用理性的力量，将经济学发展成像物理学一样精密、严格的充满着各种定律和公式的科学，而通过这些颠扑不破的定律和公式，我们便可以像控制自然界一样控制人类的经济活动过程。盛

① 将经济学描述为“带有浓厚西方色彩的学术”并不是说在中国从来就不存在深刻的经济思想，这里仅就学科的逻辑一致性而言，经济学更多地映射出西方的学术范式和思维特征。

② 〔英〕F. A. 哈耶克著，冯克利、胡晋华等译，冯克利统校：《致命的自负》。北京：中国社会科学出版社2000年版。

洪先生将这些经济学家称为“傲慢的经济学家”，而另外一些“谦卑的经济学家”却与此不同，他们承认人类的有限理性，对人类理性的力量保持一种谦虚的姿态，对经济过程和经济制度的自然演变充满敬畏。[①] 在哈耶克1974年荣获诺贝尔经济学奖的讲演中，也表达过对这种“理性万能主义”的批判态度：“经济学家们未能成功地指导政策，与他们倾向于尽可能地模仿得到光辉成功的物理科学的方法有密切关系——在我们的领域中可能导致直接错误的一种尝试。它是一种被称为‘科学的’态度的方法——像笔者在30年前定义的那样，‘这种态度按词语的真正意义而言，肯定是不科学的，因为它涉及将一种机械的和不加批判的习惯思想，应用于它们在其中形成的领域’。”[②]这种貌似“科学”的理性主义正是导致经济学“不科学”的主要原因，而所有这些，在笔者看来，均源于经济学家对理性主义的夸大和误用。

与这种趋势相关的经济学中“数学逻辑形式主义”也是“工具理性”泛滥的必然结果。在这种“工具理性”的指引下，产生了实证经济学的主要方法论框架：建立正规的数理模型，提出假说并运用专业的计量经济学对该假说进行经验检验。但是醉心于建立数理模型的经济学家往往（有时甚至是故意的）对这些模型的真实性采取回避态度，真实世界所彰显的各种现象被抽象和化解在简单的、被宣称有“解释力”的模型中，许多在真实世界中非常重要的变量却因为无法数量化而被武断地舍弃。这是否为凯恩斯所宣称的“经济学的艺术”？假如经济学仅仅是一种由逻辑形式主义主宰的一种纯思辨的思想，那么这种“经济学的艺术”对于人类认识这个真实世界的本质是无所裨益的。事实上，经济学不仅是逻辑的产物，更应该是历史的产物，是马克思所说的“历史与逻辑的统一”，它的使命是对这个“真实世界”保持足够的关注和理解。20世纪70年代以来，经济学的数理化倾向日益明显，并日益演化为经济学期刊中盛行的一种不可违逆的专业标准，但是无数事实证明，经济学中数理形式和计量方法的运用效果是非常有限的。罗伯特·海尔布伦纳（Robert Heilbroner）评论说：“经济学被赋予了与数学一致的声望，即严谨和精确，但是没有办法，这也有致命的弱点。”划时代的经济学巨匠约翰·梅纳德·凯恩斯（John Maynard Keynes, 1883—1946）对于经济学数理化的“工具理性”倾向模棱两可的态度可以作为经济学家内心矛盾最真实的反映。他没有拒绝支持当时开创新方法的尝试，但是当这种方法逐渐成为一种根本性的理论观点时，他开始对新方法的假定提出质疑和责问，并抵制将经济学转换成一种“伪自然科学”。尽管他也偶尔运用数理经济学方法，但在他的《就业、利息和货币通论》（*The General Theory of Employment, Interest, and Money*）中，他批判了“将经济分析体系形式化为数学符号的伪数学方法”，认为“在令人自命不凡却无所助益的符号的迷宫里，作者会丧失对于真实世界中的复杂性和相互依赖的关系的洞察力”。[③] 然而令人遗憾的是，凯恩斯的追随者们并没有遵从他的这一宝贵训诫，经济学的发展轨迹正向着凯恩斯所告诫我们警惕的方向毫不犹豫地奔驰。

接着上面我们关于“理性主义”及其负面效应的讨论，我们可以说，对于理性主义的

---

① 盛洪：《傲慢的和谦卑的经济学家》，收于《经济学精神》。广州：广东经济出版社1999年版。

② 王宏昌、林少宫：《诺贝尔经济学奖获得者讲演集》。北京：中国社会科学出版社1988年版。

③ 转引自〔美〕亨利·威廉·斯皮格尔著，晏智杰等译：《经济思想的成长》。北京：中国社会科学出版社1999年版。

极端的误用，是经济学在现代还没有“现代化”的根源所在。经济学的理性精神与人文关怀的有机融合，将为经济学带来新的面貌，使经济学发生革命性的变化。

## 二、新古典经济学的框架及其缺陷

新古典经济学在现代主流经济学中的“话语霸权”地位的形成与巩固自有其历史背景和学科背景，这里不详细探讨。不可否认，新古典经济学框架确实为现代经济学发展出一整套研究经济行为和经济现象的分析方法，这个框架由三个主要部分组成：视角(perspective)（如经济人偏好、生产技术和制度约束、可供使用的资源禀赋等经济学基本假定）、参照系(reference)或基准点(benchmark)（即为研究真实世界而提供的非真实的高度抽象的经济学模型，如一般均衡理论中的阿罗-德布鲁定理），以及分析工具(analytical tools)（即用较为简明的图形和数学结构帮助我们深入分析纷繁错综的经济行为和现象）。[①] 但同样不可否认的是，新古典经济学自身在方法论方面也存在严重的缺陷，对新古典传统进行系统的（而非零碎和割裂的）、科学的（而非主观武断的）、历史的（而非僵化和静止的）、开放的（而非封闭的）、批判性的反思，是现代经济学发展的必要思想前提，而实际上，现代经济学发展的轨迹恰好印证了经济学研究中多元主义方法论和批判精神的重要作用。[②]

新古典经济学在人类行为假定方面的缺陷是导致经济学贫困化的重要原因之一，主流经济学把理性的人类行为等同于选择的内部一致性，并进一步将其等同于自利最大化。这种过于简单和抽象的假定诚然有利于经济学模型的构建，却为理解我们所面对的复杂的真实世界设置了巨大的障碍。阿玛蒂亚·森在其名著《伦理学与经济学》(*On Ethics and Economics*)中，探讨了现代经济学在自利最大化行为假定方面的缺陷以及这种缺陷对现代经济学造成的消极后果。“作为个人，经济学家表现出得体的友善，但是在其经济学模型中，他们却假定人类的行为动机是单纯的、简单的和固执的，以保证其模型不会被友善或道德情操等因素所干扰。……综观经济学的发展进程，以如此狭隘的方式来描述人类行为是非同寻常的。其不寻常之处首先在于，经济学所关注的应该是真实的人。很难相信，由苏格拉底问题(Socratic Question)，即‘一个人应该怎样活着’——这确实是一个问题——所引发的自我反省会对现实生活中的人没有任何影响。”[③]森从“伦理相关的动机观”和“伦理相关的社会成就观”出发，揭示了现代经济学由于其狭隘单一的人类行为假定和不自然的“无伦理”特征而给经济学观察真实世界带来的消极影响。尽管通过检视经济学发展历程，我们可以看到经济学的伦理学根源和工程学根源都有自己的合理成分，而且都对现代经济学的发展做出了重要贡献，但是无疑地，现代经济学中对伦理和道德问题的“善意忽略”已经使经济学偏离了自己的古典传统。如果说古典经济学专注于研究人类之间的分工与交易、组织和制度的生成与演进、道德情操和价值观对经济体系的影响等重大主题，并进而关注人类自身的福利水平，关注人类在经济发展中

---

① 钱颖一：《理解现代经济学》，《经济社会体制比较》，2000年第2期。

② 关于现代经济学方法论反思，参见王曙光：《理性与信仰——经济学反思札记》。北京：新世界出版社2002年版。

③ 〔印度〕阿玛蒂亚·森著，王宇、王文玉译：《伦理学与经济学》。北京：商务印书馆2000年版，第7—13页。

的尊严和幸福的增进，从而对人类的全面发展给以终极的人文关怀，现代经济学却以冷静的理性范例回避了丰富多彩的现实世界。

很显然，经济学逐渐放弃或者"善意地忽略"自己的伦理学传统而在工程学传统（以形式上的数理化为最明显的特征）突飞猛进一意孤行，与现代经济学长期以来追求成为一门如同物理学一样精密的"科学"的努力有关。19世纪以来随着自然科学和生物科学的长足进展，学术界——不管是社会学科还是自然科学——对"科学"的崇拜都在与日俱增，"科学"的严密性和确定性使其他学术领域的研究者大为着迷，因而也就出现其他学科对"科学"教义、术语以及研究范式的盲目模仿。"科学"理念（包括其话语形式和研究方法）对社会学科的研究者形成了哈耶克所说的某种"专制"："这些学科为证明自身有平等的地位，日益急切地想表明自己的方法跟它们那个成就辉煌的表亲相同，而不是更多地把自己的方法用在自己的特殊问题上。可是，在大约120年的时间里，模仿科学的方法而不是其精神实质的抱负虽然一直主宰着社会研究，它对我们理解社会现象却贡献甚微。它不断给社会科学的工作造成混乱，使其失去信誉，而朝着这个方向进一步努力的要求，仍然被当作最新的革命性创举向我们炫耀。如果采用这些创举，进步的梦想必将迅速破灭。"①

## 三、对新古典经济学的全球性批判浪潮

新古典经济学的局限性日益受到经济学家和经济学专业学生们的关注。经济学抛弃自己的伦理学传统，抛弃了自己的人文传统，而着迷于数学形式主义的成就，这会给经济学的未来发展带来消极的后果。

对占据现代经济学主流地位的新古典经济学的批判性反思似乎已经形成一种清晰可见的潮流，这种倾向不仅可以从哈佛大学和剑桥大学这些世界著名学府经济学学生的公开信中感受到，更可以从我们身边的经济学学生不断发出的对新古典经济学言辞激烈的抱怨、嘲讽和批评中感受到。2001年8月在密苏里大学堪萨斯分校，来自22个国家的75名学生、研究者和教授发表了《给所有大学经济学系的国际公开信》，这份被称为"堪萨斯建议"的公告响应了之前剑桥大学经济学博士生公开信中要求改革经济学教育和方法论的呼吁："我们相信经济理论的发展受到了非历史的方法和抽象的形式主义方法论的阻碍，它对理解经济行为的复杂性只提供了有限的理解。这种狭隘的经济学方法论阻碍了经济学产生真正注重实际和现实性的政策方案，阻碍了与其他社会科学学科进行富有成果的对话。所有经济学系都应对经济学教育进行改革，使之包括对支撑我们这一学科的方法论假设的反思，一种负责任的和有效的经济学，应该在更宽广的背景环境中考察经济行为，应该鼓励在哲学基础层面的挑战和争论。"②

在这种"哲学基础层面的挑战和争论"中，最重要的是对经济学的伦理层面的讨论，也就是说，应该详尽探讨经济学中的价值判断和道德伦理视角的意义，以及如何将伦理

---

① 〔美〕弗里德里希·A. 哈耶克著，冯克利译：《科学的反革命：理性滥用之研究》。南京：译林出版社2003年版，第3—6页。

② 参见 Post-autistic Economics Government 网站（http://www.paecon.net/）中的相关内容。

学和经济学有机地融合，以纠正新古典经济学对伦理问题的“善意忽略”。

## 第二节　经济学中的价值判断和伦理考虑

### 一、经济学的“价值（道德）中立”命题及其争论

在一切有关人类自身的社会科学和人文学科研究领域，价值判断即“研究者宣称他接受从某些伦理原则、文化观念或哲学观点中所推演出来的实际价值判断”，恐怕都是一个在方法论上难以回避的棘手的问题。研究者总是处于一个相当尴尬的两难境地：一方面，作为标榜“公正客观”的研究者，他必须将自己置于一个完全超脱于研究对象的“客观”情境中，隐藏主体的主观好恶和价值判断，以一种彻底冷静、淡漠而超然的心态关照研究客体；另一方面，研究对象——即人类自身——的情感趋向性和行为目的性又逼使研究者必须对研究对象给予最终实际的道德上的裁决，做出由研究者自身文化传统和道德环境所规范和塑造的价值判断。经济学历来被视为一门具有严格经验主义和实证主义性质的社会科学，现代大多数经济学家心目中公认的观念是，经济学应该成为一种类似于物理学和数学的、由一整套客观严密的演绎推理过程构成的纯粹科学，它应该处于一种完全超脱的摒弃价值判断的“道德中立”状态。在马克斯·韦伯看来，关于“道德中立”大概有两种极端的观点：一种观点认为，所谓“道德中立”，即“应把纯粹从逻辑上可推演的断定和经验事实断定与实际的伦理价值判断或哲学价值判断区分开来”；另一种极端观点认为，“即使不能用某种逻辑上的完整方法做出这种区分，但还是有希望把价值判断的断定坚持到最低限度”①。要求研究者冷静地、不掺入任何主观感情色彩地对经验事实进行判断在理论上是可行的，但是在实际研究中，所有研究者都会切身地感受到完全把价值判断和道德评价从研究对象中过滤出来是何等艰难的一项事业，区分经验事实的陈述和带有感情色彩的价值判断在某些场合几乎是不可能的。经济学家，尤其是那些终生努力将经济学科学化的“科学经济学”的鼓吹者们，总是顽固地维护经济学本身的纯洁性和道德中立姿态，认为经济学的根本宗旨是追求“具有科学意义的在逻辑上和事实上正确的结果”，但不幸的是，所有经济学赖以存在的理论预设却又与“经济科学不能把主观性评价作为其分析的主题”这种貌似公允的主张相左。现代经济学的基本特征之一是逐步摆脱其社会与人文学科的痕迹而迅速地向所谓纯粹科学的目标迈进，这种趋势虽然在一定程度上为经济学廓清了相对准确的研究疆域，但是同时也使经济学越来越沦为一种数学上的逻辑游戏，因此它所遭到的批评也是空前的。纯粹经济学的反对者认为，纯粹经济学的理性构造是“纯粹的虚构”，它没有为我们提供任何关于现实的解释。经济理论在某种程度上被认为是一种“公理性”的学科，经济理论与经验事实的关系非常不同于法学与法律社会学所探讨的现象之间的关系，经济学的理论预设总是使用类似于“理想类型”的概念，正如韦伯所说的，“经济理论所做的假定几乎没有同事实完全一致过，但

① 〔德〕马克斯·韦伯：《道德中立在社会学和经济学中的意义》，见韦伯著，杨富斌译：《社会科学方法论》。北京：华夏出版社 1999 年版，第 100 页。

与之有不同程度的近似”[1]。经济理论与经验事实的疏离态度决定了其方法论上的价值取向,即经济理论总是假定纯经济利益具有决定性的支配作用,而排除政治、文化、道德伦理等非经济因素的影响。因而,纯粹经济学从逻辑上讲必须坚持“非道德的评价”,它从来不是一种“‘自然’现实(未被人类愚蠢的行为所歪曲的现实)的充分写照”,更不是一种“道德命令(一种有效的规范理想)”,而“只是用于经验分析的一种便利的理想类型”[2]。如果将经济学置于“知识”的分类体系中,那么纯粹经济学应该从属于“存在知识”(即关于“是”什么的知识)的范畴,而不是“规范知识”(即关于“应是”什么的知识),因而纯粹经济学坚持“非道德”评价的根本取向在逻辑上是无可非议的。

货币主义大师米尔顿·弗里德曼(Milton Friedman)也许是在这个问题上观点最为鲜明的学者之一,他在对肯尼思·艾瓦特·博尔丁(Kenneth Ewart Boulding)教授一篇文章的专题评述中,在论及“经济学中的价值判断”时,以斩钉截铁而清晰的语言宣称“经济学中不存在价值判断”,尽管他不否认“经济学的确涉及价值判断问题”,也不否认“经济学家的价值判断无疑会影响到他所从事的研究课题及其结论”[3]。在他看来,“道德中立”并不削弱经济学研究结论在逻辑上和事实描述上的有效性,相反,“道德中立”的价值预设使得经济学与一般具有浓厚伦理教化色彩的人文学科相区分,摒除了在这些学科中所充斥的充满道德评判意味的理论趋向。虽然如韦伯所提醒大家的,经济学“正像探讨人类文化习俗和重要文化事件的任何科学一样,其产生都是与人类现实的考虑相联系的”,而经济理论“最直接并且常常是唯一的目的,就是要对国家经济政策的有关措施做出价值判断”,因而在像经济学这样的经济科学讨论中彻底排除价值判断是不可能的,但是“经验科学的任务绝不是要提供一些约束性的规范和理想,以便从中能为直接的实践活动提供指令”“那种认为经济学可以而且应该从一种特殊的‘经济观点’中吸取价值判断的糊涂观念”,是严肃的经济科学研究者应该从原则上拒斥的。[4]

## 二、经济学中的伦理考虑

经济学家们对于经济学中的价值判断问题一直持一种非常暧昧的态度,尽管在经济学中有实证经济学(positive economics)和规范经济学(normative economics)的划分,但是经济学家们在经济学研究中是否应该加入价值判断仍然莫衷一是。笔者曾经在一篇有关亚当·斯密的《道德情操论》的读书笔记中阐述了对于价值判断的看法。[5] 那篇笔记原则上同意马克斯·韦伯的观点,即虽然区分“经验事实”和“价值判断”在社会科学中是极其困难的,但是,在经济学研究中坚持“道德中立”的原则,拒斥“那种认为经济学可以

---

① 〔德〕马克斯·韦伯:《道德中立在经济学和社会学中的意义》,见韦伯:《社会科学方法论》。北京:华夏出版社1999年版,第141页。

② 同上。

③ 〔美〕米尔顿·弗里德曼著,高榕、范桓山译:《弗里德曼文萃》。北京:北京经济学院出版社1991年版,第1页。

④ 〔德〕马克斯·韦伯:《社会科学和社会政策中的客观性》,见韦伯:《社会科学方法论》。北京:华夏出版社1999年版,第146页。

⑤ 王曙光:《经济学的道德中性与经济学家的道德关怀——〈道德情操论〉读书随笔三则》,见《辞海新知》。上海:上海辞书出版社2000年版。

而且应该从一种特殊的‘经济观点’中汲取价值判断的糊涂观念”，是任何一个严肃的经济学家都必须秉持的理念。但是韦伯同时也指出，“无疑这并不是说，仅仅因为价值判断最终依赖于特定的理想，因而从根源上说是‘主观’的，就必须从一般科学讨论中排除价值判断”①。当然，韦伯这种引起许多非议与误解的“无涉个人意念的价值判断假设”，有其浓厚的历史背景和学术话语背景，这个背景就是19世纪末到20世纪初发生在欧洲的历史与社会认知危机以及由此引发的有关科学方法论的“价值判断论战”②。对韦伯方法论应该进行的必要澄清之一，就是尽管韦伯认为科学研究的目的就是获得在逻辑上和事实上正确的结果，但他从来没有试图说明社会科学研究与价值判断没有任何关联。在笔者看来，问题并不在于经济学中应不应该涉及道德和价值判断，而是道德和价值判断应该以何种方式进入经济学研究以及经济学家应该以何种姿态面对经济学中的价值判断问题。

经济学的伦理学渊源是大家已经熟悉的事实，在亚当·斯密的时代，经济学是广义上的道德哲学的一个分支，阿玛蒂亚·森还指出，直到不久以前，经济学还是剑桥大学道德科学荣誉考试中的课程。这些事例是判断经济学本质的传统实例，由此，森认为，现代经济学不自然的“非伦理”(non-ethical)特征与它作为伦理学一个分支而发展起来的事实之间存在矛盾。③ 尽管经济学与伦理学和道德哲学之间存在深刻的内在关联，但是在经济学发展的历程中，特别是经过马歇尔和萨缪尔森的拓展，经济学逐渐地抛弃了它的伦理学渊源，在前提假定和论证范式中都发展了它的工程学特征和数理形式。随着经济学家们在经济学的知识生产体系中不断强化这个趋势，我们看到，经济学逐渐脱离和淡化了伦理学的影响。被称为“实证经济学”的方法论，不仅在理论分析中回避了规范分析，而且忽视了人类复杂多样的伦理考虑(ethical consideration)，而在一个真实的世界中，这些伦理考虑会实实在在地影响人们的实际行为。在那些研究人类行为的经济学家的眼中，这些复杂的伦理考虑本身就是基本的不可回避的事实存在，它是真实世界的一部分，而不是什么规范判断问题，对于这一点的阐明，是森对实证主义者一个充满智慧和有力的挑战。实际上，经济学有两个基本的发展源泉：一个是工程学，另一个是伦理学。工程学的思维方式和方法论是注重逻辑的推演与判断，而忽略与人类行为密切相关的伦理问题，不关心人类的终极目标和价值判断，因而也就不能回答苏格拉底所提出的“一个人应该怎样活着”这样的疑问。但是在经济学的发展历史中，它的工程学的一面得到了充分的发展，而伦理学的一面却遭到了漠视，这对于经济学的发展是一种非常不利的趋势。可以说，与伦理学隔阂的日益加深是经济学出现贫困化现象重要的原因之一，尽管我们不能断言这是唯一的原因。

在经济学的研究中重新引入价值判断和道德哲学的智慧，是包括森在内的许多现代经济学家试图恢复经济学与伦理学渊源关系的一种努力，这种努力表现在他们对于经济学基本假设和论证范式的反思及重新表述上。经济学教科书所灌输给经济学学生的对

---

① 〔德〕马克斯·韦伯：《道德中立在社会学和经济学中的意义》《社会科学和社会政策中的客观性》，见韦伯：《社会科学方法论》。北京：华夏出版社1999年版。

② 〔德〕迪尔克·克勒斯著，郭锋译：《马克斯·韦伯的生平、著述及影响》。北京：法律出版社2000年版。

③ 〔印度〕阿玛蒂亚·森著，王宇、王文玉译：《伦理学与经济学》。北京：商务印书馆2000年版。

于人性假设的固执的偏见,是影响经济学价值趋向的重要因素。主流经济学把理性的人类行为等同于选择的内部一致性(internal consistency of choice),并进而把它当作自利最大化。但是,在森看来,这种严重忽视伦理考虑的人性假设既不是对于真实世界中人性的最佳近似,也不能说明自利最大化就是导致最优的经济条件。森从两个方面提出了伦理考虑对于人性假设可能提供的补充,这两种考虑分别是"伦理相关的动机观"(ethics-related view of motivation)和"伦理相关的社会成就观"(ethics-related view of social achievement)。伦理相关的动机观是关于人类行为的动机问题,这个动机是与人类的伦理观念和道德判断有着紧密联系的;而伦理相关的社会成就观是关于社会成就的判断,这个观点认为对人类的社会成就的评价是一个富有伦理性的命题,这对于弥补现代经济学单一的人性假设是一个有益的补充。也就是说,由伦理相关的动机观和伦理相关的社会成就观所提出的深层问题,是对现代经济学中基本人性假设一个重大的修正,应该在现代经济学中占有重要的地位。

在森的著作中,经常出现对于主流经济学富有智慧的诘问和质疑,这些论述值得我们仔细地研读。他认为,"自利理性观"(self-interest view of rationality)是对伦理相关的动机观的断然拒绝。尽自己最大的努力得到自己追求的东西只是理性的一部分,而且其中还可能包含对于非自利目标的促进,那些非自利目标也可能是我们认为有价值的或者愿意追求的目标。把任何偏离自利最大化的行为都看作非理性行为,就意味着拒绝伦理考虑在实际决策中的作用。"把所有人都自私看作是现实的,这可能是一个错误;但把所有人都自私看作是理性的要求则非常愚蠢。……试图用理性要求来维护经济理论中的标准行为假设(即实际的自利最大化),就如同领着一队骑兵攻击一只跛足的驴"①。当然,在森的论述中,否认人们总是唯一地按照自利原则行事并不意味着坚持认为人们总是不自私地做事,他承认自利动机在人类日常交易和决策中的主要作用,但是他的理论又提醒人们,用自利最大化来描述人类的行为是武断的、简单化的、不符合真实世界的现实的,实际上,存在人类行为动机的多元性和复杂性。这种反思对于现代经济学特别是福利经济学有重要的意义。

现代主流经济学中关于人类行为基本假设的根深蒂固的自利理性观,源于对亚当·斯密学说严重的曲解和误读,这种误读导致人们不但不能完整地理解斯密理论的精粹,而且给现代经济学的发展造成了严重的阻碍。乔治·斯蒂格勒(George Stigler)有一篇著名的随笔《国家之船上亚当·斯密的旅行》(*Smith's Travel on the Ship of the State*),在开篇中说:"《国富论》是以个人利益为基石的一座辉煌的宫殿。它的广泛基础是,'虽然精明的原则并不总是支配着每一个人的行为,却影响着每一个阶级或阶层中的大多数行为'。追求个人利益的强大动力将使资源得到最有效的使用,促使劳动者们辛勤地工作,促使发明者开辟新的分工领域——简言之,它支配着那些自由放任的国家并使之富裕起来。"②在这里,斯蒂格勒将共有的精明(prudence)理解为"自利主导着大多数的人们",并

① 〔印度〕阿玛蒂亚·森著,王宇、王文玉译:《伦理学与经济学》。北京:商务印书馆2000年版。

② 原载于*History of Political Economy*, Fall, 1971。中译本译为《斯密漫游于国家学说》,收于〔美〕乔治·斯蒂格勒著,贝多广、刘沪生、郭治薇译:《经济学家和说教者》。上海:生活·读书·新知三联书店1990年版。

将它作为斯密整个学说的核心和基石。这种误解或者说曲解至今都是主流的经济学文献理解斯密的主要方式。而事实上，包括森在内的许多经济学家都指出，这种概念的偷换对于完整地理解斯密的理论是非常有害的。尽管在《国富论》中，斯密讲述了广为流传的自利的屠夫和酿酒师的故事，但是在他同样重要的著作《道德情操论》中，斯密强调了他本人思想中斯多葛主义的源泉："根据斯多葛派的理论，人们不应该把自己看作某一离群索居的孤立的个人，而应该把自己看成世界中的一个公民，自然界巨大国民总体中的一个成员。"[①]在斯密的学说中，广泛的自利被用以解释分工和互惠贸易的普遍性，但是这并不能说明，斯密就此便认为自利或自爱(self-love)是一个美好和谐的社会的充分条件。实际上，正是斯密自己，从来就反对将人类多元的经济动机描述为一种单一的追求，他甚至强烈地指责哲学家们试图把所有事情简化为某种单一的品德的不良倾向，他对哲学家们这种"特别的钟爱"始终持批判的态度。但恰恰是斯密后来的继承者们将他所憎恨的"特别的钟爱"强加在他的身上，如同斯蒂格勒的随笔中所显示的，他被信奉者们尊为"自利"的宗师，这对于斯密来说真是莫大的讽刺。

在谈到"亚当·斯密与自利"的时候，森说"亚当·斯密在他的任何一部著作中都没有对自利的追求赋予一般意义上的优势""如果对斯密的著作进行系统的无偏见的阅读和理解，自利行为的信奉者和鼓吹者是无法从那里找到依据的。实际上，道德哲学家和先驱经济学家们并没有提倡一种精神分裂式的生活，是现代经济学把斯密关于人类行为的看法狭隘化了，从而铸就了当代经济理论上的主要缺陷"[②]。

## 三、"斯密悖论"及其解决

传统信条以为，在斯密的理论体系中，存在道德哲学领域内的以同情心为基础的价值取向和经济学领域内的以利己主义为基本价值取向的"矛盾"，这种根深蒂固的传统观念，如果从斯密自身的思想体系而言，完全是由某些皮相的经济学家所杜撰的或由于对斯密思想的误读而产生的臆断。它本身是一个伪问题，许多学者都已做过评尽的阐释[③]，在此毋庸赘述。我们所关心的是，在斯密的思想体系中，人类主观心理中的同情心与经济行为中的利己主义是如何紧密融合在一起的？换句话说，斯密经由何种逻辑上的路径，从而将关注自身利益的自利行为引导到有利于社会和谐的具有社会整合意义的同情心的？用斯密自己的话讲，就是以自我的利益动机和伦理道德标准所决定的"自我赞同"在逻辑上是如何向以社会和谐与分工合作为目标的"社会赞同"过渡的。

在《道德情操论》所展现的严密庞杂的伦理学体系中，斯密拥有自己独特的"话语系统"，在这个系统中，"公正的旁观者""合宜性""同情"和"一致的估价"是四个核心具有独创性的关键词，对这四个关键词的准确而全面的把握可以说是索解"斯密悖论"的最佳途径。

---

① 〔英〕亚当·斯密著，蒋自强等译：《道德情操论》。北京：商务印书馆 1999 年版。

② 〔印度〕阿玛蒂亚·森著，王宇、王文玉译：《伦理学与经济学》。北京：商务印书馆 2000 年版。

③ 关于"斯密矛盾"，可以参见《道德情操论》译者序言；陈岱孙：《亚当·斯密思想体系中，同情心和利己主义矛盾的问题》，原载《真理的追求》，1990 年第 1 期，见晏智杰、唐斯复：《陈岱孙学术精要与解读》。福州：福建人民出版社 1999 年版。

如果把“同情”仅仅理解为普通意义上的对于他人的痛苦或不幸遭遇的怜悯或体恤，那么这种理解对于深入探求斯密的思想体系无疑会造成相当程度的误导。同情是一种更为广泛的人类情感，在这种情感中，每一个人都会将自我的情感置于他人所拥有的情境中，以自我的想象力去体味和经历他人的情感，因而，“同情与其说是因为看到对方的激情而产生的，不如说是因为看到激发这种激情的境况而产生的”“旁观者的同情心必定完全产生于这样一种想象，即如果自己处于（他人的）上述境地而又能用健全的理智和判断力去思考，自己会是什么感觉”[①]。同情不仅指与别人在感情上的共享，还指对人的能在感情上彼此分享的认识和理解，因而同情的根本作用在于，它是人们自身对他人进行道德评判、对他人的行为进行赞同或否定的内在标准。从这个意义上说，同情是斯密伦理学体系中处于中心地位的社会黏合剂，一个人的行为所引起的他人的赞成或反对，是一面镜子，从中可以洞察自我的品性，感知自我的行为在他人心目中（经由“同情”这一中介）的道德评价。一个人自身的道德情感和道德评判标准与他人以至于整个社会的普遍道德情感和道德评判体系的和谐一致，是决定和引致“同情”的根本动因，“旁观者”以某种行为是否具有道德上的“合宜性”来判断是否给予这种行为以道德情感上的同情。这就引出了斯密道德哲学体系中另外两个重要的语汇——“公正的旁观者”和“合宜性”。

“旁观者”不仅指真正独立于行为人的真正的旁观者，而且指存在于行为人自身内心的一个“假想的公正的旁观者”，前者是对他人的行为进行赞同或反对的道德评判的旁观者，而后者是对自我行为进行道德评价的“内心的旁观者”，斯密用这个独特的概念来解释存在于人类本性中的“良心”的起源和性质，这个概念与现代心理学家西格蒙德·弗洛伊德（Sigmund Freud）所创造的“超我”有某种程度的类似，但是评论者认为，这两个概念的区别在于，斯密的“旁观者”从社会的赞同或反对出发进行道德评判，弗洛伊德的“超我”则从父母的赞同或反对出发[②]，这种区别揭示了斯密伦理学体系中对社会评价的强调，而这种基于社会评价进行道德评判的“公正的旁观者”正是通过“自我赞同”与“社会赞同”的和谐一致、通过对他人或自我行为的“合宜性”的判断来做最后的估价的。显然，在这两种估价之中，自我估价是更为艰难的，由同一个自我而分裂出来的独立的评判者和被评判者之间的道德评判比对他人的道德评判更为复杂：“当我努力考察自己的行为时，当我努力对自己的行为做出判断并对此表示赞许或谴责时，在一切此类场合，我仿佛把自己分成两个人：一个我是审察者和评判者，扮演和另一个我不同的角色；另一个我是被审察和被评判的行为者。第一个我是个旁观者，当以那个特殊的观点观察自己的行为时，尽力通过设身处地地设想并考虑它在我们面前会如何表现来理解有关自己行为的情感。第二个我是行为者，恰当地说是我自己，对其行为我将以旁观者的身份做出某种评论。前者是评判者，后者是被评判者。”[③]“内心的公正的旁观者”的概念，作为斯密道德伦理思想的核心概念之一，奠定了斯密在伦理学上的重要地位，使得他在道德哲学方面赢得了可与好友大卫·休谟平分秋色的名誉。这个“旁观者”完全是假想的，它的本质是

---

① 〔英〕亚当·斯密著，蒋自强等译：《道德情操论》。北京：商务印书馆 1999 年版，第 9 页。

② 〔英〕D. D. 拉波希尔著，李燕晴等译：《亚当·斯密》。北京：中国社会科学出版社 1988 年版。

③ 〔英〕亚当·斯密著：《道德情操论》。北京：商务印书馆 1999 年版，第 140 页。

将他人或社会的道德评判规则作为内心的道德标准，通过想象力的作用而对自己的行为进行自省式的道德评价（自我赞同或自我反对），从而将带有个人心理属性的"自我赞同"转化为带有社会属性的"社会赞同"。因而仅仅是"带有自我赞同情感的行为都不能严格地称作美德"，只有通过"同情"和对"合宜性"的正确判断而引致社会赞同的行为，才是真正符合道德的行为。

"内心的旁观者""合宜性"和"同情"的根本目标，乃是达成一种促使社会均衡和谐发展的道德行为，这种道德行为不是建立在某些个人的伦理判断之上，而是基于一种具有社会属性的"一致的估价"之上，以此维系不同社会成员之间的与其自利本能相融洽的社会合作。"一致的估价"将人类社会中道德行为极为纷繁的差异性整合到符合社会公共利益的"普遍价值观念体系"中，正如斯密所指出的："人类社会的所有成员，都处在一种需要互相帮助的状况之中，同时面临相互之间的伤害。在出于热爱、感激、友谊和尊敬而相互提供了这种必要帮助的地方，社会兴旺发达并令人愉快。所有不同的社会成员通过爱和感情这种令人愉快的纽带联系在一起，好像被带到一个互相行善的公共中心。"但是斯密并不是一个天真的道德至上主义者，不是一个盲目的道德乌托邦的鼓吹者，他同时指出："虽然这种必要的帮助不是产生于慷慨和无私的动机，虽然在不同的社会成员之中缺乏相互之间的爱和感情，虽然这一社会并不带来较多的幸福和愉快，但是它必定不会消失。凭借公众对其作用的认识，社会可以在人们相互之间缺乏爱或感情的情况下，像它存在于不同的商人中间那样存在于不同的人中间；并且，虽然在这一社会中，没有人负有任何义务，或者一定要对别人表示感激，但是社会仍然可以根据一种一致的估价，通过完全着眼于实利的互惠行为而被维持下去。"[①]因而在斯密的道德哲学体系中，私人的利益目标和自利的行为本身并不自然带有道德上的贬义，他十分强调私人利益的正当性："私人利益的那些重大目标——它们的得或失会极大地改变一个人的地位，成为恰当地被称作抱负的激情的目标；这种激情保持在谨慎和正义的范围之内时，总是受到世人的钦佩。"[②]在斯密看来，理想的道德总是具有双重性：它一方面要满足私人利益目标与人类的利己主义本能，另一方面要克服这种利己主义，将人类自利的动机整合诱导到有利于经济走向公平、和谐和繁荣的社会道德谱系之中。他认为"有完全道德的人……是一个能把对于别人的原始的、同情心的微妙感情跟得到最完全控制的、原始的、自私的感情结合起来的一个人"。而要克服人类本能的利己主义，不能依赖"人道主义的软弱力量和自然在人的心中点起的轻微的仁爱的火花"，而要依赖一些更为强大的动因，在斯密眼中，这些动因乃是"理智、原则、良心、胸中的栖息者、内心的人、我的行为的大法官和仲裁者"[③]，也就是斯密所说的"公正的旁观者"，那个假想的超脱的对他人和自身行为合宜性以同情心为中介而进行道德判断的中立的观察者。斯密由于早年深受古希腊斯多葛派哲学的影响，尤其是埃皮克提图（Epiktetos）的影响，特别强调克己自制的价值，试图以此

① 〔英〕亚当·斯密著，蒋自强等译：《道德情操论》。北京：商务印书馆1999年版，第106页。

② 同上书，第213页。

③ 陈岱孙：《亚当·斯密思想体系中，同情心和利己主义矛盾的问题》，见晏智杰、唐斯复：《陈岱孙学术精要与解读》。福州：福建人民出版社1999年版，第258页。

抑制人类利己主义的消极方面。[①] 斯多葛学派认为，哲人必须具备三种品质，即精确的逻辑训练、高尚的道德修养和渊博的自然知识，而在其五百余年的哲学历程中，其贯穿始终的主题则是寻求如何使人类生活与宇宙一样有秩序运行的途径，他们相信人最基本的规则应是遵循自然而生活。斯多葛派遵循自然秩序的思想和在道德问题上克己自制的禁欲主义伦理观念，对于形成斯密以利己主义为核心的经济学体系和以同情心为核心的伦理学体系有重大的影响，在经济学中，斯密发挥了以自由放任为特征的经济自由主义思想，而在其道德哲学中，他表达了人类对于秩序与和谐的天性热爱。

由“公正的旁观者”“同情”“合宜性”和“一致的估价”所组成的独特话语系统，建构了斯密富有特色的伦理学体系，解决了以“同情”作为黏合剂的人类社会如何以“合宜性”为标准，通过“公正的旁观者”对他人和自我行为的道德评价来维系整个社会在伦理观念中“一致的估价”的问题，从而打破了斯密体系中莫须有的所谓“斯密悖论”，调和了利己主义和同情心的矛盾，完成了“自我赞同”向“社会赞同”的完美过渡。

## 第三节　经济学与伦理学：一种可能的融合

### 一、道德的传统资源与现代困境

历代忧世伤时的道德学家们似乎总是对所处时代的人类道德水准抱有根深蒂固的质疑态度，那种“人心不古”“世风日下”的感喟经常频繁显现于历史文献。尽管如此，人类社会仍在不可阻挡地演进，而人类的道德观念也在不可避免地发生着变迁，如果我们不掺杂任何偏见而以冷静与客观的眼光来看待这种变迁的话，着实很难得出时下“道德沦丧”的判断，那些对于以往由于特殊政治氛围和时代需要而制造出来的“道德乌托邦”的天真的怀恋往往只是一厢情愿的臆想。但是在 20 世纪末的中国学界，确实真真切切地兴起一股热衷探讨道德的巨大潮流，伦理学家们自不待言，经济学家们也不甘寂寞。但如果将时下学者们对道德问题的关注仅仅归结为时下道德的普遍稀缺，恐怕过于草率。经济学家和伦理学家们对伦理道德问题的普遍而强烈的关注不仅反映出学者的强烈的道德忧患意识和社会使命感，而且折射出整个社会在制度转型期面临道德规范的混乱与道德意识的迷茫时对于道德秩序的普遍呼唤与强烈渴求。

中国是一个有着丰厚的传统道德资源的国家，以儒家伦理为代表的传统伦理道德体系在维系整个民族的文化延续性和精神凝聚力方面发挥了重大作用，这种作用至今也不应忽视，它对经济发展和社会和谐的积极功能正在被越来越多的人士所认识。但是，一个更为重要的事实是，中国目前正处在一个由传统体制向市场经济体制过渡的制度变迁时期，剧烈的制度变迁必然伴随着国民伦理道德体系的巨大变化，以及国民行为模式和价值观念的转变。一方面，中国传统道德中有许多优秀的精神资源，但是作为整体，传统

---

① 〔英〕D. D. 拉波希尔著，李燕晴等译：《亚当・斯密》。北京：中国社会科学出版社 1988 年版，第 45 页。关于斯多葛派哲学，参见苗力田主编：《古希腊哲学》。北京：中国人民大学出版社 1996 年版，第 597 页。

道德不可能提供有助于现代市场经济发展的内在激励，因而我国现时的道德体系面临重新整合。另一方面，尽管我们必须承认道德约束、社会习俗等非正式制度在制度形成与演进中的巨大作用，尽管我们也承认在相当程度上正式制度的实践与履行往往有赖于道德等非正式制度的强大的背景支持，但是，无论我们怎样强调道德作为超越政府与超越市场的调节力量的规范功能，我们都必须认识到，在当代社会，由于社会构成的复杂性，人口流动性加剧和道德弱化的趋势增强，道德的维系力量逐渐呈弱化趋势，这正是一个由熟人构成的“乡土社会”与一个由陌生人构成的现代市场社会的根本区别。在一个现代市场社会中，尽管道德仍是促进社会和谐的巨大精神力量，但是道德所应用的疆域正在不可避免地缩小，正式契约与法律等正式制度的功能的扩张是大势所趋，从这个意义上来说，法学家所发出的“仅有道德是不够的”的善意的提醒是对时下学者们片面鼓吹道德功能的必要的补充。[①] 现代社会面临的激烈的转型和频繁的人员流动势必引起人的行为方式的巨大变迁，传统的道德评价机制和制约手段并不足以有效维护社会秩序与社会公正，因而法律作为一种正式制度在多元道德规范并存以及道德规范力量呈弱化态势的情形下有不可替代的作用。但是我们应该注意到，西方的法律观念与中国传统的法律观念有诸多不同，在西方的法律观念中，“法”是以平等关系为基础而达成的自由契约，因而法律不是对公民进行外在强制的工具，而是对公民权利进行保护和规范的手段，是公民自身道德诉求的外在体现，是上帝的旨意，因而遵守法律成为国民意识中天经地义的组成部分；但是在中国传统的法律观念中，“法”是统治者对被统治者进行治理、统御、惩戒的工具，因而国民自然形成对于“法”的恐惧、逃避、敌对的心理状态，一旦有机可乘，便企图规避法律，因而在内心里，公民往往畏惧法律，法律被认为是外在的强制力量（因而带有某种恶意），不是公民内心的诉求。道德系统的剧烈变迁和传统道德观念的缺失，加上国民法律意识的淡漠和扭曲，是导致中国当前经济秩序混乱的主要内在原因。我们要摆脱道德的现代困境，要重建适应现代市场经济的道德体系，一方面，要珍视传统的道德资源，从中吸取营养，并按照现代市场经济的要求对现存道德体系进行重新整合；另一方面，也是更为紧迫的使命，就是要加强国民的法律意识，矫正错误的法律观念，使传统中国社会向一个更加完善的法律社会迈进。

## 二、制度变迁时期的伦理困境及学术界的讨论

当代伦理学也许正面临着历史上空前的纷繁驳杂的局面，在某种意义上，当下中国的道德现状可以说是一种不伦不类的混合结构：悠久人文历史所积淀的根深蒂固的观念系统、西方伦理观念与生活姿态的长期渗透与熏陶、被现代革命性话语所充斥的带有理想乌托邦色彩的“新传统主义”道德，以及在经济转型时期开放动态的经济结构下伴随经济的失序而形成的道德观念的无序状态，掺杂纠结在一起，构成整个民族道德和人格结构的多元画面，使得当下中国的伦理观念芜菁杂陈、扑朔迷离。道德重建的强烈呼声将

---

① 苏力：《仅有道德是不够的》，《中国合作新报》，1999 年 5 月 12 日。

久已沉寂的伦理学重新推上了中国学术的前沿,业已形成一股清晰可见的潮流。这与其说是一种历史际遇,毋宁说是一种历史必然。而道德问题的重新提出,不但吸引了伦理学界的注意力,而且在经济学家和法学家那里也引起了反响和呼应,一些有着深远人文关怀的经济学家和法学家尽管并非都具备伦理学家的道德知识背景,但是他们以其职业的学术眼光和独特的科际视角为道德问题的讨论提供了宝贵的思想资源。与学者的学术文本形成有趣对比的是,有远见卓识的政治家在奉行"依法治国"的方略的同时,也开始将"以德治国"这种已经被遗忘许久的古老的民族治理传统作为其明确的大政方针。因为他们认识到,虽然我们不能否认正式的制度规范在社会治理中的作用,但是在正式制度出现真空的地带,需要道德来填补,而且,正式的制度规则之实施和遵守,亦有赖于社会成员的道德根基。学术界和决策者对道德问题的共同关注绝不是一种偶然的现象,而是说明,在一个经济制度和社会结构剧烈变迁的时代,道德秩序的混乱已经是阻碍经济发展的重要根源。因而,热切呼唤道德秩序的重建,重新塑造民族的人格结构,已经成为当下中国民众的一种普遍的精神诉求。

在社会经济转型期,整个社会的伦理道德体系出现一种真空状态,即出现所谓的道德失范与"道德无政府"状态,许多道德准则面临着深刻危机甚至根本性的瓦解。这是任何有良知的学者都必须面对和关注的严峻的社会现实。我国伦理学家在这方面贡献了很多有价值的成果,如王海明先生的《新伦理学》和《寻求新道德》、何怀宏先生的《底线伦理》等。王海明先生所建立的新伦理学框架、何怀宏先生追求的"一种普遍主义的底线伦理学",以及万俊人先生所主张的"建立在公共理性上的普世伦理",其主旨是一致的。他们所共有的对现存道德的批判与反思意识、清醒而富于理性的价值取向,使得他们能以更深远的眼光和更冷静的姿态面对中国伦理学的现代转型。

中国经济学家也以非常高的热情加入对于道德问题的讨论。其中著名经济学家樊纲发表的《"不道德"的经济学》是引起争议最多的一篇文章。[①] 樊纲所用的"'不道德'的经济学"的措词,如果用"非道德"取而代之,则引起的歧见会少得多,经济学不讲道德和经济学丧失道德是两种完全不同的理念,前者是指经济学所秉持的"道德中立"的姿态,而后者是对于经济学鼓吹摒弃道德诉求的臆断。茅于轼先生进一步辨析了道德的价值判断和理性判断的区别,认为"道德是非判断在很大程度上是理性判断,而道德之实践则纯属价值判断"[②]。这个区分具有重大的理论意义。作为理性判断,道德完全可以作为经济学的分析对象从而被纳入经济学的理论框架,但是作为价值判断,道德是纯粹个人化的自我感受与自我甄选。正是在这个意义上,张曙光批评樊纲"把道德问题完全归结为价值判断,而否定道德是非的理性判断,因而得出不讲道德的片面论断"(张曙光,1999)。对樊纲先生的《"不道德"的经济学》有意或无意的"误读"以及由此引发的"经济学与道德"问题的热烈探讨,成为中国20世纪末学术论坛上一道令人瞩目的人文景观,《读书》杂志上伦理学家和经济学家都加入了这场旷日持久的辩论,这本身就是一件极富时代象

① 樊纲:《"不道德"的经济学》,《读书》,1998年第6期。
② 茅于轼:《中国人的道德前景》。广州:暨南大学出版社1997年版。

征意义的社会学典型现象。[①] 茅于轼先生的《中国人的道德前景》和厉以宁先生的《超越市场与超越政府——论道德力量在经济中的作用》[②]是经济学家探讨道德问题的两部开拓性的系统专著。

学术界对于道德问题加以关注，其根本原因在于中国当前道德问题的尖锐性和复杂性。社会结构和社会制度的剧烈变迁，导致传统的道德资源逐渐流失，而新的道德体系又难以迅速建立，因此产生的道德真空必然引起社会伦理秩序的混乱。然而，理性的学术探讨不能替代现实的伦理实践。在中国这样一个具有深远伦理传统和道德积淀而且正处于经济制度过渡时期的国家，道德建设就不仅仅是一个纯粹的学术问题，不仅仅是一个学理性的推演过程，而是一个远为深刻、复杂、丰富和生动的现实历史进程。

## 三、经济学与伦理学的再次联姻

我们在本章内容中探讨了新古典经济学的缺陷，这些缺陷可以概括为对理性主义和数学形式主义的过分强调和对伦理视角的“善意的忽略”。因此，经济学要取得新的发展，要突破以往新古典经济学的框架，就必须回归以往古典经济学的人文主义和理性主义有机结合的道路，重新将伦理视角纳入经济学的视野。汪丁丁 1999 年在《经济研究》上发表了一篇论文，对经济学的未来走向做了一些评论。在他看来，经济学并不像许多经济学家宣称的那样“已经成为一种现代的社会科学”，相反，经济学还不“现代”，而是处在一种“前现代”状态。原因在于，当下的经济学尽管已经发展了极具形式化和逻辑化的专业形式，但是，经济学还远远没有触及“人类的存在”这一个根本性的现代问题，没有解决人类最为紧迫的现代性危机问题，从这个意义上说，经济学并不“现代”，它所关注的还是“前现代”的问题。[③] 如果接着上面我们关于“理性主义”及其负面效应的讨论，我们可以说，对于理性主义极端的误用，是导致经济学在现代还没有“现代化”的根源所在。古典时代的经济学，滥觞于启蒙时代，它所关注的也正是启蒙时代的主题，即关注人，关注人的生存及其自身的困境，关注人的全面发展，这是一种与理性精神并驾齐驱的“人文精神”，这种人文关怀使得古典经济学至今还焕发着人性的光辉。经济学要走向现代化，就必须将理性主义和人文主义加以整合，重新回到人自身，而不是仅仅将人作为物理生物来看待。在笔者看来，现代经济学的根本缺陷就是人文精神的缺失，使得经济学尽管在分析技巧上取得了很多进展（如动态规划和最优控制理论），但是由于对“人的意义”这一重大问题的忽视和解释乏力，最终仍然不能使自身超越古典作家所提出的经济学根本问题。从这个意义上说，回归古典，重新关注人，重新将启蒙时代的两大

---

① 盛洪：《道德、功利及其他》，《读书》，1998 年第 7 期，第 118—125 页；罗永生：《经济学还是自由主义?》，《读书》，1998 年第 9 期；姚新勇：《“不道德”的经济学的道德误区》，《读书》，1998 年第 11 期；何怀宏：《在经济学和伦理学之间》，《读书》，1998 年第 12 期；张曙光：《经济学（家）如何讲道德?》，《读书》，1999 年第 1 期。

② 厉以宁：《超越政府和超越市场——论道德力量在经济中的作用》。北京：经济科学出版社 1999 年版。

③ 汪丁丁：《卢卡斯批判以及批判的批判》，《经济研究》，1996 年第 3 期。另参照汪丁丁：《走向边缘：经济学家的人文意识》。北京：生活·读书·新知三联书店 2000 年版。

思想成就——“理性主义”和“人文精神”——加以发扬,是经济学走向现代化和经济学转型的必由之路。

## 【关键术语】

经济学的理性精神　人文关怀　数学逻辑形式主义　新古典经济学　伦理学
价值判断　价值中立　斯密悖论　经济学方法论　经济学的转型

## 【进一步思考和讨论】

1. 从经济学的发展历史看,经济学和伦理学的关系是怎样的?
2. 经济学是否是一门“价值中立”或者说“无涉价值判断”的科学?经济学的伦理考虑在经济学中占据什么地位?
3. 经济学中的数学逻辑形式主义给经济学发展带来的危害是什么?
4. 新古典经济学的基本框架及其缺陷是什么?
5. 如何解释“斯密悖论”中利己主义和同情心的矛盾?
6. 谈谈你对经济学的未来转型以及经济学与伦理学融合的看法。

## 本章参考文献

陈岱孙. 亚当·斯密思想体系中,同情心和利己主义矛盾的问题[M]//晏智杰,唐斯复. 陈岱孙学术精要与解读. 福州:福建人民出版社,1998.

樊纲. “不道德”的经济学[J]. 读书,1998(6):50—55.

弗里德曼. 弗里德曼文萃[M]. 高榕,范桓山,译. 北京:北京经济学院出版社,1991.

哈耶克. 科学的反革命:理性滥用之研究[M]. 冯克利,译. 南京:译林出版社,2003.

哈耶克. 致命的自负[M]. 冯克利,胡晋华,等,译. 北京:中国社会科学出版社,2000.

克勒斯. 马克斯·韦伯的生平、著述及影响[M]. 郭锋,译. 北京:法律出版社,2000.

拉波希尔. 亚当·斯密[M]. 李燕晴,等译. 北京:中国社会科学出版社,1988.

厉以宁. 超越政府和超越市场——论道德力量在经济中的作用[M]. 北京:经济科学出版社,1999.

罗永生. 经济学还是自由主义?[J]. 读书,1998(9):40—44.

茅于轼. 中国人的道德前景[M]. 广州:暨南大学出版社,1997.

苗力田. 古希腊哲学[M]. 北京:中国人民大学出版社,1996.

钱颖一. 理解现代经济学[J]. 经济社会体制比较,2002(2):1—12.

森. 伦理学与经济学[M]. 王宇,王文玉,译. 北京:商务印书馆,2000.

盛洪. 道德、功利及其他[J]. 读书,1998(7):118—125.

盛洪. 经济学精神[M]. 广州:广东经济出版社,1999.

斯蒂格勒. 经济学家和说教者[M]. 贝多广,等,译,北京:生活·读书·新知三联书店,1990.

斯密. 道德情操论[M]. 蒋自强,等,译. 北京:商务印书馆,1999.

斯皮格尔. 经济思想的成长[M]. 晏智杰,等,译. 北京:中国社会科学出版社,1999.

苏力. 仅有道德是不够的[N]. 中国合作新报,1999-05-12.

汪丁丁."卢卡斯批判"以及批判的批判[J].经济研究,1999(3):69—78.

汪丁丁.走向边缘:经济学家的人文意识[M].北京:生活·读书·新知三联书店,2000.

王曙光.理性与信仰——经济学反思札记[M].北京:新世界出版社,2002.

王曙光.论经济学的道德中性与经济学家的道德关怀[M]//吴国盛.社会转型中的应用伦理.北京:华夏出版社,2004.

韦伯.社会科学方法论[M].杨富斌,译.北京:华夏出版社,1999.

姚新勇."不道德"的经济学的道德误区[J].读书,1998(11).

张曙光.经济学(家)如何讲道德?[J].读书,1999(1).

# 第二章 经济转轨中的伦理与秩序

## 【本章目的】

本章主要探讨道德生成和演进的原理及其在中国的表现,特别是探讨中国在经济转型时期道德伦理体系的变迁以及这种变迁给经济体系和金融体系带来的影响。学习本章,要了解道德生成的基本理论,深入理解中国在转型时期伦理失序的经济根源,并进一步思考市场经济中需要何种伦理秩序和道德奠基。

## 【内容提要】

本章首先介绍了道德生成和演进的基本原理,尤其介绍了哈耶克的多元自发秩序观;在此基础上,探讨了中国在从乡土社会向现代社会、从计划经济向市场经济转型过程中所面临的道德困境和伦理悖论,深入讨论了转型时期伦理失序的经济根源。

## 第一节 道德生成与演进的理论阐释

### 一、道德演进的复杂性

新古典经济学研究既定的资源和技术约束以及既定制度约束下的收益最大化问题,在新古典传统里面,制度是一个外生的既定变量,制度尤其是非正式制度(如道德伦理、社会习俗以及由社群的特定历史文化所形成的无形制度)的生成、演进和发生作用的路径被排除在主流经济学的研究范围之外。实际上,关于道德起源的研究,尤其是道德的生成要素、维持要素和演进要素的研究,可以帮助我们理解非正式制度在社会经济中的作用方式,从而极大地拓宽传统主流经济学在经济运行方面的狭窄视角。

但是道德起源问题的复杂性与人类本身起源的复杂性几乎可以相提并论。用某种武断的简单化的理论模式来抽象出道德起源的一般理论,尽管在理论构建上似乎符合简洁性和可操作性的优点,但是肯定会由于遗漏若干重要的变量而显得缺乏解释力。因此,在道德起源问题上,运用系统科学的多元思维方法,运用伦理学、政治学和经济学等学科的综合知识,是非常必要而且是唯一正确的方法论。有些学者出于本学科的知识准备和视角的局限,或者是出于对于其他学科的强烈偏见,试图为道德起源问题提出排他性的解释方法,这些解释性的假说如果本身没有宽宏的理论包容性,受到质疑甚至被抛弃的命运是可以预料的。

道德是人类社会在漫长的演化过程中所形成的一系列行为规范的总称,这些行为规范一方面具有时间上的嬗变和演化的特征,即道德的具体内涵总是随着时代风气变化和社会经济发展而不断发生变化的,没有一种道德规范具有时间上的永恒性;另一方面,这些行为规范也不具有空间上的一致性,不同文化区域的人类在这些行为规范上所表现出的多样性,是区分这些文化单位的重要标志之一。时间上的嬗变性和空间上的多元性,导致我们在评判和考察任何一种具体的道德规范时,都不能拘泥于我们自身的独特经验,因为这种经验总是带有时间上的局限性和空间上的狭隘性。我们不能活得足够长,也没有足够的精力去体会其他区域的道德传统,所以我们在谈到某一具体的道德传统时,务必保持一种虔敬而谦逊的态度。对自己所陌生的时代或者地域的道德传统保持敬畏,是研究者在道德问题上必须保持的正确姿态,而那些对自己所不熟悉的道德文化传统持排斥、嘲讽和蔑视态度的研究者,不可能在道德研究中取得任何有意义的成果。

## 二、道德演进的“多元自发秩序观”

对于国内伦理学者所提出的“优良道德的制定”的命题,笔者是持深深的怀疑态度的,而是坚持道德生成和演进中的“多元自发秩序观”。也就是说,在道德的生成和演进中,一方面,该过程包含多样化的因素(包括经济、政治、宗教、文化以及环境等);另一方面,该过程并不是人类运用自己的理性而人为设计的结果,而是一种自发秩序的生成过程。哈耶克在制度演进的研究中强调“自发秩序”的作用。《哈耶克传》这样说:“‘自生秩序’的思想也许是哈耶克最伟大的理论贡献之一。虽然自生秩序的术语不是他发明的,这一观念也不是他最早提出的,但对于自生秩序观念的传播,他的功劳高于任何人。”[①]“自发秩序”或者“自生秩序”概念的内涵极为繁复(这与哈耶克的哲学体系的总体风格非常相像),哈耶克曾经试图用一种比较形象的方法来解释他的自发秩序的概念。在《自由宪章》[②]中,他在“没有指令的秩序”一节中对晶体的描述,是对这个概念的最形象的比喻:

> 尽管那些比较熟悉由人来安排物质的人士通常会觉得难以理解自生秩序的形成,但在很多场合,我们必须依靠各个组成部分的自发协调,才能形成某种(哪怕是)物理学的秩序。如果我们必须靠自己将每个分子或原子放在恰当的位置上,跟其他分子或原子相匹配,我们将永远不可能造出一块晶体。我们只能指望,在某种特定条件下,这些分子或原子会在一个具有某种特性的结构中自己安排自己的位置。同样,我们能够为社会形成某种秩序创造条件。[③]

道德生成中“多元自发秩序观”承认在道德起源和嬗变过程中自发秩序的作用,也就是承认,在一个运转良好的社会群体内部,不管这个群体是原始部落的共同体,还是在国家形成之后的国家共同体,道德作为一种社会行为规范的生成与发展都主要是一种“自发秩序”的形成过程。在这个过程中,共同体中的个体活动总是受到共同体其他个体行

---

① Alan Ebenstein: *Friedrich Hayek: A Biography*, St. Martin's Press, LLG, 2001. 中译本为〔美〕艾伯斯坦著,秋风译:《哈耶克传》。北京:中国社会科学出版社 2003 年版,第 273—275 页。

② F. Hayek. *The Consitution of Liberty*, University of Chicago Press, 1960, pp. 160—161. 中译本为〔英〕弗里德里希·冯·哈耶克著,邓正来译:《自由秩序原理》。上海:生活·读书·新知三联书店 1997 年版。

③ 同上。

为和共同体作为一个行为单位的目标的影响,个体需要在学习和模仿中体会什么是共同体内部“合宜”的行为,什么行为最适宜于个体生存概率的提高以及共同体作为一个行动单位效率的提升。随着个体不断调节自己的行为,共同体就形成一种有利于个体和共同体的行为规范,这些行动规范既包含功利的成分,也包含对某些高尚行为暗含的提倡与表彰,因为那些符合高尚规范的行为往往会给共同体和行动者本人带来更大的利益与名声。

经济学家从博弈的角度来理解道德的形成。道德作为一种制度的生成在很大程度上出于行动者对自己利益的计算,当交易双方出于自利的动机而在长期动态的博弈中选择道德行为时,长远的功利主义计算就会抵挡住短期的机会主义的诱惑,从而使道德行为得以延续,而不道德行为慢慢被摒弃。经济学的博弈分析乃是建立在个体的理性选择的基础之上的,当委托人和代理人面临一项交易时,他们可以选择按照道德原则交易,也可以选择不按照道德原则交易。只有当按照道德原则进行交易(比如按照诚信原则,谨守自己作为交易者的信誉)的长期收益大到足够超过短期机会主义行为带来的收益时,交易者才会选择道德行为。在道德生成的博弈模型中,自利的动机是交易者选择道德行为的基础。但道德一旦形成,则会形成一种路径依赖的现象,即道德会形成一种外在的专制性的约束,逼使社会中的人遵守其中的规范。而社会中的人也会在重复的交易中感受到遵守交易道德所带来的收益,并体会到不遵守交易规则带来的惩罚和损失。

### 三、环境、宗教、文化与政府的作用

道德生成中“多元自发秩序观”并不否定环境、宗教、文化传统、政府在道德演进中的作用。环境对道德传统的形成有重要作用,已经有很多学者探讨了中国早期历史中的江河治理与中国集体主义道德观念形成之间的关系,而古代希腊则由于其自然环境的原因而产生出一种尊重个体权利的道德观念。道德生成与文化传统的关系比较复杂,这种复杂性表现在:一方面,道德本来就是一种文化传统最重要的构成要素之一,也是一种文化传统中最重要的代表性标志之一,区分一种文化传统与另一种文化传统的根据之一就是道德谱系;另一方面,道德的生成与演进受到广义上的文化传统的深刻影响,东、西方文化传统的不同,约束和规范着东西方道德谱系的形成路径。宗教在道德生成中的意义更是显而易见的,宗教中包含着内容丰富且稳定的道德价值观念,这些道德训谕通过宗教经典的方式体现出来,因此具有一般伦理规范所不具备的“内在律令”的强制性特征,因而恪守这些道德训育也就等同于实践上帝的律条。一旦宗教进入道德谱系的塑造,道德就带有超世俗和超功利的特征,道德实践就与一个宗教修持者的内心反省和虔诚力量结合起来,从而实现道德在世俗世界所难以达到的强制性作用。[①] 至于政府在道德生成和演进中的作用,许多事实证明,政府可以通过正式法律文件的制定、对道德典范的行政性鼓励措施、示范性道德行为等方式来实现对社会道德的影响。日本明治维新时期以天皇的名义颁布的一些带有道德训教式的法令,就体现出政府对于道德形成的有意识的影

---

① 关于世界宗教的演变和宗教文化的比较问题,最翔实的资料来源是:〔英〕尼尼安·斯马特著,高师宁等译:《世界宗教》(第2版)。北京:北京大学出版社2004年版。

响。1882年明治天皇颁布了《军人敕语》,其中着重强调了忠诚、礼仪、节俭、信义等儒家观念。1890年明治天皇又颁布《教育敕语》,倡导尊奉儒学道德规范,其中规定"尔臣民应孝父母,友兄弟,夫妇相和,朋友相信,恭俭持己,博爱及众,修学习业,……一旦有缓急,则义勇奉公,以辅佐天壤无穷之皇运"①。这个文件把政府命运的维系与民众道德谱系的制定结合起来,对明治时代的社会伦理产生了巨大影响。政府对社会中道德典范的行政性鼓励是其对道德生成施加影响的重要手段,在古代中国,一直存在"举孝廉"的制度,周代任用官员的主要形式是对其道德水平的考察,所谓"考其德行,察其道艺"②,而汉代则普遍存在推荐道德水平较高、在宗族和社区中享有崇高道德威信的人士出任政府官员,这种对道德典范的行政性鼓励,在一定程度上向社会成员公开宣示了政府的道德标准,并对实施这种标准的成员给予积极的激励。在古代社会以及现代社会的很多时候,这种对道德典范的行政性鼓励对社会风尚都有着强大的渗透力和影响力。政府还可以通过示范性的道德行为来影响道德演进。

## 第二节　社会转型中的伦理与秩序

### 一、从乡土社会到契约社会

中国由计划经济向市场经济转型,只是转型的一个方面而已。与计划经济向市场经济转型并存的,是中国由传统社会结构向契约社会的转型。笔者把传统社会命名为"乡土社会",是从费孝通先生20世纪40年代末期的名著《乡土中国　生育制度》中借用过来的。所谓乡土社会,是指以族缘、地缘、血缘关系为基础形成的社会结构,而所谓契约社会,是指以社会经济活动主体之间的合约为基础形成的社会结构;在乡土社会中,熟人之间的相互信赖构成经济交易和非经济活动的基础,而在契约社会中,经济主体之间按照平等和公平的原则自愿达成合约,而这种合约可以使交易扩展到陌生人之间。从经济学角度来说,中国从计划经济向市场经济的过渡固然是非常重要的一种社会转型;但是从社会学角度来看,中国从传统的乡土社会向现代的契约社会的转型可能更为重要,因为这种转型将对社会经济行为主体的经济行为产生重大影响,因而也就决定着他们的伦理行为和道德谱系的演化。

费孝通先生在《乡土中国　生育制度》中写道:"乡土社会的生活是富于地方性的。地方性是指他们活动范围有地域上的限制,在区域间接触少,生活隔离,各自保持着孤立的社会圈子。乡土社会在地方性的限制下成了生于斯、死于斯的社会。常态的生活是终老是乡。假如在一个村子里的人都是这样的话,在人和人的关系上也就发生了一种特色,每个孩子都是在人家眼中看着长大的,在孩子眼里周围的人也是从小就看惯的。这是一个'熟悉'的社会,没有陌生人的社会。"③费孝通先生正确地指出了传统社会与现代

---

① 王曙光:《东亚企业精神的儒家资源及其现代性转化——韦伯理论的经验考察:以日本为核心》,收于王曙光:《理性与信仰——经济学反思札记》。北京:新世界出版社2002年版。

② 《周礼·地官司徒》。

③ 费孝通:《乡土中国　生育制度》。北京:北京大学出版社2002年版,第9页。

社会的重大区分，即传统社会是一个熟人社会，而现代社会是一个陌生人的社会；传统社会维系的基础是与生俱来的由熟悉带来的信任，而现代社会维系的基础是契约。所以，费孝通先生说，“乡土社会的信用并不是对契约的重视，而是发生于对一种行为的规矩熟悉到不假思索时的可靠性”，但是这种行为模式在以陌生人为主的现代社会中是难以应用的，“在我们社会的急速变迁中，从乡土社会进入现代社会的过程中，我们在乡土社会中所养成的生活方式处处产生了流弊。陌生人所组成的现代社会是无法用乡土社会的习俗来应付的”①。

费孝通先生更大的贡献来自他对乡土社会和契约社会的社会格局的精辟分析，他把西方的社会格局称为“团体格局”，而把中国传统的乡土社会中的社会格局称为“差序格局”。他运用非常形象的比喻来说明这两种不同社会格局的区分。他把西方团体格局的社会构造比喻为“一捆一捆扎清楚的柴”，团体界限非常清楚，而把中国传统的差序格局的社会构造比喻为“一块石头丢在水面上所发生的一圈圈推出去的波纹。每个人都是他社会影响所推出去的圈子的中心”，这种格局具有很强的伸缩性。费孝通先生说：“以‘己’为中心，像石子一般投入水中，和别人所联系成的社会关系，不像团体中的分子一般大家立在一个平面上的，而是像水的波纹一般，一圈圈推出去，愈推愈远，也愈推愈薄。”②费孝通先生认为，“在差序格局中并没有一个超乎私人关系的道德观念，这种超己的观念必须在团体格局中才能发生”③。因此，在传统的乡土社会里，由“己”这个核心延伸开去，就像石子周围产生的涟漪一样，社会关系的展开和交易活动的进行，只是这个“己”的扩展而已。与自己最为亲近、最为密切、最为熟悉，因此也最值得信赖的关系，总是置于那些陌生之先；因此一个传统乡土社会中的交易是否达成，须依赖于交易者自己对交易对方在这个差序格局中所占据的位置的考察。一旦交易扩展到陌生人的层次，交易双方的信任感就会大大降低，此时“涟漪”就会非常微弱以至于根本难以达成任何有效的交易行为。

差序格局的乡土社会与团体格局的市场社会，其达成交易的基础自然是不同的，前者依赖于由熟悉带来的信任，而后者依赖于由契约所保障的权利与义务的清晰界限。因此，两种社会格局的交易半径大相径庭。笔者用“交易半径”这个术语表示达成有效交易的交易主体的广度，传统乡土社会的交易仅限于交易主体熟悉的范围，而契约社会的交易可以扩展到与交易主体完全陌生的他人，因此，契约社会中交易主体的广度就得到空前的扩展，甚至扩展到与自己根本没有任何接触的人群。现代社会中的绝大多数交易都发生于陌生人之间；一些现代金融产品和衍生工具的交易，甚至不需要交易者有任何面对面的接触。这些交易方式在传统的乡土社会是难以想象的。“我们怎么能够相信一个我们从来没有见过面的人呢?”这是一个习惯于乡土社会游戏规则的人自然而然发出的疑问。在乡土社会里，我们只能信任我们熟悉的人，对我们不熟悉的人抱着天然的拒斥和怀疑。由怀疑陌生人，乡土社会中的交易者很容易发展为“欺骗”陌生人：一方面，乡土

---

① 费孝通：《乡土中国　生育制度》。北京：北京大学出版社 2002 年版，第 10—11 页。

② 同上书，第 25—27 页。

③ 同上书，第 34 页。

社会中的人自以为与陌生人的交易概率极低,因此偶然的欺骗所造成的成本(包括收益成本和声誉成本)很低;另一方面,乡土社会中的交易者对交易对方的诚信水平存在质疑,因此"先下手为强"的欺骗有利于交易者避免更大的损失。

## 二、社会转型中的伦理失序

在乡土社会向契约社会过渡的过程中,道德的断裂和失序不可避免。道德规范在乡土社会中是无形的,人和人之间有着天然的缘于地域、血缘和宗族关系的信任感,他们互相熟悉,因而互相欺骗的概率极低,而互相欺骗的成本极高。一旦在乡土社会中发生了欺骗的行为,欺骗者就会给整个家族带来恶名,从而整个家族世代积累起来的美誉就会面临毁于一旦的危险。互相熟悉的人们就会以"闲言碎语"(gossip)的方式来传播欺骗者的行为,从而使欺骗者未来的交易收益受损,交易达成的概率大大降低。但是在向契约社会过渡的过程中,人们由于社会关系的扩展,而不得不将交易扩展到陌生人的范围;然而一个来自乡土社会并熟悉乡土社会游戏规则的人还没有学会如何适应这个陌生人的世界,还不知道如何以契约社会的方式来进行交易,也不知道在受到其他陌生人欺骗的时候如何以契约来维护自己的利益与尊严,而更严重的是整个社会还没有为契约社会的到来准备必要的法律环境和惩罚激励机制。这个时候,普遍的不信任感就产生了,欺骗成为交易者的最优选择。

市场商业行为的产生需要很多准则和美德来支撑,当市场社会良好运作的时候,谁也不会感受到这些准则和美德的存在,以为它们的存在和发挥作用是理所当然、不足为奇的。然而当一个社会缺乏这些准则和美德的时候,经济交易和非经济交易就会变得异常困难,甚至一些最基本的交易都难以达成,商业的效率被严重地降低了。阿玛蒂亚·森对此有很精妙的譬喻:"良好的商业行为基本准则有点像氧气,只有当缺乏氧气时我们才对它感兴趣。亚当·斯密在他的《天文学史》中有一段有趣的评论,其中提到这样一种普遍的现象:'一件事物,当我们很熟悉而且天天看到它时,虽然它是那么伟大而美丽,但它只给我们留下一个很不强烈的印象;因为它既无惊奇,亦无意外之处,来支撑我们对它的赞赏。'"[①]森的论述正确地指出了商业准则和市场伦理在交易中的作用。

但对于那些由一种经济社会结构过渡到另一种经济社会结构的国家而言,不管是从计划经济向市场经济的过渡,还是由乡土社会向契约社会的过渡,都直接面临商业伦理资源匮乏带来的巨大风险。森评价了苏联和东欧国家在转轨时期所面临的这种困境:

> 在苏联和东欧国家经历的经济困难中,缺少那些对资本主义的成功运行具有中心意义的体制结构和行为准则。需要发展出另外一套具有其自身逻辑和忠诚观念的新体制和规则系统,它们在发展成熟了的资本主义中可能是相当标准的事,却很难作为"计划的资本主义"的一部分一下子设置起来。这些变化会花费相当一段时间才能实现并起作用——这是现在从苏联和部分东欧国家的经历中学到的一个相当惨痛的教训。在第一波热情拥抱所谓的自动的市场过程的奇迹时,制度和行为实

---

① 〔印度〕阿玛蒂亚·森著,任赜、于真译:《以自由看待发展》。北京:中国人民大学出版社 2002 年版,第 262 页。

践的重要性被忽视了对体制性发展的需要,相当明确地与行为准则的作用有关,因为建立在人际安排与共享的理解之上的机构和制度,其运行是以共同的行为模式、相互信任以及对对方道德标准的信心为基础的。对行为准则的依赖通常是隐含的、不公开的——实际上是高度隐含的,以至于在这种信心不成问题的情况下,其重要性很容易被忽视。但是一旦这种信心确实有问题,忽视对它的需要就可以是灾难性的。[①]

森所指出的事实在中国正在发生着。商业交易中的混乱和交易者之间严重的不信任导致中国当下的经济效率受到严重影响,而某些发生于食品、日用品、电器以及不动产交易中的欺骗行为和不遵守商业准则的行为不但使交易规模及交易概率降低,而且直接影响到消费者的生命安全与身心健康。这是中国在双重转轨(由计划经济向市场经济的转轨以及由传统乡土社会向契约社会的转轨)的进程中所必然产生的阵痛——要分娩出自由而有秩序的新的经济体制,要在传统乡土社会中分娩出具有现代商业准则和陌生人之间相互信任的新的伦理环境,必然需要付出这样的成本。

## 第三节　社会共同体内外的伦理悖论

### 一、一个伦理悖论

作为一个在复杂社会关系中行动的人,他面临多元的社会网络,在这些不同网络所形成的社会群体中,他的行为模式和道德标准是不同的,这与中国特殊的"涟漪式差序格局"有着密切的相关性。笔者把由相互熟悉的个体所组成的、有着较强的信任程度、彼此有着亲密合作关系的人群所组成的团体,称为"共同体"(community)。这种共同体可以是一个家庭、一个家族、一个宗族、一个村落等。我们观察当下中国社会中的道德问题,会发现一些有悖于一个成熟市场社会或者契约社会的非道德行为,比如商业交易中履约率低、交易者缺乏对合约的尊重,也缺乏严格恪守和执行合约的意识,同时一些行业中存在欺骗消费者的现象。这些现象引起我们对现今道德状况的深刻忧虑。但是我们的观察实际上是不完全的,也是容易引起误解的。我们很容易发现这样的"道德悖论":一个人在共同体内部(如在一个家庭、一个家族、一个宗族、一个村落),他可能是一个非常值得尊重的、非常有道德感的、对共同体富有责任感的且在共同体内部有着良好声誉的人,但是当他面对外部市场的时候,当他的行为超越这个共同体的时候,当他与陌生人打交道的时候,他仿佛就变成另外一种有着完全相反道德表现的人——他会欺骗他的交易对手,会不履行合约,会不惜以毁坏消费者的健康为代价而制造劣质的消费品;他不再关心他在共同体以外的声誉,也不在意自己的非道德行为会给社会和他人造成何种恶劣的影响,此时他似乎变成一个完全没有"道德感"和"伦理观念"的人,与他在共同体内部的行为方式判若两人。一个在共同体内部恪守道德要求的人,当这个"差序格局"扩展到距离

---

① 〔印度〕阿玛蒂亚·森著,任赜、于真译:《以自由看待发展》。北京:中国人民大学出版社2002年版,第262—263页。

"波纹核心"十分遥远的地方从而远离共同体的时候,这个人的自我道德约束就会显得非常微弱。这种共同体内部的基于道德的交易行为和共同体外部的非道德交易所形成的悖论,是我们作为外部观察者必须注意的现象。只有了解了这个悖论以及它背后的根源,我们也许才能找出解决问题的办法。

## 二、共同体内外伦理行为差异的解释

一个行为主体在共同体内部和外部截然不同的表现令我们深思。从经济学角度来看,一个行为主体在两种不同情境下的不同行为模式,实际来自他对自己行为的成本收益的计算。在共同体内部,由于有着数量确定的参加者,而且各参加者之间的关系极为亲密,因此一个人的行为具有以下明显的特征:第一,他的行为很容易被观察到,不论他的行为是否符合道德要求,都不可能逃离共同体内其他成员的眼睛,在共同体内部成员之间,关于各自行动的信息几乎是完全对称的。第二,行为的长期性。共同体成员之间的关系是建立在一种默契的长期非正式合约的基础之上的,这就决定了共同体成员不太可能出现短期行为,不可能冒着被共同体唾弃和抛弃的风险而破坏共同体的伦理规则。第三,在共同体内部存在对非道德行为的经常监督和约束机制,那就是前文提到的共同体成员之间的"闲言碎语"。家族和邻里之间的这些具有强大监督能力的"民间舆论",是约束共同体成员最有效的力量,许多成员就是出于对这种"民间舆论"的敬畏和对自己长期名誉的珍惜,而收敛自己的非道德行为的。第四,在共同体内部,成员的非道德行为可以被及时惩罚,而最有效的惩罚方式就是在共同体内部彻底而永久性地毁坏该成员及其家族的名誉,使他与其他成员达成交易的可能性几乎降低为零。实践证明,这种惩罚方式非常有效,一个声名狼藉的家族,其后代寻找配偶都异常困难,这表明共同体内部不遵守道德准则的成本高昂。

而在共同体外部,情况就迥然不同了,一个人的行为很难被观察,人和人之间有关各自社会行为的信息是非对称和不完全的;共同体外部往往会诱发人的短期行为,使得人为了短期的利益而忽视长远的收益;共同体外部也不存在强有力的监督机制;同时,共同体外部对一个人的非道德行为往往难以实施有效的惩罚。这就解释了为什么会出现共同体内部道德交易和跨共同体的非道德交易这样的悖论,也就解释了为什么在中国这样一个伦理范式转型的社会当中会出现那么多道德失序现象。针对这样的现实,要使得我国的市场道德发生根本性的改观,必须相应地具备以下条件:第一,充分发挥舆论监督的力量,促进公共信息传播的范围和深度,运用各种大众媒体的作用实现对于社会成员行为的有效观察,对其非道德行为实现及时的报道与公开。第二,建立某种社会机制,鼓励那些符合市场伦理的行为,约束那些对社会伦理构成威胁和挑战的行为,强调社会成员在交易行为中的信用和相互信任,健全社会成员信用评价体系。第三,对那些破坏市场伦理和有害公共道德的行为进行有效、及时的惩罚,而且当事人必须有动力实施这种惩罚。当然,作为一个个体的当事人,其实施惩罚的机会成本和成本都非常高,因此,政府有必要担当"替代性惩罚"的角色。同时,作为承担"替代性惩罚"角色的政府,其自身的道德实践在维持市场伦理方面至关重要。

## 第四节　转型期伦理失序的经济根源

### 一、传统道德资源遭遇的三次挑战

在经济学层面谈论道德演进以及当下不容乐观的道德现实，与从纯粹伦理学层面谈论道德问题，其视角大相径庭。当伦理学家以伦理学视角观察社会道德问题的时候，会发出许多“人心不古，世风日下”的喟叹，于是他们会根据伦理学的基本原则，试图制定一种优良的科学的道德体系，并用这种体系改良或者替代当下的伦理现状。理想的道德谱系自然可以凭借学者的知识来构建，但是现实的道德演进是不受伦理学家控制的客观历史过程。实际上，在任何一个时代，尤其是那些剧烈的社会转型和社会动荡年代，都会或多或少地出现道德失序的情形，所谓“人心不古”的话，我们的先辈以及先辈的先辈，似乎已经讲了上千年。但是不可否认，在中国这样一个以儒家文化传统为基本伦理规范的国度里，道德谱系一直保持着相当稳定的态势，这与中国传统社会的“超稳定性”是一脉相承的。这种文化传统曾经在20世纪受到三次大的内外冲击，从而使得传统的道德资源受到不同程度的挑战、更新与破坏。

第一次是在“五四”新文化运动时期，西方的文化思潮剧烈地摇撼中国传统社会的伦理规范，使传统的家庭、家族、宗族、社群关系有了相当的改观，新的道德意识逐渐侵蚀甚至完全占领旧的传统的道德意识的领地。第二次巨大冲击发生在20世纪60—70年代的“文化大革命”中，这次政治运动对中国的政治观念、文化传统、道德价值系统形成了彻底的解构，就对传统伦理道德的冲击的激烈程度而言，这次运动的成果远远超过了新文化运动。许多传统的价值观念与伦理规范遭到质疑和鄙弃，革命话语替代了传统社会的伦常秩序，原有的道德谱系在倾颓和坍塌，而新的革命道德却没有形成一种有渗透力和生命力的价值源泉，没有与中国的传统社会观念有机地融合。第三次冲击发生在80年代改革开放之后，西方的伦理意识再一次冲击中国本土文化，在原有文化传统已经丧失殆尽而新的文化传统还没有建立起来的时候，中国固有的价值资源再也没有盛唐时代接纳外来文化与改造外来文化的自信与大度，从而在价值观体系中出现了芜菁杂陈的混乱局面。

### 二、传统伦理资源与现代转型

我们不得不承认，虽然中国有着历史悠久、底蕴深厚的伦理资源，但是这些伦理资源大多只是“纸面性存在”，而不是“现实性存在”，它们只是作为学术研究的对象存活于学者的书斋和图书馆之中，而不是一种被大众所接受和认同的活生生的存在。当学者们以激烈的言辞和深重的责任感谈论道德问题的时候，应该首先澄清两个基本的观念：第一，依赖学理的推演与知识的判断，我们是难以“制定”出适应于一切时代的伦理体系的，法律可以制定（实际上法律也是文化传统的一部分，其制定和演化也受到一国文化传统潜移默化的影响），但道德体系难以制定；法律可以在一天之内颁布实施并强制性地执行，但道德的维系依赖社会成员的高度认同和一致行动。第二,道德问题不是一个单纯的伦理学问题,而是与社会结构和经济结构密切相关,如果不深入探讨当下“道德失序”的社会和经济根源,我们就会停留在一种学究式的感慨和诗人式的梦幻之中,就难以找到解决中国伦理困境的正确道路。

## 三、道德失序的社会经济根源

当下的道德失序与社会转型有着深刻的渊源关系,其中最关键的要素有三个:社会分层、贫困化和选择机会。

(1) 社会分层。在中国开始经济转轨的步伐之前,整个社会是一种革命的主流意识形态一统天下的单一社会,在社会结构方面,尽管在政治地位上存在严格的区分和明晰的分层,但是在经济上普遍实行平均主义的资源配置方式,因此社会成员之间在经济地位上的分层是不明显的,彼此的差异很少体现在物质财富的拥有量上,而是体现在一些非物质的政治荣誉和社会地位上。但在改革开放之后,这种稳定的局面被迅速打破,社会中的某些群体由于充分运用了转轨时期的各种资源(制度性和非制度性的)和机会,从而一跃而成为社会财富的上层,而那些在社会结构中处于底层的社会群体由于承担了沉重的改革成本而沦为社会财富的下层,因此社会分层变得极为明显,阶层之间的对比十分强烈。大量下岗工人的存在、社会财富的高度集中化趋势、农民生活水准较长历史时期的徘徊不前、权力与财富交换从而引发的大规模寻租现象,成为这个时代社会分层的主要特征。这种社会分层对社会成员的平等感的冲击是致命的。底层劳动者由于社会经济体制的变革而成为制度变迁成本的承担者,而一些体制内的拥有大量社会资源和权力资源的阶层却是制度变迁纯粹的受益者。

(2) 贫困化。贫困化是中国经济发展中亟待解决的重要问题。诚然,在贫困与市场伦理之间,并不必然存在因果关系,更不必然存在简单的反比关系。但是许多事实表明,当相当一部分社会成员处于社会的底层,从而形成一种“金字塔”式的社会财富分配格局(大量的社会人口处于社会财富分配金字塔的底部,而极少量的社会成员处于社会财富分配的塔尖)的时候,社会成员之间的矛盾和冲突就会加剧,而处于底层的社会成员,就容易在寻求财富的驱动力下走上一条与市场伦理相悖的道路。[①] 值得关注的是,农村的贫困化已经是导致当前市场秩序混乱、自然环境恶化以及社会不安全因素增加最重要的社会根源之一。

(3) 选择机会。贫困很大程度上是由“选择机会的不平等”或者像阿玛蒂亚·森所说的“可行能力的剥夺”所导致的。[②] 由于选择机会的不平等,造成弱势群体以有悖市场道德的方式参与社会经济活动,当我们谴责假学历、假文凭泛滥的时候,也许应该深刻反

---

① 最近媒体报道的大量非法传销活动,多发于经济不发达的地区,参与者多为家庭比较贫困的农村青年,许多农村传销青年坦言,参与传销行动的最直接动因乃是迅速致富,使家庭尽快摆脱贫困状态。这种心态可为本部分的理论做一个注脚。

② 森的这一观点体现于他的许多著作中,主要是:Amartya Sen. *Poverty and Famines*. Oxford: Clarendon Press, 1981;以及 Amartya Sen. *Resources, Values and Development*. Cambridge, Mass.: Harvard University Press, 1984.

省我们这个社会所给予弱势群体的教育机会和社会选择权利,也许应该超越道德判断而反思“可行能力的剥夺”给弱势群体带来的消极后果。

## 【关键术语】

道德演进　多元自发秩序观　乡土社会　契约社会　伦理失序　传统伦理资源
现代化转型　共同体　社会分层　道德重建

## 【进一步思考和讨论】

1. 道德的生成和演进过程中体现出哪些特征?如何理解哈耶克的多元自发秩序观?
2. 从乡土社会向现代社会转型的过程中,伦理秩序和道德体系会发生哪些变化?
3. 有哪些经济和社会原因导致社会转型期的伦理困境和道德失序状况?

## 本章参考文献


费孝通. 乡土中国　生育制度[M]. 北京:北京大学出版社,2002.

胡鞍钢,王绍光,康晓光. 中国地区差异报告[M]. 沈阳:辽宁人民出版社,1997.

康晓光. 中国贫困与反贫困理论[M]. 桂林:广西人民出版社,1995.

森. 以自由看待发展[M]. 任赜,于真,译. 北京:中国人民大学出版社,2002.

斯马特. 世界宗教:第 2 版[M]. 高师宁,等译. 北京:北京大学出版社,2004.

王曙光. 东亚企业精神的儒家资源及其现代性转化——韦伯理论的经验考察:以日本为核心[M]//王曙光. 理性与信仰——经济学反思札记. 北京:新世界出版社,2002.

王曙光. 金融自由化与经济发展:第 2 版[M]. 北京:北京大学出版社,2004.

A SMITH. An Inquiry into the Nature and Causes of the Wealth of the Nations[M]. Oxford University Press, 1976.

A SMITH. The Theory of Moral Sentiments[M]. Oxford: Clarendon Press, 1976.

A SMITH. Lectures on Jurisprudence[M]. Oxford: Oxford University Press, 1978.

A EBENSTEIN. Friedrich Hayek: A Biography[M]. St. Martin's Press, LLG, 2001. 中译本:艾伯斯坦·哈耶克传[M]. 秋风,译. 北京:中国社会科学出版社, 2003.

A SEN. Poverty and Famines[M]. Oxford: Clarendon Press, 1981.

A SEN. Resources, Values and Development[M]. Cambridge, Mass.: Harvard University Press, 1984.

E STREISSLER et al. Roads to Freedom: Essays in Honor of Friedrich A. von Hayek[M]. Routledge & Kegan Paul Limited, 1969.

F A HAYEK. Individualism and Economic Order (2nd edition)[M]. The University of Chicago Press, 1957.

F A HAYEK. The Constitution of Liberty[M]. University of Chicago Press, 1960: pp. 160-161. 中译本:哈耶克. 自由秩序原理[M]. 邓正来,译. 上海:生活·读书·新知三联书店,1997.

F A HAYEK. Road to Serfdom[M]. University of Chicago Press, 1944.

M FRY. Adam Smith's Legacy: His Place in the Development of Modern Economics[M]. Routledge,

London And New York, 1992.

M FRIEDMAN, R FRIEDMAN. Capitalism and Freedom, Introduction [ M ]. University of Chicago Press, 1962.

M FRIEDMAN, R FRIEDMAN. Free to Choose: A Personal Statement[ M ]. Harcourt Brace Jovanovich, New York and London, 1979.

S. AHMAD. Adam Smith's Four Invisible Hands[ J ]. History of Political Economy, 1990(22).

# 第三章　金融体系的伦理冲突

## 【本章目的】

学习本章的目的，是了解金融学中伦理视角的意义，了解金融学中“价值中立”的含义及其局限性，并深入讨论金融伦理和金融法律之间的相互关系，从而理解金融伦理在维持健康的金融生态、遏制金融腐败和保障金融体系顺利运作中的重要性。

## 【内容提要】

本章从全球普遍频发的金融丑闻、金融腐败以及金融危机出发，探讨了金融学中的“价值中立原则”，即金融学是否应该摒弃价值判断问题。本章认为，片面强调金融学中的实证主义与价值中立，会给金融业带来严重后果，金融难以回避价值判断问题。本章深入讨论了金融伦理与金融法律的关系，并基于金融体系的特殊性，探讨了金融业注入伦理原则的必要性。

## 第一节　金融丑闻、金融腐败与金融生态

### 一、金融丑闻：全球性现象

我们这个时代似乎是一个“丑闻”的时代，媒体的大量报道使我们频频关注全球社会中发生的政治丑闻、体育丑闻、学术丑闻和商业丑闻。丑闻的存在意味着有很多人正在试图以非常规的手段、以公然违犯基本游戏规则的方式攫取非正当利益。与所有其他丑闻相比，金融丑闻的危害性也许波及的范围更广，危害的程度更深，因为金融体系是一种以广泛的信任和大规模的委托—代理关系管理支撑起来的商业体系，其对金融伦理的要求更严格和苛刻，一旦金融体系因为丑闻而受到影响，往往会波及整个经济体系，甚至会导致严重的金融危机。这种例子在经济史中并不罕见，由于金融丑闻而使得一个金融机构甚至一国金融体系崩溃的事件在历史上也不乏先例。

2001 年，美国著名能源企业安然公司与著名会计师事务所安达信合谋，制造虚假财务报表，欺骗投资人和资本市场，给安然和安达信造成了不可挽回的悲惨结局（参见专栏 3-1）。一个是巨型的占据庞大市场份额的能源公司，另一个是长期在业界享有盛誉且业务遍布全世界的全球大型会计师事务所，其命运的转折，乃在于对金融业界普遍尊重和遵守的金融伦理的有意忽视与肆意践踏。在安达信和安然事件之前，这样的案例也俯拾皆是，一个交易员长期的违规交易可以使偌大的巴林银行倒闭，同样，东亚国家和拉美国家普遍存在的金融腐败也不能说与这些地方频繁爆发的金融危机没有关联。从全球角

度来说，银行业的金融腐败、证券业的欺诈和违规行为、金融监管部门官员的腐败行为，在任何国家都有可能存在。这个全球性现象逼迫我们从经济体制、社会制度、法律框架和历史文化各个角度做出深刻分析并提出对策。

【专栏 3-1】

## 安达信与安然事件

2002 年 1 月 24 日，美国众议院能源和商务委员会负责监督与调查的小组委员会就美国能源业巨头安然公司破产案举行了首次听证会。安然公司成立于 1985 年，总部设在美国得克萨斯州的休斯敦。该公司拥有资产 498 亿美元，雇员达 2 万多人，其业务遍布欧洲、亚洲和世界其他地区。它还从事纸浆、纸张、塑料、金属交易以及为世界各地的客户提供金融和风险管理服务。安然公司曾是世界上最大的天然气交易商和最大的电力交易商，鼎盛时期其年收入达 1 000 亿美元，在美国公司 500 强中名列第七。公司曾被《财富》杂志评为美国最具创新精神的公司，它的股价最高达到每股 90 美元，市价约 700 亿美元。2001 年年底，安然公司虚报近 6 亿美元的盈余和掩盖 10 亿多美元巨额债务的问题暴露出来。12 月 2 日，安然公司根据美国破产法第十一章规定，向纽约破产法院申请破产保护，创下美国历史上最大宗的公司破产案纪录。

安然事件牵涉一个重要的参与者，即全球著名会计师事务所安达信。美国国会、司法部、劳工部和证券交易委员会介入安然事件调查后，除了揭露出安然公司与政坛要员关系密切的丑闻，还发现承担审计工作的安达信公司也难辞其咎，其因涉嫌故意销毁数千份有关资料而受到国会的质询。安达信公司已承认销毁了部分资料，并于 2002 年 1 月 15 日宣布解雇一直在休斯敦办事处负责安然公司审计工作的合伙人戴维·邓肯（David Duncan），指责他在得知证券交易委员会即将进行调查后，于 2001 年 10 月召集会议，组织销毁与安然公司相关的文件。但邓肯向国会调查小组透露，他是按照公司高层管理人员的指令行事的，并指出从 2001 年 9 月中旬开始，安达信公司在芝加哥总部的主管就与休斯敦办事处的审计人员举行会谈，讨论与安然公司审计文件保存有关的问题，公司一些高层管理人员也参加了会议。

虽然有关法律没有规定会计公司必须将资料保存多久，但故意销毁传票通知范围内文件的任何行为均属非法，因此安达信公司或有关责任人有可能因蓄意阻碍调查而遭到起诉。美国众议院能源和商业委员会主席比利·陶津（Billy Tauzin）表示，任何愚蠢地销毁记录的人都应当被开除，任何试图通过销毁记录来逃避调查的人都应受到起诉。在来自内外两方面的强大压力下，安达信公司首席执行官约瑟夫·贝拉迪诺（Joseph Berardino）于 2002 年 1 月 28 日发表声明认错，表示有关人员在销毁文件时出现了严重的判断错误，涉嫌的员工将受到处分。他承诺要与参与调查的国会各委员会和有关机构合作，并在近期宣布几项改进经营方式的重大举措，以维护安达信公司的信誉。该公司 1 月 29 日还在《华尔街日报》《纽约时报》等著名媒体上刊登整版广告以及贝拉迪诺的声明，力图挽回影响。

创立于1913年、总部设在芝加哥的安达信是全球五大会计师事务所之一。它代理着美国2 300家上市公司的审计业务,这些公司占美国上市公司总数的17%,安达信在全球84个国家设有390个分公司,拥有4 700名合伙人、2 000家合作伙伴,专业人员达8.5万人,2001年财政年度收入为93.4亿美元。安达信1979年开始进入中国市场,相继在香港、北京、上海、重庆、广州、深圳设立事务所,员工2 000名。由这些数字可知,安达信曾经多么红火,一般的公司简直难以望其项背。

就是这样一个强盛的企业,如今犹如一艘漏洞百出的破船,正在下沉。美国国会、司法部、证券交易委员会相继对安达信展开调查,包括福特汽车、默克制药、联邦快递、德尔塔航空公司在内的36家大客户已与安达信解除了合同。为了赶在沉没之前捞一根救命稻草,安达信与昔日的竞争对手、全球第二大会计师事务所德勤谈判,以求收购。

## 二、我国金融业的腐败行为与金融生态

根据狭义腐败的定义,腐败一般被认为是政府官员的行为特征,滥用公共权力和公共资产为个人谋私利的行为才是腐败。从广义腐败角度出发,一切利用某种垄断权(包括行政权与资源配置权)所进行的不按交易规则或行政权力规则办事、为自身谋取私利的行为都是腐败。[①] 广义的腐败定义并非集中于个体行为分析,而是从权力结构和利益关系进行的定义,相对于狭义腐败定义,其更注重政治经济学价值判断,更注重在权利边界上的冲突。因此这个定义不仅包括金融监管腐败,还包括金融机构涉及私利的违规行为,同时剔除了与"金融"无关的行为,而仅仅涉及资金交易或金融行政权力的腐败行为。金融监管腐败利用的是行政权力的稀缺性,一般金融交易腐败利用的则是资金配置权力的稀缺性。广义的腐败行为至少需要三个必要条件:第一,腐败群体掌握了某种稀缺(存在供求缺口)资源,由此可以追求市场实现;第二,掌握稀缺资源的群体必须具有某种垄断性,由此可以侵占消费者剩余以实现供给者剩余的最大化;第三,文化上的接受性,即公众对于腐败交易的认同程度。[②]

在我国的金融领域,金融腐败涉及监管寻租与共谋、证券内幕交易、融资信息欺诈、信贷交易中索取额外收入等多个层面。在整个金融腐败的链条中,处于最低端的是金融客户,比如贷款人、投资者、保险购买人,由于金融资源的垄断,他们被迫贿赂上游的腐败者;租金首先流入具有垄断地位的金融机构,比如商业银行、证券公司、保险公司的某些人员手中,这构成了第一个层次的腐败;然后,金融机构又会将部分租金上供,为的是从一些金融监管机构和某些政府部门那里获得商业机会或换取对其违法违规行为的放纵、赦免。[③]

金融体制的改革严重滞后于整个经济改革,使得目前我国实体经济开放发展的过程

---

① 谢平、陆磊:《中国金融腐败的经济学分析》。北京:中信出版社2005年版,第3页。

② 同上书,第10—11页。

③ 秋风、陈晓:《金融腐败的食物链调查:重在打破国有金融机构垄断》,《新闻周刊》,2004年第15期,第21—23页。

中许多金融漏洞不断暴露，金融腐败案件不断出现。从银行和证券市场所披露的情况看，我国的金融腐败状况不容乐观。时任中国人民银行研究局局长谢平及其他研究人员研究编制的中国首个金融腐败指数显示，2002—2003 年，中国金融腐败指数为 5.42，其中银行业腐败指数为 4.17，证券业腐败指数为 7.26，指数越接近 10 表明腐败越严重，由此看出我国金融业尤其是证券业的腐败当时已经比较严重。

近年来，我国金融业腐败现象日益受到社会各界的关注，一些涉及重要金融机构和金融监管部门重要人物的大案要案频频被媒体曝光，老百姓对国有商业银行中存在的大量腐败行为、监管部门高官的贪污和违法事件、资本市场上的各种违规操作和欺诈行为等有很多激烈的批评，而这些消极的情绪影响了我国金融体系的有效运作和健康发展。

金融腐败有着深刻的经济社会根源，其表现形式也多种多样：国有银行贷款部门的负责人可以利用手中的权力进行关系型贷款，从而可能成为银行大量呆账的源头；投资银行可以在利益的驱使下为某些企业的恶意收购与兼并提供帮助，从而妨碍了企业之间的正当竞争；银行业和保险业监管者可以为某些银行或保险公司的违规运作提供保护，收取高额的好处费，从而丧失了作为监管者的责任感和基本功能；证券业的监管者可以为某些不良企业的上市创造条件，从而损害了资本市场的有效性，挫伤了股市投资者的信心；金融媒体也可以利用自己信息传播的权力为某些上市公司和某些金融机构的不正当得利服务，传播具有误导性的信息和新闻；各种金融中介，尤其是一些会计和审计事务所（如安达信），可以与企业合谋，歪曲和篡改会计报表，欺骗投资者，从而获得巨额利润。这些行为从广义上来说，都可以定义为金融腐败行为，都会给金融体系的稳健运行造成障碍甚至带来毁灭性影响。

在我国一些地区，银行业的腐败行为比较典型，某些银行利用其垄断权力获得大量寻租收入，直接导致企业和农户的贷款成本上升，并导致金融体系累积了越来越多的风险，孕育和孳生了越来越多的腐败分子。谢平等在《中国金融腐败的经济学分析》一书中将银行利用其垄断权力所获得的利益分为两类：第一类是银行直接从信贷额度中扣除部分金额作为"好处费"，这实际是企业或农户申请贷款的一次性花费；第二类是银行及金融机构在账外向借款人额外征收的高利息，这实际是企业或农户在获得贷款后为了维持长期信贷交易关系而支付的持续性成本。上述两类租金加上名义利率才是企业和农户为获得贷款而支付的实际利率。根据谢平等问卷调查数据测算的结果，就全国而言，平均每 100 万元正规金融机构贷款的申请费用接近 4 万元，农户和个体工商户平均 1 万元贷款的申请费用接近 600 元。这意味着，企业一次性直接支付的费用约占本金的 4%，而农户与个体工商户支付的费用约占 6%。企业付出的第二类租金折合年利率大约是 5%，而农户略低一些，接近 3%。如果把两类租金结合起来，企业贷款和农户贷款所有成本折合为追加利率大约都是 9%。按照一年期贷款基准利率 5.58% 加上两类租金，企业和农户实际承受的利率大约在 15% 的水平上，可见正规金融市场的借贷价格实际上与民间信贷市场十分相近。可见，银行业腐败直接导致企业和农户贷款成本的增加，扭曲了利率水平，而更重要的是，这种普遍的寻租行为严重影响银行业的健康发展。难怪有人说，那些运用垄断性权力而大肆进行贪污违规行为的银行家们，实在是我国国有银行最大的"不良资产"。

金融腐败的孳生和蔓延是造成我国金融生态恶化的重要原因,因而改善我国的金融生态,首要的问题便是如何有效制止和惩罚金融腐败行为。笔者认为,金融从业人员的金融伦理素质与自律意识的增强、严密的金融监管框架及其有效实施、新闻媒体及时而全面的信息披露、对公众监督权利的合理鼓励与保护都是不可或缺的重要举措。

【专栏3-2】

### 我国银行业腐败典型个案要览

朱小华案:1997年至1999年间,朱小华利用担任中国光大集团有限公司董事长、中国光大金融控股有限公司董事长的职务便利,收受他人股票及现金折合人民币共计405.9万元。

王雪冰案:1993年至2001年间,王雪冰利用担任中国银行行长的职务便利为华晨(中国)控股有限公司、北京再东方广告有限公司等企业谋取利益,并为此非法收受这些公司给予的钱款、艺术品、名表等贵重礼品,共计折合人民币115.14万元。

梁小庭案:1993年1月至1994年3月间,梁小庭利用担任中国建设财务(香港)有限公司副总经理的职务便利,为香港友协贸易有限公司、潭江置业有限公司董事许超凡申请融资认购股票提供帮助,先后4次收受许超凡给予的贿赂款共计294.97万港元。

潘广田案:1992年5月至2001年10月间,潘广田利用担任中国农业银行山东省分行商业信贷处处长、工商信贷处处长、计划处处长、副行长以及山东省工商联合会会长、山东省政协副主席等职务便利,为有关企业和个人在解决贷款规模、审批贷款项目、推荐贷款等方面谋取利益,先后31次共非法收受11个个人和单位送的财物,总价值人民币153.9万余元。案发后赃款全部追回。

资料来源:《财经》,总第103期,总第124期,总第129期。

## 第二节 金融学的价值中立与伦理视角

我们在第一章第二节中已经讨论了经济学中的价值判断问题。现在,大多数的经济学家会以为,经济学应该是“价值无涉”或者“价值中立”的,即经济学不涉及价值判断问题。但是,这个观点仍旧引起巨大的争议。从经济理论而言,有实证经济学和规范经济学之分,前者回答“是什么”的问题,而后者回答“应该是什么”的问题。从实证的角度来说,经济学必须从已有的事实出发,以经验数据为基础,通过一定的数学或计量方法而获得可靠的结论。但是,经济理论演绎所获得的结论本身仍旧不能回避价值判断问题。经济学在关注有限资源约束条件下最优配置问题的同时,不仅要解决资源配置的有效性问题,而且必须回答与资源配置效果相关的公平问题、环境问题和福利问题,也就是要回答与伦理判断相关的“什么是善”的问题。如果最终不能对这些问题给予完满的解决,经济学理论仍旧是苍白的。现代经济学要真正进入“现代”阶段,而不是继续停留在新古典经济学的“前现代阶段”,就必须与伦理学再次联姻。[①] 实际上,现代经济学关于增长和发展的理论,已经在很大程度上注入了价值判断的因素,因为一个“好”的增长与一个“坏”的增长,其对人类来说后果是截然不同的。

在经济学的所有分支中,金融学可能是最富于实证色彩的一个领域。运用经验数据对客观事实进行系统研究,这是大多数金融学理论工作者一贯坚持的研究方法。而在实践中,最佳的金融决策或金融产品的设计无外乎是在既定金融资本禀赋下,求得风险的最小化和收益的最大化,虽则风险和收益往往是相匹配的。所以,大部分金融学家或金融实践者都一定会坚持,金融学是一门仅仅依赖可视事实的客观科学[②],在其研究过程中应该排除价值判断,它不涉及价值观的问题,不回答“什么是善”的问题。

但是这些“金融学不做价值判断”的信条在现实中很容易碰到麻烦和挑战。在银行、证券公司、上市公司、保险公司乃至金融监管部门里工作的人士,几乎每天都碰到与“什么是好的”“什么是坏的”有关的问题。这些问题,仅仅用实证主义的金融理论是不够的,他很快就会发现纯粹技术主义的金融学其实是苍白无力的。对于什么是好的兼并收购而什么是恶意的兼并收购、什么是好的商业银行贷款而什么是坏的银行贷款、什么是好的保险公司条款而什么是坏的保险公司条款、什么样的公司财务计划或投资计划才是对社区或社会福利有益的等诸如此类的问题,现有的金融理论仅仅从实证角度来说是不能回答的,但是实践者的困惑仍然存在。如果在金融学中不引入价值判断,不做规范性的描述,那么这些困惑永远得不到清除。

我们可以用一个简单的例子来说明伦理视角在金融学中的重要性。金融理论和投资理论的一个基本信条是,公司所有金融和投资活动以及其他行为的目的都是实现股东财富和利益的最大化。这个信条已经成为所有金融领域从业者和公司经理人的一种不可替代的信念。但是这个信条不仅是一个实证命题,而且是一个带有价值观念的问题。第一个问题是,如何才能实现股东财富和利益的最大化?这里涉及对公司金融投资活动以及其他行为的性质、手段以及达到的效果的评价。第二个问题,更为严肃的是,什么才是股东财富与利益的最大化?股东利益最大化与所在社区利益、所在社会利益有何种内在关系?在股东利益最大化与社区利益乃至社会利益出现冲突的时候,如何进行有效的处理和协调?这两大问题实际上都与价值判断有直接关系。在本书中,我们将探讨企业社会责任(CSR)问题和金融企业社会责任问题,实际上,不管是企业社会责任还是社会责任投资,最终都涉及股东利益最大化原则与社区利益乃至社会利益如何和谐统一的问题。比如,当公司一项金融投资行为有可能损害当地社区的文化传统或自然环境时,尽管这项金融投资符合股东利益最大化原则,但是由于它有悖于保护社区文化传统或自然环境原则,因此仍然应该被视为“坏的投资”而非“好的投资”。在侗族传统社区中的民族村寨里广泛设立巨大的可口可乐公司广告牌的做法显然是不适宜的,而砍伐大量西伯

① 在《伦理学与经济学》一书中,森就严格论证了这一观点,参见〔印度〕阿玛蒂亚 · 森著,王宇、王文玉译:《伦理学与经济学》。北京:商务印书馆2000年版。

② 〔美〕博特赖特著,静也译:《金融伦理学》。北京:北京大学出版社2002年版,第7页。

利亚原始森林来铺设石油管道也显然是不适宜的。

## 第三节　金融伦理与金融法律

伦理与法律的关系已经是学术界争议多年而没有结果的话题。法学家强调法律的重要性,法律界定的清晰性及对社会经济各领域明显的强有力的约束与惩罚功能,以此来强调法律在社会治理中的重要性。尤其是当代中国强调"以法治国"的大背景下,相比伦理,法律的重要性被过度关注了。而伦理学家认为,法律的功能是有限的,伦理道德在社会中则有更广泛的约束与激励功能,其作用的领域更多,实施的成本也更低。有些学者包括经济学家在内,甚至以为最好的社会其实是不需要法律的,在一个伦理秩序非常好的地方,传统伦理与道德习俗会自动调整多种利益关系,以非常低的社会成本来维持社会的运转,根本用不到法律。[①] 这种观点在中国有悠久的传统,在《镜花缘》这部古典小说所描述的"君子国"中,人们之间的交往谦让有礼,根本用不到法律来管理社会生活。而在两千多年前的《论语》中,孔子也说治理得最好的社会是"无讼"的,没有诉讼的社会是治理的最佳境界。

金融伦理与金融法律的关系也同样复杂。毫不夸张地说,在所有商业经济活动中,金融领域的法律规范最为繁复,一个国家在证券交易、保险交易、商业银行、公司金融等方面的定法文学真可谓汗牛充栋。在中国,除了一般意义上的《中华人民共和国商业银行法》《中华人民共和国保险法》(以下简称《保险法》)、《中华人民共和国证券交易法》,中国人民银行、银保监会和证监会还制定了数目庞大的部门规章与暂行条例,这些"准法律"在约束金融市场与金融机构中的交易行为时也一样具有法律效力。但是再多的法律条文、再严密烦琐的法律规定都不能自动保证金融市场的秩序与对金融机构约束的有效性。从我们以上章节所讨论的大量金融违规和金融腐败案例可以看出,如此繁复的法律并没有保证金融市场治理的有效性,在大部分时候,基于金融伦理的从业人员自律是金融市场更有效治理的基础。因此,虽然不能简单化地、想当然地认为"金融伦理可以替代金融法律",但是如果金融从业人员可以保持基于金融伦理的自律行为,那么金融市场治理与管理的有效性必然会大幅提高。

因此,金融伦理的首要功能在于,它是金融法律得以有效实施的基础。也就是说,金融法律之所以能够使金融市场保持秩序,其管制功能之所以能够有效发挥,关键在于金融市场与金融机构中的从业者能够进行以伦理为基础的自律。如果从业者丧失了这种以金融伦理为基础的自律,那么法律的功能则仅仅限于事后的惩罚。在中国的证券市场上,证券法律惩罚了很多违规的交易者和上市公司,但是这些惩罚似乎并没有太大的震慑作用,反而"激发"了更多的交易者和上市公司的"违规热情",问题的关键在于,中国证券市场上的交易者和上市公司缺乏基于金融伦理的自律意识,仅仅依靠金融法律的"他律"是不能奏效的。

金融伦理的作用还在于能够营造一种有利于金融市场稳健运作和金融机构健康发

---

① 茅于轼:《中国人的道德前景》。广州:暨南大学出版社 1997 年版。

展的文化,而这种伦理文化是金融体系保持有效运转的前提,一旦这种文化遭到破坏,整个金融体系就很容易陷于危机之中。东亚金融危机从直接原因而言似乎是国际投机资本对马来西亚、印度尼西亚、菲律宾等东南亚国家的袭击而引起的,但是其根本原因在于这些国家扭曲的金融伦理与金融文化。在正常的金融伦理原则下,商业银行应该成为稳健的经营者,关注其风险管理的有效性,尽量避免从事高风险的投机活动;同时,商业银行与企业之间应该是一种严谨的投资关系,商业银行出于谨慎与信用风险管理的角度,应该对企业的资产负债和财务状况进行严谨的审查,以此作为贷款的依据。但是东亚国家鼓励了一种相反的金融伦理,商业银行作为存款人的代理人并不遵循稳健与信用的原则,而是将大量资本不适当地用于房地产、外汇以及资本市场的短期投机行为,结果推动了市场泡沫的形成。同时,由于商业银行与企业之间的扭曲关系,商业银行并不十分严谨地对待企业的信用与财务指标,而是过分注重"关系",使商业银行累积了过多的不良贷款与风险。这种不健康的金融伦理所造就的"裙带资本主义",彻底破坏了一个金融体系持续发展的伦理基础,结果导致东亚金融危机的发生。

中国证券市场投资文化与金融伦理的扭曲对证券市场良性发展的长久损害也充分说明了伦理的重要性。中国证券市场中流行一种所谓"庄家文化"。所谓庄家,就是那些利用自身在资金或信息上的垄断性优势进行股票价格操纵以达到获取巨额垄断利润的集团或组织,他们使用的主要是欺诈等不法手段,其唯一的目的是攫取超额利润。对于流行于中国证券市场的"庄家文化",有评论者这样说:

> 中国证券市场投资文化的扭曲,可能是比制度建设滞后更为长期的一个危害。制度是可以短时间内模仿的,文化则需要长期的学习。而一旦一个坏的投资文化已经定型,其纠正则可能难上加难。中国证券市场中根深蒂固的"庄家崇拜",……这种恶劣的投资文化,与其说是中国社会普遍存在的权威人格在股市中的体现,倒不如说是广大投资者在长期的投资实践中总结出来的用自己的血汗钱换来的至理名言。投资文化作为一种没有明示的制度,有时候会比明示的制度和规范作用更大。一个很简单的道理是,投资人在做出投资行为时,往往是按照文化暗示给他的规则去做,而不是按照制度和规范告诉他们那样去做的。文化是成本更低的制度。①

这里所说的"文化"和"投资文化",实际上就是我们所说的"伦理"和"金融伦理"。一种崇拜庄家、唯庄家马首是瞻的投资文化和金融伦理,是一种远比各种违规操作更为恐怖的东西,它对证券市场的破坏性更强,也更持久。庄家最可怕的,不在于获取可观的不法利益,而在于摧毁了一种建立在谨慎、理性、诚信等基础之上的投资文化或金融伦理,投资者不再关注对经济基本面的严谨分析,不再关注对上市公司的业绩与诚信的理性考察,而是仅仅关注庄家的动向。所以,上述评论者说:"比庄家的资金及信息优势更加强大的,是站在庄家背后的东西。这才是庄家最为令人恐惧的本质。一个庄家的一次操纵,抢劫的资源是非常有限的,但是作为一种制度和文化的庄家的抢劫目标,却是整个

---

① 袁剑:《中国证券市场批判》。北京:中国社会科学出版社 2004 年版,第 15 页。

市场、整个社会。”[1]一旦这种扭曲的投资文化和金融伦理形成，迟早会给证券市场乃至整个社会带来灭顶之灾。

以上两个例子，充分说明了仅有金融法律是难以维系一个稳定而健康的金融市场的，对一个金融律条而言，建立在一定伦理原则基础之上的金融文化才是灵魂所在。相对于刚性的金融法律而言，柔性的金融伦理更重要。一旦金融伦理被扭曲，则再多的法律规范都形同虚设。当然，金融伦理与金融法律并不构成相互替代的关系，但是金融伦理在任何时候都应该是金融法律得以奏效的前提和基础。

一定的金融伦理原则还是金融法律制定的依据与准绳。在一部金融法律制定之前，立法者必定需要参照通行于金融机构、金融市场和金融从业者之间的一些默而不宣的伦理原则，这些伦理原则尽管还没有成为字面上的法规，但已经成为人们恪守的行动准则。立法者参照这些伦理准则，对交易双方的权利义务关系进行更加严格和清晰的界定。此时这些大家默认的伦理原则与知识就进一步上升为法律。证券交易中心防止操控市场的规定，收购法规中关于禁止恶意兼并的规定，上市公司信息披露准则的制定，以及保险法规中禁止经纪人炒单[2]的规定等，都是基于一些通行的金融伦理原则而做出的法律界定，这些伦理原则包括金融交易中的诚信原则、公平公正原则、信息对称原则、保护相关利益者利益原则等。一些金融伦理很明显地促进了某些新的金融法律的诞生。例如非歧视原则是金融体系中一项重要的伦理原则。在商业银行资产负债管理中，非歧视性原则的贯彻及其检测一直是美国某些地区规范商业银行行为的重要方法之一。银行的歧视性贷款（lending discrimination）容易产生“系统性负投资”（systematic negative investment），而所谓“系统性负投资”，即是说银行从一个地区的居民中获得储蓄，而没有以相应比例向该地区发放贷款。对这种系统性负投资的一个检测方法是审查银行对某个社区的信贷与储蓄的比率。有些贷款歧视属于忽略性歧视，即银行并不是有意剥削贫困社区，而只是“忽略”这些贫困社区。银行也许通过很高的放贷与储蓄比率，对其划定的地区提供很好的服务，但如果它的服务区域包含富足社区而排除贫困社区，则此时就出现了忽略性歧视。人们提出了一种“市场份额检测”的方法对这种忽略性歧视进行测定。这种检测方法就是将某一银行在中低收入地区的放贷额度与那些大社区贷款机构的额度进行对比，也就是说，如果一个银行在大芝加哥区的市场份额是15%，那么它在贫困地区的放贷额度就必须达到所有放贷机构在贫困社区的放贷总额的15%。美国一些国会议员一直在试图通过立法推行这种歧视检测，克林顿政府1933年12月也提出这个提案，但是联邦监管者最终并未采取这种方法，因为银行界对之极力反对。[3] 也许在若干年后，美国会基于非歧视性原则而通过这样的法案，但是不管怎样，我们从这个案例中可以看出一定的金融伦理原则对金融法律的制定所能产生的影响。

---

① 袁剑：《中国证券市场批判》。北京：中国社会科学出版社2004年版，第23页。

② 炒单指经纪人为了获得更多的佣金收益而通过欺诈的手段故意增加代替客户交易的次数。

③ 关于贷款歧视与系统性负投资以及市场份额检测，参见〔美〕博特赖特著，静也译：《金融伦理学》。北京：北京大学出版社2002年版，第110—112页。王曙光和邓一婷（2006）讨论了中国农村地区系统性负投资的问题。

## 第四节　金融伦理的重要性

金融机构中普遍存在的腐败现象,金融市场中尤其证券市场中的欺诈与操纵无所不在,以及由于不健康的投资理念与金融文化而引发的银行危机,似乎都在提醒我们,金融伦理实际上在金融体系稳健运行中起着重要作用。同时,尽管在其他经济领域(如国际贸易),伦理也被广泛重视,但是在金融领域中,伦理更应该被提高到一定的高度去认识和理解,这是因为,金融体系在以下几个方面与其他领域相比有明显特殊性:

首先,金融领域比其他领域更容易发生与信任相关的不道德行为,其根本原因在于金融所涉及的都是"别人的钱"(other people's money, OPM),这个 OPM 本身意味着金融领域中的机构和个人出于贪婪的欲望而更容易发生欺诈、操纵、违约和不公平交易。比如,在保险领域,由于保险公司、保险经纪人等工作中所涉及的都是"别人的钱",因此更容易引发诸如不平等的保险条款、欺诈性保险单推销、经纪人的炒单行为及保险公司在理赔时故意伤害客户利益的等不道德行为。在证券市场中,证券交易员有可能挪用客户保证金而干一些不符合伦理原则的事情。与此相类似,年金管理者、养老基金经理人等也有利用这些基金而进行有损客户利益的高风险行为。比如在中国就发生过不止一起高层管理者挪用社会保障基金而进行不合理投资甚至中饱私囊等大案。商业银行也在玩"别人的钱",其有可能为满足自己的私欲而放弃稳健经营理念,把大量储蓄者的资金用于高风险领域,从而导致巨额损失。比如,在东亚金融危机中,很多商业银行将大量资金投资于短期房地产投机,资本市场投机以及外汇市场投机,结果当泡沫破灭时,导致不良资产大量累积,银行大面积破产。

【专栏 3-3】

### 东南亚金融危机

1997 年 7 月,东南亚金融危机首先从泰国爆发,后迅速席卷整个东南亚,又登陆中国香港,进而波及全世界,东南亚许多国家和地区的汇市、股市轮番暴跌,金融系统乃至整个社会经济受到严重创伤,出现严重的经济衰退。让我们通过一些数字资料来直观感受一下这场至今令人谈之色变的金融危机。1997 年 7 月至 1998 年 1 月仅半年时间,东南亚绝大多数国家和地区的货币贬值幅度高达 30%—50%,贬值幅度最大的印尼盾贬值达 70%以上。同期。这些国家和地区的股市跌幅达 30%—60%。据估算,在这次金融危机中,仅汇市、股市下跌给东南亚国家和地区造成的经济损失就达 1 000 亿美元以上。

探讨危机发生的原因、从中吸取教训,是世界经济的首要任务之一。出口大幅下降,出现经常项目赤字;实行以盯住美元为主的一揽子货币汇率制度,汇率制度僵化;经济增长过分依赖外资,外债沉重;在应变能力尚不充分的情况下过早开放金融市场,受到国际游资撤出的巨大影响等都是造成东南亚金融危机的重要原因。但在这里我们要强调的是这场危机背后的伦理因素，即很多商业银行为了私欲而放弃稳健经营的理念，投资高风险行业。在金融危机前，东南亚经济增长相当程度上靠的是房地产投资的拉动。而东南亚国家在推动经济自由化的过程中，也致力在房地产业中引入竞争机制。由于房地产投资有高回报率，从而吸引很多商业银行及其他金融机构放宽贷款或投资条件限制，投资房地产行业。大量资金导致商品房空置率上升，房地产价格暴涨，形成地产泡沫。随后而来的地产泡沫的破裂导致银行出现大量呆账、坏账，各种投资级机构资不抵债，宣告破产，出现严重的信用危机，进而影响到汇市和股市。

2007 年是东南亚金融危机爆发 10 周年，对危机的再次回顾与反思成为经济领域的焦点问题之一，其中加强金融监管力度，建立健全金融市场体系，鼓励更多资金运用于实体经济而非房地产等虚拟经济的发展成为大家的共识。这也要求金融机构能够重拾稳健经营的金融伦理原则。

再比如，在 2007 年发生的美国次级债危机中，大量的商业银行和其他金融机构被卷入其中，其根本原因也在于这些金融机构为追逐更高利润，放弃了稳健经营的基本伦理准则，而将大量资金用于投资风险极高的次级债务以及相关衍生产品。这些危机的产生，其根本原因都在于商业银行和共同基金等金融机构意识到了自己是在经营“别人的钱”，为了满足自身的贪欲而置风险于不顾，从而极大地损害了储蓄者和投资者的利益。

**【专栏 3-4】**

## 美国次级债危机

次级债危机又称次贷危机、次级房贷危机。这是因一场次级抵押贷款机构破产、投资基金关闭、股市剧烈震荡而引发的风暴，导致全球主要金融市场出现流动性不足危机。其从 2006 年春开始于美国逐步显现，于 2007 年 8 月席卷美国、欧盟和日本等世界主要金融市场，并一直持续至今。

次级抵押贷款是指一些贷款机构向信用程度较差和收入不高的贷款人提供贷款。美国次级抵押贷款市场通常采取固定利率和浮动利率相结合的还款方式，即贷款购房者在购房后的前几年以固定利率偿还贷款，以后则以浮动利率偿还贷款。由购房需求而产生的次级抵押贷款仅仅是一个开端。次级抵押贷款公司以及相关的存在机构会将这些贷款进一步作为自身抵押资产向投资银行融资，而投资银行又通过资产证券化的过程利用这些贷款资产向保险公司等融资，这就出现了一个金融衍生品链条，将次级抵押贷款机构、投资银行、保险公司、基金公司等连接起来。

2006 年之前的 5 年里，美国房地产繁荣，而且利率水平较低，使得其次级抵押贷款市场迅速发展，并带动了一些列金融衍生品的出现。但随着利率的上升，购房者的还贷压力不断上涨，同时由于住房市场持续降温，使得购房者通过出售或者抵押住房融资还贷的方式难以实现,很多购房者无力偿还贷款,而次级贷款机构即使收回住房也无法弥补自身的损失,于是次级贷款机构出现大面积亏损。这一危机通过前面所提到的金融衍生品链条迅速波及投资银行、保险公司、基金公司等金融机构,造成了大面积的亏损和倒闭。这就是次贷危机。

回顾次贷危机爆发的过程,发达的次贷市场以及大量的金融衍生品无疑是重要的因素,而这背后则反映出金融文化的欠缺。即便是在美国这样金融市场相对完善的国家,金融机构为了追求高额利润,大量进行高杠杆、高风险的投资,最终也会带来极其恶劣的后果。

---

其次,金融体系与其他领域相比,其信息不对称程度更加严重,从而更容易引发道德风险和逆向选择行为。信息不对称引发的这两种风险分别发生于交易达成之后(事后)和交易达成之前(事前)。其中,道德风险指交易双方在达成交易之后,交易一方由于信息不对称而有可能做出不利于另一方的行为;逆向选择指在交易达成之前,由于信息不对称而导致交易一方选择那些资质较差的交易者进行交易。道德风险与逆向选择在金融领域远比其他领域更为严重。当一个存款人将自己的资金放到一家商业银行时,他相信银行可以秉持稳健经营的理念进行谨慎的投资,从而保证其资金的安全性。因此,出于这种天然的对银行的信任,没有一个存款人会在存款的时候(不管其储蓄额有多大)询问银行将如何使用这些资金进行投资。银行作为代理人,在这种信任关系下,本来应该秉持稳健经营的理念,谨慎选择投资项目。但是在某些时候,银行反而是风险爱好者,会置风险于不顾而选择那些投机性很强的项目,这就是典型的道德风险。而逆向选择也非常普遍地存在于金融体系之中。比如,在证券市场中,越是那些业绩不好、经营有问题的公司,越是希望通过上市来获得资金,为此它们不惜用各种欺骗性的方法包装它们的财务报表,提供虚假的信息,并通过贿赂等手段买通监管部门的官员,从而获得上市资格,结果导致证券市场充斥着一批资质很差的上市公司。这是典型的逆向选择行为。在金融体系中,道德风险与选择行为是如此普遍,以至于金融机构和职业人士必须有更高的伦理素质,才能避免这样的风险发生。

最后,与其他领域相比,金融领域的知识壁垒更高。金融体系的运转具有更高的专业性,如果不经过特别的系统培训,一个人很难掌握如此系统全面的金融知识。因此,在专业人士和普通人之间就形成了一道知识鸿沟,普通的投资者和民众很难清楚地了解金融体系的运作模式。最近几十年来,金融体系发展迅猛,各种新兴的金融机构和金融产品层出不穷,基于金融创新的各种衍生金融工具令人眼花缭乱。对于诸如期货,期权、远期、掉期、择期交易等衍生产品的运作,一般人很难彻底了解。保险市场高度发达后所形成的五花八门的保险产品使保险合同充斥各种佶屈聱牙的术语,往往让投资者难以理解。所有这些都使得投资者很容易被各种新兴金融产品和繁复的合同条款所误导,进而做出错误的投资决策,而基金经理、银行业务员和保险经纪人正是凭借在知识和信息上的优势来欺骗投资者和投保人的。因此,在金融领域中,基于这种知识壁垒的广泛存在,如果在金融机构中从业人员缺乏较高的伦理素养,则投资者受骗的概率其实是非常高的。

从以上三个方面的论述来看,在金融领域,对伦理原则的强调具有更重要的意义,金融伦理是金融体系正常运作的必要前提。但是现实中的中国金融市场中的情形不容乐观。在中国金融市场上,金融伦理普遍未得到足够的尊重,金融机构及其从业人员的诚实守信观念普遍较为淡薄,基金经理人、保险经纪人、银行部门经理的职业人格素养与职业操守堪忧。金融伦理的缺失使得中国金融市场累积了大量金融风险。金融市场正常运行的一个重要基础是具有完整人格的金融市场主体(包括个人投资者、机构投资者、金融中介、上市公司与政府监管部门),这些金融市场主体必须具有强烈的自主观念,以及法制观念、公平公正观念、契约观念、平等观念、诚信观念等基本观念。我国由于经济伦理规则的相对欠缺而导致市场经济主体伦理观念淡薄、市场经济主体人格不完整,阻碍了我国市场体制的顺利构建,导致市场经济的各种运行机制——竞争机制、优胜劣汰机制、市场退出机制、法治运行机制等难以建立与运行。[①] 对于金融体系而言,伦理是其有效运转的基础,金融从诞生那一天起就与诚实、信用等伦理原则相伴相随。因此,把信用看成"金融业的生命线"一点也不过分。伦理缺失与信用危机对于金融市场的打击和金融机构的影响是致命的。比如,商业银行的信用缺失可能导致存款人对银行丧失信任,从而引发大规模挤兑,最终可能导致银行破产,我国证券市场上的伦理缺失严重打击了广大投资者对上市公司的持股信心和投资热情,也极大地削弱了中介机构在投资者心目中的诚信形象与地位,而这些最终以我国证券市场的长期低迷为代价。以著名的"银广夏事件"为例,《财经》杂志 2001 年 9 月对中国经理的调查结果显示:认为在 1 100 多家上市公司中类似"银广夏"的上市公司少于 100 家的占 42.9%,而认为在 200—500 家的占 57.1%;在"银广夏"事件后对所谓权威媒体发布的股评相信的为 0%,不相信和半信半疑的比例也分别达到 42.9% 和 57.1%。[②] 从这些数字我们可以看出,投资者对上市公司及金融媒体的印象极差,普遍认为它们缺乏最基本的伦理素养;在这种不信任的驱使之下,投资者对整个资本市场会产生信心不足,他们或者会选择离开这个市场,或者即使留在市场中也只能选择投机为主的投资策略。这就是为什么中国人不称股票市场投资为"投资"而称之为"炒股","炒股"意味着一种基于短线炒作的投机性的投资文化。当然,从更深的层面来说,证券市场诚信缺失的原因在于信用机制和法律法规不健全导致守信成本高而失信成本低,市场对失信者的惩罚力度不够,使失信者不必支付过高的成本,这样最终使市场出现劣币驱逐良币的现象,迫使那些守信者最终也选择失信。

以上我们从反面证明了伦理缺失对金融体系安全的重大影响,同时,从积极的一面来说,如果一个金融市场或金融机构重视伦理建设,重视对其员工和经理人进行金融伦理教育和职业道德培训,则可以培育和营造一种健康的金融伦理文化,这种金融伦理文化对金融机构的持久发展是非常有利的。金融伦理教育与金融道德文化的形成对于商

---

① 战颖:《中国金融市场的利益冲突与伦理规制》。北京:人民出版社 2005 年版,第 97—98 页。

② 同上书,第 196 页。

业银行这样的金融中介机构的重要性是不言而喻的。西方各国银行都形成了自己的伦理文化传统,从而促进了银行业的持续发展,在欧美国家以及日本等国,优秀的银行总是与优秀的金融伦理文化相伴。英国是一个讲绅士风度的国家,其金融业中贵族遗风非常浓厚,这就形成了英国独特的金融伦理文化。英国的商业银行往往凭客户的资信和德信两方面的表现决定交易是否达成,银行与客户经常保持稳定的关系,谨慎理财成为英国商业银行的传统。巴林银行在创建之初小心谨慎地将贷款对象限于它们自己地区或本国客户,而把对外贷款让给其他银行。巴林银行财力雄厚,18 世纪初其雄厚的资金实力已经超过了当时欧洲各国的政府。巴林银行一直保持着谨慎经营的稳健作风,在长达两百多年的时间里,其谨慎诚信的伦理文化是无懈可击的。但是巴林银行后来变得过于自满,其经营作风表面上稳重谨慎,贷款与投资上有时却轻率而急于求成,实际上在经营伦理中已经逐步淡化了谨慎稳健的伦理文化。20 世纪 90 年代巴林银行倒闭说明违背这一伦理传统会带来多种致命的毁灭性后果。英国银行家谨慎而温文尔雅的教养与职业风格,通过其个人行为向整个银行与雇员扩散渗透,从而形成整个银行具有绅士风范的保守而谨慎的金融伦理文化。英国的银行家及雇员即使在他们同行之间,其言行也是相当谨慎的,一位英国大银行董事长说:"我认为银行事业的成功取决于对任何细节都达到不予忽略的程度。"[①]大的银行家恪守谨慎的原则,从来不过于标新立异。与绅士风范相联系的,注重信誉是英国金融伦理文化中另一个重要特点,与美国的抵押贷款不同,英国存在大量不需抵押的信用贷款,虽然这与英国银行和客户的稳定关系有关,这也是贵族重视信誉的遗风的延伸。注重信誉、对客户极端信任感化了客户,使银行与客户的关系更加紧密牢固。德国也有自己独具特色的银行伦理文化。德国人有很强的理性思想,行为谨慎、严谨、细致是德国民族的特点。德国实行金融银行制度,向客户提供全方位的广泛的金融服务。在美国等国鼓励金融自由化的时候,德国银行却在新的银行法中对银行限制更为严格。这是由于理性思维见长的德国政府看到美国金融自由化带来金融体系不稳,唯恐本国重蹈覆辙,不得不采取更加谨慎与保守的态度,从而保证存款者的资金安全与金融机构信誉。德国金融监管伦理文化也以极端严谨慎重著称,可以说是世界上最有成效、最严格的金融监管。此外,日本等东亚国家也有自己独特的银行伦理文化,这些文化的形成对银行的健康发展都是极为重要的。

**【专栏 3-5】**

## 巴林银行与李森案例

1995 年,巴林银行以 1 英镑的象征性价格被荷兰国际银行收购。巴林银行主要从事投资银行业务和证券交易业务,证券业务主要集中在亚洲和南美。在其下属的 17 家证

① 魏磊:《金融道德文化教程》。北京:中国金融出版社 1998 年版,第 44—45 页。

券公司中，以日本、新加坡、菲律宾的业务为主。作为一家老牌国际银行，其资本充足率早已超过8%。然而令人惊讶的是，这样一家百年老店居然会因为李森这样一个新加坡分行经理的操作断送了整个前程。这不能不引人深思。

李森于1989年7月10日正式成为巴林银行的员工，这之前其为摩根士丹利银行清算部的一名职员。在进入巴林银行之后，李森由于在处理期权与期货方面的出色表现而于1992年被派往新加坡分行，担任期货与期权交易部门的总经理，主要业务是"套利"，即从日本大阪和新加坡的股票交易所买卖在两地市场上市的日经225种股票指数的期货，利用两地不时出现的差价从中获利。在这一过程中，李森既担任前台交易员，又担任后台清算员。作为清算员就有强烈的动机在清算自己的业务时隐瞒交易风险或者亏损，而这正为后来的风险埋下了种子。从1992年起，李森出于自身利益开始频繁运用自己设定的更正错误的账户"8888"掩盖交易损失。所谓错误账户，是指总行要求错误记录要通过"99905"账户直接向伦敦报告。所以，刚刚建立的"8888"账户就被搁置不用，成为真正的错误账户，这为李森进行高风险投资创造了条件。在这之后，伴随着损失的日益扩大，李森仍继续扩大对日本市场的资金投入。1993—1994年，巴林银行在SMEX以及日本市场投入的资金已超过1 100万英镑，超出了英格兰银行规定英国银行的海外总资金不应超过25%的限制。但这一情况并没有引起相关监管人员的重视。1994年8888账户亏损达到5 000万英镑，但因为巴林银行的审查制度没有严格落实，并未被总部调查人员发现。而此时的李森则为了弥补亏损继续进行高风险投资。1995年1月18日，日本神户大地震日经指数和政府债券指数与李森预想完全相反，最终李森带来的损失达到8.6亿英镑，是巴林银行全部资本和储备金的1.2倍，导致了巴林银行的倒闭。

尽管巴林银行案件发生在10多年前，却直接导致了后来的《巴塞尔协议》操作风险管理内容的产生。可见这一案件对于银行业风险操作管理的重要意义。从巴林银行走向倒闭的整个过程来看，其摒弃谨慎经营的稳健作风，一方面进行大量过于轻率的海外高风险投资，一味追求高额回报；另一方面没有严格落实风险控制和审查制度，再加上银行成员自身的道德风险，将巴林银行这家老牌国际银行推向绝路。

资料来源：李军伟、柏满迎：《由巴林银行倒闭谈商业银行操作风险管理》，《金融经济》，2007年12月。

## 【关键术语】

金融丑闻　金融腐败　金融生态　关系型贷款　恶意收购与兼并　监管腐败　价值中立　价值判断　股东利益最大化　金融法律　自律　庄家文化　炒单　道德风险　逆向选择　信息不对称　金融知识壁垒　银行伦理文化

## 【进一步思考和讨论】

1. 如何理解金融腐败背后的伦理根源？

2. 金融学是否应该坚持“价值中立原则”？如何看待金融学中的价值判断问题？请举例说明。

3. 如何理解金融伦理和金融法律的相互关系？金融法律能否替代金融伦理？

4. 金融领域与其他领域相比有哪些特殊性？这些特殊性又怎样决定了金融体系中强调伦理原则的必要性？

## 本章参考文献


博特赖特. 金融伦理学[M]. 静也,译. 北京:北京大学出版社,2002.

茅于轼. 中国人的道德前景[M]. 广州:暨南大学出版社,1997.

秋风,陈晓. 金融腐败的食物链[J]. 新闻周刊, 2004(1):21—24.

森. 伦理学与经济学[M]. 王宇,王文玉,译. 北京:商务印书馆,2000.

王曙光,邓一婷. 农村金融领域系统性负投资与民间金融规范化模式[J]. 改革,2006(6):43—48.

魏磊. 金融道德文化教程[M]. 北京:中国金融出版社,1998.

谢平,陆磊. 中国金融腐败的经济学分析[M]. 北京:中信出版社,2005.

袁剑. 中国证券市场批判[M]. 北京:中国社会科学出版社,2004.

战颖. 中国金融市场的利益冲突与伦理规制[M]. 北京:人民出版社,2005.

# 第二篇 金融伦理学的理论体系

本篇构建了金融伦理学的基本理论框架。首先探讨了金融伦理学作为一门学科的内涵和研究对象，系统分析了金融伦理中三大基本价值范畴——公正、平等、诚信，以及这些价值范畴在金融体系中的主要表现。继而系统探讨了金融伦理学中三组最核心的伦理关系，即权利—义务关系、委托—代理关系和自律—他律关系，从而建立了金融伦理学的基本理论框架。

# 第四章　金融伦理学的内涵与范畴

**【本章目的】**

学习本章,应了解作为金融学和伦理学的交叉学科,金融伦理学的研究对象和研究目的。了解金融伦理学的三大基本范畴——公正、平等、诚信的内涵,以及它们在金融体系中的典型表现。

**【内容提要】**

本章确立了金融伦理学的学科性质、研究对象和研究目的。从学科性质来说,金融伦理学是金融学和伦理学的交叉学科;从研究对象来说,金融伦理学研究的是金融体系中的利益关系和利益冲突;从研究目的来说,金融伦理学最终要寻找一个能够最大限度解决金融体系中人类利益冲突的伦理准则框架和伦理规制原则。本章探讨了金融伦理学的三大基本价值范畴——公正、平等、诚信,并分析了这三个基本价值范畴在金融体系中的主要表现。

## 第一节　金融伦理学的内涵

### 一、作为交叉学科的金融伦理学

本章的目的是为金融伦理学建立一个一般性的理论框架。要建立一门学科的理论框架,首先必须廓清这门学科的研究范围、研究对象、研究方法与范式。金融伦理学是一门交叉学科,它首先是伦理学中应用伦理学的一个分支,是金融学与伦理学交叉形成的一个新兴学科和边缘学科。所以,对于学习金融伦理学的学生而言,他必须首先明确地理解金融市场与金融体系的运作模式,理解金融产品的交易方式与金融机构的运转机制。比如,当我们讨论商业银行的金融伦理问题时,必须首先了解商业银行的资产管理、负债管理、中间业务管理、风险管理、资本充足率、不良资产控制以及财务分析的基本方法,当我们分析金融市场的伦理问题时,必须懂得金融市场中兼并与收购的基本原理,资产组合理论以及一些重要的金融市场衍生品,如期货交易、期权交易、掉期交易等的具体交易机制。

除了金融学,我们还必须了解伦理学的一般理论与概念,应该懂得伦理学的基本研究方法与理论体系,对一些伦理学基本范畴,如道德、善、应该、公正、平等、权利—义务关系、自由、人道、异化、幸福等,必须有系统而深入的了解。在这个基础之上,就能够从金融这样一个特殊的、具体的应用领域,来探讨金融体系中各行为主体伦理行为的性质与效用,并运用一定的道德原则对这些伦理行为进行判断。因此,对于学习金融伦理学这个交叉学科而言,伦理学与金融学的理论素养都是非常必要的。从学科体系而言,金融伦理学是伦理学中应用伦理学的一个领域,是金融学(作为应用经济学的一部分)与伦理学相融合而成的交叉学科。

### 二、金融伦理学的研究对象

金融领域是人类经济生活中最为复杂的领域,金融体系涉及广泛的参与者,个人、企业、政府都广泛地介入到金融市场的运作之中,而且人类为了交易的便利和规避交易风险,创造了形形色色、名类繁多的金融机构与金融产品。在所有金融交易中,都涉及大量成文或不成文的交易规则与行为规范,这些规则指导或约束着金融市场中人们的行为,使金融市场维持一种有序的交易并正确处理交易过程中的利益分配。

伦理学是一门关于优良道德的科学,即关于人类在社会生活中的优良道德的制定方法、制定过程与实现途径的一门科学。[①] 伦理学的研究对象是人类的社会道德行为。作为伦理学的一个分支,金融伦理学是以金融体系中人类社会道德行为及其所引发的利益关系为研究对象。从根本上来说,金融伦理学所研究的是金融体系利益冲突框架中的人类社会行为。

这个界定中的关键词是“利益关系”与“利益冲突”。实际上,所有伦理学存在的根本依据正在于人类社会生活中的利益关系与利益冲突,在一个没有利益冲突的社会中,伦理是没有必要存在的。在鲁滨逊孤岛中是不存在伦理道德的。在金融体系中,伦理之所以成为必要,是因为无处不在的利益冲突。比如,在存款人与商业银行的利益关系中就存在利益冲突,因此商业银行有必要持守一定的伦理原则,以稳健经营、诚信经营为核心,为存款人的利益负责,从而完美地解决商业银行与存款人的利益冲突。因而,商业银行伦理无外乎是寻找一系列伦理准则,以调整与委托人(存款人)的利益关系。因此,何为优良道德?能够最大限度地解决人类之间利益冲突、最大限度增进人类社会福利、最完美地调整人类利益关系的道德,就是最优良的道德。金融伦理学以金融体系中各参与者的利益关系与利益冲突为研究对象,其目的也是寻找一个能够最大限度地解决金融体系中人类利益冲突的伦理准则框架。

## 第二节　金融伦理学的基本范畴之一:公正

### 一、公正的含义

任何学科都必定有自己研究的基本范畴,这些基本范畴也可以被称为“核心理念”。这些基本范畴或核心理念构成了这门学科最根本的思想框架和基本原则,因而是一门学科的灵魂所在。比如说,在经济学中,效用、效率等就是一些核心范畴;在金融学中,风险、收益等就是一些核心范畴;在伦理学中,善、应该等就是一些核心范畴。那么,金融伦

---

① 王海明:《新伦理学》。北京:商务印书馆 2008 年版,第 13 页。

理学这门学科的基本范畴是什么?

既然金融伦理学的研究对象是金融体系中参与者之间及其与社会之间的利益关系,这就决定了金融伦理学的核心范畴首先是公平和公正问题。在伦理学中,公正、正义、公平都是同一概念,只不过所使用的场合不同。正义一般用于庄严郑重的场合,公平一般用于日常生活领域,而公正介于正义与公平之间。[①] 罗尔斯在其名著《正义论》中提出"作为公平的正义"(justice as fairness)的概念,这个概念的提出,并不是说公平与正义是两个不同的范畴,而是从罗尔斯的道德社会契约理论出发,认为正义等道德原则从根本上来说是一种社会契约,真正的正义只能是在一种平等的、公平的原初状态中被一致同意的契约。这种"平等的原初状态相应于传统的社会契约理论中的自然状态。……这一状态的一些基本特征是:没有一个人知道他在社会中的地位——无论阶级地位还是社会出身,也没有人知道他在先天的资质,能力、智力、体力等方面的运气,甚至假定各方并不知道他的特定的善心观念或他们的特殊的心理倾向。正义的原则是在一种无知之幕(veil of ignorance)后被选择的……正义;原则是一种公平的协议或契约的结果。"[②]这就是罗尔斯的"作为公平的正义"的定义。在这个界定中,罗尔斯虽然使用了"无知之幕"这样严格的假定,但是这个定义对于揭示公正或正义的深刻内涵极有启发意义,公正或正义是一种在平等的原初状态下缔结的契约,这对于我们理解公正和正义是极有帮助的。

但是罗尔斯的定义很显然并没有揭示这种契约的本质内涵到底是什么。公正的本质是"给人应得",很多哲学家都揭示出公正这一本质含义,如古罗马乌尔庇安说:"正义乃是使每个人获得其应得的东西的永恒不变的意志。"[③]阿奎那也说:"正义是给予每个人应得的事物的坚定的和不变的意志。"[④]霍布斯说:"公正是给予每个人应得的不变的意志。"[⑤]王海明在前人基础上对公正进行了较为准确的定义:所谓公正,就是给人应得,就是一种应该的回报或交换,说到底,就是等利害交换的善行;等利交换和等善交换的善行是公正的正反两面;所谓不公正,就是给人不应得,就是一种不应该的回报或交换,说到底,就是不等利害交换的恶行,不等利交换与不等害交换的恶行就是不公正的正反两面。[⑥]

## 二、金融体系中的行为公正、程序公正与制度公正

在金融体系中涉及各种各样的交换行为,公平或公正作为金融伦理学的首要核心范畴,其意义就在于,要求金融体系中的参与者对交易对手(即缔结契约的另外一方)都应给予其应得的利益,这就是金融体系中的公平和公正。比如,在商业银行与存款人的契

---

① 王海明:《新伦理学》。北京:商务印书馆 2008 年版,第 768—769 页。

② 〔美〕约翰·罗尔斯著,何怀宏、何包钢、廖申白译:《正义论》。北京:中国社会科学出版社 1997 年版,第 10 页。

③ 转引自〔美〕E. 博登海默著,邓正来译:《法理学——法哲学及其方法》。上海:华夏出版社 1987 年版,第 253 页。

④ 转引自〔德〕卡尔·白舍客著,静也、常宏等译,雷立柏校:《基督宗教伦理学》(第 2 版)。上海:上海三联书店 2002 年版,第 262 页。

⑤ Thomas Hobbes. *Leviathan*. New York: Simon & Schuster, 1997, p.113.

⑥ 王海明:《新伦理学》。北京:商务印书馆 2008 年版,第 773 页。

约关系中,存款人将资金存到商业银行中,为商业银行带来收益,同时商业银行也应该为存款带来相应的收益,这个收益就是保证存款人的资金安全并在一定的合约规定下保证支付相应的利息。为此,商业银行必须恪守稳健经营与审慎经营的原则,以给存款人以“应该的回报或交换”,这才符合公正的原则。所以,商业银行的审慎原则是附着于公正原则的,在公正原则之下才会产生审慎原则。再比如,在保险公司(保险人)与投保人(被保险人)之间的契约关系中,被保险人缴纳保险费,以此代价来换得保险公司对自己财物或人身安全的保险,如果被保险人的财物或人身安全受到损失,则保险人有责任给予被保险人相应的补偿,这是被保险人的收益。在这个契约关系中,保险公司必须履行自己保险的职能,为此保险公司也必须审慎经营,以使自己在履约时有能力对被保险人的损失进行补偿,这才符合公正原则。但是公正原则不是仅对代理人而言的,而是对委托人和代理人双方而言的,代理人(保险公司)和委托人(被保险人)都要在履约中体现公正原则。假若作为委托人的投保人采取欺诈的方法来骗取保险人的补偿,那么保险人可以用相应的惩罚措施处置这种欺诈行为,这也符合公正原则,因为在此情形下保险公司和投保人是一种等害交换,只不过是一种消极公正,而不是积极公正。[①]

以上所举例的商业银行和存款人之间,投保人和保险公司之间的行为,属于公正的范畴,即其中包含契约双方的等利交换和等害交换行为。但是这些公正都属于行为公正。在金融伦理学中,还涉及两种更为重要的公正,即制度公正和程序公正。

我们先说制度公正。所谓制度,按照制度经济学家的理解,无外乎是为约束在谋求财富或本人效用最大化中的个人行为而制定的一组规章,依循程序和伦理道德行为准则,诺斯这样描述制度的含义与作用:“在一个不确定的世界中,制度一直被人类用来使其相互交往具有稳定性,制度是社会的博弈规则,并且会提供特定的激励框架,从而形成各种经济,政治、社会组织。制度由正式规则(法律、宪法、规章)、非正式规则(习惯、道德、行为准则)及其实施效果构成。实施可由第三方承担(法律执行社会流放),也可由第二方承担(报复),或由第一方承担(行为自律)。制度和所使用的技术一道,通过决定构成生产总成本的交易和转换(生产)成本来影响经济绩效。由于在制度和所用技术之间存在密切联系,所以市场的有效性直接决定于制度框架。”[②]制度是由整个社会制定或认可的一定行为规范法系,不管是作为正式制度的法律规范还是非正式制度的道德与习惯,都是用于控制、约束和规范个人行为的,为个人行为设定一个行动框架。因此,所谓制度公正,即指通过制定相应的正式的法律规范或通过形成非正式的道德与习俗来约束个人行为,从而达到社会公正。

在金融体系中,既存在很多正式的法律制度,如商业银行法、证券交易法、保险法等,也存在很多非正式的伦理规则、道德规范或金融交易中的商业习惯。从金融伦理学的层面来说,这些非正式制度(包括各种约定俗成的金融伦理道德与商业习惯,即所谓潜规则)构成金融伦理的主要部分,它们作为一套道德规范体系,有力地影响着金融体系的运

① 关于消极公正与积极公正,可参见〔德〕叔本华著,任立、孟庆时译:《伦理学的两个基本问题》。北京:商务印书馆 1996 年版,第 243—244 页。

② 诺斯:《绪论》,收于〔美〕约翰·N. 德勒巴克,约翰·V. C. 奈编,张宇燕等译:《新制度经济学前沿》。北京:经济科学出版社 2003 年版,第 14 页。

行;同时,那些正式的法律规章制度,其制定也基于一定的伦理规则。如证券市场中关于禁止欺诈性坐庄交易的规定,就是基于公平的伦理原则制定的;保险法中关于禁止投保人通过欺诈手段骗取保险金的规定,也是基于公正这一伦理规则。制度公正是金融伦理中最重要的一种公正,各种正式制度与非正式的道德习俗的制定都是为了实现金融体系中的制度公正。从某种意义上说,金融体系中的制度公正决定着金融体系中各参与者的行为公正。

在金融体系中还有一种重要的公正即程序公正。所谓程序,从法律的角度来看,主要体现为按照一定的顺序、方式和步骤做出法律决定的过程。[①] 程序属于行为过程范畴,它不仅指一定的时间顺序,也指一定的空间顺序。因此所谓程序公正,也就是一种行为过程的公正,是具有一定时空顺序的行为过程的公正。[②] 程序公正是结果公正的前提或条件,只有保证程序公正,才能保证结果公正。在这里,程序是实现结果公正或目的公正的一种手段或工具,但程序公正当然不仅仅是一种手段,其公正本身就是人们追求的内在价值。程序公正是法律的灵魂,所以在法学界流行着这样的格言:“程序优先于权利(process before rights)。”我们可以引用美国两位大法官的话来说明程序公正的重要性。美国最高法院大法官杰克逊说:“程序的公平性和稳定性是自由的不可或缺的要素。只要程序运用公平,不偏不倚,严厉的实体法也可以忍受。”[③]另一位大法官道格拉斯也说:“美国权利法案的绝大部分条款都与程序有关,这并不是没有意义的。正是程序决定了法治与任意或反复无常的人治之间的大部分差异。坚定地遵守严格的法律程序,是我们赖以实现人人在法律面前平等享有正义的主要保证。”[④]

在金融市场中,程序公正对于结果公正的意义是显而易见的。我们可以举证券市场中上市公司遴选的例子来说明这个问题。上市公司质量直接决定证券市场的健康发展,而要保证上市公司的质量,就要有一套严格的清晰的上市公司遴选的程序。这个程序既包括上市公司在申请上市时对其资格的审查(如审查其招投说明书),也包括公司在上市发行股票后对其行为的审查与上市地位的变更,如对于那些在发行股票过程中故意隐瞒信息或提供虚假财务报表的上市公司给以停牌的处罚程序等。上市公司遴选程序的公正性(程序公正)直接决定证券市场交易的有效性(结果公正)。

**【专栏4-1】**

## 上市公司申请上市程序

根据《中华人民共和国证券法》(以下简称《证券法》)与《中华人民共和国公司法》

---

① 季卫东:《法律程序的意义》,《中国社会科学》,1993年第1期,第85页。转引自王海明:《新伦理学》。北京:商务印书馆2008年版,第785页。

② 王海明:《新伦理学》。北京:商务印书馆2008年版,第785页。

③ 引自宋冰编:《程序、正义与现代化》。北京:中国政法大学出版社1998年版,第375页。

④ 引自陈瑞华:《看得见的正义》。北京:中国法制出版社2000年版,第4页。

(以下简称《公司法》)的有关规定,股份有限公司上市的程序如下:

一、向证券监督管理机构提出股票上市申请

股份有限公司申请股票上市,必须报经国务院证券监督管理机构核准。证券监督管理部门可以授权证券交易所根据法定条件和法定程序核准公司股票上市申请。股份有限公司提出公司股票上市交易申请时应当向国务院证券监督管理部门提交下列文件:

1. 上市报告书;
2. 申请上市的股东大会决定;
3. 公司章程;
4. 公司营业执照;
5. 经法定验证机构验证的公司最近三年的或公司成立以来的财务会计报告;
6. 法律意见书和证券公司的推荐书;
7. 最近一次的招股说明书。

二、接受证券监督管理部门的核准

对于股份有限公司报送的申请股票上市的材料,证券监督管理部门应当予以审查,符合条件的,对申请予以批准;不符合条件的,予以驳回;缺少所要求的文件的,可以限期要求补交;逾期不补交的,驳回申请。

三、向证券交易所上市委员会提出上市申请

股票上市申请经过证券监督管理机构核准后,应当向证券交易所提交核准文件以及下列文件:

1. 上市报告书;
2. 申请上市的股东大会决定;
3. 公司章程;
4. 公司营业执照;
5. 经法定验证机构验证的公司最近三年的或公司成立以来的财务会计报告;
6. 法律意见书和证券公司的推荐书;
7. 最近一次的招股说明书;
8. 证券交易所要求的其他文件。

证券交易所应当自接到的该股票发行人提交的上述文件之日起六个月内安排该股票上市交易。《股票发行与交易管理暂行条例》还规定,被批准股票上市的股份有限公司在上市前应当与证券交易所签订上市契约,确定具体的上市日期并向证券交易所缴纳有关费用。《证券法》对此未做规定。

四、证券交易所统一股票上市交易后的上市公告

通过一系列程序,股份有限公司的股票可以上市进行交易。上市公司丧失《公司法》规定的上市条件的,其股票依法暂停上市或终止上市。上市公司有下列情形之一的,由证监会决定暂停其股票上市:

1. 公司股本总额、股份结构等发生变化,不再具备上市条件;
2. 公司不按规定公开其财务状况,或者对财务会计报告做虚伪记载;
3. 公司有重大违法行为;

4. 公司最近三年连续亏损。

上市公司有前述第2、3项情形之一,经查证属实且后果严重的;或有前述第1、4项的情形之一,在限期内未能消除,不再具备上市条件的,由证监会决定其股票上市。

资料来源:和讯网,http://news.hexun.com/2008-07-17/107484339.html。

在金融产品的交易中,交易程序的设计非常重要,程序设计恰当与否直接关系到交易结果的公正性。如期货交易中,交易程序中规定期货交易双方都要向交易所缴纳保证金,称为初始保证金;如果期货交易的一方因为交易亏损而使保证金下降到最低限度以下(即下降到维持保证金以下),则交易程序规定交易者必须缴纳补充保证金才能继续期货交易。之所以规定这样严格的程序,是因为如果保证金不足,一旦期货交易者违约赖账,则交易所要承担损失,这对交易所而言是不公正的。因此,为了实现交易的公正性(结果公正),必须首先设计公正的程序(程序公正)。

【专栏4-2】

## 期货交易中关于保证金及其他交易程序的设计

期货市场是一个规范化的市场,具有自身的一套交易程序和交易规则以保证期货交易公正、顺利地进行。

首先是保证金制度的设立。期货交易程序中,非结算会员要向期货佣金商、期货代理商缴纳保证金,而已取得独立结算资格的交易人、会员公司和期货佣金商又要向结算所缴纳保证金。保证金制度使得期货交易产生了一种自律机制,即任何一个期货合约都将得到对冲或者履行交割,这也就使得任何手持合约的权利人的权利都得到兑现。当期货交易客户违约或者放弃保证金时,期货佣金商就将取代客户的地位完成期货交易。而期货佣金商要求客户缴纳的保证金则可以弥补其在期货交易时损失的价差。当期货佣金商或者会员公司无法履行合约时,结算所有责任代其完成期货交易,而结算所要求期货佣金商缴纳的保证金则可以弥补其面临的损失。这样就在维护各方利益的前提下保证了期货交易的顺利进行。更为具体来讲,前一种保证金又可称为履约保证金,它是期货合约买卖各方为了确保合约的履行而做出的一种财力担保。如果双方不能在有效期内履行合约,就必须按照合约规定交收实际商品或者金融证券,否则就将损失其缴纳的履约保证金。经过前面的介绍我们也可以了解到,这部分保证金用以补偿期货雇佣商执行合约时的损失。根据各国惯例,保证金的金额一般为期货交易合约金额的5%—18%。期货交易实行每日结算,客户必须在结算之后保证其账户中维持所规定的最低保证金水平。后一种保证金又可称为会员基金或者会员保证金,正像前面提到的,它是保证交易所履行期货佣金商未完成的合约的财力基础。保证金又分为基础保证金和追加保证金。

除去保证金之外,期货交易中还形成了其他重要的交易程序以保证交易的公正性:

第一，交易的公开性。根据各国的期货交易规则，期货交易必须是在公开市场达成的。也就是说，期货交易中所有的开价、报价、出价都必须以公开成价的方式在交易大厅内进行，以保证交易各方均获得平等的机会，进行公开、平等、自愿的交易。一般而言期货交易都是场内交易，交易人必须首先在期货交易所注册登记，并取得期货交易的会员资格，这也保证了期货交易的规范进行。

第二，期货合约。期货合约规定了买方和卖方在预定期内必须收取或者交出某指定数量的某种品质规格的商品。合约中的标准数量、标准品质规格、交割期限、交收地点、日期以及保证金的多寡都由商品交易所和结算所明确规定。到期不履行合约的客户将受到有关部门的制裁，即以交收日的市价清盘，并承担全部交易亏损及执行费用，有时还要支付罚款。

第三，每日无负债制度。结算所在每笔交易完成之后就会负责将其登记在有关会员的保证金账户上，根据每种期货在交易最后几秒内所达到的最高价和最低价算出平均价格与每笔交易所达成的价格之间的差额计算出各结算会员的盈亏。盈利者可以随时提取账面余额，亏损者则需要在第二天交易开始前补足保证金，达到“无负债交易”。

资料来源：言信，《期货市场的市场结构和期货交易程序》，《当代财经》，1996 年第 1 期，第 61—63 页；刘茂亮，《浅谈期货交易的自律机制》，《经济论坛》，1995 年第 6 期。

## 第三节　金融伦理学的基本范畴之二：平等

### 一、平等的含义

伦理学中的平等所研究的对象总是涉及人们之间的利益关系，如果一件事物与人们之间利益无涉，那么这件事物便无所谓平等。因此，在伦理学家看来，平等并不是简单的物理上或自然特性上的相同性，而是人们相互间与利益获得有关的相同性；而不平等也不是人们之间物理上或自然特性上的差别（除非这种自然特性涉及利益关系），而是人们相互间与利益获得有关的差别。① 卢梭把平等与不平等分为自然的与人为的（卢梭称之为精神的或政治的）两大类型：“我认为在人类中有两种不平等：一种，我把这叫作自然的或生理上的不平等，因为它是基于自然，由年龄、健康、体力以及智慧或心灵的性质的不同而产生的；另一种可以称为精神上的或政治上的不平等，因为它是起因于一种协议，由于人们的同意而设定的，或者至少是它们的存在为大家所认可。”②卢梭所说的基于自然的不平等，是人类在自然特性方面的不平等，是不能进行道德评价的不平等，如肤色、性别等方面的不平等。而所谓精神的或政治的不平等，则是人为的、可以进行道德评价的不平等，如收入分配的不平等与投票权利的不平等。很显然，人们之间的平等，不应该是强求在自然特性的平等，而是应该追求精神的或政治的平等，即人为平等。自然不平等

① 王海明：《公正 · 平等 · 人道——社会治理的道德原则体系》。北京：北京大学出版社 2000 年版，第 63—65 页。

② 〔法〕让-雅克 · 卢梭著，李常山译：《论人类不平等的起源与基础》。北京：商务印书馆 1997 年版，第 70 页。

是客观存在的，人们的性别、健康、年龄、肤色岂能改变？[①] 而人为的不平等则可以改变。

人为平等实际上是一种权利平等，平等原则最终可以归结为权利平等原则。在一个正常的健康的社会之中，每个人都应享有平等的权利。法国《人权宣言》中就明确宣告："平等就是人人能够享有相同的权利。"[②]《弗吉尼亚权利法案》中宣称："一切人生而同等自由、独立并享有某些天赋的权利……这些权利就是享有生命和自由、取得财产和占有财产的手段以及对幸福和安全的追求和获得。"[③]所以，一个社会中的平等，实质上是人们在享有基本权利方面的平等性，这些平等的权利构成了我们所说的"人权"的实质内容。

在市场经济中，市场主体的平等原则是经济运行最重要的原则之一。说到底，市场经济是一种契约经济，现代社会是一个契约社会。在现代市场社会中，一系列契约通过或明确或隐含的形成规定了契约缔结的各方的权利义务关系。不论是缔结契约之前、之中还是之后，各方均是平等的权利主体，享有平等的权利和义务。也只有各个经济主体都具有平等的权利，这个缔约才是有效的、合法的。因此，我们不妨说，缔结契约各方的权利平等性是契约有效与合法的前提、基础和条件，在各方权利不平等的状态下达成的契约，是不公正的无效的契约。市场经济主体的平等原则还意味着在任何制度安排中都不能存在对某些市场经济主体的歧视，不能故意忽略和漠视某些群体的权利与诉求。对某些经济主体实行歧视，剥夺他们本应享有的平等权利，这是前市场经济的特征。在我国市场经济构建的过程中，一些歧视性和限制性政策逐步被抛弃或放宽，改革的实质是消除各种对经济主体的歧视性制度框架，从而赋予各经济主体平等的市场缔约权利。允许公民创办私营企业，允许农民有独立的土地经营权等改革举措，归根到底是要赋予公民平等的选择权利，而平等原则的贯彻，恰恰是我国改革成功推进的最大动力之一。

## 二、金融体系中的平等

互利平等原则同样贯彻在金融体系运行的方方面面，因为说到底，金融市场中的所有交易行为也无非是一系列合约，而这些合约有效达成的前提无疑是各缔约方的权利平等。权利平等在金融市场中首先意味着缔约之前各缔约方的身份平等，不能存在身份上的歧视。一个比较明显的例子是金融监管部门的上市公司选择。在我国证券市场发展的很长一个时期，只有一些大型的国有企业才能被获准上市融资，而那些业绩优良的私营企业很难通过上市融资，从而造成私营企业融资的严重困难。实质上，金融监管部门在上市公司遴选方面的做法，违背了金融市场中的平等原则，因为不论国有企业还是私营企业，都应该是享有平等权利的市场主体，当两个不同企业申请上市融资的时候，应该以其财务状况、企业发展潜力等内在经营指标来衡量其上市资格，而不应该以所有制性质（身份）来衡量其上市资格。以身份衡量上市资格，就对私营经济造成了身份歧视，从而使金融市场的平等原则受到破坏。在证券市场交易过程中，大的投资者与小的投资者

① 但是，基于人种与性别而形成的歧视性社会待遇不属于自然不平等，而是属于社会的人为的不平等。纯粹的性别不同（不平等）不构成应该不应该的问题，而性别歧视则涉及应该不应该的道德评价问题。

② 王海明：《新伦理学》。北京：商务印书馆 2008 年版，第 880 页。

③ 王海明：《公正·平等·人道——社会治理的道德原则体系》。北京：北京大学出版社 2000 年版，第 67—68 页。

也应享有平等的基本权利,金融监管部门对于大的投资者对小的投资者的操纵与欺诈行为,应该给予严厉的制裁,从而维护各市场主体的平等性。

金融机构的投资行为也有可能破坏平等原则。商业银行的放贷行为有可能对社区发展造成某种外溢效果(即外部性),比如有些商业银行有所谓的"圈红"做法。圈红,就是某些银行在自己的地图上圈出它们拒绝发放抵押贷款和住房抵押款的衰败社区,就像用红笔画圈一样。圈红的行为,使得商业银行可以回避对某些地区的贷款责任(即使这些银行从这些地区获得相当比例的存款),因此只要商业银行涉嫌圈红,那么它们对某些社区的衰败就负有一定的责任。另外,人们还指责某些银行在发放贷款过程中对不同的种族有歧视性做法。尽管美国联邦立法对圈红和种族歧视问题都有所约束,如 1975 年的《住房抵押贷款披露法案》(HMDA)和 1977 年的《社区再投资法》(CRA),但是仍旧存在大量的圈红与歧视现象。[①] 在中国,类似圈红的问题同样存在,我们在上面的内容中曾讨论大量金融机构从农村地区获得相当比例存款但在农村地区很少发放贷款的现象。商业银行的圈红和种族歧视现象,本质上都违背了平等原则,因为不论富裕社区还是贫困社区,不论城市居民还是农村居民,都有平等的信贷权,而获得信贷的权利应该被视为一项基本权利,因而信贷权利的平等性,也是金融机构必须重视的基本伦理原则之一。就像孟加拉乡村银行创始人、2006 年诺贝尔和平奖获得者尤努斯所说的"贷款不止是生意,如同食物一样,贷款是一种人权"。[②]

【专栏 4-3】

## 穷人的银行家尤努斯和孟加拉乡村银行的伦理观

2006 年,举世瞩目的诺贝尔和平奖被授予一位土生土长的经济学家,他就是穆罕默德·尤努斯。诺贝尔和平奖的授奖辞中这样说道:持久的和平,只有在大量人口找到摆脱贫困的方法后才成为可能。尤努斯创设的小额贷款正是这样一种方法。授予尤努斯诺贝尔和平奖,正是要表彰他"从社会最底层开创经济和社会发展所做出的努力"。

尤努斯出生于孟加拉国南部吉大港,后来在美国获得经济学博士学位,1972 年他辞去美国田纳西州大学教职回到孟加拉,希望能够利用自己的学识为国家的建设做出贡献。而 1974 年大饥荒之后,更多走投无路的穷人的出现,使得尤努斯决心尽己所能去帮助他们。最初尤努斯与银行协商,希望银行能够贷款给这些穷人,但并没有成功。而一次偶然的机会,尤努斯将自己的钱借给一些穷人,居然给他们带来很大改变,这些人也都按时还钱给他了。这坚定了他为穷人寻找贷款的决心。但仍旧没有银行同意贷款给大规模的穷人。因为传统的信贷哲学将贷款抵押担保作为必不可少的组成部分。在银行家看来,一方面,穷人根本没有还款能力,贷款给没有抵押担保的穷人将面临极大的风

① 〔美〕博特赖特著,静也译:《金融伦理学》。北京:北京大学出版社 2002 年版,第 13 页。

② 〔孟〕穆罕默德·尤努斯著,吴士宏译:《穷人的银行家》。上海:生活·读书·新知三联书店 2006 年版,第 227 页。

险;另一方面,穷人一般需要的都是小额贷款,与这些贷款所耗费的成本相比,其预期收益显然太低了,银行只会亏损。而尤努斯不这样认为,在他的心中有两个坚定的信念:穷人是有信用的,贷款应作为一种人权加以促进。在《穷人的银行家》中尤努斯这样写道:"我们确信,建立银行的基础应该是对人类的信任。格莱珉的胜败,取决于我们的人际关系的力量。""我们宣布了一个长久的金融隔离时代的终结。贷款不仅仅是生意,如同食物一样,贷款是一种人权。"尤努斯坚信,穷人也应享有平等的信贷权,而这一权力将使得穷人自己创造一个没有贫困的世界。于是,尤努斯为建立"穷人的银行"而不断努力。1983 年,世界上第一家小额贷款银行——格莱珉银行在孟加拉国建立,接着不断发展壮大。相关资料表明,截至 2007 年,格莱珉已经建立了 1 277 个分行,拥有 12 546 名员工。这些分行构成了遍及孟加拉国全国近 7 万个村庄的庞大网络,为 600 多万孟加拉国人提供了总价值 60 亿美元的贷款,而且其中有 58% 的贷款人及其家庭已经成功脱离了贫困。而小额信贷作为一种面向低收入人口的金融服务,也得到了广泛的认可。联合国将 2005 年定为"国际小额信贷年",并积极推动小额信贷的发展。亚洲、非洲以及拉丁美洲等的国家都效仿孟加拉国"穷人银行"的模式,大力发展小额信贷。当然,这一模式在孟加拉国的巨大成功,除了尤努斯对于穷人的信誉与自尊的确信,也归功于其有效的运行模式和管理机制。例如,贷款一般都不要求一次性还清,而可以分几次付清;同时,给穷人的这些小额贷款都是没有利息的,这都减轻了穷人的还款压力。尤努斯还要求每个贷款申请人必须加入一个由相同经济背景、相似目的的人组成的五人支持小组,并建立相应的监督和激励机制。如果小组中一家出现还款困难,其他四家可以帮助他。如果出现一家不偿还贷款的情况,小组中的五家今后都拿不到贷款。而还贷记录良好的小组有更大的机会得到相对大额的贷款。此外还有村子里的八个小组组成的称为"中心"的联盟等。这些机制的建立也确保了穷人能够有效利用贷款创造财富并按期还款。相关材料显示,格莱珉银行还款率达到了 99.8%,并连续九年保持了盈利记录,远远高于世界上公认的风险控制最好的其他商业银行。

诺贝尔经济学奖获得者、印度经济学家阿玛蒂亚·森曾经说过,贫困不仅仅是收入低下,更是一种对基本能力的剥夺。尤努斯与他所创立的银行正致力维护穷人的这种基本能力。《经营者》2007 年一篇关于尤努斯的文章中给予了他这样的评价:"在过去 30 年的时间里,他以自己的激情、虔诚和执著将一个又一个几乎赤贫的穷人从饥困之中拯救了出来,其自创和广布的'小额信贷模式'不仅丰满了传统经济学和金融学理论,更让人们领略到了一个公正与公平的世界所散发出来的超级力量。"

## 第四节　金融伦理学的基本范畴之三:诚信

### 一、诚信的含义

市场经济本质上是契约经济,而契约的题中应有之义是缔约各方都应该遵守诚信原则。可见,诚信是市场经济赖以维系的最根本伦理准则之一。

什么是诚信？信用与诚实之间是什么关系？所谓诚实，是指动机在于传达真实信息的行为，是自己以为真的也让别人信其为真、自己以为假的也让别人信其为假的行为；诚实的对应概念是欺骗，欺骗是动机在于传达假信息的行为，是自己以为真却让别人信其为假、自己以为假却让别人信以为真的行为。[①] 诚实可以分为诚与信。因为“诚实是动机在于传达真信息的行为”意味着：诚实者传达的真信息之为真信息，并非因为其必然与客观事实相符，而是因为其与传达者自己的主观思想及其所引发的自己的实际行为相符；与自己思想相符叫作诚、真诚，与自己行动相符叫作信、守信。可见，诚实可以分为两类，一类是与自己的主观思想相符，这是诚；另一类是言行一致，叫作信。因此，诚和信是两个互相联系但又不同的范畴，我们可以把这两个范畴合起来，称为诚信。

诚就是传达真信息的行为。在这里，主观上认为自己所传达的信息是“真信息”，这是非常重要的。在一个社会中，向别人传达是“真”的信息，而不是采取欺骗行为，向别人传达“假”的信息，是维持人与人之间合作关系的一个重要条件，也是社会赖以存在发展的重要条件。试想，一个充满谎言的世界当中，我们将依据什么来确定自己的行为？我们又将依据什么确定与他人的合作关系？在法律案件审理的过程中，如果法官听得到的都是谎言，他将依据什么来进行判决？如果各种媒体透露给公众的都是虚假信息，那么公众将如何选择自己的行为？可见，一个没有“诚”而充满谎言的社会，必是一个治理得非常糟糕的社会，而一个不鼓励“诚”而鼓励撒谎的社会，也必定是一个难以持久发展的社会。

信就是恪守信用，使自己的行为符合自己所传达的信息的行为。我们说一个人诚信或守信，就是说与这个人达成某个契约（或正式的，或隐含的）之后，这个人能够遵守契约，言行一致。我们说对一个人“信任”，就是相信这个人在与别人达成某个契约后能够守信，能够履行诺言。信任关系对于小至婚姻家庭，大至企业、团体治理乃至国家治理，都是非常重要的。弗朗西斯·福山在他的《信任》一书中曾经这样说：“如果想象一下失去信任的世界将会变得如何，我们就很容易赞同信任具备的经济价值。如果我们必须在对待每份合同的时候都认定，对方在可能的情况下都会试图欺骗我们，那么我们就不得不花费大量时间对文件进行推敲，做好防备，确保文件上没有可以被人利用的法律漏洞。这样，合同就会变得冗长无比，需要列出所有可能发生的附带情况，规定所有可以想象得到的义务。”[②]实际上，福山所要说明的，就是信用与交易费用之间的关系，在一个缺乏信用的社会，人们之间的信任关系非常淡薄而脆弱，因此为了维系合同实施的有效性，为了使自己的权利与利益不受失信者的损害，各方都要花费高昂的成本使合同变得严密，从而支付巨大的商业开销。鲍伊在《经济伦理学》中说：“信任变得非常重要，因为信任被认为是导致竞争成功的重要因素。……如果你想达到自己的企业目标，你就必须同公司的各个持股人建立信任关系。……我将力图说明，所有违背信任的行动都会同企业的本质目标相矛盾。换言之，如果没有信任，我们所了解企业活动将成为不可能。”[③]博尔丁也表

---

① 王海明：《新伦理学》。北京：商务印书馆 2008 年版，第 1385 页。

② Francis Fukuyama. *Trust: The Social Virtues and The Creation of Prosperity*. New York: Free Press, 1996, p. 152.

③ 〔美〕鲍伊著，夏镇平译：《经济伦理学：康德的观点》。上海：上海译文出版社 2006 年版，第 31—32 页。

达了同样的观点:“如果没有一体化的框架,交换本身就无法开展,因为即使最原始形式的交换也涉及信任和信用。”[①]因此,我们可以说,即便对于最基本的商业交易,信任也是至关紧要的,缺乏信任会使得交易成本变得非常高昂以至于交易根本就不能达成。

## 二、金融体系中的诚信

诚信或信任关系是人类在无数次博弈中自然而形成的一种伦理关系。信任关系能够在人与人之间维系,是每个人在这些重复博弈中不断学习、不断累积有关信任的知识的结果。在一次性博弈中,每个人都倾向于选择撒谎而不是选择诚实与合作,从而获得更大的权益。而当重复博弈的时候,由于当事人预期未来将有无数次相应合作(交易)的机会,因而会倾向于选择合作与诚信。

我们可以用囚徒困境(prisoners' dilemma)的例子来说明一次性博弈所带来的后果。[②]囚徒困境讲的是两个嫌疑犯作案后被警察抓住,分别被关在不同的屋子里审讯。警察告诉他们:如果两个人都坦白,各判刑 8 年;如果两个人都抵赖,各判刑 1 年(或许因证据不足无法多判);如果其中一个坦白而另一个抵赖,则坦白的放出去,不坦白的判刑 10 年。囚徒困境的战略式表述可以用表 4-1 来表示:

**表 4-1　囚徒困境**

| | | 囚徒 B | |
|---|---|---|---|
| | | 坦白 | 抵赖 |
| 囚徒 A | 坦白 | -8, -8 | 0, -10 |
| | 抵赖 | -10,0 | -1, -1 |

在囚徒困境中,每个囚徒都有两种策略:坦白或抵赖。表中每一格的两个数字代表对应策略组合下两个囚徒的付出(效用),其中第一个数字是囚徒 A 的付出,第二个数字是囚徒 B 的付出。在这个例子中,纳什均衡就是(坦白,坦白):在给定 B 坦白的情况下,A 的最优策略是坦白;同样,给定 A 坦白的情况下,B 的最优策略也是坦白。事实上,(坦白,坦白)不仅是一个纳什均衡,而且是一个占优战略均衡,也就是说,不论对方如何选择,个人的最优选择都是坦白;坦白既是 A 的最优策略,也是 B 的最优策略。因此,结果是每个人都选择坦白,各被判刑 8 年。囚徒困境深刻地反映出一次性博弈中个人理性与集体理性的矛盾。如果两个人之间选择合作,采取都抵赖的方式,则两个人将各自被判 1 年,显然这是一个比纳什均衡解都好的结果,但是在这个例子中,两个人都不可能选择合作,因此那个较好的结果永远也难以实现。所以在一次性博弈中,人们从自己的个人理性出发,就不会选择合作,而会选择在交易中赖账、撒谎、不遵守协议、没有信用。但是假如一次性博弈转变为多次重复博弈,则当事人就会更多地选择合作、守信,因为守信与合作的预期收益会更高。

---

① 博尔丁:《经济学中价值判断的基础》,转引自〔美〕鲍伊著,夏镇平译:《经济伦理学:康德的观点》。上海:上海译文出版社 2006 年版,第 32 页。

② 关于囚徒困境,参见〔英〕宾默尔著,王小卫、钱勇译:《博弈论与社会契约》(第 1 卷)。上海:上海财经大学出版社 2003 年版,第 123—124 页。张维迎:《博弈论与信息经济学》。上海:上海三联书店、上海人民出版社 1996 年版,第 14—15 页。

在金融体系中,契约执行的有效性直接取决于交易参与各方的诚信度;同时,由于金融市场中各种金融创新层出不穷,各种衍生产品不断涌现,而这些衍生品交易大量使用虚拟交易手段,采用计算机终端进行交易,交易各方并不直接见面,因而对于这些虚拟化的交易,诚信就显得更加必要。但是在一个良好运转的金融体系中,由于交易的持续性(重复博弈),交易各方还是有动力保持自己的信用,大部分交易者还是会选择诚信。比如,在美国金融期货市场中,违约的情形非常少见,在近一个世纪的交易过程中,违约率不到1%,如此低的违约率反映出美国期货交易中交易者高度的诚信,而这对于期货交易的有效运作是极其重要的。

金融体系中的诚信不仅要求交易各方恪守信用、遵守合约,更要求交易各方首先披露自己的真实信息,前者是信,而后者是诚。充分披露自己真实信息是市场健康运行的重要保证。在信息披露方面,不论是金融媒体,还是上市公司与金融中介机构,都负有向市场与投资者披露真实、充分的信息的责任。

从上市公司角度而言,向投资者提供真实全面的信息,使投资者在投资中能够做出准确的判断,而不致根据误导性的信息做出错误判断,就要求上市公司应该保证财务报表的准确性与可信度,而中国证券市场上很多上市公司以虚假的财务报表掩饰自己的实际运营状况,欺骗投资者,严重违背了诚信原则。在蓝田事件中,蓝田公司造假就是一个典型案例。

【专栏4-4】

## 蓝田事件与上市公司诚信

蓝田造假案是中国证券史上迄今为止最大的财务造假案,在近八年的时间里,包括原农业部财务司司长孙鹤龄在内的众多政府官员和企业家牵涉其中,受到法律的制裁,同时给股票市场带来巨大的影响。这迫使我们不得不重新审视上市公司的诚信问题。

1992年,沈阳蓝田股份有限公司(以下简称"蓝田股份")由沈阳市北新副食商场、沈阳市北新制药厂和沈阳市莲花大酒店以定向募集的方式共同发起成立。三家发起人均隶属于沈阳行政学院。由沈阳行政学院副院长瞿兆玉担任蓝田股份的法定代表人和董事长。1996年5月27日,蓝田股份在上海证券交易所以每股8.38元的价格公开发行3000万社会公众股。同年6月18日,蓝田股份正式挂牌交易。在公开资料中,蓝田股份自上市以来,其财务数字一直处于高速增长中,总资产规模从上市前的2.66亿元发展到2000年年末的28.38亿元,增长了10倍,被人们称为"蓝田神话"。然而2001年10月来自中央财经大学研究员刘姝威发表在《金融内参》上的一篇文章《应立即停止对蓝田股份发放贷款》首次公开质疑"蓝田神话"的真实性,怀疑其是靠贷款支撑起来的。随后各大银行停止了对蓝田股份的贷款,蓝田股份资金链断裂。于是蓝田造假案浮出水面。据证监会查证,蓝田股份在股票发行的申报材料中,伪造沈阳市土地管理局批复文件、土地证以及沈阳市人民政府地价核准批复,以此虚增资产1100万元;同时以伪造银行对账单的形式虚增银行存款2770万元。而在1998年6月15日,蓝田股份对外公开资料中显示公司注册资金由401万元骤增至4亿元,显示投资人为农业部。但实际上这并非现金注资,而仅仅由农业部财务司出具财务证明,蓝田股份便凭此虚报注册资本。据相关资料显示,以蓝田股份为核心的"大蓝田"不仅套牢银行贷款十几亿元,而且在二级商场上流动市值"蒸发"超过25亿元,商业银行与中小投资者成为蓝田案最大的受害者。

蓝田的发迹地——湖北省洪湖市瞿家湾镇,在蓝田造假案曝光之后的很长一段时间里,有了一条"农民伤心街"。在多雨冰冷的冬季,街边几百户村民都住在漏风漏雨的窝棚里艰难度日。这都是蓝田股份造成的恶果。它的出现提醒着我们上市公司为了私利违背诚信原则所带来的恶劣后果。

资料来源:《一只鸭子 = 两台彩电 蓝田碾碎洪湖暴富梦》,人民网,http:// www. people. com. cn;丁一鹤,《财务司长梦断"蓝田神话"》,《检察风云》,2008年第9期,第16—18页。

从金融中介机构的角度来说,一方面,那些评估公司或审计公司有义务向公众和投资者提供真实信息;另一方面,这种诚信也是这些评估公司或审计公司赖以生存发展的必要前提条件。评估与审计机构的最大资产是它们的诚信,这些机构通过长期经营,赢得了公众与投资者的信任,正是这种信任支撑着这些机构的成长。如果评估与审计机构由于欺诈行为而丧失了公众与投资者的信任,那么它赖以生存的唯一基石就会崩坍。在安达信公司为安然公司造假的事件中,我们就会看到,一旦丧失公众与投资者的信任,百年安达信也难以避免破产的结局。

【专栏4-5】

## 安然与安达信事件中的诚信问题

2001年12月2日,美国安然公司(Enron Corp)向纽约破产法院正式申请破产保护,在破产申请文件中显示该公司的资产总额为498亿美元。这成为美国历史上最大的一宗公司破产申请案。紧接着,为安然公司提供审计服务的安达信会计公司也开始接受美国证券交易委员会(SEC)的调查。

安然公司主营电力、天然气等能源和商品运输,并为全球客户提供财务和风险管理服务等,其中能源交易业务量居全美之首,是美国最大的能源公司,也是世界最大的能源商品和服务公司之一。2000年,安然公司股价高达90亿美元,市值近800亿美元,并在《财富》杂志所列的全球五百强中位居前十名,还连续四年在该杂志的调查中被评为全美最具创新精神的公司。然而正是这家全球知名企业,在2001年10月重新公布了1997—2000年间的财务报表,并公开承认其在过去5年中采取非法手段虚报利润5.91亿美元,隐瞒内部债务和损失6.38亿美元。而一直以来负责安然审计工作的就是世界五大会计师事务所之一的安达信。安达信在对安然的财务审计工作中充当着双重角色,一边为安然做账,一边证实自己做的账。安然之所以能够对外公布虚假账目、虚报利润、隐瞒亏损,与安达信的受利益驱使、丧失诚信纵容违规操作相关。正是在安达信的纵容下,安然才能够将数亿美元的账务转至附属公司以及合资企业的账上,而不会显示在公司的财务报表中,同时以将不应计为收入的款项计为收入的方式虚报盈利。而在随后的调查中也证实,安达信内部员工涉嫌故意损毁数千份相关资料而受到国会质询。

安达信的破产致使大批中小投资者倾家荡产,许多与安然有业务往来的公司和银行受到巨大影响,美国债券市场动荡,世界能源业也受到影响。然而更为严重的是诚信危机的爆发,其影响远远超过了事件本身所带来的物质损失。安然事件之后,安达信因为信誉丧失而失去大批顾客,为了求得生存不得不与其最大的竞争对手合并,于是世界五大会计师事务所缩减至四家,而剩余四家也受到诚信危机的巨大影响。美国科罗拉多大学财务审计中心的特纳教授发表评论说,“这是一场真正的灾难。可能将没有人再相信会计师提供的数据,他们的工作也许变得一文不值”。同时,安然公司的失信行为也大大打击了投资者的信心,使得很多银行信用评级被降低,金融债券被抛售。通过这一事件我们了解到,“诚信”时时影响着企业的生存和发展。

资料来源:李琳,《由安达信—安然事件引发的对诚信问题的思考》,《新疆财经》,2003 年第 1 期,第 58—59 页;杨瑞,《制度安排与审计质量——安然事件和安达信案例引发的思考》,《产经纵深》,2004 年第 6 期,第 46—47 页。

【专栏 4-6】

## 中国的评级机构

中国债券市场一直存在一个重要的问题,即债信评级。所谓债信评级,就是由债券评级机构对发债主体的财务状况及还本付息能力进行综合评估并用符号加以表述的过程。可以说债信评级是衡量发债主体的财务风险以及债务兑付能力的一个至关重要的指标。

中国的债信评级开始于 20 世纪 80 年代晚期。最初的评级机构都是由各地人民银行组建的。1997 年前后,中国人民银行总行指定了七家具有评级资格的机构对企业债进行评级。

然而,中国的信用评级机构设置存在严重问题。与外国评级机构出售评级报告以获取收入不同,中国的评级机构是直接从被评估者即债券发行人那里收取评级费用,这使得中国的评级机构在很大程度上丧失了其应有的独立性。另外,由于几乎所有的企业债发行公司都与政府、银行存在紧密的利益联系,激烈的企业债评级市场竞争使得评级机构在争取客户以获得收益的同时,本身的公信力大打折扣。据了解内情的人称,一份几亿元的企业债券,评级费用最低可达到 5 万元。如此高强度的利益关联,怎能保证评级机构的独立性与公信力?又如何令人们信任其所评估的所谓 AAA 级债券?

中国信用评级机构的现状不得不引起我们的质疑和担忧。如果中国的企业债市场在这个关键问题上失足，那么，中国所谓新兴的企业债市场与垃圾债市场恐怕相去不远。所不同的是，垃圾债券的风险是明示的，而我们的企业债却是被包装着的。

资料来源：袁剑，《中国证券市场批判》。北京：中国社会科学出版社2004年版，第227—228页。

从金融媒体的角度来说，无论是电视、报纸、杂志、网络，都有责任向公众提供非误导性的真实信息，而不是被某些利益集团或企业所收买而披露虚假信息以误导投资者。电视台或报纸的股评家，虽然声称其市场判断属于个人观点，与电视台或报纸无关，但是由于他们在公共媒体上发表投资建议，因此在伦理与法律上都负有提供非误导真实性信息的责任。一旦受雇于某些利益集团，股评家的公开投资建议就丧失了公信力。

除了上市公司、金融中介机构（如评估机构）、金融媒体，经济学家在信息披露中的重要作用也不容忽视。一些经济学家受到物质利益的诱惑，甚至受到某些利益集团的雇用，不负责任地向市场与公众传达一些具有误导性的非真实信息，因此某些经济学家的行为已经严重违背了金融伦理中的诚信原则。

本章我们探讨了金融伦理学的内涵，并探讨了金融伦理学的三大基本范畴：公正、平等、诚信。通过这些论述，我们已经建立起金融伦理学的一个基本的理论框架与管理。在下面的内容中，我们将探讨金融体系中的几个基本关系以及金融伦理问题的若干重要表现。

## 【关键术语】

利益关系　利益冲突　公正　行为公正　程序公正　制度公正　平等　歧视　圈红　诚信　信任　囚徒困境

## 【进一步思考和讨论】

1. 金融伦理学的研究对象是什么？如何理解金融体系中的利益冲突？举例说明商业银行、保险市场、股票市场中的利益冲突。
2. 金融伦理学的研究目的是什么？
3. 如何理解行为公正、制度公正和程序公正？
4. 我国金融体系中的制度公正存在哪些问题？
5. 我国金融体系中的程序公正存在哪些问题？
6. 列举金融体系中破坏平等原则的主要表现。
7. 如何消除信贷体系中的歧视现象？
8. 由囚徒困境探讨金融体系中诚信的重要性。

## 本章参考文献

白舍客. 基督宗教伦理学：第2版[M]. 静也，等译. 上海：上海三联书店，2002.

鲍伊. 经济伦理学[M]. 夏镇平，译. 上海：上海译文出版社，2006.

博登海默. 法理学—法哲学及其方法[M]. 邓正来,译. 北京:华夏出版社,1987.

博特赖特. 金融伦理学[M]. 静也,译. 北京:北京大学出版社,2002.

陈瑞华. 看得见的正义[M]. 北京:中国法制出版社,2000.

德勒巴克. 新制度经济学前沿[M]. 张宁燕,等,译. 北京:经济科学出版社,2003.

季卫东. 法律程序的意义[J]. 中国社会科学,1993(1).

卢梭. 论人类不平等的起源与基础[M]. 李常山,译. 北京:商务印书馆,1997.

罗尔斯. 正义论[M]. 何怀宏,等译. 北京:中国社会科学出版社,1997.

叔本华. 伦理学的两个基本问题[M]. 任立,孟庆时,译. 北京:商务印书馆,1996.

宋冰编. 程序、正义与现代化[M]. 北京:中国政法大学出版社,1998.

王海明. 公正·平等·人道——社会治理的道德原则体系[M]. 北京:北京大学出版社,2000.

王海明. 新伦理学[M]. 北京:商务印书馆,2008.

尤努斯. 穷人的银行家[M]. 吴士宏,译. 上海:生活·读书·新知三联书店,2006.

袁剑. 中国证券市场批判[M]. 北京:中国社会科学出版社,2004.

张维迎. 博弈论与信息经济学[M]. 上海:上海三联书店,上海人民出版社,1996.

F FUKUYAMA. Trust: The Social Virtues and The Creation of Prosperity [M]. New York: Free Press, 1995.

T HOBBES. Leviathan[M]. New York: Simon & Schuster, 1997.

# 第五章 金融伦理学中的核心关系

## 【本章目的】

学习本章,应了解金融伦理学中的三大核心关系,即权利—义务关系、委托—代理关系和自律—他律关系,并了解这些关系在金融体系中的主要表现。

## 【内容提要】

本章对金融伦理学中三大核心关系——权利—义务关系、委托—代理关系和自律—他律关系——进行了系统的梳理和阐释。本章首先从现代企业理论和契约理论出发,阐释了委托—代理理论的内涵,分别从五种类型的委托—代理模型出发,探讨了委托—代理关系在金融体系中的主要表现。其次,从现代市场经济契约关系中引出权利—义务关系概念,强调了权利和义务的对等性,并探讨了金融体系中为调整权利—义务关系而实行的社会惩罚和社会补偿原则。最后,探讨了自律—他律关系的内涵,阐释了金融体系中不同层次的他律机制(行政权力约束、法律约束、市场约束、伦理道德约束)和自律机制(金融从业者的金融道德教育、基于伦理原则的金融企业文化、金融企业社会责任体系构建)。

## 第一节 委托与代理

### 一、委托—代理理论

谈到委托—代理理论,我们不能不谈到现代企业理论与契约理论的发展。现代企业理论在最近四十多年中取得重大进展,成为经济学最热门、最前沿的领域之一。但是在20世纪70年代之前,经济学对企业的研究却相对简单。在阿罗-德布鲁世界里,厂商被看成一个“黑匣子”,被假定为一个整合各种生产要素并在预算约束下采取利润最大化行为的主体。这种过于简单的假定忽略了企业内部的信息不对称与激励问题,无法解释企业的很多问题。为了研究企业这个“黑匣子”在内部组织结构上的特征,从70年代开始,一批经济学家从信息不对称和激励两个方面入手,发展了企业的契约理论,在这个过程中,一批新制度经济学家(如科斯·阿尔钦,德姆塞茨,威廉姆森,詹森和麦克林,张五常,哈特等)做出了重要贡献。其中最有影响的当数交易费用理论和代理理论,它们对传统微观经济学的理论基础进行了重构。① 交易费用理论的重点是研究企业与市场的关系，即研究企业的边界在什么地方，为什么会有企业存在，其研究重点是市场和企业的纵向一体化选择；而代理理论重点研究企业内部结构与企业中的代理关系，更关注企业的内部横向一体化问题。

委托—代理理论研究在利益冲突和信息不对称的环境下，委托人如何设计最优契约激励代理人。随着现代规模化大生产的发展，委托代理问题逐渐凸显，分工的细化导致权利的所有者由于知识、能力、精力的局限而不能行使所有权利，因此必须把权利部分地让给那些具有专业知识的代理人，代理人有能力与精力代理行使委托人委托的权利。但是在委托人与代理人之间显然存在利益冲突，他们有着不同的效用函数，委托人追求自我财富最大化，代理人则追求工资津贴收入、奢侈消费和闲暇时间最大化，因此必须设计出一定的制度框架来激励和约束代理人，使得代理人的行为不至于损害委托人的利益。从本质上来说，信息经济学、契约理论与代理理论研究的是同一个问题，即在非对称信息的情况下如何设计出最优的交易契约或机制来解决委托人与代理人之间的利益冲突。

法学中的委托人、代理人的概念与经济学中的委托人、代理人含义有些不同。在法律上，当 A 授权 B 代表 A 从事某种活动时，委托—代理关系就产生了，其中 A 称为委托人，B 称为代理人。但在经济学的委托—代理关系理论中，任何一种涉及非对称信息的交易，交易中有信息优势的一方称为代理人（拥有私人信息的博弈参与方为代理人），而没有信息优势的一方称为委托人。简单来说，知情者（informed player）是代理人，而不知情者（uninformed player）是委托人，这样的经济学定义背后隐含的假定是，知情者的私人信息（行动或知识）影响不知情者的利益，或者说，不知情者不得不为知情者的行为承担风险。② 因此，最终说来，委托—代理人理论是要解决这样的问题：一个博弈参与人（称为委托人）想使另一个参与人（称为代理人）按照前者的利益选择行动，但是委托人不能直接观测代理人选择了什么行动，能观测到的只是另外一些变量，这些变量由代理人的行动和其他一些外生随机因素共同决定，因而仅仅是代理人行动的不完整信息。委托人的问题是如何根据这些观测到的信息来奖惩（激励或约束）代理人，以激励其选择对委托人最有利的行动。

## 二、金融体系中的委托—代理问题

虽然委托—代理理论一开始是从研究企业内部激励问题而发展起来的，但是这个理论一产生，就被推广拓展到其他很多领域，甚至推广到政治领域。人们发现，不仅企业内部存在委托—代理问题，在雇主与雇员之间、债权人与债务人之间、买者与卖者之间、保险公司与投保人之间、选民与官员之间，都广泛地存在委托—代理关系，因此委托—代理

---

① 关于契约理论、企业理论、交易费用理论与新制度经济学方面的经典文献，参见〔美〕约翰·N. 德勒巴克、〔美〕约翰·V. C. 奈编，张宇燕等译：《新制度经济学前沿》。北京：经济科学出版社 2003 年版。〔美〕科斯·诺思·威廉姆森等著，〔法〕克劳德·博纳尔编，刘刚、冯健、杨其静等译，杨瑞龙校：《制度、契约与组织：从新制度经济学角度的透视》。北京：经济科学出版社 2003 年版。〔美〕埃里克·普鲁博顿、〔德〕鲁道夫·芮切特著，姜建强、罗长远译：《新制度经济学：一个交易费用分析范式》。上海：上海三联书店、上海人民出版社 2006 年版。

② 张维迎：《博弈论与信息经济学》。上海：上海三联书店、上海人民出版社 1996 年版，第 403 页。

理论的应用范围非常广泛。

金融体系中也广泛存在委托—代理关系。道理很简单,金融体系中大量存在各种契约关系,而在缔结契约的各交易方(博弈各方)之间,由于存在信息不对称和利益冲突,所以也会产生委托—代理问题。比如在保险公司和投保人之间,就存在严重的信息不对称问题,有时投保人具有信息优势,因为只有投保人才知道自己的健康状况,也才知道自己为防盗防火而采取的措施;在某些情况下保险公司又具有信息优势,尤其在保险条款的制定方面,投保人很容易被那些琐细的、五花八门的条款所迷惑。因此,在保险公司与投保人的委托—代理关系中,尽管大部分时候投保人是代理人(具有信息优势),但是在某些情况下保险公司也是代理人(尤其在签约前具有知识上的优势)。在存款人与商业银行的委托—代理关系中,存款人是委托人(债权人一般不具有信息优势),而商业银行是代理人,因为商业银行作为债务人,才知道自己将如何使用这些存款,如何保证存款的保值增值,在这些方面,商业银行具有信息优势。在投资者(股东)与上市公司之间也是债权人与债务人之间的关系,上市公司在大部分时候显然具有信息优势,属于代理人,而投资者(股东)属于委托人。所有这些都可以说明委托代理问题在金融体系中的存在是何其广泛。

我们可以在委托—代理理论框架下将委托—代理模型分成五类,并以金融体系中的委托—代理例子分别加以说明,在说明中,本部分参考 Rasmusen(2000)和张维迎(1996)的分类方法[①]:

(1) 隐藏行动的道德风险模型(moral hazard with hidden action)。在此模型中,签约人信息是对称的(因而是完全信息),签约后,委托人只能观测到结果,不能直接观测到代理人的行动本身和自然状态本身(因而是不完美信息)。委托人的问题是设计一个激励合同以诱使代理人从自身利益出发选择对委托人有最利的行动。在保险公司和投保人之间签约后,保险公司难以直接观测到投保人的防盗措施做得如何,也难以观测到投保人是否饮酒吸烟,因而这都属于隐藏行动的道德风险模型。同样,存款人在将资金存到商业银行之中后,也难以直接观测到银行是如何进行项目投资的,因而无法辨别项目风险,这也属于隐藏行动道德风险。

(2) 隐藏信息的道德风险模型(moral hazard with hidden information)。签约时信息是对称的(因而是完全信息);签约后,"自然"选择"状态"(可能是代理人的类型);代理人观测到自然的选择,然后选择行动(如向委托人报告自然的选择);委托人观测代理人的行动,但不能观测到自然的选择(因而是不完美信息)。委托人的问题是设计一个激励合同以诱使代理人在给定自然状态下选择对委托人最有利的行动(如真实地报告自然状况)。例如,一个基金公司经理与基金销售人员的关系:基金销售人员(代理人)知道购买基金的顾客的特征,而基金公司经理(委托人)不知道;基金经理的激励合同是要向基金销售人员提供刺激以使后者针对不同的基金购买者选择不同的销售策略。

(3) 逆向选择模型(adverse selection)。自然选择代理人的类型,代理人知道自己的

---

① Eric Rasmusen, *Game and Information: An Introduction to Game Theory*. Cambridge: Black Well Publisher, 2000. 另参见张维迎:《博弈论与信息经济学》。上海:上海三联书店、上海人民出版社 1996 年版,第 398—403 页。

类型,而委托人不知道(因而信息总是不完全);委托人和代理人签订合同。由于签约前信息不完全,因此资质越差的代理人越有积极性与委托人签订合约,而最终结果也是资质越差的代理人越有可能与委托人签订合约。在金融体系中,财务状况越是严峻的企业越是有动力去商业银行寻求贷款,资金越是紧缺的公司越是希望通过上市来获取融资,因此这两种情形都是逆向选择模型。

(4) 信号传递模型(signaling model)。自然选择代理人的类型,代理人知道自己的类型,委托人不知道(因而信息不完全);为了显示自己的类型,代理人选择某种信息;委托人在观测到信号之后与代理人签订合同。投资者与基金经理就是这样一种关系,投资者作为委托人并不知道作为代理人的基金经理的类型,不了解基金公司投资项目的风险,因此代理人选择"回报年"作为信号,投资者以回报年来选择代理人从而签订合同。

(5) 信息甄别模型(screening model)。自然选择代理人的类型;代理人知道自己的类型,但委托人不知道(因而信息不完全);委托人提供多个合同供代理人选择,代理人根据自己的类型选择一个最适合自己的,并根据合同选择行动。典型的例子是保险公司与投保人的关系:投保人知道自己的风险,保险公司不知道;因此,保险公司针对不同类型的潜在投保人制定不同的保险合同,投保人根据自己的风险特征选择一个保险合同。

表5-1是委托—代理不同模型的应用举例。

**表5-1　委托—代理不同模型的应用举例**

| 模型 | 委托人 | 代理人 | 行动、类型或信号 |
| --- | --- | --- | --- |
| 隐藏行动的道德风险 | 保险公司;<br>存款人 | 投保人;<br>商业银行 | 防盗措施或饮酒、吸烟;<br>项目风险 |
| 隐藏信息的道德风险 | 基金公司经理;<br>债权人 | 基金销售人员;<br>债务人 | 市场需求/销售策略;<br>项目风险/投资决策 |
| 逆向选择 | 保险公司;<br>商业银行;<br>投资者 | 投保人;<br>企业;<br>上市公司 | 健康状况;<br>财务状况/经营业绩;<br>财务状况/经营业绩 |
| 信号传递和信息甄别 | 投资者;<br>保险公司 | 经理;<br>投保人 | 盈利年/负债率、内部股票持有比例;<br>健康状况/赔偿办法 |

资料来源:作者根据张维迎(1996,第401页)改写而成。

## 第二节　权利与义务

### 一、权利与义务的伦理内涵

权利与义务是法律领域的基本问题之一,也是伦理学领域的基本问题之一。伦理学家们认为,所谓公正的根本问题,实质上就是权利与义务的交换和分配问题,即权利与义务究竟如何交换和分配才算得上公正,也就是讨论权利与义务的交换与分配的公正原则问题。①

很多人将权力与权利混为一谈，二者确实有深刻的内在关系，但同时有很大区别。权力是一种迫使人们服从的强制力量，其目的是保障人们之间的利益合作、交换与分配。因此，所谓权力，是保障人们利益合作的根本手段，也就是保障或强制人们相互贡献与索取、付出与要求的根本手段。而对权力的这个定义，很自然地就引出了权利的定义，因为受到权力保障的利益、索取与要求，不是别的什么东西，正是一个人的权利。严格地说，权利是一种具有重大社会效用的必须而且应该的索取与要求，是一种具有重大社会效用的必须且应该得到的利益，是一种应该受到权力保障的利益、索取或要求。②

在权利的这一界定中，"权力保障"是一个关键的词汇，在权利应该受到的权力保障中，既有政治权力保障，也有法律权力保障。所以耶林说："权利就是受到法律保护的一种利益。所有利益并不都是权利，只有为法律承认和保障的利益才是权利。"③但是权利不仅应受到法律保障与政治保障，还应受到道德保障。鲍桑葵说："任何一种权利既与法律有关又与道德有关。它是能够得到法律来维护的一种要求。而任何道德规范都不能这样做；但它又不是被公认为应该能够靠法律来维护的要求，因而又具有道德的一面。"④鲍桑葵的这一观点，看到了权利与道德、法律的内在关系，但是将权利视为仅仅由法律来维护，而不能由道德规范来维护，则是片面的观点。权利诚然是受法律保障的一种要求，但是道德在权利保障中也具有相当重要的作用。比如，在市场经济中，债权人与债务人形成一对权利义务关系，债权人有要求债务人到期偿还债务的权利，这种权利的实现当然要靠法律来保障，但是道德在维护债权人权利方面的作用更是不容忽视的。试想，在一个诚信道德观念非常浓厚的地方，债务人便有很强的道德压力来履行债务偿还，这岂不是道德在维护债权人权利中所扮演的重要角色？而在一个诚信道德观念淡薄的地方，债务人赖账不还的概率就会大大增加，虽然法律可以强制性地维护债权人权利，其效果却大打折扣。

那么义务是什么？我们经常说，权利和义务是对等的，既没有无权利的义务，也没有无义务的权利。这句话是非常有道理的。义务只不过是权利的反面，是颠倒过来的权利概念。从表面上看，义务是应该做的事，在拉丁文"due"和希腊文"deon"中，这两个字都有应当、正当的意思，这正是英语"duty"最本质的含义，即应当履行的责任。《礼记·中庸》中说"义者，宜也"，也说明义有应该、应当的意思。所以，义务这个概念严格说来，是一种具有重大或基本社会效应的必须且应该的贡献、付出或服务，也是一种应当受到权力保障的贡献、付出或服务，由于义务受到权力保障，因此若不履行该种贡献、付出或服务，必定受到某种权力与法律的惩罚。当我们说某人有某项义务时，相当于说某人有某项责任，他必须履行这项责任，否则便会受到权力和法律的惩罚。比如，债务人有到期偿还其债务的义务，也就是说，债务人有及时偿还债务的责任。因此，义务与责任基本属于同一范畴，只不过责任更与一个人的职务要求相关联，更强调必须，而义务则更强调

---

① 王海明：《新伦理学》。北京：商务印书馆 2008 年版，第 808—810 页。

② 同上书，第 813 页。

③ 同上书，第 814 页。

④ 〔英〕伯纳德·鲍桑葵著，汪淑钧译：《关于国家的哲学理论》。北京：商务印书馆 1995 年版，第 204 页。

应该。

在市场经济中,当事人之间一旦缔结了某个契约,就确定了某种权利义务关系。当然,这个契约既有可能是明确的契约,也有可能是隐含的契约。但不管是明确的还是隐含的契约,都界定出参与者的权利义务关系。权利义务关系在明确的契约当中,一般受到强有力的政治保障和法律保障,而在那些隐含的契约当中,参与者之间的权利义务关系除了受到法律保障,还更多地受到道德与习俗的约束,受到市场中各种无形的力量的约束。比如,我们现在强调企业社会责任(corporate social responsibility),不同种类的企业都在强调和关注构建自己的企业社会责任体系。企业社会责任,说得更明白一些,岂不就是企业对社会所负有的责任和义务?企业一旦成立,就意味着与员工、与社区、与公众、与投资者、与社区、与整个社会签订了一个或明确或隐含的契约。因此,企业便天然地负有对员工、对公众、对投资者、对社区乃至对整个社会的某种责任和义务,而正是这种企业与所有利益相关者的权利义务关系,构成了企业社会责任体系的实质内容。在企业社会责任的履行过程中,道德与习俗的约束是非常重要的,在一个强调回报、强调感恩、强调人文关怀与社会伦理的道理环境中,企业会更关注自己的社会责任,更强调履行对社会的义务,会更有动力去从事各种慈善事业和环境保护事业,如流行于西方的所谓“赤道原则”就是企业关注环境保护的结果。

## 二、金融体系中的权利—义务关系

在现代市场经济中,各方当事人通过平等缔结的契约而确定各自的权利与义务。这种通过社会契约关系而分配和确认的一个人的权利与义务必定是相等的,一个人通过这种契约而被赋予多大权利,他也就应当担负起多大义务(或责任)。正如黑格尔在《法哲学原理》中所说的:“一个人负有多少义务,就享有多少权利,他享有多少权利,也就负有多少义务。”①同时,在缔结契约的双方(或各方)的权利义务关系之中,其中一方的权利就是对方的义务,其中一方的义务就是对方的权利,而社会公正的一个根本原则是,一方的义务赋予对方的权利等于对方的义务赋予一方的权利,这是一个人权利与义务相等的一个合乎逻辑的延伸。

金融体系中存在普遍的契约关系。在资本市场上存在投资人与上市公司之间的契约关系,因而也就确定了投资人与上市公司之间的权利义务关系:投资人将资金运用的权利赋予上市公司,因而使上市公司在拥有使用资金的权利的同时,也负有相应的为投资者带来相应资本回报并赋予投资者相应控制权的义务。因此,在投资者中,假如一个投资者拥有的是普通股,则拥有对上市公司的剩余索取权和剩余控制权,且其剩余控制权要优于优先股股东,而其剩余索取权要劣于优先股股东。这种制度安排使普通股与优先股的股东(即投资者)相对于上市公司而言,拥有同等的权利,而不管是普通股股东还是优先股股东,都作为投资人与所有者而拥有相应的权利,这种权利应该与投资人(所有者)赋予上市公司的权利相等。同样,在金融中介机构中,不论存款人与商业银行之间,还是投保人与保险公司之间,都存在自由契约而确定的权利义务关系,双方在行使权利

---

① 〔德〕黑格尔著,范扬、张企泰译:《法哲学原理》。北京:商务印书馆1962年版,第652页。

的同时，必担负相应的义务。

在金融体系中，既然遵循权利义务对等的原则，那么，当双方权利义务不对等的时候，应该如何处置？很显然，如果由于各种原因（如一方未履行自己的义务，或一方滥用自己的权利而导致对方权利受损），权利义务对等的原则遭到破坏，那么也就严重违背了社会公正原则，社会在双方权利义务分配中出现了不公正情况。在这种情况下，适用两条基本原则来重新调整双方的权利义务关系，使之重新符合权利义务对等的社会公正原则，一条是社会惩罚原则，另一条是社会补偿原则。

社会惩罚原则即是对侵犯对方权利的一方采取惩罚性措施，由法律或行政力量对其进行强制性惩罚。比如，如果投保人采取欺骗手段（如故意隐瞒自己的健康状况，或故意采取某种不正当手段而骗取保险公司的赔付）使保险公司的权利受损，那就使得双方权利义务关系出现了严重不对等的情况。投保人既有在受到损失后获取赔付的权利，也负有提供真实信息的义务。在投保人骗取赔付的情况下，保险公司将采取一定的措施惩罚投保人，也可以通过法律手段惩罚投保人。

社会补偿原则是指通过某种社会机制或制度设计而对契约关系中权利受损的一方进行补偿。比如，在存款人与商业银行的关系当中，不论城市存款人还是乡村存款人都拥有相应的权利，即获得相应信贷的权利；不论甲地区的存款人还是乙地区的存款人，也都拥有相应的权利，即获得相应信贷的权利。如果一个商业银行从乡村存款人获得一定数量的存款，而不向他们发放贷款，则没有履行其信贷义务，此时，商业银行与乡村存款人之间出现权利义务不对等的情形。在这种情形下，商业银行应当通过某种方式来补偿这些信贷权利受损的乡村存款人。比如通过在银行内部设立农村小额贷款部门来满足农村中小企业、农合社以及农户的小额贷款需求，或者通过在基层农村设立分支机构来满足其贷款需求，对于从乡村中获得大量存款的商业银行而言，这是它们的义务和责任，而这种义务和责任的履行是应该受到法律保障的。

我们还可以用我国股票市场中流通股与非流通股的例子来说明社会补偿原则。在我国原有的股票市场制度设计中，将国有上市公司的股票分为流通股和非流通股，上市公众股可以流通，而国有法人股不能在市场上流通，属于非流通股。而在投资者与上市公司的契约中，一旦规定了上市公司与投资者的权利义务，所有投资者都有权利获得相应的上市公司控制权和收益权。由于国有法人股不参与市场流通，却仍与流通股一样获取收益，因而违背了股票市场中“同股同权，同股同利”的原则，从根本上说，是破坏了权利义务对等的原则，使非流通股股东的收益权利受到了损失。因此，一旦股票市场实现全流通，即国有法人股也开始参与市场流通，就必须首先设计一种机制来补偿权利受损的流通股股东。在我国实现股票全流通过程中，国有法人股票向流通股支付“对价”，“对价”实质上就是一种社会补偿机制，以使所有股东与上市公司之间的权利义务关系回到平衡状态。

在金融产品的创新设计中，也一定要遵循权利义务相对等的原则，即“权利义务平衡”原则。每一种金融产品都有买方和卖方，买方和卖方通过一定的金融产品交易契约来确定彼此的权利义务关系，双方权利义务一定是平衡的，如果权利义务关系不平衡，则必须采取一定的制度设计来使之平衡。一个最好的例子是期权（或选择权，option）这种金融产品的交易机制设计。作为一种金融衍生产品,期权实际上赋予了期权合约的买方一种权利,即在到期日任何时间买入或卖出一定数量货币的权利。在这个合约中,因为期权的买方被赋予了这样一个权利,因此买方可以在任何时间行使这个权利。而期权的卖方似乎有义务当在任何时间期权买方选择执行这个合约而买入或卖出一定数量货币时,卖方不论价格如何都必须选择执行合约,从而相应地卖出或买入一定数量的货币;而当期权买方选择不执行这个合约的时候(他有权利这样做),卖方也不能强求与对方交易,只能选择不执行合约。因此,乍看起来,似乎在期权合同的买方和卖方之间存在看不对等、不平衡的权利义务关系,期权的买方只有权利而没有义务,而期权的卖方只有义务而没有权利。这岂不是违背了权利义务均衡原则?在期权这样金融衍生工具的设计中,买方和卖方确实出现了权利义务不对等情况,基于权利义务均衡原则,期权这种金融衍生品在设计时用"期权费"(option price)来调节双方的权利义务关系。当卖方感觉权利受损时,可以通过提高期权费(即期权的买卖价格)的方式来平衡自己的收益,即当卖方把一定的权利卖给期权买方的时候,可以通过提高卖价(期权费)来对自己的损失进行补偿。这种补偿机制的实施使买方与卖方的权利义务关系仍旧处于均衡状态,否则便永远也没有期权的卖方了。

## 第三节 自律与他律

### 一、自律与他律的伦理内涵

自律与他律,是一对极其重要的伦理范畴。在我们讨论权利与义务关系时,对权利与义务的界定都与外在的权力保障有关,即权利和义务都是受到权力(包括政治权力和法律权力)强制性地保障与维护的一种利益交换。在这里,似乎外在的力量保障是权利和义务得以实施的唯一的保障。他律确实是权利与义务关系得以维系与实现的必要保障,但并不是唯一保障。什么是他律?所谓他律,就是运用外在的强制性的力量来约束人们的行为,从而保障人们之间的权利义务关系得以实现。

一般人会将他律单纯理解为政治权力约束(行政约束)与法律约束。实际上,在现代社会中,对人们权利义务关系的实现起到约束与保障的力量除了政治权力与法律,还有市场约束与道德伦理约束。市场约束是指通过市场力量对那些有损他人权利义务实现的行为进行约束与惩罚。比如,一家生产某种消费品的企业,在其消费品中加入某种有害消费者健康的物质,并欺骗消费者,这就损害了消费者的知情权利与健康权利;当这一事实被消费者了解之后,市场迅速对此做出反应,全部消费者都拒绝再购买这种消费品,导致该企业销售额严重下降并有破产危险,因而不得不改变自己以往的错误做法。在这个例子中,除了行政力量、法律力量能够对该企业损害消费者权利的行为进行惩罚,市场力量(由消费者实施的)也起到相当重要的惩戒作用。再比如,在股票市场上,上市公司与投资者形成一种权利义务关系,如果某上市公司伪造财务报表,欺骗投资者,损害了投资者的权利,一旦投资者了解到这一信息,则会以抛售该公司股票的方式对此做出反应(我们称之为"用脚投票"),而这种市场约束力量会使上市公司受到巨大损失,从而修正自己的过失行为,在上述两个例子中,市场约束作为一种自发的、无形的力量,也对权利义务的实施与执行起到重要的约束和保障作用。

他律实际上还包括道德伦理约束,在一个伦理道德氛围比较浓厚的地方,当事人之间权利义务的实施受到伦理道德的极大影响,周围的人通过各种舆论和闲言碎语来给破坏人们权利义务关系的人施加压力,使这些人受到一定的社会惩罚与社会监督,从而不得不修正自己的行为。比如,在一个信用伦理观念特别浓厚的地方,尤其在一些乡村,借钱不还被认为是一件很羞耻的事;对于那些借钱不还的人,人们会在邻里之间进行谴责,使这些违背权利义务关系约定的人的声誉受到极大损失,而不得不按时偿还借款。在这里,道德伦理约束的力量是保证还款率不可忽视的力量,一些小额贷款机构就是成功地利用了民间这种道德伦理约束,才有效地提高了小额贷款的还款率。

在他律的四种形式中,行政权力约束与法律约束都是一种硬约束,是一种有形约束,可以强制执行,但执行成本较高,需要投入大量人力与物力;而市场约束与伦理道德约束属于软约束,是一种无形约束,这两种约束尽管不能强制执行,但同样是不可忽视的他律力量,能够对当事人的行为形成有力的约束与惩戒,而且其执行成本低。

讲完了他律,我们再谈谈自律。自律是一种自我约束,是当事人自己通过自我反省与自我控制而做出一种符合人们之间权利义务约定的行为。自律在某种程度上相当于自我节制或自制,其基础是当事人自身的道德自我反省,而其行为结果是当事人的自我节制。自律与放纵是相对应的概念。在社会契约关系中,依靠当事人的自律而使当事人之间的权利义务关系得以实现,是一种最节省社会资源、成本最低的做法,这需要当事人有很强的道德自觉和道德反省能力,也需要当事人有很强的自我节制能力。古希腊罗马哲学家把节制看作人类最珍贵的美德之一,如古罗马的西塞罗说"人类是唯一知道节制的动物""要将感情冲动置于理性的控制之下"。[①] 色诺芬在回忆苏格拉底时赞扬说:"他又借着他的言论劝勉他的门人,要他们把自制看得比什么都重要。"[②]第欧招尼·拉尔修《名哲言行录》中写道:"古希腊斯多亚派认为人类首要的德性有明智、勇敢、公正、节制,而人类首要的恶有愚蠢、怯懦、不公正、放荡,如果一个人通过明智的选择、公正的分配,以刚毅不拔的精神,有条有理地做事情,就是智慧的、公正的、勇取的、节制的。"[③]在中国的传统伦理体系中,也特别强调自我节制与自律在社会生活中的作用,如儒家经典中就特别注重"慎独"等修身规范。

## 二、金融体系中的他律之一:监管伦理

在金融体系,他律的形式既包括硬性的法律约束,也包括软性的伦理约束。硬性的法律约束主要是指监管部门对金融机构和金融市场的外部监管,以保护当事人之间权利义务关系的实现,并惩戒那些损害当事人权利的行为。软性的伦理约束主要是指通过多种伦理规制手段,对当事人的行为进行约束,以利于当事人之间权利义务关系的实现。

---

① 〔古罗马〕西塞罗著,徐奕春译:《有节制的生活》。西安:陕西师范大学出版社 2003 年版,第 61、157 页。

② 〔古希腊〕色诺芬著,吴永泉译:《回忆苏格拉底》。北京:商务印书馆 1988 年版,第 171 页。

③ 苗力田主编:《古希腊哲学》。北京:中国人民大学出版社 1989 年版,第 604、612 页。

本部分先探讨金融监管中的伦理问题,下一部分讨论金融体系中的伦理规制。

金融监管的必要性来自对金融体系中市场失灵的认识。现代经济学认为,在存在外部效应、公共品、信息不完备以及不完全竞争的领域,竞争市场无法保障资源的配置符合帕累托效率,也无法保证收入分配的公平。因此,在这种市场失灵的条件下,就产生了政府介入市场的必要性,以此纠正市场失灵。在金融市场中,负外部效应较之其他市场更为严重;金融市场中的金融机构有更高的杠杆比率(资产总额与资本净额之比更高),因此发生损失时金融机构本身的损失较小,而外部的负效应较大;金融市场的危机具有极大传染性,金融体系崩溃会给整个经济带来毁灭性影响。从公共品的角度而言,稳定、公平而有效的金融市场是一种公共品,具有典型的非竞争性和非排他性,这也说明了金融市场中政府介入的必要性。从信息不完备的角度说,金融体系的信息不完备与信息不对称跟其他市场相比更甚,由此引发的逆向选择、道德风险以及市场无效率也更甚。此外,金融市场中还可能存在不完全竞争,包括可能出现的垄断与不正当竞争,同时金融市场也并不将收入分配公平作为其主要目标。出于以上理由,在金融市场中,政府介入就非常必要,因而通过政府的金融监管来矫正金融市场失灵就成为顺理成章之事。①

当然,任何管制都是需要付出成本的,而且管制也有可能带来间接的效率损失,也就是说,相对于市场失灵,政府的管制也有可能失灵,即管制并未实现所设定的公共利益目标。关于管制失灵,有些理论解释为"监管者被俘获",即监管者有可能被"被监管者"所俘获,监管机构最终沦落为被监管者的猎物,为被监管者服务,为其制定更有利的政策并带来更高的收入。在这个过程中,监管者更有可能为生产者服务,而不是为消费者服务;监管者更有可能倾向于保护那些行业内的垄断者,从而影响整个产业的效率。实际上,监管者被俘获理论也可以用寻租理论来解释。由于监管者拥有垄断性权力,因而私人部门就有了寻租的可能,政府则为了获取更多的利益而有意地设置租金机会,提供更多有利于私人部门的管制产品。

其实,不管是监管者被俘获理论还是管制的寻租理论,都预示了监管者在某种情况下不顾公共利益目标而发生腐败行为与有意偏袒生产者行为的可能性。在一些金融制度与监管法规不健全的国家,监管者行为失范的情形非常普遍,监管者的伦理缺失成为严重影响金融体系健康运行的重要因素。本书在以下的章节中会专门探讨监管者伦理问题。

### 三、金融体系中的他律之二:伦理规制

政府在金融体系中的规制与监管行为属于比较硬性的制度约束,而金融体系中还存在其他比较软性的非制度约束,伦理规制即是其中之一。伦理规制是一种基于内在性道德准则的非正式规制,但是它又与道德的内省不同,具有一定的外在约束力量。有些学者认为,伦理规范不同于道德规范,不是一种纯粹的内心信念和准则;它以文化传统、公众利益、社会普遍意志、社会生活惯例以及人伦之理或人际交往的必然性为基础,它本身

---

① 对与金融监管的一般理由的经济学分析参见刘宇飞:《国际金融监管的新发展》。北京:经济科学出版社1999年版,第16—26页。

就有无形而持久的外在约束力。因此,伦理规制是伦理理念和精神的外化形式,是伦理规范及其特定的社会运行保障机制的统一。[①] 实际上,在人类经济社会生活的大部分场合,政府规制作用的领域与强度都不能与伦理规制相比,伦理规制作为一种软性的社会约束力量,其约束力(约束强度)与约束面(约束范围)比单纯的政府约束要大得多。伦理规制一方面体现于社会经济生活中通行的一套伦理规范与伦理原则,另一方面更体现于一种保障伦理规范与原则在社会经济中真正得以实施的社会机制,这一套社会机制包括伦理教育机制、评价机制、舆论机制、奖惩机制和社会管理层的选择机制。这些机制作为重要的他律手段,在社会经济生活中扮演着重要角色。应该指出,有些学者认为伦理规制不具有强制性的观念是不全面的,应该说,伦理规制在很多情况下也是具有强制性的一种社会规范。比如,在伦理规制中,社会舆论与社会评价惩罚机制有时在规范人类伦理行为中起到相当大的强制作用,迫使微观行为主体遵循某种社会伦理规范原则履行其伦理义务,伦理规制的强大力量由此可见一斑。伦理规制与政府规制的唯一区别在于其发挥作用的手段(实施工具)不同,伦理规制更多地依赖软性的评价与奖惩机制,依赖社会的自发力量对行为主体实施约束,而政府规制则更多地依赖硬性的政府干预行为和法律手段。

在金融体系中,伦理规制也有非常广泛的应用,同时伦理规制更多地与相应的伦理实施机制建设联系在一起。金融体系中伦理规制一个最有名的例子是信贷机构中"赤道原则"(the Equator Principles,EPs)[②]的制定与逐步拓展。赤道原则是由少数商业银行发起的一整套全球信贷原则的总称,这些原则包括环境保护、可持续发展、平等性别发展、社区服务、区域民族文化保护等一系列信贷伦理规范。现在,赤道原则作为全球通用的信贷机构伦理行为规范原则,已经被世界很多商业银行所采纳,这就使得其逐渐具备了一种"全球契约"(global contract)的性质。一家商业银行若承认并遵循赤道原则下的多种伦理规则,将被同行、监管者、评估机构和公众视为一个有责任感的、为整个社会长远发展考虑的优秀银行,其业务发展将面临一个相对宽松的外部环境;相反,如果一家商业银行违背赤道原则,则会被大家视为一个不负责任的银行,其社会美誉度和企业形象将大打折扣,在银行竞争中将处于非常不利的地位。因此,作为全球契约的赤道原则虽然本身不具备政府规制的强制性质,但其约束力仍然是很强的。

在金融体系中,伦理规制还通过行业协会等自律组织得以实施。很多国家都有银行业协会等自律组织,这些组织大多具有民间自治色彩,它们往往为银行业制定一些带有公约色彩的游戏规则,以此规范行业内行为主体的伦理行为。假若某个银行会员的行为逾越了伦理规范,则会被视为对这个公约的践踏,就会遭到银行业协会的相应惩罚。在我国,虽然银行业协会、证券业协会和保险业协会等金融行业协会都存在,但是这些协会大多具有官方色彩,不具备民间自治团体的性质,在某种程度上成为政府监管部门控制的一个分支机构,因而也就很难起到行业自律的作用。在我国金融业初创时期即 20 世

① 战颖:《中国金融市场的利益冲突与伦理规制》。北京:人民出版社 2005 年版,第 232—234 页。

② 赤道原则是由世界主要金融机构根据国际金融公司与世界银行的政策和指南建立,旨在判断、评估和管理项目融资中的环境与社会风险的一个金融行业基准。实行赤道原则的金融机构简称为 EPFIs(Equator Principles Financial Institutions)。

纪20—30年代,倒是兴起了一批具有民间自治性质的银行业自律组织,比如天津银行业公会、上海银行业公会等,这些银行业公会在制定行业行为规范、团结银行业同仁共同发展等方面起到很大作用。

以上我们讨论了金融体系中两种重要的他律形式——政府监管与伦理规制。实际上,在金融体系中,各种中介机构(如会计师事务所、律师事务所、信用评级机构)、各种金融媒体(如金融期刊、电视台及网络)、金融市场(如股票交易所等)等,都对金融体系中的行为主体形成某种形式的约束,这些约束有时是软性的,有时又与严格的规章制度结合起来,形成一种硬性的规制手段。

## 四、金融体系中的自律

他律依靠外在的力量达到约束个人行为的目的,但他律必须依靠一整套比较正式的法律规章,其执行也有赖于一定的机构与特定的机制,因而其执行成本很高。而自律则更多地依赖行为人的自我约束,虽然社会体系中的自律机制有时也要付出一定的成本(如伦理道德教育成本),但是与他律成本比较起来要低得多。他律成本与自律成本的比较,不仅是一种量的比较,更是一种质的差异,他律成本往往给社会带来诸多负面效应(负的外部性),如对商业银行内贪腐者的惩治机制与相关体系的建设,会付出大量的机构设置成本、惩罚执行成本(包括诉讼)等,给整个社会福利造成不必要的损失;而自律成本的付出则往往带有正面效应(正的外部性),如对金融体系内的员工进行职业伦理教育,其成本的付出往往带来积极的溢出效应,使金融体系得以良性循环,且会增加整个社会的福利,使社会道德水平得以提升。更重要的是,自律更多地依赖行为主体的道德自省,这种道德自省使行为人从内心深处具备一种伦理上的自觉,有了廉耻之心,自觉地约束自己的行为,而不是因为害怕惩罚而被动地摒弃不道德行为。孔子实际上就曾论述过自律与他律的区别:"道之以政,齐之以刑,民免而无耻;道之以德,齐之以礼,有耻且格。"[①]意为:用政法来诱导人民,使用刑惩来整顿人民,他们只是暂时由于畏惧而免于犯罪,却没有廉耻之心;如果用道德来教导他们,用礼教来教化他们,人民不但有廉耻之心,而且安分守法。也就是说,只有行为人通过自省自律才能形成真正的社会秩序,而通过法律与社会惩治体系来约束人的行为,并不会真正使人达到自我约束的目的,反而会使人丧失羞耻之心。

金融体系自律机制的构建可以包含三个不同的层次:第一个层次是针对金融机构中的个体而言的,即对金融机构员工与管理者进行金融道德文化教育。这是形成金融体系员工自律的重要方面。通过金融道德文化教育,使金融体系员工与管理者对职业道德原则与规范达到高度认同,把外在的原则与规范变成自身的职业态度、价值观念及行为准则,并且在行为的过程中自觉、主动地按照职业道德原则与规范来约束自己,达到一种道德自律的最高境界。这也是金融道德文化教育的最终目的所在。很显然,在这种道德自律的境界,金融体系员工不再是职业道德观念被动的接受者,也不再因为畏惧惩罚而被动地遵守职业规范,而是具备了职业道德良心。所谓职业道德良心,就是个人在对他人

---

① 《论语·为政篇》。

与社会尽义务的过程中形成的一种职业道德意识，它既是体现在金融业职业个体意识中的一种强烈的道德责任感，又是金融业职员个体在自我意识中依据金融道德原则和规范进行自我评价的能力。职业道德良心是职业责任的自觉意识，是知、情、意的统一，它是人们理性精神的沉淀，往往以道德直觉的形式体现出来。[①] 我国宋代儒家哲人常讲“致良知”，即指出所有知识与教化的最终目标是发掘和唤醒人的内在良知（良心），只有具备了这种高度的伦理自觉，才能使行为者自身拥有了自我监督、自我审查、自我评价、自我奖惩的能力。金融机构要建立一种经常性的机制，对员工进行金融道德文化教育，同时利用各种节庆、纪念日、日常礼仪、表彰活动等手段，强化金融道德文化教育的成果。社会舆论、大众传媒、金融行业协会等都可以在金融道德文化教育中起到特殊的作用。

金融体系自律机制构建的第二个层次是建立基于一定伦理原则的金融企业文化。金融企业是一种特殊的企业，它所经营的产品主要是信用产品，因而对伦理的要求也就较一般企业高。也正是这个原因，使得金融企业（如商业银行和保险公司）更需要建立相应的企业文化。如果说金融道德文化教育主要是针对金融从业人员微观个体的，那么金融企业文化建设则主要从整个金融企业的层面构建一种独特的伦理文化，使其渗透到企业运行的各个方面。金融企业文化建设的目标是建立一种企业价值观，用这种价值观来引导、规范、铸造每个员工的伦理行为，并使金融企业价值观通过一定的机制构建体现在金融企业运行的各个环节。如金融企业必须营造一种诚信的文化，在与客户进行交往的过程中恪守信用、遵守契约，绝不发生背信弃义的行为；金融企业必须建立一种创新的文化，使创新的观念深入人心，每个员工都能秉承创新精神，针对时代与客户的需求，开发出新的金融产品；金融企业还必须建立一种稳健的文化，提高员工的风险意识，使员工时刻意识到风险的存在，在经营过程中遵循合规、谨慎、敬业的原则。值得强调的是，金融企业文化建设一定要与相应的制度设计结合起来，如果没有严密的制度设计作为后盾，则金融企业文化往往成为空中楼阁，外表华丽而实际上毫无用处。

金融体系自律机制构建的第三个层次是金融企业社会责任体系的构建。金融企业较之一般企业，对整个经济与社会的影响更大，因而金融企业也就更有必要强调自己的社会责任。金融企业社会责任体系的构建试图通过金融企业的自觉行为，制定一整套相对严格的金融企业行为规范，以协调金融企业与员工、与社区及与整个社会经济发展和可持续增长之间的关系。如果说企业文化建设主要从金融企业内部价值观确立角度来实现自律的话，则社会责任体系构建是通过金融企业与其他主体之间的关系重塑来实现其伦理自律的。金融企业社会责任体系注重金融信贷行为对社区发展、区域文化保护、当地环境质量、性别平等的影响。如果一项信贷计划尽管可以提升当地的经济发展水平并有极好的预期资产回报率，但是不利于当地的环境改善或民族文化保护，则该项计划会被认为是一项坏的计划，金融企业的信贷评估部门应该放弃这个计划。全球商业银行的一个潮流是构建自己的社会责任体系，把商业银行与当地社会经济和谐发展密切结合，使商业银行在更自觉、更制度化的层面上履行社会责任和伦理义务。

现在，越来越多的国外商业银行以及其他金融机构将社会责任列入企业战略目标管

---

① 魏磊主编：《金融道德文化教程》。北京：中国金融出版社 1998 年版，第 236—237 页。

理，积极加入国际社会责任机构来自觉约束自身的运营，按照国际社会责任标准来开展业务，并定期对外公布企业社会责任报告等，中国的商业银行也开始加入这个行列当中。随着《全球契约》(The Global Compact)①和赤道原则的推行，金融机构愈加清醒地意识到自身的社会角色，从而主动以自律的行为来承担起自己的社会责任。

## 【关键术语】

现代企业理论　契约理论　委托—代理理论　信息不对称　隐藏行动的道德风险模型
隐藏信息的道德风险模型　逆向选择模型　信号传递模型　信息甄别模型
权利—义务关系　企业社会责任　社会惩罚原则　社会补偿原则　自律—他律关系
政治权力约束　法律约束　市场约束　伦理道德约束　伦理规制　监管伦理
全球契约　赤道原则　金融企业文化

## 【进一步思考和讨论】

1. 法学中的委托人代理人概念与经济学中的委托人代理人概念有何不同？
2. 举例说明不同类型的委托代理模型及其在金融体系中的表现。
3. 权利和权力有何联系与区别？
4. 市场经济中的契约关系如何决定了不同主体之间的权利和义务？
5. 社会惩罚原则和社会补偿原则在金融体系中有何体现？
6. 他律的四种形式之间的区别在何处？这四种形式的适用性和效率有何差异？
7. 举例说明金融体系中不同层次的自律。
8. 伦理规制和监管规制相比有何优势？

## 本章参考文献


鲍桑葵. 关于国家的哲学理论[M]. 汪淑钧，译. 北京：商务印书馆，1995.

德勒巴克. 新制度经济学前沿[M]. 张宁燕，等，译. 北京：经济科学出版社，2003.

弗鲁博顿，黄切特. 新制度经济学：一个交易费用分析范式[M]. 姜建强，罗长远，译. 上海：上海三联书店，上海人民出版社，2006.

黑格尔. 法哲学原理[M]. 范扬，等，译. 北京：商务印书馆，1962.

刘宇飞. 国际金融监管的新发展[M]. 北京：经济科学出版社，1999.

苗力田. 古希腊哲学[M]. 北京：中国人民大学出版社，1989.

色诺芬. 回忆苏格拉底[M]. 吴永泉，译. 北京：商务印书馆，1988.

王海明. 新伦理学[M]. 北京：商务印书馆，2008.

威廉姆森，等. 制度、契约与组织：从新制度经济学角度的透视[M]. 刘刚，等，译. 北京：经济科学出版社，2003.

魏磊. 金融道德文化教程[M]. 北京：中国金融出版社，1998.


---

① 《全球契约》是在经济全球化的背景下针对企业行为提出的，突出强调企业在经济全球化过程中的全面责任，包括人权、劳工标准、环境、反腐败四个方面的十大原则。

西塞罗.有节制的生活[M].徐奕春,译.西安:陕西师范大学出版社,2003.

战颖.中国金融市场的利益冲突与伦理规制[M].北京:人民出版社,2005.

张维迎.博弈论与信息经济学[M].上海:上海三联书店,上海人民出版社,1996.

E RASMUSEN. Game and Information: An Introduction to Game Theory[M]. Cambridge: Black Well Publisher, 2000.

# 第三篇 金融机构的伦理问题

本篇在前两篇所建立的金融伦理学基本理论框架基础上，具体探讨金融机构的伦理问题，从金融机构的实践中，概括不同金融机构伦理行为的基本原则，总结不同金融机构伦理失范的主要表现和伦理规制的主要制度框架与政策框架。本篇探讨了商业银行、投资银行、保险机构等金融主体在其运行中面临的伦理问题和伦理规范，系统总结金融机构从业人员的基本职业操守和伦理行为准则。本篇最后探讨了金融危机与金融伦理的关系，深刻揭示了伦理缺失在金融危机生成中的作用机制，并以美国金融危机为例探讨了金融法律、金融伦理和金融市场稳健性的关系。

# 第六章　商业银行的金融伦理问题

**【本章目的】**

本章的目的是探讨商业银行的道德规范。学习本章，应从商业银行的经营特点出发，深刻理解商业银行管理的基本伦理原则，理解银行业腐败的伦理根源，了解银行业从业者的基本职业操守和伦理行为准则。

**【内容提要】**

本章首先从商业银行的性质与职能出发，探讨了商业银行经营管理的三大基本伦理原则，即稳健与谨慎原则、珍视信誉与诚信原则、责任投资原则；其次，探讨了商业银行信贷中的公平与歧视问题，以及信贷歧视的两种不同表现，并对系统性负投资和歧视检测进行了详尽的讨论；再次，探讨了银行业腐败的问题，揭示了银行业腐败的制度根源和伦理根源；最后以格莱珉银行为例，探讨了商业银行信贷与公民权利的关系，并详尽讨论了银行业从业人员的职业操守和伦理行为准则。

## 第一节　商业银行经营管理的伦理原则

### 一、商业银行的性质和职能

银行是一个古老而崭新的行业。说它古老是因为这个行业已经存在并繁衍了几千年之久；说它崭新，是因为这个行业在全世界都正在经历着巨大的变革，银行的产品与服务不断创新，今天银行的面貌与几千年前、几百年前甚至一个世纪之前的大相径庭。在当代中国，改革开放之后的四十多年中，银行业发生了翻天覆地的变化，进入了一个快速发展的新时代。纵观全球，不论各国资本市场如何发达，银行业始终是金融体系中最重要的组成部分。

早在公元前 2000 年的古巴比伦寺庙、公元前 500 年的古希腊神庙、公元前 400 年的雅典、公元前 200 年的罗马帝国等，都出现了银钱商和类似银行的商业机构。[①] 当时的货币兑换者根据信徒朝拜者的需要，把寺庙当作开展银行业务的场所。近代银行在中世纪的世界贸易中心——意大利威尼斯首先诞生，银行的职能主要是满足商人们将不同的铸币进行兑换的需要。由于当时的货币兑换者营业时总是坐在长板凳上，而 12 世纪的意大利语"Banko"即有"长板凳"之意，于是"Banko"就成为银行这个行业的代名词。1171

---

① 王先玉主编：《现代商业银行管理学基础》。北京：中国金融出版社 2006 年版。

年,威尼斯银行首先以“银行”命名,是现代银行的先驱;1694 年,最早的股份制银行英格兰银行成立,被誉为现代商业银行的鼻祖,标志着现代商业银行的建立。

中国的银钱兑换业在春秋战国时代已经初具雏形。中国是世界上最早使用纸币的国家,北宋时四川首先使用纸币,1057 年在汉语文献中首先出现“银行”一词。在宋、元、明、清各朝中,钱庄、银号、票号等金融机构先后兴起,银行业获得长足发展,现代银行中的存款、贷款与汇兑业务在这个时期都已经出现。中国发展银行业的时期与意大利几乎同步或者略早一些,到清代钱庄与票号所经营的业务与近代银行业务完全一样。1897 年,中国第一家股份制商业银行“中国通商银行”成立,标志着中国近代银行业的开端。

从银行的发展史来看,很显然银行是与人类的商业交易活动密不可分的,它是人类商业交易发展到一定历史阶段的必然产物。从一般的意义上说,银行与普通的工商企业没有什么两样,具有企业的普通属性。银行首先是一个以利润最大化为中心的经济组织。但是银行又是一种特殊的企业,它的经营对象是货币,它通过货币资金的营运来获取利润。商业银行还有一个显著的特点即吸取公众存款,这是它不同于一般的企业和金融机构的特殊之处。从这一点来看,银行比一般的工商企业更具有公众性,它对公众利益的影响更大,对社会安全的影响也更大。

银行是现代经济的核心与枢纽(见图 6-1),是联系居民和家庭、企业和政府的纽带,为它们提供存贷、结算、代理等全方位的资金服务,使各类微观经济主体的效率与福利得以提升。同时,银行还是中央政府实施货币政策和进行宏观调控的重要中介。中央银行通过对银行利率和准备金率的调节来进行宏观调控。可以说,在任何一个国家,银行都是与经济发展和居民生活关系最密切的维护组织,如果没有银行,一个国家是很难正常运转的。

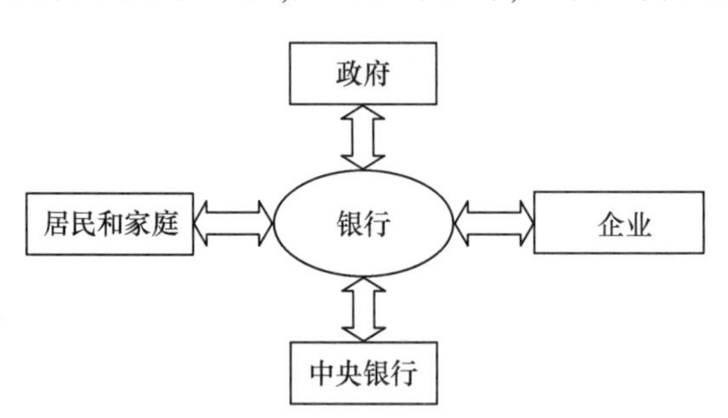


**图 6-1 商业银行在现代经济中的核心地位**

现代商业银行有五大重要职能(见图 6-2):第一,信用中介职能。商业银行通过负债业务,把社会上的闲散货币资金集中,再通过资产业务,将其投放给需求资金的客户,银行充当资金闲置者与资金空缺者之间的中介,这样就可以提高社会上资金使用的效率。第二,支付媒介职能。商业银行通过存款在账户上的转移,为客户办理支付交易款项,在支付双方中间扮演中介人角色。商业银行是社会经济活动中支付双方的出纳中心与支付中心,加速社会资金运转、节约交易成本。第三,信用创造职能。商业银行利用吸收来的存款向客户发放贷款,在客户所获得的贷款还没有完全使用的情况下,余额又形成商业银行的存款(派生存款),银行又可以据此发放贷款,从而衍生出更多的存款,如此循环,扩大货币供应总量,产生“货币乘数效应”。第四,金融服务职能。现代商业银行可以为客户提供全方位的金融服务,包括理财咨询、信托、租赁、现金管理、代理等,而现代的信息技术更使商业银行所能提供的金融服务在种类上不断翻新。第五,宏观调控与社会职能。银行是政府进行宏观经济调节的重要工具与途径,同时,由于其公众性以及银行在社会经济中的特殊地位,银行也以协助政府达成多种社会目标,实现政府的特定产业政策。

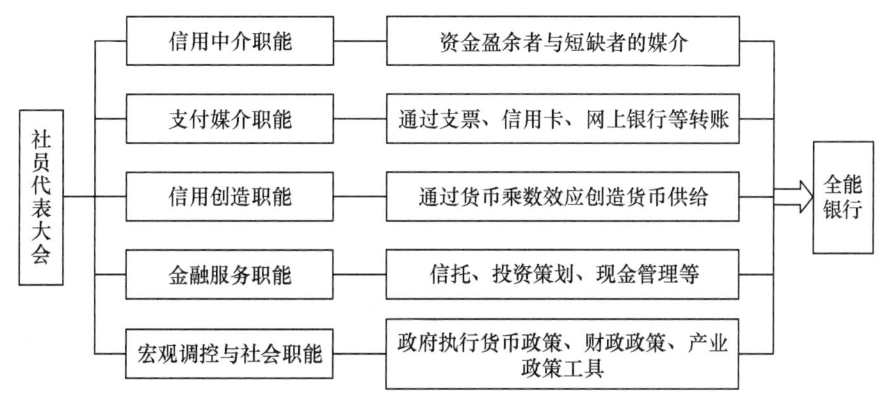


**图 6-2　商业银行职能体系**

商业银行是一种特殊的企业,它既具有企业的普遍属性,也有其独特性。从企业的普遍属性而言,商业银行的经营目标首先是盈利,即追求利润最大化。不少商业银行的经营者以追求利润最大化这个企业普遍属性为商业银行的很多行为辩护。如商业银行在很多时候采取信贷歧视的做法,为了追求最大利润而拒绝为某一部分信贷需求者贷款。又如,在经济繁荣时期,一些商业银行的高级管理者往往热衷于向价格飙升的房地产市场或股票市场投资,其根本动因仍在于追求高额的利润。但是,这种辩护恰恰忘记了商业银行又具有某些特殊属性。商业银行的负债中大部分是公众的存款,从某种意义上来说,商业银行是依赖大量公众储蓄生存的,即商业银行是在经营"别人的钱"。商业银行的这一独特性使其与公众利益、社会经济安全有了更加直接而密切的关系。一旦银行出现动荡或危机,它所引发的社会危机与为此支付的社会成本要比一般的企业高得多。正是由于这个原因,银行在经营管理过程中必须遵循一些重要的伦理原则。

## 二、商业银行的伦理原则之一:稳健与谨慎原则

### (一) 商业银行的三大经营目标

我们在上面已经强调了这样的观点:商业银行既有企业的普通属性,也有其特殊性。从企业的普遍属性而言,商业银行的经营目标首先是盈利,即追求利润的最大化。从银行的特殊属性出发,银行又必须追求稳健性(安全性)与流动性。因此,商业银行的三个经营目标(或者说经营原则)就是盈利性、稳健性与流动性。商业银行的管理者要懂得在这三个经营目标之间寻找巧妙的平衡,不能顾此失彼。[①]

① 熊继洲、楼铭铭编著:《商业银行经营管理新编》。上海:复旦大学出版社 2004 年版,第 7—10 页。易纲、吴有昌:《货币银行学》。上海:上海人民出版社 1999 年版,第 168—173 页。

1. 稳健性(安全性)目标

银行业是一个风险高度集中的行业,一个银行的管理者不能不高度关注银行的安全性。成熟的高瞻远瞩的银行家都懂得稳健经营的重要性,因为他们知道,银行的稳健性和安全性是银行盈利性的基础,而稳健性与银行在大众心目中的信誉度紧密相关。银行面临的风险多种多样,既包括传统上所说的信用风险、利率风险与流动性风险,也包括随着金融自由化和金融全球化而带来的国家风险、转移风险、市场风险、操作风险、法律风险、环境风险和声誉风险。由于这些风险的存在,银行时时面临多种危机的威胁,一些触目惊心的银行亏损或倒闭案件给银行管理者敲响了警钟。

【专栏 6-1】

## 20 世纪 70 年代以来的银行危机

20 世纪 70 年代以来,随着金融全球化和金融自由化浪潮的涌起,银行大规模破产和亏损的案例层出不穷。

1974 年,存款额近 30 亿美元的全美第二十大银行——富兰克林国民银行,因巨额的外汇交易损失而宣告破产。

1982 年,存款额近 60 亿美元的意大利最大私人银行——阿姆伯西诺银行,因其在拉丁美洲的一些附属机构发放了 14 亿美元的不良外国贷款而宣告破产。

1984 年,存款额高达 400 亿美元的全美第八大银行——伊利诺斯大陆银行,因发放了大量不良贷款,终于在另一家中等规模的银行——宾夕法尼亚广场银行倒闭的牵连下,陷入资不抵债的困境,被联邦存款公司接管。

进入 20 世纪 90 年代以来,银行倒闭和银行亏损更是触目惊心。

1991 年,资产额高达 240 亿美元的大型跨国银行——国际商业信贷银行,因亏损严重、有欺诈行为和涉嫌参与犯罪活动,被多国金融监管当局关闭其在当地的业务,继而倒闭。

1995 年 2 月,有着 233 年历史的巴林银行因其新加坡分支机构职员李森经营证券、期货投机失败,亏损 9.27 亿英镑而被荷兰国际集团收购;3 月,法国经济部长阿凡德里宣布,法国第二大银行里昂信贷银行因连年亏损,濒临破产;9 月,日本大和银行对外宣布,因其纽约分行职员井口俊英长达 11 年的舞弊行为而造成 10 亿美元亏损。

1997 年,亚洲金融危机爆发,倒闭或陷入困境的银行更是难以计数,银行的安全性日益受到监管当局的关注。

资料来源:易纲、吴有昌,《货币银行学》。上海:上海人民出版社 1999 年版,第 69—70 页。

银行的稳健经营原则还基于银行在社会经济活动中的特殊地位。银行的资本金十分有限,其营运资金源于从广大群众那里吸取的存款,因此银行的稳健经营与广大群众的切身利益密切相关。商业银行一旦因为经营不慎而出现大量不良债权,就会影响存款人的信心,继而激发挤兑风波并产生多米诺骨牌效应,最终引发银行倒闭与社会经济严重动荡。

为了确保稳健经营,商业银行应该做到以下几点:

(1) 科学安排资产结构。一般认为,商业银行的存贷比(贷款占存款的比重)不应超过70%,以40%—50%为宜;不良资产占比不应超过5%。如果存贷比和不良资产占比过高,表明银行的风险系数过大,资产结构不合理。商业银行应合理安排存款与贷款的比例以及不同期限、不同风险的资产(贷款)的比例,以保证经营的安全性。另外,商业银行还应保持相当比例的有价证券等流动性较强的资产(如政府债券)以及一定比例的现金资产,一方面优化资产结构,另一方面提高银行规避流动性风险的能力。

(2) 尽最大努力提高资产质量,严控不良资产规模。在发放每一笔贷款之前,商业银行都要对资金需要者做细致的信用调查,在确定发放贷款之后,审慎决定贷款的规模、期限与利率水平;在贷款使用过程中,应对贷款客户进行密切的追踪与监督,及时了解其经营状况。

(3) 对员工与管理层进行金融伦理教育,防止经管者的道德风险。在全球银行危机案例中,有很多导致银行破产的案件是因为银行经管者的道德风险而发生的。在中国,由金融腐败而带给银行的损失巨大,这些金融腐败案件使银行的安全性受到很大损害。

(4) 建立有效机制预防意外事件的发生。商业银行要保持适当的流动性准备,以应付各种流动性需要,同时设立呆坏账准备金,用以冲销无法收回的不良资产;商业银行还应使自有资本在全部负债中占有适度的比例。

2. 流动性目标

流动性是指资产的变现能力,银行的流动性目标是指银行能够随时满足全部应付款的支付与清偿要求以及多种合理的资产需求的能力,通俗一点说,既能满足存款人的提款需求,也能满足必要的贷款需求。这就要求银行资产变现速度必须很快,资产变现的成本必须很低,才能充分满足银行经营的流动性目标。

银行所面对的是数量庞大但不确定的存款人,这些存款人对银行的多种信息高度敏感,因此一旦资金市场有什么不利的消息扩散开来,存款人就会一拥而上要求提款;而如果银行因缺乏流动性而出现支付困难,那么这种信息只能导致更多的挤兑,而且这种挤兑还会迅速扩展到其他银行,产生连锁反应。

银行经营的安全性目标、盈利性目标与流动性目标是一组矛盾,银行管理者要在目标之间寻求一种巧妙的平衡。流动性太高的话,就会使商业银行损失很多盈利机会;而流动性过低,又会使银行的安全性受到威胁,面临信用危机。因此,保证适度的流动性水平,在安全性与盈利性之间找到一个平衡杠杆,是银行家最重要的经营诀窍和经营艺术之一。

3. 盈利性目标

盈利性是银行作为一个企业的题中应有之义,是指银行运用多种资源获取利润的能力,很显然,盈利不仅是银行经营的最终目的,也是银行赖以生存的基础。银行不是慈善机构,也不是政府机关,它必须实现一定规模的盈利,才能增强自身的信誉与实力,进而增强自己的安全性与流动性。因此，从这个意义上讲，盈利性与安全性和流动性是一个统一体，是相辅相成的关系。

但是三者之间又是矛盾的，按照一般的金融学原理，资产的安全性、流动性与盈利性是相反的关系，资产的安全性、流动性越高，则风险越小，但同时其盈利性最低；资产的安全性和流动性越低，则风险越大，但此时其盈利性越高。比如银行若持有大量政府国库券，其安全性和流动性都很高，则其盈利性较低。更极端地，银行若持有大量现金资产，其流动性最高，但其收益率为零。银行管理者应该把握好银行三大经营目标之间的对立统一平等，寻找最佳平衡点。

（二）商业银行的首要人格是稳健与谨慎

在这三个经营目标中，稳健性是核心目标。如果说银行也具有“人格”的话，那么首要的“人格”便应该是稳健与谨慎。谨慎是银行资金安全的首要屏障，稳健与理性是银行业的首要人格要求。在这方面，英国银行家可以说是谨慎经营的典型，其经营风格受其金融业家族中的贵族传统影响极深。在英国银行界，银行与客户保持稳定的关系，谨慎理财是经营者的传统。比如英国历史悠久的巴克莱银行，在创建之初小心谨慎地将贷款对象限于本地区的客户，不对自己不熟悉的客户进行贷款；其还一般将客户限定为本国客户，而把对外贷款让给其他私人银行。著名的巴林银行曾经以20世纪90年代的倒闭事件而闻名全球，但是其在之前两个多世纪的经营中实际上一直是非常谨慎的。巴林银行的财力雄厚，18世纪初其资金已经超过了当时欧洲各国的政府。19世纪80年代，巴林银行在资金实力和谨慎作风上仍旧是无懈可击的，它在国际上的信誉象征着英国的可靠性。但是巴林银行后来变得自满而轻率，逐渐放弃了其稳健与谨慎的作风，它的经营表面上稳重谨慎，但在贷款与投资上有时显得急于求成。结果，在20世纪90年代，巴林银行终于因员工的不审慎行为而导致破产，这一案例从反面说明了一个商业银行抛弃谨慎与稳健原则可能带来毁灭性后果。德国银行业也是以稳健和谨慎而著称的。与世界各国纷纷走向金融自由化并鼓励放松管制不同，1985年德国实施的新银行法却更强调银行经营的稳健与安全性，对银行的经营限制更加严格。之所以如此，是因为以理性思维见长的德国政府看到美国金融改革带来的金融体系不稳定，唯恐本国重蹈覆辙，不得不采取保守态度，更多考虑存款等资金安全与金融机构信誉。因此，德国银行业尽管表面上看来是逆潮流而动，但是从长远而言，其秉承的稳健与谨慎原则是有利于商业银行健康发展的。

值得说明的是，稳健与谨慎的原则并不与银行的金融创新构成矛盾。在金融全球化的背景之下，银行必须与时俱进，按照客户需求与市场竞争需要进行金融创新，努力提供新的金融产品与金融服务。但是任何金融创新都必须以保证安全性为前提。如果一项金融创新有可能为商业银行带来过大的资金风险，则商业银行应该考虑放弃这项创新。在2007年爆发的美国信贷危机中，美国商业银行过多地将资金放在各种创新性的房地产抵押担保债券上，这些抵押担保债券尽管可以为商业银行带来巨额收益，却蕴含着巨大的风险。实际上，优秀的银行家从来不会过于标新立异。他们会很好地把握稳健经营与金融创新之间的平衡，将收益率与安全性统一起来。

## 三、商业银行的伦理原则之二：珍视信誉与诚信原则

商业银行在我们日常生活中的地位越来越重要，这就使得一些商业银行的员工（尤其是大型商业银行的员工）产生了一种误解，似乎应该强调的仅仅是接受信贷者的信用，而不应该是商业银行的信用。在他们的理解中，商业银行和信贷需求者形成一种契约关系，商业银行是贷款提供者，信贷需求者是贷款使用者，由于贷款使用者有违约的可能，因而强调贷款使用者的诚信是天经地义的。但是这些大型商业银行的员工往往忽略了这样一个事实：贷款使用者与银行的契约关系仅仅是银行所面临的委托—代理关系的一面，在这一层委托—代理关系中，商业银行是委托人，而贷款使用者是代理人；但是商业银行还面临另外一层委托—代理关系，即它和存款人之间的委托—代理关系，在这一层委托—代理关系中，商业银行成了代理人，存款人成了委托人。存款人成为不拥有信息的一方，商业银行成了拥有信息的一方，因此商业银行也便产生了一种内在的道德风险，即它有可能为追求自我利益最大化而损害存款人的利益，保证不了存款人资金的安全。从这个角度来说，商业银行更有必要讲求诚信，因为商业银行的诚信关系到数量巨大的存款人群体的利益，也关系到整个社会的秩序与经济安全。

作为一个信用行业，商业银行的最大资产不是它的硬件设施与人力资源，而是它在较长的历史经营中所累积的信用资本。信用资本是商业银行通过持续的稳健谨慎经营而在公众中形成的一种声誉资本，正是这种声誉资本的存在，使得公众对商业银行资产质量与未来经营前景的信心持续增加，从而愿意把自己的资金委托给商业银行。公众作为客户和资金提供者，很少会质疑商业银行的信用。一个非常简单的例子是，当我们走进一个商业银行的营业厅，将我们的存款交给银行时，没有一个人会做出这样貌似“荒谬”的举动：要求这个银行的负责人出来解释资金的投向与安全性。实际上，作为资金的委托方，存款人绝对有理由知道自己的资金到底被商业银行如何使用以及这些资金的安全性到底如何，不论我们在这个商业银行到底存了 2 000 万元还是 2 000 元，作为一个存款者，我们之所以不会做出这样貌似“荒谬”（实则是有理由）的举动，是因为我们相信银行的信用，极端信任商业银行的信誉，以至于这种信任连我们自己都习以为常，从不质疑。

实际上，存款人之所以如此一致地不去质疑商业银行的代理行为，是因为存款人和商业银行之间已经形成了一种隐含合同。一般的合同都是通过较为正式的书面或口头形式表达出来的，然而不管合同条款如何细致，总有些理解或含义是必须经过推定的。法律对明文合同（书面或口头）和隐含合同都是承认的，这两种合同都包含了各种各样的从法律角度应予以执行的协议与契约。合同中除了那些从法律角度应该执行的协议，还包含很多默契的东西，而这些默契的东西有更多的伦理约束力。但是隐含合同一般不能通过法律来约束执行，因而人们有可能违犯隐含条款而逃避应有的惩罚。[①] 对于商业银行与存款人之间的隐含合同关系而言，存款人基于对商业银行的信任，与商业银行形成一种默会的知识（tacit knowledge），即相信商业银行能保证其资金安全并带来预期收益。

---

① 参见〔美〕博特赖特著，静也译：《金融伦理学》。北京：北京大学出版社 2002 年版，第 10—11 页。

商业银行为这种隐含合同承担了相应的保证资金安全并提供收益的义务。

商业银行(尤其是大型商业银行)由于实力雄厚,往往在与客户交往中产生某种骄傲自满情绪,就像我们所提到的巴林银行的例子那样。商业银行要珍视自己的信誉,不仅体现在维护良好的资产质量与保证资金安全上,而且体现在与客户保持良好而平等的关系上。在商业银行与一般客户之间存在不平等的谈判力量。一般来说,只有那些通过平等谈判而达成的协议才被认为是公平的,这种公平性不是指实际后果的公平,而是强调其前提是缔约双方平等的谈判力量,当一方不当利用自己的优越谈判地位时,这样的协议是不公平的。不公平协议往往源于不平等的谈判力量,而不平等的谈判力量往往来自财富实力的不平等、信息的不对称以及订立契约双方的性质。商业银行往往会因自己实力雄厚且拥有更多的信息,而与一般客户形成不平等的谈判力量,制定很多具有强迫性或诱导性的协议条款,我们称前者为“霸王条款”,称后者为“误导条款”。比如,有些大型商业银行在自动提款机查询或跨行提取现金时规定高额的手续费,但是对于这样的规定,一般客户很难与大型商业银行进行抗争,这就是所谓的“霸王条款”。“误导条款”的例子也是数不胜数。在大学校园中,有很多大型商业银行宣传自己的信用卡产品,他们瞄准了大学生这样一个特殊市场群体:一些大学生虽然没有自己的收入来源,却有较高的消费欲望,会进行奢侈性消费和炫耀性消费,但是他们对自己获取信用卡以及透支消费的法律后果往往不是很清楚。大型商业银行往往利用了大学生群体的这些弱点与特点,制定一些诱导性的条款(或利用一些奖励等)来吸引大学生,使他们成为信用卡的持有者,然后利用大学生对相关协议的忽略与疏漏来获取很高的罚金。在这样一个案例中,商业银行利用自己的信息优势,与大学生之间形成了不平等的谈判力量,达成不公平契约,从长远来看,损害了自身的声誉,破坏了诚信原则。

## 四、商业银行的伦理原则之三:责任投资原则

责任投资(responsibility investment, RI)也被称为社会责任投资(socially responsible investing),是指在投资过程中不仅关注资金回报,而且关注资金所投向的领域及投资给社会经济带来的影响,社会责任投资将价值观(伦理道德因素)融入投资中,对传统投资原则是一种重要补充。责任投资原则在一些文献中仅仅被限于讨论证券投资。如在选择股票进行投资时,有些投资者(包括一些有良知的个人或机构投资者、慈善团体、基金会、宗教组织、大学及其他非营利机构)等不想投资于那些令人生厌的商业活动,他们会寻求与自己或所属机构价值观相一致的股票投资。与此形成鲜明对比的是,有些投资者却贪婪地追求所谓“罪恶股票”。例如,博特赖特在《金融伦理学》一书就曾举例说,Morgan Funshares 这个公司专门向酒精、烟草、赌博的公司投资,并且得到那些愿意在别人痛苦与愚蠢上获利的人的支持。① 尽管责任投资在股票投资经理人中产生了很大的争议,有些人声称他们应该为投资者寻求最大的投资收益与利润,这使他们很难考虑那些诸如

---

① Michele Galen, “Sin Does a Number on Saintliness”, *Business Week*, December 26, 1944; John Rothchild, “Why I Invest with Sinners”, *Fortune*, May 13, 1996。转引自:〔美〕博特赖特著,静也译:《金融伦理学》。北京:北京大学出版社 2002 年版,第 113—114 页。

社会安全与公众健康这样的非金融因素;但是,有越来越多的投资者认为,投资者不应只关注收益,还要关注自己的钱被用在什么地方。在美国,许多投资者认为他们对别人如何使用他们的钱有一种个人责任,许多人会毫不犹豫地拒绝向内华达州的妓院(在内华达州卖淫行为是合法的)进行投资,因为他们可能会间接地参与那种不道德的活动或助长他人的不道德行为。美国 20 世纪 60 年代开始了一项社会责任投资运动,当时人们主要是反对种族隔离制度和越南战争,主张社会责任投资的人们在各种年会和股东决议会上举行抗议活动,通过向机构投资者(如大学的捐赠基金)施加压力等方式来推进他们的事业。1969 年,经济优先权委员会(Council on Economic Priorities)成立,它努力促成了一系列针对消费者和投资者的指南,如《评估美国公司良心:日常产品公司索引》(Rating America's Corporate Conscience:A Provocative Guide to the Companies behind the Products You Buy Everyday)。[①]

社会责任的理念也可以用于商业银行的贷款行为。研究表明,大部分企业的资金来自商业银行的贷款,即使在股票市场比较发达的欧美等国,企业源于银行的融资也大大超过从股票市场的融资。因此,商业银行的贷款对于企业投资非常重要,商业银行选择什么样的企业进行融资支持,也直接影响到某一产业、某一地区的发展。商业银行应该向那些有利于环境保护、妇女平等、少数人群与弱势群体发展、社区建设、产品质量与安全等项目进行更多的融资,应该以自己的贷款行为对公众所关注的问题进行回应。当然,值得强调的是,不论银行如何关注其项目的伦理层面,贷款质量方面的考虑也是不容忽视的,单纯考虑伦理层面而忽视了贷款质量,这不是责任投资本来的含义所主张的。

商业银行的可持续发展,始终离不开一定的社会环境与经济环境。同时,商业银行又通过为客户提供服务,对经济、社会、自然环境产生多种非直接的但是非常重要的影响。正是在银行与其周围的社会经济、自然环境互动的过程中,产生了银行可持续发展必须履行的企业社会责任。

企业社会责任是指企业在日常运转和创造利润的过程中,因其与社会经济和自然环境产生的互动关系而必须承担的多种责任与履行的义务,其中包括对员工的责任、对所在社区的责任、对整个社会安全与繁荣的责任、对自然生态环境保护的责任等。银行身处一个与公众利益有着特殊密切关系的行业,其企业社会责任显得特别重要和广泛。银行通过客户对全社会施加影响,尤其是通过对借款人提供融资安排而渗透到经济中的各个产业。因此,银行是否履行其企业社会责任,直接影响到整个社会经济的发展方向与发展质量。

银行履行企业社会责任,不仅仅是出于维护公共利益的考虑,更是银行自身可持续发展的内在要求。如果银行能够更好地履行企业社会责任,为员工负责、为社区发展负责、为整个社会经济可持续发展与自然生态环境负责,那么银行就能最大限度地获得客户、公众、消费者、政府、民间组织以及投资者的认可,就可以提高在社会上的知名度与美誉度,从而获得更大的发展空间。相反,如果银行不能很好地履行其企业社会责任,例如

---

① 〔美〕博特赖特著,静也译:《金融伦理学》。北京:北京大学出版社 2002 年版,第 115 页。另外关于投资伦理的争议,可参见 William B. Irvine, "The Ethics or inverting", *Journal of Business Ethics*, 1987(6), pp. 233-242。

向破坏生态环境的企业发放贷款,或对有可能损坏历史文化遗产的项目进行融资支持,那么社会公众、消费者、民间团体和政府就会向银行施加压力,以阻止其向这样的企业或项目继续贷款,这些都会对银行本身造成财务和声誉风险,最终使银行受到损失。因此,从银行自身可持续发展的角度,也要重视履行企业社会责任,拒绝向那些不能妥善管理环境与社会风险的企业提供融资服务。

在银行的企业社会责任中,自然生态环境保护成为政府与越来越多的公众关注的一部分。根据2007年数据,我国70%以上的河流和90%的地下水已经被不同程度地污染;研究发现,在中国,由于空气和水被污染而付出的健康代价约占GDP的4.3%,如果加上对非健康方面所造成的影响(估计占GDP的1.5%),中国的空气和水污染的代价约为GDP的5.8%。[①] 中国公众的环境保护意识越来越强,政府也针对环境保护提出了多项对策。《亚洲华尔街日报》[②]报道:"通过政府的环保部门与商务部之间的前所未有的合作,中国将对快速发展的出口行业进行新的污染防治规定。这些规定将影响到成千上万家为跨国企业生产产品的中国供应商。"

环境风险不仅会导致商业银行的信贷风险,还可能导致合规风险。中国人民银行(以下简称"人民银行")规定,银行必须停止向污染严重和浪费能源的项目提供信贷。人民银行还督促商业银行建立长效机制,以信贷支持节能减排方向的技术创新。根据人民银向规定,银行应回收被国家列为"淘汰类"企业的项目的现有贷款,对"限制类"企业的项目不再新增贷款。人民银行还要求多地分支行改善全国企业征信系统,将企业环境记录的详细信息纳入系统。"根据政府的绿色信贷政策,中国国家环保总局已将三十多家污染企业黑名单发送给生态金融机构,目的在于切断污染严重的企业的运营资金来源。在这份同时交给人民银行和银监会的黑名单中,环保总局罗列了一组未通过环境评估或违反环保规定的污染行业,这些企业大多数来自造纸、焦炭、制药、钢铁和酿造行业。"[③]政府的环保政策和人民银行的绿色信贷政策,使商业银行在贷款的环境风险方面遭遇更多的挑战。对商业银行而言,环境与社会风险体现在信贷风险、责任风险、合规风险和声誉风险(见表6-1)。

**表6-1　商业银行环境与社会风险类别**

| 风险类别 | 说明与举例 |
| --- | --- |
| 信贷风险是指由于客户或交易方违约而给银行带来损失风险。这种风险会引发包括结算风险在内的各种形式的信贷风险敞口 | • 环境与社会风险问题会影响客户的现金流,从而使付息和还本面临风险<br>举例:环境污染罚金、进行整顿和清理的成本或由于声誉受损而导致销售额下降<br>• 环境问题会影响企业资产作为担保物的价值<br>举例:自然灾害风险或生产场地污染所形成的风险对不动产的价值有负面影响 |

① 世界可持续发展工商理事会网站(www.wbcsd.org)。
② 《亚洲华尔街日报》,2007年11月1日。
③ 《中国日报》,2007年7月7日。

（续表）

| 风险类别 | 说明与举例 |
| --- | --- |
| 合规风险是指由于不遵守法律规定、会计标准、当地或国际最佳操作实践，或银行内部标准而引起的风险。这种风险会导致规制性罚款或惩罚、被限制或停止经营活动，或要求执行强制性纠正措施 | • 银行必须遵守政府部门或监管机构的要求。在向有争议的交易方或国外项目提供融资时，银行还应遵守国际最佳实践<br>举例：人民银行要求银行停止向造成严重污染的项目提供信贷。商业银行必须建立机制和方法，区分“鼓励类”“限制类”“淘汰类”企业 |
| 责任风险是由于银行或代表银行的其他人未能完成法律所要求或合约所规定的义务、责任或职责而引起的风险。这种风险可能给银行带来诉讼 | • 由于交易而成为银行的物业资产，例如不良贷款中用作担保的房地产，可能本身就面临环境责任<br>举例：生产型企业用被污染的房产作为贷款担保，而银行因借款人违约而占有了这些资产<br>• 由于向客户提供错误建议而造成严重的环境与社会后果，银行需要对此负责<br>举例：在并购交易中，没有正确处理环境风险 |
| 声誉风险是由于无法识别、管理或控制包括业务风险在内的各种风险类别而形成的风险。这种风险可能导致财务和声誉的双重损失。声誉风险无法直接量化，不能脱离于其他风险而独立管理控制 | • 银行客户可能牵涉在生态或伦理道德方面存在争议的活动<br>举例：客户所拥有企业的生产活动污染了河流<br>• 银行可能由于环境风险管理薄弱而被指责<br>举例：银行由于没有认真执行人民银行和银保监会有关环境和社会风险的规定而被追究 |

【专栏6-2】

## 上海浦东发展银行在企业社会责任方面的探索

作为国内第一家发布社会责任报告的商业银行，近年来，上海浦东发展银行（以下简称“浦发银行”）一直积极致力于在社会责任方面的探索。在经济关系上，浦发银行热心公益和帮助弱势群体；在环境关系上，浦发银行结合国家政策的导向，在诸多领域开展了积极有益的实践。

节约资源和保护环境是我国的一项基本国策。党的十七大报告首次提出“建设生态文明，基本形成节约能源资源和保护生态环境的产业结构、增长方式、消费模式”的奋斗目标，说明节约资源和保护环境在当前中国转变经济发展方式、全面建设小康社会的极端迫切性和重要性。作为微观经营主体，浦发银行在节能环保方面的做法主要体现在两个方面。

一方面，浦发银行本身追求做一个环保型企业，在全行推行“绿色行动”，争做“绿色银行”。浦发银行认为，节约资源、杜绝浪费、维护生态，作为一种优良的社会观念，作为一种个人美德，作为企业的社会责任，应该大力提倡。基于这样的理念，浦发银行在全行推动绿色行动，明确提出环保、节能的工作要求。从大处着眼，从小处入手，落实环保承诺。比如，网点装修选用环保材料，公文印刷选用再生纸，公文流转推行视频系统，服务渠道推行“把银行建在网上”，等等。其中一个很典型的例子是，浦发银行从2000年开始推行视频会议系统，在国内银行同类系统中做到了几个“最”：地域覆盖最广，利用效率最高，实际功能最丰富。视频系统的运用不仅帮助浦发银行提高了工作效率，更有效地降低了社会成本，减少了会议差旅费等社会资源的占用。再如，仅公文无纸化流转一项，每年可节约纸张约200吨。

另一方面，通过信贷杠杆，引导各行各业的生产经营行业。在节能环保问题上，银行本身的身体力行固然重要，但更为重要的是，银行还必须承担政策传导和信贷调控的重要角色。从目前来看，在中国金融结构中，银行的直接融资仍然占据着牢固的主体地位，因此银行在贯彻国家调控政策、促进经济结构调整方面具有不可替代的重要作用。从浦发银行的实践来看，在落实“绿色信贷”要求方面，着力抓了三个重点：

一是加强信贷投向管理，明确支持什么、反对什么。浦发银行在《2006年授信投向指引》中明确提出，对新能源和环保行业提供重点授信支持，对严重污染环境的企业，不得与其建立授信关系，确保将有限的金融资源投放环保企业，致力于建设可持续发展的节约型社会。近年来，浦发银行加大了对国家确定的十大节能重点工程、水污染治理工程、资源综合利用项目、节能减排技术产业化示范及推广等项目的信贷支持力度，构建支持绿色信贷的“绿色通道”，提高审批效率。浦发银行重点支持了南水北调工程、上海苏州河治理、重庆水环境、无锡尚德、太湖综合治理项目等环保项目。2007年浦发银行还对我国首个大型海上风电工程——上海东海大桥海上风力发电项目给予了20多亿元的授信支持。同时，对有可能以牺牲环境为代价的项目坚决予以否决。2007年浦发银行先后否决了新疆某重化工公司申请的3亿元贷款项目、陕西省某投资集团申请的2.45亿元集团授信项目等，主要是因为项目以电石为主要原料，高能耗、高污染，企业的环保治理措施存在一定缺陷。

二是积极开展国际合作，引入分担机制，寻求金融创新。在发挥自有金融优势资源的同时，浦发银行还积极开展国际合作，引入外国政府转贷款和风险分担等各种融资模式，创新支持环保建设的途径，争取更多资源、更多渠道，以更专业化的服务参与绿色银行的建设。例如，浦发银行与世界银行下属国际金融公司（IFC）洽谈开展专用于提高中小企业能效的项目合作，首期合作规模10亿元，浦发银行负责提供贷款资金，IFC负责提供一定比例的风险分担，并为借款人提供能效项目技术援助。同时，浦发银行还和法国开发署（AFD）合作，向国内“能源持续与高效利用”项目转贷总额2 000万欧元的长期环保贷款，单个环保项目的融资规模400万欧元以下，AFD将对实际节能效果进行评估。

三是构建绿色长效机制，推进制度建设、加强过程管理。浦发银行认为，较之于国际上先进、成熟模式的绿色信贷银行，浦发银行的绿色之路才刚刚起步，更需要从长计议，尤其要加强绿色信贷的全过程管理，形成贷前、贷中、贷后的传导和控制链条。首先，要加强信贷政策的前瞻性研究，在关注“节能减排”政策对部分企业构成的风险因素的同时，也应当高度重视“节能减排”政策推动环保产业发展，从而为信贷业务提供市场机会。

其次，在授信营销和管理中，加强与环保部门的信息沟通，充分利用人民银行企业和个人征信系统中的环保信息，将其作为贷款“三查”管理的重要内容，同时考虑在信贷政策、程序、标准、方法、理念上引入国际银行业成熟的整套体系，建立可操作信贷细则，深化推进环保审查。最后，持续监控，加强行业风险的预警。随着国家对“两高”行业调控深入和各家银行特别是国有银行信贷结构的调整，相关行业及其上下游企业的潜在风险将会陆续暴露。为此，浦发银行将采取必要的淘汰压缩措施，要求分行每年保持一定比例的污染行业淘汰比例，防范企业和建设项目因环保条件发生变化带来信贷风险。

资料来源：上海浦东发展银行副行长刘信义在“银行社会责任和环境风险管理国际研讨会”上的讲话(2007)。

## 第二节　商业银行信贷的公平与歧视

### 一、信贷公平与歧视

金融机构在配置其资金的过程中，总是遵循收益最大化原则，将资金从收益低的领域、人群或地区向收益高的领域、人群或地区移动。资金流动似乎是没有伦理因素参与其中的。但是在现实中，商业银行等金融部门在投资过程中，确实有可能有意忽略某些人群或地区，使其信贷可及性受到严重损害，而不管这些人群或地区在事实上能够带来多大的贷款风险。商业银行对某些人群或地区的有意忽略，有可能破坏银行信贷的公平原则，引发信贷歧视。当然，学术界和金融界对信贷歧视的看法仍旧存在诸多争议。

美国商业伦理学家博特赖特在其著作中曾提到美国1946年的一部影片《美好生活》(*It's a Wonderful Life*)。在这部影片中，心地善良的银行家贝利在对客户的信用进行评估时，将客户的个性、品质列入评估范围，经常给那些虽然贫穷但非常守信的人发放贷款；而另一个银行家帕特则吝啬多疑，经常拒绝为那些贫穷但守信的人们提供抵押贷款。在电影的结尾，一个天使阻止了贝利因自己的银行破产而意欲进行的自杀行为，这位天使向他展示了，如果没有他的存在，这个社区团体会是什么样子。[1] 这部电影反映出来的两种不同的信贷价值观，是商业银行所面临的一个永恒的问题，也是一个充满困惑与争议的问题。贝利所代表的银行家充满社会责任感与良知，他不歧视穷人，他看重的是人的信用；而帕特所代表的银行家则对穷人充满成见与歧视，认为穷人的信用一定很差，为穷人发放贷款只能是一种浪费。但是影片中也提出了一个尖锐的问题：贝利为穷人发放贷款，尽管改善了穷人社区的生活，其银行却遭受破产的厄运，这难道不是一个悖论吗？在信贷公平与效率之间，究竟应该如何权衡？信贷的公平性与歧视，又应该如何进行较为公允的测量呢？

---

① 〔美〕博特赖特著，静也译：《金融伦理学》。北京：北京大学出版社2002年版，第104页。

在商业银行的信贷实践中,会产生两种不同的歧视行为。第一类信贷歧视是种族与人群歧视。在美国,对少数族裔(如拉丁族或黑人)的信贷歧视一直存在。1990 年,底特律的一家名为 Comerica 的银行对白人抵押贷款申请的拒绝率为 13%,而对黑人抵押贷款申请的拒绝率高达 43%。在全美国,黑人申请者被拒绝的概率比白人申请者被拒绝的概率要高 2.4 倍,拉美申请者被拒绝的概率也相当高。[①] 有些人可能会说,这种被拒绝的概率差异也许可以用白人与非白人的信用度差异来解释,但是波士顿联邦储备银行于 1992 年做了一项调查,该项调查根据 19 个因素对信用度评估归纳了一个程式,但是人们发现,那些非白人申请者被拒绝的概率仍然远远高于程式所预期的概率。该程式的应用将白人申请者和非白人申请者被拒绝的概率差从 18 个百分点降到了 8 个百分点。也就是说,白人申请者和非白人申请者信用度之间的差异也许就是 10 个百分点,而余下的 8 个百分点似乎要归结为歧视。[②] 种族或人群歧视实际上关乎公民权利问题,对某一种族或人群长期进行信贷歧视会导致少数族裔的发展受到制约,并影响他们所应享有的其他权利。

第二类信贷歧视是地区性歧视。商业银行的决策者们往往对一些所谓衰败社区进行特别处理,把衰败社区当成贷款禁区,从而使这些所谓衰败社区根本得不到贷款。地区性的信贷歧视虽然常常与种族性信贷歧视联系在一起,但是其危害性常常远远大于种族性歧视,因为一个地区的所有居民都在这种歧视中得不到信贷服务。这就是金融伦理中所说的圈红问题。所谓"圈红"(redlining),就是商业银行的决策者在自己的信贷版图上用红笔画出一块特殊的区域,作为本银行的信贷禁区,禁止向区域内所有居民贷款。圈红问题在美国引起了巨大争议。支持者认为,圈红是因为这些衰败的社区没有发展潜力,因此贷款风险很高。而反对者认为,圈红恰恰是导致某些社区衰败的原因之一,因为如果一些银行因为相信某些社区正在衰败而进行圈红,那么银行的预期就会成为自我实现性的,它只能使被预期衰败的社区真正地衰败下去,情况会变得越来越恶化;而且很多反对者也质疑银行能否正确理解或预测社区发展的趋势与潜在机遇。盲目的圈红只会带来更大的社区发展问题,加剧地区之间的不平衡。

值得提出的是,很多地区性信贷歧视是由客观性的、制度性的原因造成的。比如,在中国,由于体制性的原因,长期存在城乡对立的二元经济结构,体现在金融体系上就形成城乡二元金融结构。这种二元金融结构的突出表现是农村资金单向地向城市流动,从而造成农村投资不足和经济发展停滞。我们下面针对中国的情况分析一下"系统性负投资"问题。

## 二、系统性负投资、歧视检测及其法律矫正

### (一) 系统性负投资的含义

系统性负投资是对金融机构贷款进行歧视性检测的重要内容,所谓"系统性负投

---

① Gregory D. Squires, ed., From Redlining to Reinvestment: Community Responses to Urban Reinvestment, Philadelphia: Temple University Press, 1992; Jeffrey Zack, "Banks Caught Red-handed on Redlining", Business and Society Review, winter 1992, pp. 54-75.

② 〔美〕博特赖特著,静也译:《金融伦理学》。北京:北京大学出版社 2002 年版,第 105 页。

资”,是指银行或其他金融机构从一个地区的居民中获得储蓄,而没有以相应比例向该地区发放贷款。对这种系统性负投资的一个检测方法是审查银行对某个社区的信贷与储蓄的比率。[①] 从统计数据来看,改革开放以来我国农村地区已经出现了严重的系统性负投资现象,而且这种现象在 20 世纪 90 年代以来有所加剧。1978—2005 年,中国农业银行、农村信用社、邮政储蓄系统以及其他金融机构等都在不同程度地从农村地区吸走大量资金,但并没有以同样的比例向农村地区贷款,这种趋势在 1992—2005 年间更为明显。

(二) 系统性负投资的后果

农村系统性负投资现象在一定程度上阻碍了农村经济的发展。自20世纪90年代之后,农村资金加剧外流造成了两方面的消极后果:

一方面,农村经济的发展受到资本缺乏的制约,农村地区金融供求缺口增大,农民的信贷可及性大为降低,因而农民收入增加的速度大为减慢,这导致城乡居民收入差距增大,我国居民收入分配的差异程度递增。

另一方面,随着农村资本稀缺性的增强,农村非正规金融迅速成长,在某些地区甚至占据农村信贷供给的主导力量,导致双重二元金融结构的特征更加明显。[②] 尽管非正规金融的存在从微观上缓解了部分农村信贷需求者的资金饥渴,但从整体上来说,非正规金融的过快增长对宏观经济有可能产生消极的影响。原因在于,非正规金融部门的过快增长和规模过大,表明更多的资金游离于正规金融体系之外,当农村信贷需求者寻求金融支持的时候,更多地倾向于通过民间金融的途径而不是正规金融的途径,这人为地提高了农村信贷需求者的融资成本,并有可能引发局部的金融风险。这也就表明,非正规金融体系的过快增长正好反映了我国正规金融体系无效以及由此带来的农村信贷需求者融资成本高、融资效率低这样一个事实。

(三) 系统性负投资的评估与检测方法

对于系统性负投资的评估与检测方法,学术界的观点不一致。第一种检测方法是审查一个商业银行对某个社区的贷款/储蓄比例,如果在不同社区之间存在严重的差异,则该银行很可能存在对某一社区的贷款方面的不公平行为。但是这种方法引起了部分学者和业界人士的反对。有些反对者认为,也许某商业银行希望努力向需要贷款的所有信用居民提供贷款,因此区域之间贷款/储蓄比例的差异是一种自然形成的结果。如果监管者硬性地要求某商业银行提高它对某一区域的贷款/储蓄比例,就会使得商业银行迫于压力而给它们认为不适宜发放贷款的地区发放信贷,或者迫使商业银行向不需要贷款的人们推送贷款。因此反对者认为这样的行为只能加剧商业银行的困境,同时对贫困区域的人们并无益处。对贷款歧视或系统性负投资的第二种检测方法是市场份额检测。市场份额检测适用于那些所谓忽略性信贷歧视,即银行通过很高的放贷/储蓄比例对它自己划定的地区提供很好的服务,但是忽略了对贫困社区的服务,它并不是故意剥削贫

---

① 关于系统性负投资,参见 J. R. Boatright, *Ethics in Finance*, Blackwell Publisher, 1999;王曙光、邓一婷:《农村金融领域系统性负投资与民间金融规范化模式》,《改革》,2006 年第 6 期,第 43—48 页。

② 王曙光、邓一婷:《民间金融扩张的内在机理、演进路径与未来趋势研究》,《金融研究》,2007 年第 6 期,第 69—79 页。

困社区(只吸走储蓄而不发放信贷),而只是忽略了贫困区域的贷款需求者。市场份额检测就是将某一银行在中低收入地区的放贷额度与那些大社区贷款机构的额度进行对比,也就是说,如果一个银行在大社区(繁华社区)的市场份额是15%,则它在贫困社区的放贷额度就必须达到所有放贷机构在贫困社区的放贷总额的15%。在美国,市场份额检测方法一直被某些有影响力的国会议员所提倡,克林顿政府也在1993年12月提出这个提案,但是联邦监管者没有采纳,因为银行业界对市场份额检测方法极力反对。[①] 第三种检测方法是放贷总额比例检测,这种方法认为某银行对中低收入地区的放贷额度至少应该等于所在地区所有放贷机构类似贷款总额的比例。比如在某一中低收入地区,所有贷款机构在这个地区的贷款占其贷款总额的比例为15%,则某银行在这个地区的放贷额度占本银行总放贷额的比例至少也应该是15%,这是一个最低限额。

关于贷款歧视检测的利弊问题,学术界、银行业界和监管机构确实需要更多深入细致的讨论。人们对于是否存在贷款歧视、歧视的性质与根源、歧视的科学测定方法以及如何消除歧视存在很大争议。但是不论争议有多大,有两种公平性是必须兼顾的:一是贷款客户之间的公平性,二是贷款机构之间的公平性。诚然,很多歧视检测方法往往过于注重贷款客户的公平性,却忽视了贷款机构之间的公平性。实际上后者也值得关注。不同的贷款机构有不同的业务专长,比如那些社区性的小银行更擅长做贫困社区的微型信贷业务,它们更熟悉基层的客户,有更多的方法来降低信息成本和贷款成本,也更有能力消除贷款中的风险因素。而那些大银行并不习惯于做小客户的微型业务,它们的贷款风险大,信息失真的可能性也更大。因此,如果在大银行和社区性小银行之间执行相同的歧视检测标准,则很有可能导致它们之间的不公平。在这种情形下,对伦理原则的过分强调反而会破坏伦理原则本身,对商业银行信贷行为的法律管制反而会引发新的不公平并无助于问题的解决。

美国在遏制信贷歧视方面已进行了长期的法律实践。1992年,联邦储备理事会(Board of Governors of the Federal Reserve System)的一位成员在国会接受听证时做了如下经典陈述:

> 让我清楚地陈述理事会的立场。任何基于种族性别或文化背景的歧视都不仅是非法的,而且是不道德的。事实上,贷款决定的合法标准只有一个:那就是按贷款协议如期偿还。我们大家必须努力,确保这个标准成为提供住房抵押贷款或做其他贷款设定时所依据的唯一标准。[②]

美国从20世纪60年代开始就进行了立法,禁止抵押贷款中的歧视行为。1964年的《公民权利法案》(Civil Rights Acts)明文禁止多方面歧视;1968年的《公平住宅法案》(Fair Housing Act, 1988年修订)、1974年的《均等机会信贷法案》(Equal Opportunity Credit Act)、1975年的《住房抵押贷款披露法案》(Home Mortgage Disclosure Act, HMDA)、1977年的《社区再投资法》(Community Reinvestment Act, CRA)以及1989年的《金

---

① 〔美〕博特赖特著,静也译:《金融伦理学》。北京:北京大学出版社2002年版,第111页。

② Statement by Lawrence B. Lindsey, Board of Governors of the Federal Reserve System, May 14, 1992,转引自〔美〕博特赖特著,静也译:《金融伦理学》。北京:北京大学出版社2002年版,第107页。

融机构改革、恢复和加强法案》(Financial Institutions Reform, Recovery, and Enforcement Act, FIRREA)等,都在消除信贷歧视方面进行了很多立法尝试。《社区再投资法》等法律要求金融机构应满足其服务区域贷款申请者的贷款需求,并要求贷款者调查并公布其抵押贷款与改善住房条件贷款的所在地。当然,在判断某个银行的贷款行为是否存在歧视、是否在贷款中除了使用信用度这个标准还有别的标准时,监管者及反对银行信贷歧视的人们都找不到统一的标准与合适的统计方法。所以尽管《社区再投资法》等法律对制止信贷歧视起到了一定作用,却很难得到严格的不折不扣的执行。

在中国,运用法律来制止农村系统性负投资的工作还没有真正开始,因为对于农信社和农商行、邮政储蓄银行、村镇银行以及其他商业银行来讲,要想使用统一的标准来评估其对农村的贷款比例,是一件困难的事。这些机构的性质如此不同,其成立的背景及发生制度变迁的原因有如此大的差异,因此使用统一的计算标准不仅是不可行的,而且是不公平的。但是中央决策者们显然意识到了在消除信贷歧视、促使农村资金回流方面进行立法与相应政策制定的迫切性。在2009年1月中共中央和国务院"1号文件"《中共中央国务院关于2009年促进农业稳定发展农民持续增收的若干意见》中,就提出要"抓紧制定鼓励县域内银行业金融机构新吸取的存款主要用于当地发放贷款的实施办法,建立独立考核机制"。如何对县域内银行业金融机构的支出贷款与当地放贷进行计量,是一个复杂的问题。一个比较可行同时在统计上比较简便的方法是贷款/储蓄比例法,即规定县域银行业金融机构新增存款的一定比例要用于当地的贷款,同时规定其中涉农贷款的比例。比如规定新增存款中用于当地贷款不得低于70%,而其中涉农贷款不得低于35%,当然这个比例大小还要经过一定规模的抽样调查来确定。对这两个指标,银行业监督部门要进行独立考核,建立相应的奖惩机制。为了激励县域银行类金融机构对当地农民多发贷款,可以将这一部分独立统计并进行贷款利率补贴与税收优惠,并将部分政府支农贷款按比例划归该银行使用。比如某银行某年对农贷款为2亿元,占全部银行的20%,那么政府可以将全部政府支农资金的20%交由该银行使用,并相应地进行利率补贴与税收优惠。法律上的严格约束必须与相应的激励措施结合起来,形成一个完整的制度框架,才能对矫正信贷歧视起到重要作用。同时还要在抵押担保机制建设、农业保险制度建设等方面进一步完善,最大限度地降低银行的贷款风险,这样才能鼓励其更多地向农村发放信贷,使农村资金不再外流,真正做到信贷公平。

## 第三节　银行业腐败

我国经营性金融机构在金融市场上配置资金的过程中,银行占据主要位置。无论企业还是公众,无论存款还是融资,都依然以银行业为主渠道。因此,银行在信贷配置中的腐败行为会严重影响资金的正常供给与需求。近年来,银行业金融机构案件呈现一些新特点新趋势,主要是操作风险领域案件呈上升趋势,特别是刑事犯罪案件频发,内外勾结案件凸显;尽管银行案件总数稳中有降,但涉案金额上升;大部分案件集中在基层;因赌博、炒股、经商等原因诱发的案件占比较大。案件的发生是旧体制的弊端、当前社会矛盾、社会信用环境以及传统的银行文化等多种因素相互交织与作用的结果,也是商业银行自身管理体制不完善、基本制度执行不力、内控制度不落实和对基层机构特别是对机构负责人管控不到位造成的。①

我国银行业的腐败的产生,有重要的现实原因,其中主要在于金融管制的广泛存在,对于利率的管制、对于贷款分配的管制、对于银行业准入的管制,都为缺乏足够制约的银行高管攫取公众的资源进行腐败提供了可能。我国的融资结构过分依赖银行业,企业离开了银行就往往没有其他的融资渠道,资本市场发展严重滞后,也增大了银行腐败的可能性。②

银行的主要业务一般是吸收存款、发放贷款。一方面,我国目前正处于经济高速发展的时期,贷款需求量很大;另一方面,我国近年来一直处于高储蓄水平,理论上来说资金的稀缺性应该并不严重。但实际的情况是,一方面储蓄持续上升,另一方面中小企业和农户仍存在严重的贷款难问题,这说明储蓄与投资之间存在一定的梗阻,资金这一最稀缺的资源存在闲置问题。银行正是利用其配置资金的垄断权力,阻碍了金融市场上资金的需求方从供给方得到所需资金。银行利用其垄断权力所获得的利益可以被分为两类:如果银行直接从信贷额度中扣除部分金额作为"好处费"——这实际上是企业或农户申请贷款的一次性花费——这部分利益被称为"第一类寻租收入";而银行及金融机构在账外向借款人额外征收的高利息则被称为"第二类寻租收入"——这实际是企业或农户在获得贷款后为了维持长期信贷交易关系而支付的持续性成本。③ 因为金融腐败,借款人为获得贷款需要在利息之外进行额外支出,也就是上述的两类租金,这部分支出加上名义利率才是企业和农户为获得贷款而支付的实际利率。

在谢平和陆磊(2005)对金融腐败的研究中,通过调查问卷,得到了借款人对两类租金的估计,得到以下数据④,如表6-2、表6-3、表6-4所示:

**表6-2 借款人对第一类租金的估计**

(单位:元)

| 企业问卷:每100万元贷款实际发生的申请费用 | | | | | | |
|---|---|---|---|---|---|---|
| 全国 | 华北 | 东北 | 华中 | 华东 | 华南 | 西部 |
| 38 810.5 | 63 002.9 | 52 290.5 | 32 852.2 | 14 654 | 25 166.7 | 44 896.6 |
| 农户问卷:每1万元贷款实际发生的申请费用 | | | | | | |
| 全国 | 华北 | 东北 | 华中 | 华东 | 华南 | 西部 |
| 589.9551 | 869.333 | 332.353 | 707.317 | 248 | 600 | 782.727 |

① 《刘明康主席在北京考察调研时要求以开展先进性教育活动为动力,认真做好银行业监管和风险防范工作》,引自原中国银行业监督管理委员会官方网站。

② 巴曙松,"遏制金融腐败,加快金融改革",引自 http://218.247.190.195/statics_pub/search/detailt_focus.asp?id=190744&r=no_user&i, 2005。

③ 谢平、陆磊:《金融腐败求解》,《财经》,2005年第1期。

④ 谢平、陆磊:《中国金融腐败的经济学分析:体制、行为与机制设计》。北京:中信出版社2005年版。

**表 6-3　借款人对第二类租金的估计**

（单位:%）

| 企业问卷:维持信贷关系费用折年利率 | | | | | | |
|---|---|---|---|---|---|---|
| 全国 | 华北 | 东北 | 华中 | 华东 | 华南 | 西部 |
| 4.85814 | 5.19336 | 4.15893 | 6.09415 | 3.39325 | 4.02560 | 6.28354 |
| 农户问卷:维持信贷关系的费用折年利率 | | | | | | |
| 全国 | 华北 | 东北 | 华中 | 华东 | 华南 | 西部 |
| 2.930083 | 4.125 | 3.89 | 2.455882 | 1.743939 | 3.052632 | 2.313043 |

**表 6-4　两类成本折算年利率**

（单位:%）

| | 全国 | 华北 | 东北 | 华中 | 华东 | 华南 | 西部 |
|---|---|---|---|---|---|---|---|
| 企业 | 8.8 | 11.5 | 9.4 | 9.4 | 4.9 | 6.5 | 10.7 |
| 农户 | 8.8 | 12.8 | 7.2 | 9.6 | 4.2 | 9.1 | 10.1 |

结果显示,就全国而言,平均每 100 万元正规金融机构贷款的申请费用接近 4 万元,农户和个体工商户被寻租的境遇更加糟糕,其平均 1 万元贷款的申请费用接近 600 元。这意味着,企业一次性直接支付的费用大约占本金的 4%,而农户与个体工商户支付的费用约占 6%。而当前银行和信用社对企业、农户的贷款多以一年内的短期贷款为主,这表明几乎每年企业和农户都必须多支出 4%—6% 的利息。此外,企业付出的第二类租金折合年利率大约是 5%,而农户略低一些,接近 3%。如果把两类租金结合起来,可以发现,企业贷款和农户贷款所有成本折合为追加利率大约都是 9%[分别是(4% +5%)和(6% +3%)]。即使按照一年期贷款基准利率 5.58% 而不考虑贷款利率上浮,加上两类租金,企业和农户实际承受的利率仍大约在 15% 的水平上,可见正规金融市场的借贷价格实际上与民间信贷市场十分相近。

银行的寻租行为一方面造成了表面上的资金稀缺,使得真正需要资金的对象由于过高的实际利率而无法得到贷款;另一方面,从某种程度上说,正是银行的寻租行为造就了高风险借款者,从而进一步造成了银行巨大的不良贷款。这就在一定程度上说明由于金融腐败提高了融资成本,而往往不具备偿还能力的高风险的借款人愿意接受这一要价并通过各种手段获得贷款,同时风险低、偿还能力强的借款人被挤出市场。这种逆向选择自然使得借款人信用欠佳、贷款风险过高。另外,由于各种各样的利益关系,贷后管理也无法真正有效地控制风险。这就造成银行的不良贷款出现。一种普遍的看法是目前银行业大量的不良资产是过去的经济体制造成的。

近年来我国银行业违规行为及腐败案件不断发生,并且有涉及面更广、程度更深、频率更高的趋势。在我国银行业推行全面体制改革的过程中,腐败无疑向改革者提出了巨大的挑战,这就要求我们不能仅仅停留在查处已发生案件、总结经验教训的层面上,而是在整个改革进程中从体制上进行深层次的思考、从根本上解决,将腐败遏制在萌芽状态。

无论政府还是金融监管当局,都越来越认识到银行业反腐败的重要意义,从而相继推出了一些政策法规,来建立健全金融机构监管协调机制和内控机制,强化金融监管,有效防止金融领域违纪违法案件的发生。如银监会施行的《商业银行内部控制评价试行办法》(自2005年2月1日起施行),还有《中国银行业监督管理委员会关于加大防范操作风险工作力度的通知》(2005年3月22日)等都提出了防范违规行为的体制改革意见。

谢平和陆磊(2005)在研究中针对金融腐败的特殊性和国情提出了若干反腐败机制建设的微观思路与宏观思路:

> 微观思路是狭义的反腐败机制,包括以下三项内容:第一,建立独立于同级行政机构、纵向负责的金融反腐败组织体系;第二,建立类似于长期储蓄的"反腐败保险个人账户",从其拥有权力起即建立,退休时若未发现其存在腐败行为则准予一次性领取该保险金,否则予以取消,以调整金融机构和监管部门的预期收入,降低其腐败倾向;第三,建立有效的举报机制,允许风闻言事,形成对权力的外部监督。宏观思路则是把反腐败机制建设建立在整个经济体制改革大框架内的广义思路,同样包括三项内容:第一,经济转轨意味着本应由市场配置的资源依然部分地集中于行政部门,也意味着市场交易的引进,因而形成了改革的"中间过程利益集团",他们总是希望改革停顿于某一环节,以最大化租金收入,就此,不断深化改革、把资源配置权进一步向市场分散是解决之道;第二,经济转轨还意味着包括透明度建设在内的各项配套制度的不完善,导致银企间、监管者与监管对象间的灰色行为大行其道,因而推行透明度建设是防范金融腐败的根本所在;第三,即使在改革速率既定的前提下,金融权力主体也总是具备不断强化权力、降低透明度的行为倾向,因此必须通过外力强制推行改革。①

## 第四节　商业银行信贷与公民权利:格莱珉银行经营哲学

### 一、引言:崭新的银行哲学和草根金融模式

孟加拉乡村银行(也称格莱珉银行)十分有名,其创建近四十多年以来在孟加拉国推行的贫困农户小额贷款的成功模式,被复制到很多国家和地区(尤其是亚洲、非洲和拉丁美洲的欠发达国家),在全世界反贫困事业中都引起了巨大反响,其创始人穆罕默德·尤努斯教授也因此被视为全世界利用小额贷款向贫困宣战的最具象征性与号召力的人物。这个在美国获得经济学博士学位、在孟加拉吉大港大学任经济系主任的孟加拉国上层精英人士,以满腔的激情、虔诚而强烈的道义感去关注那些处于饥饿与赤贫中的穷人,以百折不挠的精神和无比坚韧的毅力挑战传统的金融体系与无效率的官僚体制,从而在成立起短短的30年中,从27美元(借给42个赤贫农妇)微不足道的贷款艰难起步发展成为拥有近400万借款者(96%为妇女)、1 277个分行(分行遍及46 620个村庄)、12 546个员工、还款率高达98.89%的庞大的乡村银行网络。这一传奇历程一直是笔者深感兴趣的课题。更为令人惊奇的是,格莱珉银行的模式不单在贫困地区得到广泛推行,美国等富

---

① 谢平、陆磊:《中国金融腐败的经济学分析:体制、行为与机制设计》。北京:中信出版社2005年版,第141—142页。

裕国家也成功地建立了格莱珉网络并有效实施了反贫困项目。格莱珉银行的经营哲学对传统银行理念产生了全面的颠覆与挑战,从而树立了一种崭新的、更符合人性的银行哲学,即充分重视公民权利的信贷观、强调银行服务应惠及弱势群体的普惠金融理念,以及一整套以反贫困为宗旨的草根金融运行模式。

## 二、“真实世界经济学”和对传统经济学教育的挑战

尤努斯出生于孟加拉国最大的港口吉大港,这是一个有着 300 万人口的较为发达的商业城市。他的父亲是当地首屈一指的制造商和珠宝饰品商人。他的母亲出生于小商贸者之家,是一个受过良好教育、对穷人充满同情心、做事有条理有决断的坚强女性,对尤努斯的一生产生了深刻影响。尤努斯在自传中说:“是母亲对家人和穷苦人的关爱影响了我,帮助我发现自己在经济学与社会改革方面的兴趣。”从吉大港大学毕业之后,尤努斯在母校当了五年的经济学教师,在这期间,他尝试创建自己的企业并获得了极大的成功。1965 年尤努斯获得布莱特奖学金的资助,在范德堡大学学习并最终获得经济学博士学位。

1971 年孟加拉国独立,尤努斯放弃了在美国的教职与优裕的生活,回到饱受战争创伤的祖国参与建设,在母校吉大港大学担任经济学系主任。1974 年蔓延孟加拉国的大饥荒使成千上万人失去生命。尤努斯在感到震撼的同时,开始以极大的热情投入对贫困与饥饿的研究中。他尝试在吉大港大学周边的乔布拉村进行周密的调研,并倡导实施“吉大港大学乡村开发计划”,试图在学术与乡村之间建立联系。通过这个乡村开发计划,尤努斯鼓励学生走出教室、走进乡村,创造性地改进乡村经济社会生活。学生可以基于在乡村的经历撰写研究报告,并获得大学承认的学分。尤努斯的举动对传统大学的经济学教育提出了挑战。传统的经济学教育是一种被罗纳德·科斯(Ronald Coase)教授称为“黑板经济学”的教学方式,大学生按照全世界流行的标准美国教科书,每天与那些充斥着繁杂数学模型的教材打交道,不厌其烦地练习那些与真实世界完全不相干的、由经济学教授编造出来的微观经济学或宏观经济学习题。黑板经济学使经济学的教育者与被教育者深陷于抽象的虚拟世界和高深的数学游戏中,完全不关注真实世界中发生的活生生的经济事实,而只是在精美但对真实世界毫无解释力的数学模型的构造中自我陶醉与自我安慰。黑板经济学扼杀了经济学学生的想象力,使学生们远离真实世界,失去关注底层民众真实生活与命运的激情,从而造就出一大批“空头经济学家”,也使经济学成为一种“无用之物”。

1976 年尤努斯开始走访乔布拉村中一些最贫困的家庭。一个名叫苏菲亚的生有 3 个孩子的 21 岁的年轻农妇,每天从高利贷者手中获得 5 塔卡(相当于 22 美分)的贷款用于购买竹子,编织好竹凳交给高利贷者还贷,每天只能获得 50 波沙(约 2 美分)的收入。微薄的收入使她和孩子陷入一种顽固的难以摆脱的贫困循环。这种境况使尤努斯异常震惊,他写道:“在大学里的课程中,我对成千上万美元的数额进行理论分析,但是在这儿,就在我的眼前,生与死的问题是以‘分’为单位展示出来的。什么地方出错了?!我的大学课程怎么没有反映苏菲亚的生活现实呢!我很生气,生自己的气,生经济学系的气,还有那些数以千计才华横溢的教授们,他们都没有尝试去提出并解决这个问题,我也生

他们的气。”

尤努斯陷于一种震惊、自责、羞愧的情绪中，平生第一次，他“为自己竟是这样一个社会的一分子感到羞愧”。这个社会竟然不能向几十个赤贫的农妇提供区区总额为几十美元的贷款！同时，大学经济学教育和经济学教授对贫困与饥馑如此漠视，也让尤努斯感到愤慨与不解。在他看来，漠视贫困、漠视真实世界中人的痛苦与愿望是经济学的最大失败，而不能用经济学知识去缓解并消除贫困，是所有经济学学生与学者最大的耻辱。尤努斯以自己始终如一的行动，以自己的经济学知识，以自己对贫困者的深刻理解与同情，创造了一个不同凡响的格莱珉世界，使成千上万的穷人摆脱了贫困，看到了改变生活、改变命运的希望，充分显现出尤努斯作为一个经济学家的社会良知，显示出“真实世界经济学”（economics in a real world）的强大力量。

## 三、创建草根金融：格莱珉向传统的金融体系与僵化的信贷理念挑战

尤努斯在深入了解了苏菲亚这样的赤贫者的境况之后得出结论：这些村民贫穷并不是因为他们缺乏改变生活、消除贫困的途径与能力，更不是因为他们自身的懒惰与愚昧，而是因为金融机构不能帮助他们扩展他们的经济基础，没有任何正式的金融机构来满足穷人的贷款需要，这个缺乏正式金融机构的贷款市场就由当地的放贷者接管。这些当地的高利贷放款者不但不能使这些赤贫的村民摆脱贫困，而且使他们陷于一种更深的贫困泥潭而难以自拔。在几乎所有的贫困地区，一方面，穷人被这些高利贷所控制与剥削，他们不能摆脱高利贷，因而甘受高利贷放款者施加给他们的不公平信贷；另一方面，正式的金融体系却严重忽视了穷人这一最需要信贷服务的体系，把这些渴望贷款的穷人排除在信贷体系之外，使他们难以用贷款来改变自己的生活。

传统正式的金融体系也正在用各种方式制造着穷人接近正规信贷的障碍，那些保守的银行家们坚持一套他们认为行之有效的、流传了几百年的信贷哲学，而这些信贷哲学几乎无一例外地把农民与穷人置于最不利的信贷地位。传统信贷体系教导这些银行家，银行的贷款需要接受贷款者提供必要的足够的抵押担保，而穷人（尤其是赤贫者）几乎没有什么抵押担保品，这也就意味着只有有钱人才能合法地借到钱。传统的银行家只是盯住那些规模大实力强的企业家，而不屑于与那些小额贷款需求者打交道，因为在他们看来，小额贷款需求者的贷款数额小，耗费的贷款成本与未来预期收益不成比例，因而只能使银行亏损。传统的信贷哲学还假定，穷人根本没有还款能力，给他们发放贷款只能是一种浪费，穷人的信用与智慧都不足以使他们利用贷款创造合理的增值，因而银行给这些穷人贷款得不偿失。

尤努斯的行动以及后来的巨大成功证明了这些传统信贷哲学的荒谬僵化与那些传统银行家们的保守无知。尤努斯与格莱珉的信贷哲学试图颠覆这些传统的信贷教条。传统的商业银行总是想象每个借款人都打算赖账，于是他们用繁密的法律条款来限制客户，保证自己不受损失。尤努斯却有相反的哲学。“从第一天我们就清楚，在我们的体系中不会有司法强制的余地，我们从来不会用法律来解决我们的偿付问题，不会让律师或任何外人卷进来。”格莱珉银行的基本假设是，每一个借款者都是诚实的。“我们确信，建立银行的基础应该是对人类的信任，而不是毫无意义的纸上合同。格莱珉的胜败，会取

决于我们的人际关系的力量。"也许评论者会说尤努斯是一个彻头彻尾的天真的理想主义者,竟然违背经济学最基本的"自利最大化假定"而去相信"人性本善"。甚至,当格莱珉银行面临借贷者确定无法偿还到期贷款时,也不会假想这是出于借款者的恶意行为,而是调查逼使借款人无法偿还贷款的真实境况,并努力帮助这些穷人改变自身条件或周围环境,重新获得贷款的偿还。就是依靠这种与传统银行截然不同的信任哲学,格莱珉银行一直保持低于1%的坏账率。

格莱珉银行一反传统商业银行漠视穷人的习惯,而将目光转向那些急需贷款但自身经济状况极端窘迫的穷人,尤其是贫困妇女。至今,格莱珉银行的借款者中,96%是贫困妇女,格莱珉银行甚至向乞丐发放小额信贷。尤努斯深深理解穷人的处境,从穷人的愿望和需求出发来安排和调整格莱珉银行的贷款计划。为了避免大额还款给穷人带来的还款心理障碍,格莱珉银行制订了每日还款计划,将巨额的还款切割成穷人可以接受的小块,使他们有能力承受数额微小的每日还款(后来为了便于操作而调整为每周还款)。同时,为了帮助那些根本没有知识与经验的借款者,格莱珉银行不断简化其贷款程序,最终将格莱珉的信贷偿付机制提炼为:① 贷款期1年;② 每周分期付款;③ 从贷款一周后开始偿付;④ 利息是10%;⑤ 偿付数额是每周偿还贷款额的2%,还50周;⑥ 每1000塔卡贷款,每周付2塔卡的利息。这种简化的贷款偿付程序被证明是行之有效的。

为了保证小额信贷需求者能够有能力还款,格莱珉银行创建了有效的组织形式,这些创新无一不是出于尤努斯对传统乡村文化与穷人心理的独特理解和深刻把握。基于对孟加拉国传统农村社会的理解,尤努斯要求每个贷款申请人都必须加入一个由相同经济与社会背景、具有相似目的的人组成的支持小组,并建立起相应的激励机制,通过这些机制来保证支持小组的成员之间建立起良好的相互支持关系。尤努斯在自传中非常详细地分析了支持小组的巨大作用:"小组成员的身份不仅建立起相互的支持与保护,还舒缓了单个成员不稳定的行为方式,使每一个贷款人在这一过程中更为可靠。来自平等伙伴之间的微妙而更直接的压力,使每一个成员时时与贷款项目的大目标保持一致;小组内与小组之间的竞争意识也激励着每一个成员都要有所作为。将初始监管的任务移交给小组,不仅减少了银行的工作,还增强了每个贷款人的自立能力。"贷款支持小组使用了一种非常巧妙的机制上的创新,有效地降低了格莱珉银行的监管成本,将来自银行的外部的监督转化为来自成员自身的内部监督;同时,支持小组还在小组内部激发起更大的竞争意识和更强烈的相互支撑意识。

在支持小组的基础上,格莱珉银行还鼓励各支持小组形成更大的联盟,即"中心"。"中心"是村子里八个小组组成的联盟,每周按时在约定的地点与银行的工作人员开会。中心的负责人是由所有成员选出的组长,负责中心的事务,帮助解决任何单个小组无法独立解决的问题,并与银行指派到这个中心的工作人员密切合作。格莱珉银行的某一个成员村民在一次会议期间正式提出一项贷款申请,银行工作人员通常会向支持小组组长和中心负责人咨询,组长与中心负责人在决定贷款中担负很大的责任,也有相当大的话语权。中心会议上的所有业务都是对外公开的,这有效地降低了来自银行的腐败、管理不当以及误解的风险,并使负责人与银行职员直接对贷款负责。在商业银行频繁爆发内部腐败丑闻的今天,格莱珉银行公开透明的"小组+中心+银行工作人员"的贷款程序是非常有智慧的一种金融机制创新,有效降低了由腐败与无效率带来的金融风险。

更为重要且意义深远的是,格莱珉银行通过这种特殊的机制,极大地调动起了借贷者们自我管理的积极性与创造力。这些本来完全没有金融知识的贫穷村民,通过小组与中心彼此联结起来,在中心会议上进行公开的民主的讨论,使他们自然地对管理自身的事务承担越来越大的责任。他们往往比银行职员更能提出创新性的方式来解决问题,因为这与他们自身命运的改变密切相关,他们有强烈的内在动力去寻找新的途径而使自己和其他成员尽快脱离贫困。尤努斯深有感触地说:"我意识到,如果给予机会,人类是多么富有活力与创造力。"在这个过程中,村民在贷款事务上更多地体会到民主管理与民主参与的真髓,使民主的意识深入人心,这与传统商业银行通过层层行政体系来审批贷款的做法形成鲜明的对比。

尤努斯和格莱珉银行完全颠覆了传统商业银行的信贷哲学,而创造了一种崭新的关注贫困阶层、调动培育穷人民主管理观念的金融文化。可以说,格莱珉银行建立起了一个可能引发"银行业本质的革命的新型银行架构,一种新的经济概念"。

## 四、穷人是有信用的:格莱珉银行的信用观和对乡土文化的利用改造

尤努斯出身工商世家,又是留美博士、大学经济系主任,在孟加拉国讲究门第与阶层的极端传统的文化背景下,他能将眼光投注到赤贫的人身上,一生致力通过向穷人提供优惠的小额贷款改变千百万穷人的命运,实在是值得景仰与尊重。对于精英阶层而言,出于同情穷人的立场与道义感,他们往往倾向于向穷人提供慈善援助。尤努斯在谈到慈善援助时说:

> 我们利用慈善来回避对这个问题的认识和为它找到一个解决办法。慈善变成了摆脱我们的责任的一种方法。但是慈善并不是解决贫困问题的方法,只是首先通过采取远离穷人的行动而使贫困长存。慈善使我们得以继续过我们自己的生活,而不为穷人的生活担忧。慈善平息我们的良知。

说到底,慈善捐助尽管初衷很好,但是很大程度上仍然是某些精英阶层与富裕者们一种带有优越感的同情心的表现,这些慈善行为为某些精英阶层与富裕者找到一个便捷的手段,可以在完全看不到贫困者悲惨境遇的情况下释放自己的道义压力。这实际上仍旧是一种居高临下俯视穷人的"鸟瞰式视角"(in a bird's eyeview),而不是一种深入民间、深入穷苦人群、切身体会穷人悲惨境遇的"蚯蚓式视角"(in a worm's eyeview)。

尤努斯坚定地站在贫穷的大众中间,倾听他们的愿望,了解他们的生活状况与环境,并尝试用他们的视角与思维方式来考虑问题。他的所有想法以及格莱珉银行的所有运作模式,都是基于对穷人生活与心理的深刻体察,而不是一厢情愿、居高临下的臆想。他相信蕴藏在穷人中的创造力。他说:"穷人,是非常有创造力的。他们知道如何维生,知道如何去改变他们的生活。他们需要的只是机会,而贷款就是那个机会。"

在这种相信穷人创造力的信念基础上,格莱珉银行的很多做法都与传统的扶贫方式大相径庭。传统的扶贫方式总是要将大量经费用于对获得贷款者的培训,因为他们脑子里总有这样的假定:穷人的贫困乃是源于他们的愚昧无知,他们缺乏改变生活的基本能

力和知识。而尤努斯的理念则完全相反。他相信所有人都有一种与生俱来的能力，即一种生存技能，这种能力自然存在于包括穷人在内的所有人之中，不需要别人来教；发放贷款者不必浪费时间与财力去教给穷人新的技能，而是应该尽最大努力去调动他们的积极性，开发他们现有的技能与潜力。尤努斯一直坚信，"穷人之所以穷，并非因为没有经过培训或者没有文化，而是因为他们无法得到劳动报酬。他们无力控制资本，而恰恰是控制资本的能力才会使人们摆脱贫穷。利润是坦然地倒向资本的，穷人处于毫无力量的境地，只能为生产资本控制者的利益而劳作。他们为什么无法控制任何资本呢？因为他们没有继承任何资本或贷款，又因为他们被认为没有任何信贷价值而不能贷款"。

尤努斯并非反对一切意义上的培训，而是反对强加于穷人的那些不切实际的培训。对于那些贫穷的村民来说，"正规的学习是一件很吓人的事，那会使他们觉得自己渺小、愚蠢、毫无用处，甚至会毁掉他们的天生能力"。他尤其反对那些用物质刺激来吸引穷人的所谓培训。他认为只有当穷人积极寻求并愿意为其付出代价或费用的情况下，才适于提供培训，此时的培训是切合穷人的真实愿望与真实需求的，是出于他们内心的渴望而不是外部强加给他们的。

格莱珉银行相信穷人是有信用的群体，致力于通过贷款培养穷人的自尊与自信。对于孟加拉国这样一个自然灾害频仍的国家，格莱珉银行的穷人客户经常可能因自然灾害或个人的不幸遭遇而出现还款困难的情况。但是格莱珉银行的一贯宗旨是坚持要借款的村民偿还贷款，哪怕是一周只偿还半分钱。这看起来让一般人难以理解，实际上，这种做法的用意不仅仅是为了保证降低不良贷款率，而是意在激发穷人自我复原、自我救助、自力更生的意识，激励他们的自尊与自信。尤努斯意识到，"一旦免除一位借款人的偿还责任，则可能要花上好几年的艰难工作，才能恢复他们对自己能力的信心"。格莱珉银行的做法是，如果村庄遭受较大的灾荒，借款者的庄稼与牲畜都被损毁，银行会立即发放新的贷款，使借款者有能力重建家园；格莱珉银行从来不简单地划销旧的贷款，而是把这些旧的贷款转为长期贷款，以便借款者可以更缓慢地以更小额的分期付款来偿还。格莱珉银行利用自己的力量为孟加拉国遭受灾荒的穷人恢复正常生活与生存的信心做出了巨大贡献。

在孟加拉国的乡土社会中，传统宗教信仰与当地一些陈旧的传统习俗往往给格莱珉银行的工作设置了严重的障碍。格莱珉银行的员工步行在村落之间，与穷困的人打交道，他们的行为经常受到村子里那些宗教与政治首脑人物的怀疑甚至人身攻击。由于格莱珉银行的主要扶助对象是贫困妇女，而孟加拉国的妇女受到很多宗教习俗的约束（如传统上过于苛刻的遮蔽习俗，以及不能与陌生男人随意交谈的习俗等），使她们与格莱珉银行职员的交流遭到很大阻碍。格莱珉银行不得不同这种保守的宗教观念进行斗争。保守的宗教人士宣扬说，妇女从格莱珉银行接受贷款就是擅入禁止女人进入的邪恶领域，他们试图以此来吓住没有受过教育的村民尤其是贫困妇女。他们还警告妇女：如果加入格莱珉银行的话，死后不得以宗教传统葬礼安葬。这对于一无所有且一无所知的妇女而言，这实在是一种非常骇人的惩罚。尤努斯与格莱珉银行的职员不得不同这些荒谬的流言、恐吓甚至人身威胁抗争，在他们的努力下，当地妇女逐渐了解并信任格莱珉银行，并有勇气与那些顽固保守的宗教人士抗争。

尤努斯在自传中写道:“为了在孟加拉国取得成功,我们不得不在许多方面与我们的文化做斗争。事实上,我们不得不去建立一种反传统的文化,珍视妇女的经济贡献,奖励苦干与惩罚贪污。格莱珉银行积极致力于打破付嫁妆的惯例以及对于遮蔽习俗的过于苛刻的理解……在我们自己的祖国里,面对缺乏活力的经济、保守的精英阶层,还有频仍的自然灾害,我们不得不去克服多少巨大的障碍啊。”

尤努斯深深理解贫困村民的需要,并在 1984 年格莱珉银行会议上将格莱珉的目标与穷人的理想加以提炼,概括为 16 条决议,这些决议尽管非常质朴简单,可是读起来十分令人感动,因为这 16 条愿望里面浸透着孟加拉国贫困人群强烈的改变命运的渴望以及格莱珉银行成员朴素而坚定的行动信条。这些信条是每一个格莱珉成员都会充满自豪地背诵的,比如“在我们生活的所有方面,我们都将遵守并促进格莱珉的四项原则:纪律、团结、勇气和苦干”“我们不要住在破房子里,我们要修缮我们的房屋,并努力工作争取尽早建造新房子”“我们要教育我们的孩子,一定要教会他们挣钱谋生,要为他们付学费”“我们要保持我们的孩子干净、环境清洁”“我们要修造并使用厕所”“我们随时准备互相帮助,如果任何人有困难,我们大家都会帮助他”……这些人人皆懂的朴素语言,使格莱珉的信条深入人心,而穷人一旦觉醒并被赋予自主权,便会有改变命运的强大内在动力。

## 五、结语:为彻底消除创造一种新的银行伦理与企业理念

与所有具备社会良知的人一样,尤努斯认为容许大面积的贫困延续到 21 世纪是人类的耻辱,面对处于贫困中的人类的悲惨境遇和毫无尊严的生活,我们每一个人理应为此做出努力。

经济学家不应在穷人过着贫困生活以及得不到贷款的境遇前无动于衷。尤努斯说过:“当银行将被认为没有信贷价值的穷人拒之门外时,经济学家们为什么会保持沉默呢?……正是因为这种缄默和漠然,银行得以在施行金融隔离政策的同时逃避处罚。但凡经济学家们能认识到贷款所具有的强大社会经济能量,他们或许也能认识到,贷款确实应作为一种人类权利来加以促进。”

经济学家还应该将更多人性的成分带入经济学教育中。如同20 世纪 70 年代孟加拉国的很多知识分子一样,尤努斯受到马克思经济学的深刻影响,而他在美国的导师勒根教授也在他的教学中引入一种令人耳目一新的鲜明的社会学维度。尤努斯认为,“没有了人性的一面,经济学就像石头一样又干又硬”。经济学应该也必须具有深广的人文关怀,应该将关注的目标投向那些在传统经济学教科书中没有任何地位的贫困人群与弱势阶层。

尤努斯也在努力塑造一种新型的企业家理念。在他的理想模式中,企业家不是一群具有特别禀赋的稀有的人群,企业家也不是总以利润最大化作为其终极驱动力。尤努斯认为,所有人(包括那些赤贫的人)都具备成为企业家的潜力,同时企业家也应该具有社会良知,他称之为“社会活动家”。社会活动家也可能有巨大的盈利(甚至比那些单纯以利润最大化为目标的企业家有更多的盈利),但那是他的次要目标,他首先被一套社会目标所激励。尤努斯坚信,通过为社会活动家与企业家中的社会投资家拓展空间,可以创

造一个全新的世界。而格莱珉银行的行动正是如此,它反对那种只基于逐利目标的企业,而致力成为具有社会良知的、为社会目标所驱使的企业。

在很多方面,尤努斯似乎都是一个颠覆传统观念的理想主义者。他挑战保守的银行家和僵化的金融体系,批判新古典经济学教条与远离真实世界的经济学家;他质疑流行的企业家概念与市场经济概念,而将社会良知与关注社会弱势群体作为企业家与市场经济的内在目标;他改变了孟加拉国传统宗教与文化中僵化的部分,使穷人尤其是贫穷的妇女在改善自身命运的过程中焕发活力。他所创建的格莱珉银行的经营哲学,将为银行伦理带来持久的革命性的影响。

## 第五节　银行业从业人员的职业操守与伦理行为准则

### 一、商业银行对从业人员素质的基本要求

商业银行无论在经营对象、经营方式和管理方法上,还是在对国民经济的影响、面临的风险上,都不同于一般的工商企业。它们拥有信用创造、信用中介、支付中介等一些特殊的职能,这种特殊的地位和作用要求银行业从业人员——第一,遵纪守法。自觉学习并遵守国家及监管机构制定的各项纪律和规章制度,以确保银行自身的健康发展。第二,廉洁自律。自觉抵御各种腐朽思想和生活方式的侵蚀,坚决反对以权谋私和以工作之便牟取私利的行为,敢于同各种经济犯罪活动做斗争。第三,恪守信用。作为一种信用受授机构,银行以获得和接受社会信用为前提,以授出信用为基本的经营手段。而从业人员的诚信、守信是银行获取公众信任的重要条件,因此这也成为对银行业从业人员最基本的要求。第四,具有敬业精神。对待工作认真负责,有过硬的业务素质,同时具有创新精神和服务意识。银行业从本质上讲是服务行业,这要求从业人员不断地开发出满足公众需要的金融产品,并为客户提供热情、优质的服务。

### 二、商业银行从业人员职业操守基本准则

具体而言,银行业从业人员的职业操守基本准则涵盖以下几个方面:

第一,遵纪守法。认真学习国家颁布的有关银行管理的基本法规、各项金融政策和法律知识,提高自身管理能力和业务操作能力,真正做到知法、守法。认真贯彻并执行各个专项法规、条例和各项规章制度,以相关的法律法规作为自己的行动准则,使国家的金融方针及政策落到实处。一旦发现违反相关法律法规的行为,要及时制止、纠正和上报。

第二,廉洁自律。强化纪律观念,严格遵守和执行各项规章制度和业务操作规程,按原则办事是对银行业从业人员的基本要求。品行端正、作风正派、艰苦朴素、廉洁奉公,严格要求自己,坚决抵制各种歪风邪气,不以权谋私,不营私舞弊,不挪用公款,杜绝各种金融腐败作风和金融腐败行为,勇于制止各种金融腐败现象。

第三,诚实守信。恪守信用,以信为本。坚持信用第一,自觉维护银行信誉,保障储户、用户的合法权益,避免任何可能破坏金融信用的行为。严禁虚报银行能为客户提供的服务、银行的资质及自身的学术水平或专业资历等。不能要求或接受与工作有关的、

来自第三方的款项或其他相关利益,也不能让与自己有关的人员接受上述利益,或给予第三方不合法的利益;在通过广告途径对银行进行宣传时,必须确保:宣传内容符合现行法律法规的要求;宣传内容符合通行的道德观念;避免提供虚假和误导的信息;尊重客户在银行的秘密和银行系统的声誉,不能直接或间接影响其他银行的产品声誉。同时,在这些广告中应当尽量使用通用术语,从而使得客户能够将其对其他银行的类似产品或服务进行对比。

第四,爱岗敬业。忠于职守,热爱自己的本职工作,忠诚履行自己所负责管辖的业务范围内的各项职责,具体就不同岗位而言。① 信贷工作者:要熟悉银行信贷的基本原则和业务范围,深入实践、调查研究,按照市场需要和经济效益的原则择优发放贷款,信贷人员应对贷款建议中所含信息的真实性、全面性和可靠性负责,坚决杜绝不合理的“人情贷款”;不准私用职权,向贷款企业提出不正当要求,索取不义财务;不准弄虚作假,冒名贷款,搞非法经营;不准玩忽职守,搞风险贷款,造成银行财产损失。② 储蓄工作者:立足储户,按储蓄章程办事,实行“存款自愿、取款自由、存款有息、为储户保密”的原则,不能强迫和摊派存款,不能刁难和阻挠储户取款,更不能弄虚作假和贪污储户存款、利息和代办费、宣传费等。办事按制度,操作按程序,做到凭证规范化、操作科学化、记账规则化,同时加强事后检查,确保核算质量。③ 会计工作者:一要确保资金安全,做到账款、账账、账实、账卡、内外账六相符,日清日结;二要作风正派,不准盗用公章,盗用联行密押,伪造凭证,伪造假账、假据;三要坚持会计制度规定和会计记账原则,不能感情用事、放弃原则,不能放松银行柜面监督和管理,不能为企事业单位及个人违反财经纪律开绿灯。④ 出纳工作者:熟悉财务会计制度,遵守财经纪律。把好现金收付关,要做到先收款后记账,付款时先记账后付款。要坚持出纳制度,交叉复核,做到日清日结,每日核对库存现金,杜绝现金收付差错事故。收款时,不能以各种借口拒收企业或商户的交款。付款时,要根据客户需要的票面配好所付的款项,并做好复点和复核工作,防止出现差错。坚持钱账分管、及时复核、交接登记、经常查库等原则。⑤ 统计工作者:统计数字要准确及时,有数据、有情况、有分析,为银行决策者进行金融与经济决策提供依据;要对信贷企业单位和个体工商户的资金与现金使用情况进行监督检查;不利用审批权向企业或个体工商户捞取个人好处。

爱岗敬业还要求从业人员刻苦钻研,不断提高自身的业务素质和能力。加强学习,努力实践,不仅精通国内的各项金融法规政策,还要对国际惯例、相关的国际法等有清楚的认识。及时准确地理解和掌握清算与结算、账务处理、支付手段与支付方式等各种与银行业务有关的最新知识,完善业务技能,提高工作效率。同时要善于掌握和运用最新的科技成就,加速实现银行业务办理的自动化、信息化和快捷化以方便客户。从业人员还要增强创新意识,立足客户和市场,根据市场需求不断设计出新的产品和服务项目以满足客户需要。要维护银行的信息安全。确保自己所接触到的信息都是工作所必需的,而不要试图获得非必需的信息。不要将秘密信息提供给银行内外没有资格获得这些信息的人。在同有资格获得信息的人分享信息时,力图提供所需的最基本的信息,并要注意笔记本电脑和其他可移动存储设施的安全性。

第五,热诚服务。① 具备良好的服务态度。礼貌待客,文明服务。在同客户打交道的时候，要注意倾听客户意见，做到态度和蔼、语言文明、工作热情、有问必答、服务周到。② 为客户保密，不泄露客户储蓄账户的信息或者在业务过程中所获得的其他信息和数据。当需要在法律要求下公开客户信息或者客户授权公开个人信息时，应当有选择性地公开这些信息。③ 为所有客户提供同等水平和质量的服务，不能因国籍、信仰、性别、经济和社会地位、专业能力等而对客户进行歧视。④ 不断改进服务手段，增加服务种类，提高服务质量。

## 三、银行业从业人员与所在机构：三类从业者的职业操守

上一部分论述的是银行业从业人员的一些基本的职业操守，而商业银行对于不同层次的员工还有不同的要求，以下将分决策人员、管理人员、操作人员三个层面简要论述对于所在机构而言各类从业者职业操守的具体内涵。这些方面都属于银行从业人员与所在机构的关系。[1]

### （一）银行决策人员的职业操守

商业银行的决策人员，是指对商业银行长远发展目标的确定、经营方针的制定以及对关系商业银行经营管理全局各项事务进行决断的人员。这一群体应具备以下职业操守：① 诚信、勤勉地履行职责，确保商业银行遵守法律、法规、规章，严守金融纪律，维护金融秩序，切实保护股东的合法权益，并关注和维护存款人及其他利益相关者的利益。② 作为决策人员，董事应当投入足够的时间履行职责，在董事会会议上应当独立、专业、客观地提出提案或发表意见。③ 决策者应当持续地关注和了解商业银行的情况，并对商业银行事务通过董事会及其专职委员会提出意见、建议。④ 完善治理程序，专业、高效地履行职责，全力推动商业银行建立良好、诚信的企业文化和价值准则。⑤ 决策者应持续关注商业银行的内部控制状况及存在的问题，推动商业银行建立良好的内部控制文化，监督高级管理层制定相关政策和程序以及整改措施以实施有效的内部控制。⑥ 决策者应当持续关注商业银行内部人和关联股东的交易状况，对于违反或可能违反诚信及公允原则的关联交易，应责令相关人员停止交易或对交易条件做出重新安排。⑦ 应定期开展对商业银行财务状况的审计，时刻保持对商业银行会计及财务管理体系健全性和有效性的高度关注，及时发现可能导致财务报告不准确的因素，并向高级管理层提出纠正意见。⑧ 不断学习，提高自身素质，力求对商业银行经营管理有全面、深入的理解和认识。在做出决策前，必须站在整个银行的角度进行全方位考察。同时培养对社会经济发展以及国际经济环境的洞察力和预见能力，及时调整银行的经营策略。⑨ 处理好个人与银行的关系，时刻把银行的利益摆在首位。⑩ 决策人员对董事会拟决议事项有重大利害关系的，应有明确的回避制度规定，不得对该项决议行使表决权。

### （二）银行管理人员的职业操守

商业银行日常工作中的决定和处理是由管理人员完成的，他们一方面是日常工作的决策者，另一方面是董事会等制定的方针、政策、战略规划的执行者。管理人员至少应具备以下几方面的品质：① 遵守法纪，执行国家及监管部门颁布的各项金融法规和政策。

---

① 曾康霖主编：《商业银行经营管理研究》。成都：西南财经大学出版社 2000 年版。

② 公正严明,奖惩得当,严格执行银行内部的各项规章制度。③ 严于律己,清正廉洁,以身作则,不利用职权谋求私利。④ 作风民主,严格管理。充分听取员工意见,坚持民主集中制原则,不断健全管理制度。⑤ 尊重事实,实事求是。坚持一切从实际出发,在实践中不断探索创新。⑥ 增强竞争意识,不断更新观念,提高管理水平与自身的组织、协调和控制能力。

### (三) 操作人员的职业操守

商业银行操作层面的员工,主要负责具体执行管理层交办的各项工作,实现管理层所要求的相关目标。操作人员的工作是银行得以运作最直接的动力,他们的职业操守应包含以下几个方面:① 勤勉敬业,尽职尽责,忠于职守,努力做好各项本职工作。② 加强纪律观念,自觉遵守各项纪律和规章制度,树立防范意识,保证银行资金安全。③ 廉洁奉公,按原则办事,杜绝金融腐败行为,敢于制止、举报各种经济犯罪活动。④ 恪守信用,守约有信,尊重客户,秉公办事。⑤ 增强保密意识,保守国家、银行及客户的机密,全力维护银行的信誉和利益。⑥ 着装整洁,仪表大方,举止端庄,语言文明,言辞得当,为客户提供热情、周到的服务。⑦ 严守各项业务工作纪律,认真执行各项管理制度和业务操作规程,严禁在工作中弄虚作假、营私舞弊。

## 四、银行从业人员在处理与客户的关系中所遵循的伦理准则

银行从业人员与客户关系是商业银行中最重要的一种关系,其规范主要有以下几点:① 客户第一,信誉至上。在开展业务的过程中,要恪守信用,维护客户的权益。② 热诚待客,文明服务。接待客户咨询、业务、来访时,应礼貌热情,对客户热心、诚心、耐心,以提供优质、周到的服务为己任。③ 对所有客户认真诚挚,一视同仁,不得因各种原因歧视客户。④ 虚心听取客户意见,忍让宽容,对客户的合理要求尽量满足。⑤ 认真负责,秉公办事,不向客户索要礼品、收受贿赂。⑥ 为客户保密,不得泄露在业务过程中获得的有关客户的各种信息。除法律法规另有规定,或经客户书面同意外,不得向第三方提供客户的相关资料和服务与交易记录。⑦ 确保交易的透明性。在同客户进行交易时,应该主动提供如下相关信息:所提供产品或服务的性质和特征、客户和银行双方的责任、义务,该产品或服务所隐含的风险,同该产品或服务相关的费用(包括手续费、税费等)。商业银行的工作人员应向客户提供所有可能影响其决策的材料,以通俗的语言和适当的举例对银行的服务、产品以及由此可能带来的各种风险进行解释,说明最不利的投资情形和投资结果。⑧ 不得误导客户购买与其风险认知和承受能力不相符合的金融产品。在对现有金融产品和服务进行宣传时要确保广告或宣传材料的内容、形式和发布渠道符合现行法律法规的要求,避免提供任何虚假和误导的信息,尊重客户在银行的秘密,维护银行系统的声誉。⑨ 除了在金融产品销售时给予必要的介绍,商业银行工作人员还应对客户投资情况给予及时详细的评估和分析,并包含相应的风险揭示内容。风险揭示应当充分、清晰、准确,确保客户能够正确理解风险揭示的内容。⑩ 在向客户开展授信业务时,应先进行充分的资信尽职调查,要对照授信对象提供的资料,对重点内容或存在疑问的内容进行实地核查,并在授信调查报告中反映出来,充分了解客户的财务状况、风险认知和承受能力。调查人员应对调查报告的真实性负责。⑪ 从事授信尽职调查的人员应具

备较完备的授信、法律、财务等知识，依照诚信和公正的原则开展工作，应当对客户资料进行认真和全面的核实、按照规定时间和程序对授信与担保物进行授信后检查，在授信客户发生重大变化和突发事件时，要及时进行实地调查，并将情况如实反馈给银行及其他需要知情的同事。在整个过程中，不得进行虚假记载、误导性陈述，不得超越权限、违反审批程序，不得故意隐瞒真实情况，而授信客户也有义务向从事授信尽职调查的银行工作人员提供真实信息。⑫ 业务人员应定期跟踪和了解原有客户评估状况的变化情况，妥善保存有关客户评估和服务的记录，及时纠正或停止对不恰当的客户进行的产品销售或推销行为。⑬ 采取有效方式及时告知客户重要信息。商业银行在与客户签订合同时，应明确约定与客户联络和信息传递的方式，明确相关信息的披露方式，以及在信息传递过程中各方的责任，避免使客户因未及时获知信息而错过资金使用和再投资的机会。

## 五、银行业从业人员在处理与同业的关系时应遵循的伦理规范

银行从业人员还要处理好与同业的关系，其行为规范主要有两方面：① 维护公正、合理的竞争秩序。努力提升综合竞争力，避免不公平竞争。银行员工应着力于大力提高产品创新和服务创新能力，以富有特色的产品（计划）、个性化服务和差别化营销，提升客户的满意度和忠诚度，杜绝利用不正当手段进行高息揽存或展开其他形式的不公平竞争。② 与同业加强合作，相互征询集团客户的资信时，应按商业原则依法提供必要的信息和查询协助。比如建立电子银行系统数据交换机制，实现电子银行业务平台的直接连接，进行境内实时信息交换和跨行资金转移。同时，商业银行授信管理部门还可与其他商业银行之间就客户调查资料的完整性、真实性建立相互沟通机制，或者建立联合风险管理委员会，负责协调跨行业务的风险管理与控制。对从其他商业银行获得的授信信息，授信工作人员应注意保密，不得用于不正当业务竞争。

## 六、银行业从业人员在处理与监管者的关系时应遵循的伦理规范

银行从业人员与监管者既是监管与被监管的关系，也是合作关系，共同为银行业的稳定和健康运行相互合作，其行为规范主要有以下几方面：① 银行业从业者应深入了解银行内部各项业务及金融产品的风险和运营状况，建立健全风险预警机制，随时接受监督管理部门的审核、监督和检查。② 银行业从业者必须学习、了解并严格遵行监管部门颁布的金融法令和规章制度，以各项法规作为自己的行动准则。③ 银行业从业者应当制定并落实内部监督和独立审核措施，合规、有序地开展各项金融服务，同时针对一些业务（比如个人理财）建立相应的分析、审核与报告制度，并就相关业务的主要风险管理方式、风险测算方法与标准，以及其他涉及风险管理的重大问题，积极主动地与监管部门沟通。④ 按照监管部门的要求定期做好商业银行的信息披露工作，遵循规范的信息披露程序，按照规定报送资产负债表、利润表和其他财务会计、统计报表、经营管理资料以及注册会计师出具的审计报告，如实向社会公众披露财务会计报告、风险管理状况、董事和高级管理人员变更以及其他重大事项等信息，保证所披露信息的真实、准确和完整。⑤ 银行业监督管理机构根据审慎监管的要求，可以采取下列措施进行现场检查：进入银行业金融机构进行检查；询问银行业金融机构的工作人员，要求其对有关检查事项做出说明；查

阅、复制银行业金融机构与检查事项有关的文件、资料,对可能被转移、隐匿或者毁损的文件、资料予以封存;检查银行业金融机构运用电子计算机管理业务数据的系统等,银行业从业者必须予以全力配合和协助。⑥ 银行内部主管统计工作的员工必须贯彻落实银保监会制定的统计管理办法和各项统计制度,完成银行业监督管理机构布置的各项统计工作,在本机构开展统计调查、分析和预测,同时配合银行业监督管理机构做好银行业监管的统计检查工作,如实提供银行业务资料和信息,勇于检举和揭发违反统计法律、规定、制度的行为。银行相关工作人员不得虚报、瞒报、伪造、篡改及无理拒报银行业监管统计资料;在接受统计检查时,不得拒绝提供情况或转移、隐匿、毁弃原始统计记录、统计报表和与统计有关的其他资料;不得拒不接受或阻挠、抗拒监管统计检查。⑦ 银行员工在编写有关产品介绍和宣传材料时,应进行充分的风险揭示,提供必要的举例说明,并根据有关管理规定将需要报告的材料及时向银保监会报告。⑧ 银行员工在从事外部营销业务时必须向所在地银保监会派出机构报告,报告内容应至少包括拟推介产品的种类、操作程序、内控制度、培训计划、外部营销人员的聘用方式、管理架构、薪酬计算方法、监督检查机制、外部营销人员资质等级分类制度等。⑨ 商业银行在推出电子银行、个人理财等新的金融产品和服务时,应及时向监督管理机构申请或报告,并对新业务的风险管理情况和业务运营设施与系统等,进行符合监管要求的安全评估,还应根据监督管理机构或其派出机构的意见对有关业务方案进行修改。⑩ 按照规定向银保监会报送与市场风险有关的财务会计、统计报表和其他报告,并将商业银行的市场风险管理政策和程序报银监会备案,还要确立市场风险重大事项报告制度,并报银保监会备案。

## 第六节 商业银行的企业文化转型与区域伦理信用生态再造

商业银行在其经营过程中,与当地各类客户以及利益相关者形成了极为密切的伦理互动关系,商业银行的文化与伦理行为会对周边社区造成巨大的影响;反过来,周边区域的伦理信用生态也深刻影响着商业银行的金融服务行为以及信贷质量。

我国农村商业银行体系是商业银行体系中较为特殊的一类,其特殊性源于其服务的对象大多为农户或其他农村经营主体,这些客户的金融意识、信用观念和市场契约观念正在形成,呈现多元化特征;同时,农村地区信用体系的缺失、农村居民的分散性和信息的不对称性,导致农村商业银行的经营受到当地伦理信用生态的较大影响。本节所要讨论的余姚农村商业银行"道德银行"就是反映农村信用体系改革中企业文化再造成果及其与当地伦理生态互动的一个微观案例。

余姚"道德银行"体系源于"三信工程"(信用镇、信用村、信用户),"三信工程"又是当地农村信用体系建设的重要部分。农村信用体系建设是解决"三农"融资难问题的一项基础性工作,一般由中国人民银行地方分支机构与当地政府合作推动。农村信用体系发挥作用的关键在于金融机构的认可与使用,使信用数据真正能发挥作用。余姚农村商业银行把政府主导的农村信用体系进一步延伸和发展,入村入户自主采集信息数据,结合走访调查、信用评定并配套授信、贷款等实质金融交易建设"三信工程"。[①]

余姚"道德银行"体系成立于2012年，是一个依托农村社区组织的农村信用体系，通过"道德积分"实现"文明做担保、诚信做抵押"，旨在为具备良好道德表现的常住农户提供无担保、免抵押、低利率的信用贷款机会。在结构上，由市级、乡镇（街道）级和行政村（社区）三层服务网络为主要架构；积分的评定则以行政村（社区）为单位，由道德积分管理的三级结构来评定登记，由余姚农村合作银行、公安、财政、税务和工商进行联合评审。

道德积分管理的三级结构则跨越两层服务网络，最低一级的"网格汇点"是道德积分管理执行小组，由自然村（片）负责人或村民小组长与村民代表组成，其中村民代表是这一级的主要负责人，负责4—5户的诚信信息收集，由这4—5户组成的小网格内部推举产生，采取村民自评与村民代表他评相结合的方式；再往上一级是由行政村村委会负责人和村民小组长构成的道德积分管理办公室，负责在村级层面对信息进行检查核实与统计汇总；积分管理的顶层跨越到乡镇（街道）级的服务网络，是由余姚农村合作银行、乡镇（街道）党（工）委、政府、办事处相关负责人和公安、财政、税务、工商等部门的相关负责人组成的道德积分管理领导小组，负责统筹协调积分评定工作并进行联合评审、信息共享。道德积分分为日常积分和评审积分，日常积分每个月评定一次，由底层的执行小组负责；评审积分则每季度评审一次，取三个月日常积分的平均值，并与来自公安、税务等部门的社会信息匹配核实，是授信的主要依据。

"道德银行"充分利用了农村基层组织优势，并且通过小网格式的管理激活了村民自治制度，实现了村民相互监督、自我管理。除网格管理之外，还引入基层民主的相关制度，如对于"村级好人""乡级好人"等先进评比对象以及向"道德银行"申请贷款的农户家庭进行信息公示，实现社区成员的民主监督，有效约束道德积分评定三级网络的代理风险。

就内容而言，道德积分以遵纪守法、诚实守信、热心公益和家庭邻里团结和睦为主要评定依据，对村民的相关行为细则制定相应加分与减分规则。这样一套评定规则，鼓励社会参与，体现了以法治为底线、以德治为主要内容的精神内核，既是现代社会主义核心价值观的体现，又可以追溯到传统乡规民约对现代农民是非观的深刻影响。

在"道德银行"发展的过程中，其通过与政府、社会团体、事业单位等多方合作，道德积分所指向的优惠内容不断更新与扩充，几乎涵盖生活的方方面面，这是"道德银行"体系具有持续影响力与约束力的关键所在。首先，道德积分80分及以上且有实际需求的农户可以以信用担保的方式贷款30万—50万元，授信期限3—5年；在此基础上，推出"道德银行"诚信工商户贷款，扩大了"道德银行"的受益面；2016年与余姚市文明办联合创新推出"道德绿卡"，获评村及以上好人荣誉称号的即可申领，分为三个星级，凭该卡可享受医疗、交通、教育、旅游等8大类300多项优惠待遇，并且可以享受低利率的道德信用贷款，利率最多下浮达30%。

"道德银行"取得了卓越的金融普惠成果。截至2019年4月，余姚市21个乡镇（街

---

① 王东宾：《"道德银行"的余姚实践：农信社改革与企业文化再造》，《企业文化》，2014年第10期，第47—51页。

道）和305个村（社区）都已经开展“道德银行”建设，授信用户达2.78万余户，授信面达到39%，授信贷款余额23.12亿元，用信面达10%；而不良率仅为0.47%，远低于一般农村商业银行水平。

“道德银行”体系构建之后，余姚的乡村治理模式与面貌都有了很大的改观，“好人好报、德者有得”的氛围使得崇善崇德蔚然成风，也使得村民更具有主人翁意识，积极参与村内公共事务，基本实现了村内自治。以最早的试点村临山镇邵家邱村为例，村党支部书记反映，在“道德银行”推出之前，村民面临经济和社会方面的多重困境。经济方面的困境主要是信贷约束，村中个体工商户小企业众多，资金周转需求旺盛，但是由于抵押、担保难的问题难以从机构获取金融资源，而主要依赖民间借贷。社会方面的困境在于村民的社会参与感不强，对村委会了解不多、难以信任，村民大有以己为营的作风，村民间的利益纠纷、矛盾时有发生。由于信任危机，甚至出现过村委会修路时几户村民无故设法阻拦的事例。这些现象在“道德银行”体系试行之后发生了深刻改变。如今，得益于充足的资金资源，大多数个体小工商户已经成为富商，小家庭、小作坊的命运由此改变，经济水平显著提高。而作为道德积分统计基本单位的网格早已超越了其本身的职能设计，演化为集村民自治、互助、议事多功能为一体的最小单元，借力移动互联的普及，极大地简化了村民的社会参与程序。村里每年有固定的义务劳动、孤寡老人关怀、残障人士帮扶等活动，有劳动能力的人大多数都会参与。最初网格长事事统计，而现在很多村民做好事不留名，更不以积分为目的。当良好的乡村氛围形成之后，道德积分本身反而逐渐退化为流于形式的制度。在这种互帮互助、村民自治的氛围中，村委会的职能得以下放，工作量大大减少，乡村治理得以向实现多元共治迈进。①

此外，“道德银行”的运行还与村民自治相结合，引入基层民主的相关制度。例如，建立信息公示制度，对于“道德模范”等先进评比对象以及向“道德银行”申请创业贷款的农户家庭，其道德积分情况须于显著位置进行公示，接受公开监督。村民若提出异议，领导小组则须再次评审和核实，否则不得进入下一程序。该制度下，与贷款或评优关联的道德积分成为一种公开信息，其有效性不仅需要银行的“金融认可”，而且需要社区成员的“民主认可”。社区成员的民主监督与分散的信息结构相对应，形成对三级网络代理风险的有效约束，使得采集的基础信息更真实有效。

自2012年5月推出以来，“道德银行”在余姚全面推广，受到当地群众的广泛欢迎和好评。在“道德银行”模式的基础上，余姚市推行“道德绿卡”，凭卡享受免费（优惠）观影看戏、乘坐公交、体检旅游、通信服务、购物消费等一百余项关爱礼遇，有效营造了“好人有好报、讲道德有回报”的良好社会氛围，对整个地区的伦理信用生态系统的再造起到重要的推动作用。余姚市坚持精神鼓励和物质奖励并重，保障各级好人相关权益，充分体现了党委、政府和社会各界对道德模范的尊崇和礼遇。全市所有银行机构积极为好人提供优质金融服务，纳入“金融超市”范畴，为持有“道德绿卡”的各级好人开通绿色通道、减免有关费用，按不同等级分别授信并给予免抵押、免担保、低利率的信用贷款，帮助有信贷需求的身边好人创业致富。各级党委、政府为好人参政议政创造机会，邀请好人参

① 王曙光、王彬：《道德银行与中国新型乡村治理》，《农村经济》，2019年第12期，第1—6页。

加重大节庆庆典活动,并为持有"道德绿卡"的各级好人在医疗、交通、文化、教育、养老、住房等方面提供关爱礼遇,特别对生活困难者给予帮扶支持。鼓励引导社会力量关心关爱身边好人,根据好人的不同级别,由市、乡镇(街道)、行政村(社区)分别整合社会资源,为好人提供实实在在的优惠服务,激发当地居民"崇尚道德、践行道德"的积极性和主动性。"道德银行"模式从一种普惠金融模式演化为一种改善区域金融伦理生态的重要机制,并成为深刻改变中国乡村治理模式的内在推动力。

## 【关键术语】

商业银行　中央银行　利润最大化　稳健与谨慎原则　银行危机　资产结构　流动性
盈利性　珍视信誉与诚信原则　信用行业　责任投资　企业社会责任　罪恶股票
信贷公平与信贷歧视　信贷的种族歧视　信贷的区域歧视　系统性负投资
歧视检测　银行业腐败　信贷与人权　银行业职业操守

## 【进一步思考和讨论】

1. 商业银行的主要职能是什么?
2. 商业银行与其他行业相比有哪些特殊性?
3. 商业银行经营的三大目标之间有何内在联系和冲突?这些冲突对商业银行的伦理行为有哪些影响?
4. 为什么说稳健与谨慎是商业银行的第一人格?
5. 商业银行作为信用行业,诚信在其经营中起到什么作用?举例说明商业银行的失信行为导致银行业的危机。
6. 银行为什么要履行企业社会责任?履行企业社会责任会给银行带来哪些变化?
7. 商业银行面临哪些环境和社会风险?如何规避这些风险?
8. 商业银行信贷歧视有哪些表现?如何消除信贷歧视?
9. 何谓系统性负投资?如何进行歧视检测,并用法律手段进行矫治?
10. 银行业腐败的制度根源在何处?
11. 从格莱珉银行的管理实践,我们能够得到哪些启发?
12. 银行业从业人员应该遵循哪些职业操守和基本伦理行为准则?

## 本章参考文献

博特赖特. 金融伦理学[M]. 静也,译. 北京:北京大学出版社,2002.

王曙光,邓一婷. 民间金融扩张的内在机理、演进路径与未来趋势研究[J]. 金融研究,2007(5):69—79.

王曙光,邓一婷. 农村金融领域系统性负投资与民间金融规范化模式[J]. 改革,2006(6):43—48.

王先玉. 现代商业银行管理学基础[M]. 北京:中国金融出版社,2006.

谢平,陆磊. 金融腐败求解[J]. 财经,2005(总第124期).

谢平,陆磊. 中国金融腐败的经济学分析. 北京:中信出版社,2005.

熊继洲,楼铭铭.商业银行经营管理新编[M].上海:复旦大学出版社,2004.

易纲,吴有昌.货币银行学[M].上海:上海人民出版社,1999.

曾康霖.商业银行经营管理研究[M].成都:西南财经大学出版社,2000.

G D SQUIRES, ed. From Redlining to Reinvestment: Community Responses to Urban Reinvestment[M]. Philadelphia: Temple University Press, 1992.

J ZACK. Banks Caught Red-handed on Redlining[J]. Business and Society Review, winter 1992, 54-75.

J ROTHCHILD. Why I Invest with Sinners[J]. Fortune, May 13, 1996.

M GALEN. Sin Does a Number on Saintliness[J]. Business Week, December 26, 1944.

W B IRVINE. The Ethics or Inverting[J]. Journal of Business Ethics, 1987(6): 233-242.

# 第七章　投资银行的金融伦理问题

**【本章目的】**

学习本章,需要了解投资银行业运作的主要机制和经营模式,了解投资银行业在经营管理过程中需遵循的基本行为规范和伦理原则,并具体探讨投资银行在证券发行和承销、兼并收购业务中出现的伦理问题。

**【内容提要】**

投资银行在现代金融体系中发挥着特殊的重要作用,美国金融危机使人们对投资银行的职能和作用产生了诸多质疑。本章从回顾美国金融危机中投资银行业的发展轨迹出发,探讨投资银行的经营模式和业务特征,强调投资银行在运行中应遵循稳健经营原则、诚信原则、社会责任原则和公平原则。本章还具体地从投资银行的证券发行和承销、兼并和收购业务出发,具体探讨了投资银行在业务操作中容易出现的伦理问题。

## 第一节　投资银行的经营模式与业务特征

投资银行在金融体系中扮演着特殊的角色。投资银行是主要从事证券发行、承销、交易、企业重组、兼并与收购、投资分析、风险投资、项目融资等业务的非银行金融机构,是资本市场上重要的金融中介。它是证券市场和股份公司制度发展到特定阶段的产物,投资银行的业务随着证券市场和股份公司制度的发展而逐渐与原来的商业银行业务相分离,从而逐步发展成为独立的投资银行业务体系。在过去一个多世纪中,投资银行得到迅猛的发展,对证券市场的扩张、上市公司的发展和整个金融体系的发展起到重要的推动作用。

但是2008年美国金融危机的发生使人们对投资银行的作用产生了质疑,投资银行的发展轨迹也发生了根本性的变化。美国金融危机源于次贷危机。然而由次贷危机发展为波及范围如此广、影响如此恶劣的全球性金融危机,投资银行在其中扮演了重要的角色。高度发达的低质量次级抵押贷款市场虽然可以看成金融危机的开端,但使得金融危机波及范围如此之广、影响如此巨大的主要是投资银行。正是由于投资银行出于对高利润的盲目追求而违背应有的行为规范与运营准则,采用高杠杆的经营模式创造出大量金融衍生品,才使得各类机构都深陷于金融危机之中无法摆脱。因此,对于投资银行的伦理规制和经营模式变革是非常必要的。

投资银行建立初期大多是由综合银行拆分而来或是由证券经纪人发展而来的,传统投资银行的核心业务也仅仅集中于证券的发行与承销、证券交易经纪等,其收入来源主要是佣金。这一时期的投资银行所面临的风险很小。经过最近一百年的发展,随着金融市场的日趋成熟与完善,现代投资银行早就突破了与证券业务相关的传统业务框架,企业并购、项目融资、风险投资、公司理财、资产证券化以及金融创新等都已成为投资银行的核心业务。然而,这些业务在为投资银行带来新的利润增长点的同时,也提升了整个金融市场活动的风险性。

美国金融危机之后,投资银行受到毁灭性打击,业务转型势在必行。"拥有 85 年历史的华尔街第五大投资银行贝尔斯登贱价出售给摩根大通;拥有 94 年历史的美林被综合银行美国银行收购;历史最悠久的投资银行——拥有 158 年历史的雷曼宣布破产;拥有 139 年历史的高盛和拥有 73 年历史的摩根士丹利同时改旗易帜为银行控股公司。历史悠久的华尔街五大投资银行就这样轰然倒下,从此成了历史。华尔街对金融衍生品的滥用就是导致此次百年一遇的金融灾难的罪魁祸首。"①一篇文章这样描述美国金融危机中的投资银行。这样说尽管只是概括,却形象地描述了投资银行在此次金融危机中遭受的毁灭性的打击。想要重新建立健康的投资银行体系,对其进行伦理规制是必要而紧迫的。投资银行必须跳出其贪婪追求自身利益的小圈子,重塑自身的经营伦理与经营文化,重建自身的信誉。同时要实现对投资银行卓有成效的伦理规制,更需要从制度方面进行创新和改革。

投资银行业务的基本运营模式如下:

(1) 资产证券化。资产证券化是指企业通过资本市场发行有金融资产(如银行的信贷资产、企业的贸易或服务应收账款等)支撑的债券或商业票据,将缺乏流动性的金融资产变现,达到融资、资产和负债结构相匹配的目的。因此,资产证券化的本质就是将原始权益人(卖方)不流通的存量资产或可预见的未来收入,构造和转变成为资本市场可销售和流通的金融产品的过程。② 资产证券化是一种与传统债券投资不同的新型融资方式。进行资产转化的公司为证券发起人,其一般持有的为各种流动性较差的金融资产。投资银行作为这种资产的买方,再以这一资产为担保向各种金融机构和个人发行资产支持证券。

国际市场上的资产证券化产品可以分为资产支持证券(Asset-backed Securities, ABS)和住房抵押贷款支持证券(Mortgage-backed Securities, MBS)两大类。MBS 是指以住房抵押贷款这种信贷资产为基础,以借款人对贷款进行偿付所产生的现金流为支撑,通过金融市场发行证券(大多是固定收益证券)进行融资的过程。这一过程可以把银行等金融机构持有的流动性较低的长期住房抵押贷款转化为流动性较高的证券,从而极大地改善这些机构的资产流动性;而且 MBS 的基础资产是违约率较低的抵押贷款,其现金流比较稳定且易于预测,所以很受市场投资者的青睐。ABS 是以非住房抵押贷款资产为支撑的证券化融资方式,是 MBS 技术在其他资产上的推广和延伸。随着证券化技术的不断发展和证券化市场的扩大,一些汽车消费贷款、学生贷款、信用卡应收账款、贸易应收

---

① 《告别五大投行时代》,《投资与合作》,2008 年第 10 期。

② 胡海峰、胡吉亚:《现代投资银行学》。北京:北京师范大学出版社 2014 年版,第 254—257 页。

账款、设备租赁费、基础设施收费、门票收入、保费收入、知识产权等资产也加入了证券化的行列,使得这些资产的流动性大为增加。

资产证券化对于提高金融机构的资本充足率、改善银行等金融机构的资产负债结构、降低其筹资成本等,具有积极的作用。只有当担保资产能够得到偿还,即住房抵押贷款能够如期得到偿付时,以住房抵押贷款作为担保资产所发行的证券才能如期对证券购买者偿付利息和本金。而如果证券担保资产出现违约情况,就像次贷危机中人们无法如期偿付住房抵押贷款,那么以此为基础发行的证券也就无法按期支付利息和本金。不仅这种证券的发行机构即投资银行面临亏损,证券的购买者即其他各类金融机构也面临大规模亏损。资产支持证券也是如此,必须依赖背后的优质资产才能保证资产支持证券的稳健性。在美国金融危机中,一些风险较大、信用级别较低的次级债券也成为资产证券化的对象,因而造成了巨大的投资风险。

(2) 金融创新。金融创新是金融业为适应经济发展的要求,变革现有的金融体制、金融运行机制和金融产品,从而使金融体系的运行效率得以提升并提高金融机构的盈利能力的过程。金融创新是现代金融业不断发展的重要动力源泉,也是促进现代经济体系与现代分工体系不断发展和创新的源泉之一。提高金融创新水平是提高国家金融服务水平的关键,是增强一国金融业竞争力的根本,是提高整个国民经济运行效率的保障。当然,金融创新本身具有两面性,它一方面提高了金融体系运行效率和金融机构的服务能力与盈利能力;另一方面,给金融体系带来更大的不确定性,使金融机构面临更大的风险,过度的金融创新(比如美国金融危机爆发之前投资银行所进行的大量高风险的金融衍生品创新)可能给经济发展和金融体系带来毁灭性的打击。投资银行的金融创新是指投资银行通过各种要素的重新组合和创造性变革创造或引进新机制与新产品的过程,是一个开发新型产品、提供新型服务,并在此基础上实现更高价值的过程。

投资银行的金融创新大致可以分为四种类型①:信用创新型,如用短期信用来实现中期信用,以及分散承销商附加承担证券发行风险的承销团销售行为等;风险转移创新型,包括能在各种经济机构之间相互转移金融工具内在风险的各种新工具,如货币互换和利率互换等;增加流动创新型,包括能使原有的金融工具提高变现能力和可转换性的新金融工具,比如长期贷款的证券化等;股权创造创新型,包括使债权变为股权的各种新金融工具,如附有股权认购书的债券等。投资银行通过这些金融创新业务对金融制度、金融市场、金融产品、金融机构、金融资源、金融科技以及金融管理体制等进行变革,大大拓展了自己的生存空间,并有效加强了金融市场的竞争和金融要素的流动,为客户和自身创造了更多的价值。投资银行的金融创新,更多地是出于一种追求更高利润的动机,但在客观上推动了整个金融体系的运作效率。但如果投资银行放纵自己的盈利动机,滥用金融创新手段,基于投机的目的而开发一些风险大、客户却很难识别其风险的金融衍生品,就会给客户造成巨大的损失。金融衍生品是从标的资产派生出来的金融工具,其价值取决于标的资产,金融衍生品也被称为衍生工具或衍生证券。金融衍生品包括远期、期权、期货和互换等,其基本功能是规避风险、价格发现、套利和投机。

---

① 栾华编著:《投资银行学(第2版)》。北京:高等教育出版社2019年版,第341—342页。

(3) 财务顾问与投资咨询。投资银行还承担着对公司尤其是上市公司证券业务的财务顾问和咨询任务。当公司上市、在二级市场再筹资以及发生兼并收购、出售资产等重大交易活动时,投资银行有责任提供专业性财务意见。财务顾问是指通过对客观经济情况的研究分析,对公司兼并、资产重组、公司财务安排、政府的大型项目建设等提供战略导向和决策建议,并收取一定费用的服务。投资银行和商业银行、专业性投资咨询和财务顾问类的公司以及信托投资公司等金融机构,都可以提供财务顾问的业务,其中投资银行在财务顾问领域最为活跃。在公司改制、重组、融资以及在上市公司的股权收购、资产(债务)重组、发展规划业务中,投资银行都会提供大量的财务顾问服务,进行相关行业和产品的分析研究、对资产重组和证券化等进行参谋建议、买卖代理和管理咨询等。财务顾问业务是发生内幕交易最多的领域之一,例如财务顾问利用并购重组信息进行内部交易。在并购重组活动中,独立财务顾问为上市公司提供交易估值、方案设计、专业意见出具等专业服务,是并购重组程序中不可或缺的一个环节,也是内幕交易频发的环节。

投资咨询业务主要是指股评,股评并不是投资咨询业务的全部内容,但是它已经成为投资咨询的重要组成部分。股评主要包括证券市场趋势研究、政策效应分析及其预测,对二级市场运行机理进行分析,对资本市场的运行进行研判,向特定或不特定的投资者提供证券市场趋势预测。近年来,由于受到来自客户公司的压力以及出于自身利益的考虑,投资银行对外夸大公司股票或者证券价值的情况不断出现,使得其独立性和信誉受到严重的损害。随着资本市场的发展,在投资银行从事投资咨询业务的明星分析师逐步从隐蔽的投资银行研究后台走上了电视屏幕和报纸杂志,获得了公众的高度关注与追捧,然而,一些为自己谋私利而操纵股票评级的投资银行证券分析师的公正性受到了公众的质疑甚至受到法律的指控。

## 第二节 投资银行的伦理原则

投资银行应该遵守的基本伦理原则如下:

第一是审慎和稳健经营的原则。这虽然并非一般意义上的伦理原则,但其作为一种审慎原则或者说一种经营理念,对投资银行及其顾客而言至关重要。因此,审慎和稳健经营也是投资银行应该自觉遵守的行为准则之一。投资银行与商业银行一个很大的不同就在于其风险是不隔离的。只有本着稳健经营的原则,才能将风险降到最低,保证自身的长久发展。但美国金融危机爆发前,各个投资银行不仅疏于风险控制,而且为了追逐高额利润不断推出高风险的金融衍生品,同时利用高杠杆进行高风险的投资操作。这一点是值得我们深入反思的。审慎和稳健原则也意味着投资银行在进行金融创新尤其是进行金融衍生品的创新时,要注重其风险性的评估;在进行资产证券化业务时,要注重资产证券化的标的资产的稳健和风险可控,这些都是投资银行风险控制的重要内容,也是保障客户权益的重要内容。

第二是诚信原则。信任关系是人类经过无数次的重复博弈形成的,这种关系的建立对于金融市场尤其重要。失去公众信任的金融机构是很难生存下去的。由于各方面的原因,很多投资银行在进行投资咨询和财务顾问业务时,在应该给出专业性意见时却失去了其独立性和基本的诚信。美国金融危机的爆发使人们对投资银行的信任度降到冰点。在这种情况下,重建投资银行与公众之间的信任机制,重新树立投资银行的信誉至关重要。投资银行在金融衍生品创新中也要遵循诚信原则,要把真实风险状况告知客户和投资者。

第三是社会责任原则。“金融决策人往往有一种非常确定的义务(即受委托人义务)来为特定的一方的利益服务,但是这种义务并不排除他考虑决策对其他各方面影响的这样一种责任。”[①]投资银行追求自身利益无可厚非,其为客户利益着想更是一种责任。但这并不代表对利益的追求要以一种违背公平、诚信等伦理规范的行为达成。更为准确地说,投资银行作为整个金融市场乃至整个经济网络中举足轻重的一部分,在考虑自身利益和客户利益的同时,也要考虑到其所应该具有的社会责任以及其应该实现的社会价值。投资银行在提供专业性的证券发行业务咨询服务和其他投资咨询服务时,要履行社会责任,把自己的证券服务与投资咨询跟整个社会的利益结合起来,不能以损害社会公众利益为代价获得不当收益。

第四是公平原则。我们在本书第四章已经详尽讨论了公平或公正作为一个伦理学范畴在金融市场中的巨大意义。公平的交易与竞争对于金融市场的健康有序发展至关重要。经济活动的每一个参与者都负有保证公平的责任,投资银行也不例外。在一百多年的发展中,投资银行的业务范围突破了证券业务,扩展到风险投资、项目融资、公司理财、金融产品创新等各个领域,几乎涉及了现代金融市场的方方面面。在这样的情况下,各种公司或者机构作为委托人,委托投资银行进行风险投资、项目融资或者公司理财等成为投资银行的主要业务和收益来源。而投资银行作为代理人,除了为自己从这些业务中谋求利润,无疑还肩负着为委托人取得应有的回报的责任。这才符合公平原则所要求的等利交换,即给每个人他应得的。因此,在公平原则的要求下,谨慎经营、稳健投资,以保证委托人应有的利益回报成为基本原则。所以我们也可以说,在公平的原则下,就会产生谨慎经营原则的要求。这不仅仅是一种经营理念或者经营文化,也是一种伦理道德要求。然而在前面我们也提到,金融危机发生之前的投资银行在这一点上做得很差,它们为了追求高额利润而使得自己以及委托人的资产时刻承担着高风险。最终在金融危机中,投资银行陷入困境使得无数与其有业务关联的公司、机构也损失惨重。因此,将谨慎经营的原则以及公平原则重新注入投资银行的基本经营伦理规范中对投资银行的伦理规制而言是极其重要的。投资银行应当将风险控制作为其运营的重要部分重新加以重视。

提到公平交易的问题,交易双方因为力量的差距而带来的交易不公是一个不可回避的问题。其中因为交易双方信息不对称而带来道德风险这一问题在投资银行业表现得尤为明显。

“金融市场的公平性常常以‘平整游戏广场’(level playing field)的概念表达出来,应这种概念要求,不仅每个人都遵守同样的游戏规则,而且该概念还要求每个人都要有同

① 〔美〕博特赖特著,静也译:《金融伦理学》。北京:北京大学出版社2002年版,第12页。

样的训练与准备。"[1]因此,当信息不对称的双方进行交易时,人们普遍认为这是不公平的,因为游戏广场已经向具有信息优势的一方倾斜了。当人们在谈论信息对称时,理想的情况可能是交易双方拥有同样的信息,或者拥有同样的获取信息的途径,但这在现实中显然是不可能的。信息不对称的情况在金融市场中是普遍存在的,甚至可以看成一种自然的存在。职业的投资者通常都拥有比一般投资者更多的信息以及更通畅和准确的信息渠道,即使是职业投资者之间也会因为拥有的信息不同而做出不同的投资决策,这些在我们看来是自然的。另外,额外的信息优势在很多时候被我们当成一种鼓励。"让我们考虑一下那些股票分析师和其他清醒的投资者们,他们往往会花费大量的时间、努力以及金钱来获取相关信息。他们不仅有权为自己的利益而利用这些信息(因为这种个人利益代表了一种投资回报),还通过确保股票的精确定价而对人们提供一种可能。"[2]因此,信息不对称本身并不能被看成是违背公平原则的,只有信息不对称以被优势一方利用来损害劣势一方的利益的方式完成经济活动时,才是不公平的。即"只有当信息是被非法获得或当信息的应用违犯了对别人的义务时,对这种不对称信息的拥有才显得不公平"[3]。这种行为也才会引发我们所说的道德风险。另外,这里所说的信息不对称不仅仅局限于拥有的信息量和获取信息渠道的不对称,也包含人们在处理信息以及利用信息进行决策的能力上的不同,这也是造成不公平交易的重要因素。

投资银行作为专业的金融机构,无论在信息的获取渠道、信息拥有量、处理信息的能力还是利用信息进行决策的能力方面都具有其他机构无可比拟的优势。这种优势本身是投资银行的固有属性,也是其作为代理人代替委托人处理金融问题的资本,其本身并不违背公平原则。但是金融危机爆发之前的投资银行为了追求自身利益,利用其信息优势引导了大量不公平交易。这其中的典型代表就是大量金融衍生品的推广。在本章最开始我们概述由次贷危机引发的金融危机时就提到了各种金融衍生品的使用所起到的连接性作用。金融衍生品例如资产证券化将抵押贷款机构、投资银行、基金公司、保险公司、证券公司等连接为一个反应链条。抵押贷款机构与投资银行的巨大损失使得其他金融机构由于购买投资银行所创造的金融衍生品而同样承受了巨大资产损失。金融衍生品与衍生工具本身是极其复杂而具有极高风险的,其创造者即投资银行对于这一点是十分清楚的。但是其可能带来的高额利润使得投资银行忽略了这一点而极力进行推广。对于其他金融机构和个人而言,要充分了解其所面对的金融衍生品的真正内涵、本质及所要承受的风险是很困难的。在这一点上投资银行拥有充分的信息优势。投资银行真正应该做的是向每一位客户都充分解释清楚其所购买的产品的运营程序及风险状况,帮助其做出合理的决定。而实际上投资银行却往往利用客户的信息劣势以及对利润的追求的弱点,夸大金融衍生品和衍生工具的盈利性,忽略其高度的风险性,促使投资者在不能充分了解真实信息的状况下购买并运用其各种金融衍生品,承担了高度的风险并最终付出高昂的代价。这种利用信息不对称而进行的具有欺骗性质的交易显然违背了公平

---

① 〔美〕博特赖特著,静也译:《金融伦理学》。北京:北京大学出版社2002年版,第35页。

② 同上书,第36页。

③ 同上。

原则。而投资银行的这种行为不仅损害了其他金融机构的利益，破坏了整个金融市场的稳定性，也在金融危机中自食其果。这足以引起我们对投资银行以及大规模金融衍生品的产生及推广的高度重视。

## 第三节　投资银行证券发行和承销中的伦理问题

证券的发行和承销是投资银行最核心和最本源的业务，是投资银行盈利的基础部分。证券的发行和承销包括股票与债券两类证券的发行和承销。证券发行和承销要求为其提供服务的投资银行具备很高的信用和专业能力，不仅能够为证券发行人提供最好的、成本最低且最周到的发行承销服务，还要为社会公众负责，为投资者负责，为他们提供全面、准确、值得信赖的投资信息，这里面都涉及大量的伦理问题。下面以股票的发行和承销为例来谈谈其中的伦理问题。

股票发行是指发行人将新股票从发行人手中转移到社会公众投资者手中的过程，分为首次公开发行和二次发行。股票承销是指发行人将股票销售业务委托给专门的股票承销机构，按照风险承担和手续费的高低，股票的承销分为包销和代销；按照股票承销商的数量，可以分为单个承销商承销和承销商团承销。股票的发行和承销涉及非常复杂的程序，需要准备极为复杂的文件，因此要求发行和承销机构必须拥有高度专业化且具备职业操守的人才、提供非常周密的服务，从而发挥股票发行和承销的规模效应，以最小的成本、在最短的时间内，帮助企业发行和承销股票，从而成功地募集资金。证券业监督机构对承担股票发行和承销服务的投资银行有很高的资质要求，其中包括净资产要求、从业人员资格要求、信息系统要求、无违规行为要求、承销业绩要求等，这就对投资银行以往发行和承销行为的伦理规范提出了很高的要求。

股票的发行程序包括制定股票发行和承销方案，尽职调查，上市辅导，制定和实施重组方案，拟订发行方案，编制募股文件和申请发行，路演，确定发行价格，组建承销团和确定承销报酬等环节。在这些程序中，作为发行和承销服务的提供者，投资银行在各个环节必须以对投资者和社会公众高度负责的态度，提供权威、完整的关于上市公司的信息，不能出现任何的信息隐瞒、信息扭曲和故意欺诈行为。尽职调查是非常关键的一个环节，在这一环节中，承销商以本行业公认的业务标准和道德规范，对股票发行人及市场的有关情况及有关文件的真实性、准确性、完整性进行核查和验证，如果公司在发行股票的过程中出现虚假陈述和隐瞒信息等欺诈公众的问题，投资银行要负法律责任；投资银行更不能与上市公司合谋进行信息的故意隐瞒和欺诈，而要进行完整、准确的信息披露。在准备募股文件的过程中，投资银行有责任向证券监管机构和投资者提供符合法律要求的信息披露，提供完整的文件，这些文件包括招股说明书、发行公告、发行人关于本次发行的申请报告、发行人董事会有关本次发行的决议、发行人股东大会关于本次发行的决议、发行保荐书、财务报告和审计报告、盈利预测报告和审核报告、内部控制鉴证报告、经注册会计师核验的非经常性损益明细表、法律意见书等。[①] 在招股说明书中，必须对发行

① 阮青松：《投资银行学精讲》。大连：东北财经大学出版社 2009 年版，第 127—128 页。

人本次发行的情况、风险因素、募集资金运用、同业竞争和关联交易情况、公司治理和财务信息、业务发展目标、股利分配政策进行完整、准确而详尽的信息披露,对于影响发行人生产经营情况、财务状况和持续盈利能力的各种重大不利状况必须进行相应的分析,以供投资者参考。

在股票发行和承销的实施过程中,路演(road show)也是一个重要的环节。路演是在特定证券发行前由承销商安排的信息交流活动,是对特定证券的调研和推介活动,它对于证券的发行和承销而言是一个非常重要的环节。路演的地方一般选在金融中心城市,是有可能大量发售证券的地方,路演的对象一般是大型的机构投资者。路演的主要目的,一是为潜在的投资者提供咨询发行人的机会,使得潜在的投资者可以有机会仔细询问和了解发行人的财务问题、内部治理、战略等各方面的信息,有助于潜在投资者对发行人进行综合的、准确的判断;二是可以通过路演创造潜在的市场需求,为发行人提供一个展示其公司风貌、素质和陈述长期商业计划的机会,这是发行人推销其证券的唯一机会,发行人会抓住这个机会向潜在投资者宣传公司的价值和未来发展战略,从而吸引更多的投资者购买其证券;三是可以通过路演过程中不同投资者的反应来获得各种对公司和投资银行有价值的信息,从而有助于投资银行决定发行的数量、发行价格和发行的时机①。路演活动是投资银行与公司直接面对潜在投资者的过程,因此在这个过程中要求投资银行必须遵守相应的法律规范和伦理规则,监管机构不允许向投资者发送除初步招股说明书以外的任何书面材料和盈利预测,投资银行也不能以任何内部的不公开的信息来误导投资者,或以虚假信息来欺诈投资者。

## 第四节　投资银行兼并收购业务中的伦理问题

兼并和收购简称为并购(merger & acquisition),其中兼并也称为合并,指两家或两家以上公司并为一家公司的经济行为,而收购是指一家公司购买另一家公司或多家公司的资产或者股权的行为。

兼并又分为吸收兼并和新设兼并。在吸收兼并中,吸收方保留法人地位,成为存续公司,被吸收方取消法人资格,其资产负债全部由存续公司承担;在新设兼并中,原先的公司均取消法人地位,其资产和负债均并入新设公司。吸收兼并和新设兼并各有利弊。吸收兼并比较方便快捷,因为不涉及新公司的成立,从程序上来说比较方便,可以节约大量交易费用,而且就存续公司而言,保证了公司的运行的连续性,有利于公司的持续运行不受影响。但是其弊端在于,一方面存在一定的财务安全问题,如果被吸收方的资产质量较差,或者有大量隐藏的不良资产或者或有负债,会对存续公司的财务安全造成较大的影响;另一方面会引起吸收方和被吸收方在人事和管理以及企业文化上的各种摩擦。新设兼并的好处在于有利于合并的各个公司之间的融合,弊端在于合并的成本很高,因为需要新设公司。一般来说,如果合并的各个公司实力相差较大,强势的公司对弱势的

---

① 何小锋、韩广智:《新编投资银行学教程》。北京:北京师范大学出版社2007年版,第141页。

公司往往采取吸收兼并,而如果大家旗鼓相当,则一般采取新设兼并的方式。[①]

收购又分为股权收购和资产收购。股权收购是指一家公司购受另一家公司一定比例的股权,从理论上来说,A 公司购受 B 公司 51% 的股权,则取得绝对控股权,直接对 B 公司的经营业务取得决策权,但 B 公司的法律地位并没有消失,而如果在 B 公司股权特别分散的情况下,则 A 公司只要控股 30% 或者更低就可以实现获得控股的目的。在股权收购中,既有纯粹意义上的收购(take over,指一家公司收购另一家公司一定比例的股权以获得控制权和经营权,这种收购一般是收购者在证券交易所之外,以协商的方式与被收购公司的股东签订收购其股份的协议,从而达到控制该公司的目的,因此也称为协议收购),也有公开收购要约或标购(tender offer),这种公开收购要约主要表现为证券市场上的收购,即一家公司直接向另一家公司的股东提出购买该公司股份的要约,也称为要约收购。要约收购中的要约是指收购方向目标公司的所有股东发出的公开通知,要约中标明收购方将以一定的价格在某一有效期之前买入全部或一定比例的目标公司的股票。资产收购是指一家公司购受另一家公司特定的部分资产,比如收购该公司的固定资产、经营许可和知识产权等,也可以是收购对方的全部资产。

兼并和收购(并购)是投资银行最核心的业务之一,其目的是帮助客户公司获得对其他公司的控制权,从而实现业务扩张、营销渠道拓展、获取控制权和决策权的目标。并购的实质是在公司控制权运动过程中,各权利主体依据公司产权做出的制度安排和公司战略而进行的一种权利让渡和权利转移过程。在这一过程中,公司实现了控制权、决策权的转移,对于获取该权利和让渡该权利的公司来说,都是极为重大的活动,会给双方带来重大的战略变化。对于主动实施兼并和收购的公司来说,并购行为是实现自我发展和提升市场地位的重要举措,是公司实现多元化发展和跨越式、非常规发展的重要途径。并购给公司带来的多元化和跨越式发展也并非没有弊端,并购虽然给公司带来多元化发展的机遇并使公司在很多领域拥有了市场份额,但是过度的多元化带来公司竞争压力的加大,非核心业务的迅速膨胀也会削弱公司原本的核心竞争力。百事可乐在并购方面的案例就印证了这一观点。百事可乐在与可口可乐的百年竞争中,一直被可口可乐压在下面不得翻身,后来百事可乐在 20 世纪 60 年代开始调整竞争战略,从对可口可乐的被动防守转向积极进攻。百事可乐从快餐业入手,进行了长时期的大规模并购活动,先后并购肯德基食品公司、必胜客意大利比萨饼和特柯贝尔墨西哥餐厅,在快餐业对麦当劳发起了挑战,迅速成为世界上最赚钱的餐饮公司,在软饮料、快餐和餐馆三个主营业务板块发展迅猛。在这种多元化战略和并购策略引领之下,百事可乐还斥巨资购入了北美长途搬运公司、威尔逊运动用品公司、亨利酒业公司,从而使自己的业务涉及食品、饮料、运动用品、货物运输和建筑工程等,可谓遍地开花、风光一时。然而在 90 年代末期,百事可乐的多元化战略和并购策略遭遇了困境,其资金冲突、多元化竞争压力和非核心业务对核心竞争力的侵蚀等问题逐渐显现,迫使百事可乐进行大的战略调整,将肯德基、必胜客、特柯贝尔等分离,从而成立独立的上市公司百胜全球公司,自己则专注于开发软饮料。随着自己竞争优势的凸显,百事可乐在 21 世纪初又开始新一轮并购,2001 年收购世界著名

---

① 马晓军:《投资银行学理论与案例(第 2 版)》。北京:机械工业出版社 2014 年版,第 139 页。

的运动饮料企业桂格公司，是百事历史上最大的并购行为，从而使百事成为世界非碳酸饮料的龙头老大。[①]

在并购行动中，公司通过股权和资产的权利的转移，可以实现公司的多种战略意图，可以获得规模效益、降低进入新行业和新市场的障碍，从而获得更多市场份额、降低公司经营风险、增强市场竞争力、获得技术上的竞争优势。但是也有一些并购会带来一些负面效应，有些并购存在伦理学的悖论，投资银行在参与这些并购活动的过程中，会引起社会上很大的争议。恶意并购的伦理学难题就是一例。恶意并购（hostile takeover）也叫敌意并购，是指收购公司在未经目标公司董事会允许，在不管对方是否同意的情况下所进行的收购活动。双方强烈的对抗性是敌意收购的基本特点，在善意收购的情况下，收购方与目标公司合作进行收购和被收购，而在恶意收购的过程中，由于目标公司管理部门不愿被收购，当事人双方会在收购过程中采用各种攻防策略，激烈的收购和反收购将会持续整个过程。进行敌意收购的收购公司一般被称作“黑衣骑士”。敌意收购主要采取以下手法：① 狗熊式拥抱（bear hug），指敌意收购者投书给目标公司的董事会，允诺高价收购该公司股票，要求董事会以股东利益为重接受报价，董事会出于责任要把信件公布于全体股东，而分散的股东往往受优惠价格的诱惑迫使董事会接受报价。② 狙击式公开购买，指先在市场上购买目标公司的股票，持有或控制该公司股票的比例通常为5%（有的国家和地区如我国规定，这时需要公告该事实，无法隐瞒），接着再视目标公司的反应进行下一步的行动，比如增持股份或增加控制；若收购不成，还可以高价售出股票，从中获利。除了收购目标公司的股票，收购人还可以收购其中小股东的投票委托书。如果收购人能够获得足够多的投票委托书，使其投票表决权超过目标公司的管理层，那么就可以设法改组目标公司的董事会，最终达到合并的目的。从金融伦理的角度来看，敌意收购是一种有可能损害目标公司利益的行为，敌意收购通过高价的诱惑或者在市场上进行狙击式购买，从而以强迫的非自愿的交易形式获得目标公司的控制权，达到控制该公司董事会的目的，这是与交易的平等自愿原则相违背的。然而在实践中，只要敌意收购的整个过程都是在所在国法律允许的范围内进行操作的，就不会受到法律的禁止和惩罚，这在某种程度上为敌意收购敞开了大门。投资银行在敌意收购的过程中，既有可能为收购公司的敌意收购行为服务，也有可能为目标公司的反收购进行服务，以防止目标公司被收购。但不管为哪一方服务，投资银行都必须遵守相关的金融证券法律法规，不能在收购或者反收购过程中违反诚信原则、公平原则和平等原则。

投资银行和目标企业为进行成功的反并购，会实施多种防御性策略，这些策略包括董事轮换制、绝对多数条款、双重资本重组，实施“毒丸”计划、“鲨鱼监视”计划、“金降落伞”计划等。[②] 其中董事轮换制是指在企业章程中列明规定，每年只能更换一定比例的董事（比如1/3），这就意味着即使并购企业已经获得了企业绝对多数的股权，也难以在短时间内获得目标企业董事会的控制权，从而可以进一步阻止其操纵目标企业的行为。绝对多数条款是指在企业章程中规定，所有涉及控制权变更的交易都必须获得绝对多数的股

---

① 胡海峰、胡吉亚：《现代投资银行学》。北京：北京师范大学出版社2014年版，第113—114页。

② 栾华编著：《投资银行学（第2版）》。北京：高等教育出版社2019年版，第250—253页。

东表决才能通过（通常是2/3或80%），这就极大地增加了并购方的并购成本和难度。双重资本重组是指将企业股票按投票权划分为高级和低级两等，低级股票拥有普通的一票投票权，而高级股票拥有一股多票的投票权，高级股票比低级股票的股息低且流动性差，但高级股票可以转换为低级股票。如果企业通过双重资本重组，企业管理层掌握了大量的高级股票，就会更好地掌握企业的控制权，因而当发生敌意收购的时候就可以发挥一定的阻止作用，使公司控制权不会轻易被并购企业拿走。"毒丸"计划包括优先股计划、人员"毒丸"计划和负债"毒丸"计划。其中优先股计划指企业向其普通股股东发放可转换优先股，当敌意并购者在购买了企业有表决权的股份达到一定比例（如30%）时，优先股股东可以要求企业按照过去一年中大股东购买普通股或优先股的最高价格，以现金赎回有限股票，这就增加了并购者的并购成本，有效遏制了其并购意图。人员"毒丸"计划指目标企业的绝大部分高管共同签署协议，在企业被以不合理的价格敌意并购后，并且这些人中有一人在并购后被降职或革职时，全部管理人员将集体辞职，这一策略导致并购方会慎重考虑并购后更换管理层给企业带来的巨大影响。负债"毒丸"计划指企业在发行债券或者向金融机构借款时增加"毒丸"条款，这些条款约定在企业股份发生大规模转移、企业遭受并购或者控制权发生变更时，债权人有权要求立刻支付或将债券转换为股票，从而使并购方在并购之后立即面临巨额的现金支出或者股权稀释，增加了并购的难度和成本。当然，从伦理上来说，这些"毒丸"计划并不都是完美的，虽然"毒丸"计划可以给敌意并购方带来较大的成本，从而起到一定的阻止作用或增加压力的作用，但是这些"毒丸"计划也强化和保护了管理层的既得利益，在一定程度上有可能损害股东的利益，因此很多国家在公司法中是禁止"毒丸"计划的。"鲨鱼监视"计划是指一些代理公司被付给一定的费用之后，可以声称它较早地发现并确定公司股票的积聚，这种早期的预警显然会给目标公司更多的时间来寻找抵御收购的方法，或者寻找更能接受的合作伙伴（被称为"白衣骑士"）等，而且可以发现那些仅仅关注股票能否以更高的价格卖出的人并非真正意义上的并购者，这就可以极大地降低"绿色邮件"的费用（所谓"绿色邮件"，是指目标公司管理层安排定向回购活动，以溢价的方式从收购方公司购回公司股份的策略。一般来说，回购价格不扩展到公司的其他股东。"绿色邮件"的目的多在于保护管理者利益，而对收购方支付的溢价却有损当前股东利益。由于"绿色邮件"直接以牺牲股东利益为代价来换取管理层的稳定，其一般受到各国监管当局的严格禁止，基本上属于公司私下里的行为。一旦被发现，管理层通常被处以严重的惩罚）。"金降落伞"计划是指目标企业与其核心管理层签订协议，规定当目标企业被并购接管、其董事及高管人员被解雇时，可以一次性获得巨额补偿金、股票期权或者额外津贴，其实质是带有附加条款的解雇协议。这种补偿金能够有效增加并购成本，因此对于并购者会产生一定的压力。但是其隐含的危险是，由于这些补偿过于昂贵，反而会成为企业高管急于出售企业的动机，从而大大损害股东的利益。这一做法违背了金融伦理中的公平原则，加剧了股东和管理层的利益冲突，因此一直饱受争议。

## 【关键术语】

投资银行　次贷危机　次级抵押贷款　资产证券化　金融创新　投资咨询

稳健经营原则　诚信原则　社会责任原则　证券发行与承销　尽职调查　招股说明书　路演　兼并与收购　吸收兼并和新设兼并　资产收购与股权收购　狗熊式拥抱　狙击式公开购买　董事轮换制　绝对多数条款　双重资本重组　“毒丸”计划　优先股计划　人员“毒丸”计划　负债“毒丸”计划　“鲨鱼监视”计划　“金降落伞”计划

## 【进一步思考和讨论】

1. 投资银行在现代金融体系中扮演着什么样的角色？

2. 投资银行的经营模式有哪些特点？

3. 投资银行在美国金融危机中的表现是否符合伦理原则？投资银行的行为应该为美国金融危机负责吗？

4. 如何理解投资银行业的社会责任？投资银行应该如何履行社会责任？

5. 投资银行业在经营中应该遵守哪些基本伦理规则？

6. 投资银行在证券发行和承销中容易遭遇哪些伦理问题？

7. 投资银行在兼并和收购业务中容易遭遇哪些伦理问题？

8. 投资银行在反收购中扮演什么样的角色？哪些反收购策略容易引发伦理问题？

## 本章参考文献

博特赖特. 金融伦理学[M]. 静也, 译. 北京: 北京大学出版社, 2002.

何小锋, 韩广智. 新编投资银行学教程[M]. 北京: 北京师范大学出版社, 2007.

胡海峰, 胡吉亚. 现代投资银行学[M]. 北京: 北京师范大学出版社, 2014.

栾华. 投资银行学: 第2版[M]. 北京: 高等教育出版社, 2019.

马晓军. 投资银行学理论与案例: 第2版[M]. 北京: 机械工业出版社, 2014.

阮青松. 投资银行学精讲[M]. 大连: 东北财经大学出版社, 2009.

# 第八章　保险机构的伦理问题

## 【本章目的】

学习本章，应了解保险机构的运作机制以及面临的独特的道德风险，了解保险机构应遵循的价值准则；还应了解保险业伦理失范的主要表现，以及对保险业的伦理失范进行伦理规制的方法。

## 【内容提要】

本章主要探讨保险机构的伦理规范及伦理规制问题。从保险的契约性质出发，阐述了保险业的最大诚信原则及其意义，并系统梳理了保险业中道德风险的主要表现形式。本章着重以保险业中团险洗钱问题为例，探讨了保险机构的道德风险对社会造成的负面影响。最后，本章讨论了保险业的伦理规制和职业道德规范，本章认为，要客观全面地理解保险业的伦理问题，就要客观分析保险公司、中介机构和参保人等多个主体的伦理行为，并高度重视保险业的职业道德规范，才能为保险业的健康发展提供伦理基础。

## 第一节　保险业的运作机制与道德风险

保险业近年来在中国有了突飞猛进的发展，对我国微观经济主体加强风险管理、减少经济损失起到了很大作用。保险，说白了就是一个“人人为我，我为人人”的制度，它是一种经过复杂的计算和精巧的设计而形成的经济补偿机制。这一机制通过对有可能发生的不确定事件的数理预测和收取保险费的方法，建立保险基金；以合约的形式，将风险从被保险人转移到保险人，由大多数人来分担少数人的损失。在这个定义中，强调了保险的四个核心要点：第一，经济补偿是保险的核心本质特征；第二，经济补偿的基础是进行精密的数理预测和保险人与被保险人之间的合约关系；第三，经济补偿的费用来自投保人交纳的保险费所形成的保险基金；第四，经济补偿的结果是风险的转移和损失的共同分担。[①] 保险对减少经济运行中当事人的不确定性起到很大的作用，但是保险本身并不能防止风险的发生，只使可以减轻被保险人对不确定性的担忧和经济负担。很多人对保险有误解，以为只要投保了，就可以忽视自己的风险，这是极其荒谬的想法。

保险，如同任何金融交易一样，实际上本质是一组契约关系。保险合约是保险关系

---

① 该定义参见孙祁祥：《保险学》。北京：北京大学出版社 1996 年版，第 21—22 页。

双方之间订立的一种在法律上具有约束力的协议:即根据当事人的双方约定,一方支付保险费于对方,另一方在保险标的发生约定事故时,承担经济补偿责任;或者当约定事故出现时,履行给付义务的一种法律行为。[①] 既然保险合约是当事人双方的契约关系,就必须符合契约签订的基本前提,即订约双方之间的诚信。以欺诈或者胁迫等方式签订的保险合同是无效的(当然不包括一些强制保险),保险合约双方都要遵守最大诚信原则。保险诚信包括诚实和信用两个方面。所谓“诚实”是指保险合同的一方不隐瞒保险标的真实情况,保险合同的另一方必须充分说明保险产品真实的保障范围;所谓“信用”是指订立保险合同的双方都必须如实履行自己的义务。在保险中,由于信息的不对称而给合约双方都带来一些风险。比如,对于投保人来说,由于保险合约的条文往往非常繁杂而深奥,充满了各种诘屈聱牙的专业性术语,因此在投保人和保险人之间自然就存在信息不对称的问题,投保人完全有可能在尚未弄懂保险合约条文的情况下就在保险推销员的推销术之下签订了保险合约,从而承担了不必要的损失。从保险公司这个角度来说,由于它有可能并没有占有投保人的准确而完全的信息,因此在判断是否承保的时候就有可能发生偏差,尤其是当投保人故意隐瞒一些重要信息的时候,保险公司就会遭遇意外的损失。因此,基于防止信息不完全的考虑,保险合约的双方当事人必须遵守最大诚信原则,投保人要把准确而完整的信息告知保险人,保险人也要把保险的充分信息和条文约定告知投保人,任何一方都不能以欺诈的方式骗取对方签订合约。

保险业是一个特殊的行业,这种特殊性决定了保险业必须遵守最大诚信原则,否则就很难运行下去。保险业的特殊性体现在三个方面:第一,保险合约是一种以诚信为基础、以法律为保证的承诺。投保人购买保险产品并向保险公司交纳保费后,保险公司并不立即以有形的产品与之相交换,而只是承诺在约定事件发生后,由保险公司按保险合同约定履行赔偿或给付义务。这种交换上的非即时性和时滞对保险公司的诚信提出了很高的要求。有些保险公司在劝说投保人购买保险的时候非常热心、积极,服务非常周到,态度非常殷勤,但是,在理赔时却寻找各种借口拒绝理赔或拖延理赔,丧失了保险公司本应具备的诚信。因此,保险公司是否诚实守信关系到公众的切身利益,关系到保险职能的正常发挥。如果保险公司没有诚信,不履行自己的理赔承诺,则保险合约难以有效实施。第二,保险业都是负债经营的,保险公司拥有的资本金规模远远不及其负债规模,也就是说保险业是靠作为负债的保险基金(保费)来支撑的行业。一旦保险公司丧失诚信,公众就会丧失对保险公司的信心,则保险公司的存在基础就没有了。这一点与银行业相似,二者都是高负债、高杠杆率的行业,诚心经营是其发展的基础。第三,保险业是具有重大社会责任的行业,保险的功能能否实现,直接关系到整个社会的稳定和秩序,关系到千家万户的幸福与安宁,因此保险业必须遵守诚信原则,以履行自己的社会责任。

---

① 孙祁祥:《保险学》。北京:北京大学出版社 1996 年版,第 37—38 页。

【专栏8-1】

## 保险合约的主体及其含义

一、保险合约的当事人:保险人和投保人

保险人是指向投保人收取保险费,在保险事故发生时,对被保险人(受益人)承担保险责任的人。一般具有法人资格的主体才能充当保险人。

投保人是指对保险标的具有保险利益、向保险人申请订立保险合约,并负有缴付保险费义务的人。

二、保险合约的关系人:被保险人、保单持有人、受益人

被保险人是指其财产、利益或生命、身体和健康等受保险合约保障的人。

保单持有人是指拥有保单各种权利的人,主要适用于人寿保险合约的场合。

受益人:也叫保险金受领人,是指在保险事故发生后直接向保险人行使赔偿请求权的人。

在大多数场合,被保险人就是保单持有人,也是投保人。但有时投保人、被保险人以及保单持有人是不同的人,则最终决定受益人的权利应该属于保单持有人而不是投保人或被保险人。

资料来源:孙祁祥:《保险学》。北京:北京大学出版社1996年版,第50—52页。

由于保险合约签订过程中面临大量的信息不对称的情况,因此在保险业中道德风险就不可避免。保险业中的道德风险大概有以下几种情况:

第一种最常见的情况是故意制造保险事故或故意扩大损失的程度。比如在人寿保险中,先投保人寿保险,然后杀害被保险人以占有保险金。在财产保险中,故意制造财产的损失,以从保险人那里骗取保险金。这样的事件在保险业中经常碰到。这就违反了最大诚信原则,在这样的情况下,保险人可以拒绝赔偿保险金。故意扩大损失程度的情况也很常见,保险事故发生时,应立即通知保险人,并采取措施尽力施救,防止或者减少损失,这是被保险人的一项基本义务。有些人为了骗取更多的保险金,不是尽力施救,而是故意扩大损失,这是一种严重的道德风险行为。

第二种情况是故意违反如实告知和保证的义务,造成投保人和保险人之间的信息不对称。最大诚信原则意味着任何一方当事人对他方不得隐瞒欺诈,都必须善意地、全面地履行自己的义务,这要求被保险人投保前和发生保险事故后承担如实告知和保证的义务。如果投保人或被保险人故意不如实告知,故意夸大损失,则保险人有权拒绝赔偿。还有些投保人故意编造未曾发生的事故,以虚假的证明文件来欺骗保险人,也是违反了最大诚信原则,没有履行如实告知的义务。第一种和第二种道德风险行为都和保险合约的射幸性有关。所谓射幸性,是指合同履行的结果完全取决于约定事件发生的不确定性。在保险合同期限内,就被保险人而言,如果发生保险事故,则可以从保险人那里获得

可能远远超出其所支出保险费的保险赔偿金;如果没有发生保险事故,则被保险人只是支出了保险费而没有获得任何补偿。就保险人而言,情况正好相反。正是因为这种不确定性及其可能产生的巨大利益,诱使一些投保人、被保险人或受益人做出种种失信败德行为,促使或放任保险事故的发生。

第三种情况是保险人的道德风险行为,即保险人在保险合约中故意用模糊而深奥的保险条文欺骗投保人,使其在不知情的情况下签订合约,然后在事故发生时又做出有利于保险人的法律条文解释,故意不履行赔偿责任。保险公司本身的不诚信行为,对保险市场的发展产生很大的负面影响。这种行为跟保险合约的非即时结清性有关。所谓保险合约的非即时结清性,是指双方当事人在交易完成时不可能确切知道交易结果,因此不能立即结清和即时交易。在保险合同签发时,投保人、被保险人得到的是保险人对未来风险事故发生所致经济损失进行赔付的承诺,而保险人能否履行,不仅取决于保险事故是否发生,还取决于保险人是否有诚意和有能力履行。因此,保险人的诚信对保险合同的履行至关重要。

第四种情况是保险人不顾自己的社会责任和保险基金的安全性,而放任自己的高风险行为,从而给社会带来损失。如保险人滥用保险基金进行高风险投资、保险人利用保险合约从事洗钱等非法行为等。本章第二节我们所分析的团险洗钱案例就属于这种情况。

## 第二节 保险机构的团体保险及其伦理问题

2005 年,保监会下发给各寿险公司一份《关于规范团体保险经营行为有关问题的通知》(保监发〔2005〕62 号),该通知有九条。其中第四条为:“保险公司应要求投保人提供被保险人名单,并提供有效证明,确认被保险人同意投保团体保险事宜。投保人退保时,保险公司应要求投保人提供有效证明表明被保险人知悉退保事宜,退保金应通过银行转账方式支付并退至原缴款账户。”事实上,这条规定所要管制的目标就是人们通常所说的“团险洗钱”。

如果按照我国现行法律中的规定,保险业并不存在严格意义上的洗钱行为。但现实中很多情况还是让人把保险和洗钱联系了起来,最为人诟病的是团体保险(以下简称“团险”)领域。通过团险避税和洗钱在保险业已是“公开的秘密”。按照退保后资金归属的不同,人们通常所说的“团险洗钱”分为避税和私分公款性质的洗钱。以团险进行避税的通常做法是“长险短做”,即先以企业的名义投保团险,如定期寿险、年金保险等,然后又提出种种原因提前将该保险退保。保险公司按照规定,扣除一定管理费用后把钱退给企业,企业再自行安排资金运用。也就是说,如果企业把钱直接以工资、奖金的形式发放给员工,免不了要缴一大笔个人所得税;但如果拿这笔钱投保团险,通常可以计入福利、成本或补充养老保险等账目,从而免去一大笔税费。

以团险进行洗钱一般采取“团单个做”加“现金退保”的方式,即企业先以单位名义用支票购买保单,将巨额资金分散到几十甚至上百个员工名下进行投保。多数情况下,普通员工对投保一事并不知情。钱到保险公司账后,长则几个月,短则几天,投保企业就按照事先双方的约定退保,保险公司扣除应得的手续费后,以现金形式将钱打回企业或其指定的个人账上。如此,团险成了洗钱通道。

我们下面所描述的S公司案例中,总经理通过购买养老保险并在短期内退保的方法,将企业的财产转化为个人财产。该案例不仅折射出职业经理人的伦理规范问题,也反映出保险公司在团险洗钱领域有意无意间充当合谋者的不诚信做法。然而,良好的诚信是保险业的生命线,加强诚信建设,既是保险业持续快速健康发展、做大做强的迫切需要,更是保险业充分发挥其应有功能和作用的根本前提。S公司总经理在公司及其他股东不知情的情况下,为包括自己在内的数十名员工向某保险公司购买了团体养老保险,签发保单时,保险公司同意被保险人可以凭个人身份证明和保单要求保险公司退保。两个月后,保险公司接受被保险人的申请,将250万元已交保费扣除了20万元的手续费后,分别存入数十名被保险人的个人储蓄存折。数月后,S公司才通过审查公司账目发现曾经发生的这样一份保险合同。S公司认为,这项保险合同的实质是,被保险人与保险公司恶意串通,利用商业性养老保险形式,采取违法违规的投保、退保方式,将公司财产转移给公司少数员工,损害公司和公司大部分员工的利益,是化公为私的非法行为,因此将保险公司告上法庭。

第一,S公司总经理不经股东会同意,擅自与保险公司签订保险合同,给数十名员工投保就是非法的。在财政部及银保监会下发给各商业保险公司的有关文件中,对保险公司承保企业职工团体养老保险有许多禁止性规定,即投保团体人身保险的单位,该单位成员必须有75%以上投保,而S公司总经理所投保的人数仅占该单位员工的5%。第二,企业为职工办理补充养老保险,应根据企业效益及其承受能力办理。当时S公司亏损严重,按常规是根本不可能投保的,即使非要投保,也得由股东会集体决策。总经理擅自投保,未经股东会批准,其行为超越公司章程规定的职权,同时违反《公司法》对有限责任公司机构设置及其职权范围的有关规定。保险公司对该投保是否合法、合规显然没有审查。第三,团体寿险的满期生存给付和退保金,保险公司一律应通过银行转账支付给原投保单位,不得向投保单位支付现金,更不得向个人支付现金或银行储蓄存单。此案中保险人和被保险人事先约定由保险公司将退保费退给被保险人个人,其实质是利用保险合同将原告的公司财产向个人转移,同时逃避国家税收监管。第四,保险公司承保必须使用经银保监会核准备案的条款,保险责任和保险期间在备案后不得在其具体承保时予以变更,被保险人领取养老金必须达到国家规定的退休年龄。第五,该保险公司拟定团体养老保险条款明确了合同内容变更、解除合同的权利人均为投保人,而被告却接受被保险人的申请,保费直接存入被保险人个人储蓄账户。

保险公司则否认自己利用保险合同非法洗钱,而是认为自己退保手续合法,保险合同合法,同时认为"S公司来投保,手持合法的手续和证明,我们只负责对有关手续进行检查核对,至于被保险人和投保人之间的人事权力之争,我们根本无权过问,更谈不上审核"。保险公司认为合同中关于个人退保的约定合法。《保险法》规定,任何单位和个人不得限制被保险人或者受益人取得保险金的权利。当保险事故发生后,保险金理应属于被保险人和受益人,只有保险事故未发生期间,投保人才有权力决定是否更改、取消保险合同以及决定退保金给谁。因此,保险公司认为合同约定被保险人可以个人退保是符合

《保险法》的规定的。

最终,法院认为,养老保险合同的根本目的是待被保险人达到法定年龄后,由保险公司向其支付相应的保险金以解决养老之需。S公司与保险公司在签订保险合同之初已为如何退保做出约定,并在领取保单后两个多月时,被保险人同时退保获取保费。这种以签订保险合同为形式、实际占有保费为目的的迂回做法,避开法律的规定,从而改变了该项资金的使用目的及保险合同的性质,损害了公司和国家的利益。该保险合同系虚假合同,亦为无效合同。

事实上,团险洗钱在保险业只是一个公开的秘密,业内人士甚至提起团险会习惯性地将其与洗钱联系在一起。如果说企业可以通过团险进行避税,或利用退保后现金落入少数个人手中,成为"洗钱"通道而被犯罪分子所利用。那么对保险公司来说,如此"洗单"的商业价值可能在于两点:其一,为洗单者提供方便的保险公司可以通过大单子走账来完成经营任务指标。大规模的"洗单"很多是发生在年底,对于保险公司来说,正是完成年终任务量的最后时刻,这时通过"洗单"可以完成业绩并获取上级奖金,从而保证保险公司规模和效益的增长。其二,保险公司相当于以无息甚至负息(保险公司还能收取3%—6%的手续费)获得资金的短期使用权,从而省去同业拆借的利息。

从金融伦理角度来看,我们可以将保险公司的这种做法类比于证券行业中所说的"炒单"。炒单是指控有客户账户的经纪人为了产生新的佣金而不是为了使客户受益,而过分或不当地对客户账户进行交易的行为。[①] 前述定义包括三个构成要件:一是经纪人控制账户;二是相对于账户性质,交易是过分的;三是经纪人故意为之。从以上三个要件分析保险公司的"洗单"行为:第一,企业的资金以保费的形式进入保险公司;第二,保险公司虽然不涉及"过分"交易,但因为其主要目的是赚取手续费以及完成任务,扭曲了保险产品通过风险分担、资金长期资产负债管理等方法为被保险人提供风险保障、提供长期的养老保障和资金支持的作用,也就是说,保险公司是为其他目的,并非真正为了被保险人的利益而进行承保、退保,这次交易本身就是不适当的;第三,并不能说在所有发生团险洗钱的案例中保险公司都是故意而为,但在很多情况下,保险销售人员会直接告诉企业某个产品可以用来逃税或洗钱,或是保险公司专门为企业设计团险方案,其中避税是方案重点考虑的要素。因此,保险公司的"洗单"行为与证券行业中的"炒单"行为一样,是不道德甚至不合法的。其伦理错误就在于,这种行为使保险公司违反了通常意义上买方和卖方之间的关系,违反了受托人义务,这种交易不是以服务于客户的最佳利益为目的的。

对于保险公司而言,为被保险人提供风险保障乃是其最基本的职能。如果仅仅为了赚钱,就不惜背离保险公司正常的经营目标和社会价值,沦为企业获取不正当利益的帮凶或工具,这种为了盈利而不择手段的短视行为,不仅会使保险公司自毁形象,而且会丧失尊严和正义感,甚至滑向犯罪的深渊。

在我国现行法律中,洗钱犯罪与洗钱行为区别很大。《中华人民共和国刑法》(以下简称《刑法》)规定:毒品犯罪、黑社会性质的组织犯罪、恐怖活动犯罪、走私犯罪等。也就

---

① 〔美〕博特赖特著,静也译:《金融伦理学》。北京:大学出版社2002年版,第75页。

是说,目前只有与这几类犯罪有关的洗钱行为才被认定为犯罪行为。而实际上,随着社会经济的高速发展,洗钱行为涉及的领域和范围早已扩大许多,公职人员通过把资金转移到海外、投入保险或证券等领域,将大量非法所得变为合法收入,已经与洗钱活动紧密地联系在一起,构成一条完整的上下游犯罪链,如果不将这些行为也定为洗钱的话,对追查赃款、挽回损失相当不利。显然,《刑法》洗钱罪的规定的上游犯罪范围不够宽广,洗钱方式明确规定太少,已不适应日趋复杂的洗钱行为多渠道和手段多元化。从国际反洗钱的趋势来看,各国纷纷通过立法将洗钱罪的上游犯罪扩大到所有有经济收益的犯罪。反洗钱金融行动特别工作组(FATF)在著名的"反洗钱四十条建议"中建议,"各国应把洗钱犯罪的范围扩大至包括与严重罪行有关的洗钱活动"。因此,《中华人民共和国反洗钱法》(以下简称《反洗钱法》)的一个核心内容就是要扩大洗钱罪的上游犯罪。如能够把保险行业的非正常现象纳入洗钱罪的上游犯罪范畴,则将极大地加强对洗钱行为的管制力度。

真正的寿险应该是一种长期规划,但是,作为团险主要客户的企业,很少有企业领导愿意为职工做这种长期规划,因为这些领导更多地只关注自己在位短期内的计划。于是,有相当大一部分的团险失去了原本的保障功能,沦为洗钱工具。企业以单位名义公款买团体寿险,然后迅速退保,支付一定的手续费后,就将现金打入个人账户。很多时候这是这些企业发奖金的形式,也是员工灰色收入的一种。要求保险公司举报这样的洗钱行为有点强人所难。一方面,这样做既增加了业务量,而且短险核算也比较清楚,不容易产生纠纷,保险公司何乐而不为;另一方面,投保企业内部的资金运用问题属于企业的"家务事",与保险公司关系不大,没有理由使其去举报。

目前,银保监会正力求建立全国统一的中央监测系统,适时监控境内所有保险公司的出单系统。《反洗钱法》也对保险等行业的举报义务加以规定,要求保险公司对于提前退保的团体险,尤其是国有企业和国有企业控股的公司,上报有关部门,追踪钱的来源和去向。要让保险公司真正履行这种义务,银保监会还应当制定政策来惩罚保险公司的违规行为。同时,对可能因此牺牲客户关系、有相当损失的保险公司,必须给予相应的补偿奖励或者政策优惠,才能让这种义务能够履行下去。

在我国保险市场上愈演愈烈的团险洗钱现象是企业和保险公司双方进行博弈所达到的均衡。企业可以通过保险公司达到避税或是为少数人谋福利的目的,保险公司则可以免息获得资金使用权以及完成业绩提升等目标,双方均采取占优策略,最终达成表现为团险洗钱的"纳什均衡"。但如果从长远的角度考虑,一个企业唯有妥善处理短期利益驱动与长期可持续发展的关系才能不断发展,同时,我国保险业若要树立良好的行业形象、持续健康快速发展,若想为社会提供完善的风险保障和养老保障,也必须力争加强诚信建设。因此,前述所谓"均衡"只是短期内利益驱动下的短暂均衡,为打破这样的均衡并建立长期动态博弈中能够为社会各方带来收益的长期均衡,需要从以下三个方面着手改善:

第一,企业自身应妥善处理所有者和经营者之间的关系。通过明确出资者、董事会、监事会、经理层和一般员工的职责,形成各负其责、协调运转、有效制衡的关系。对经营者进行物质上的激励和道德上的规范,使其能够将企业以及企业员工的长期福利纳入企业的考虑范畴,避免团险洗钱的短视行为。对经营者的长期激励是指将经营者的利益与企业的长远发展相联系,对经营者的长期贡献给予回报的激励方式。一般来说,长期激励有利于经营者的长期行为和企业的长远发展;而短期激励有利于激励经营者较快提升企业经济绩效,但容易导致短期行为。因此,应将经营者长期激励与短期激励有机结合起来,以形成有效激励机制的基础。

同时,应逐渐形成职业企业家阶层,进行声誉评价。声誉是经营者在经理人市场中存在、获利的一项重要的无形资产。良好的声誉有利于经营者的长期发展,而劣迹斑斑的声誉记录则很可能使经营者被逐出经理人市场,甚至毁掉其一生的事业。因此,建议应逐步形成一个职业企业家阶层,由有关机构定期对其业绩、行为进行考核,并评定其声誉,记录在案。对于经营者的劣迹要随时公布,从而迫使经营者放弃短期行为转而追求长期利益。这一措施不失为一种较好的防止经营者利用团险洗钱为少数人牟利或谋求短期利益的内在激励机制。

第二,应当从道德、法律两方面来约束保险公司的行为。过去,我国有些保险公司为追求保费增长,甚至不惜以诚信为代价,是因为不诚信的经济成本过低,对保险公司产生不了足够的惩戒威慑。不能简单批评保险公司纵容甚至配合团险洗钱的不诚信行为,因为,尽管存在次数足够的重复博弈,但是失信惩罚相对于收益微不足道,理性的经营者会选择收益最大化。尽管诚信应该是成熟的保险公司的最佳选择,也有利于保险市场的健康发展,但是在现阶段中国保险市场上保险公司的不诚信行为,不能简单地以不理性来盖棺定论,因为在一个恶性的竞争市场上,各家保险主体都选择不诚信作为的时候,诚信的只会被淘汰。要求保险公司出于自身利益的考虑而选择诚信,建设诚信保险市场,就要进行制度安排。在成熟的保险市场,合理的制度安排使得市场的游戏规则得以健全,主体选择不诚信行为是有成本的。这样的成本包括保险公司声誉受损以及受到法律制裁。

第三,政府特别是保险监管部门,在保险公司诚信机制建设中除了保护产权、制定规则、加强监管等,还应着力推进保险业市场化改革,而不是对保险市场的过度干预。因为,市场机制失灵的保险市场(如市场垄断和政府过度干预)难以内生出保险诚信制度,不可能真正建立起保险公司诚信机制。保险监管机构要以保险公司治理结构、偿付能力和市场行为监管为三大支柱,加强和改善保险监管,推进保险市场的不断完善,逐步演进成内生的保证保险市场交易秩序、有利于保险业发展的保险公司诚信机制,实现与成熟保险市场运行要求相一致的保险业诚信的最优制度安排。

## 第三节　保险业的伦理规制与职业道德建设

在传统的保险教科书和保险理论中,我们所说的道德风险更多地指保险公司面临的投保人不诚信带来的风险,实际上,这种说法是非常片面的。对于保险业健康发展而言,投保人的道德风险行为当然非常值得探讨,但是保险业本身的诚信和保险从业人员的职业道德也非常重要。公众对保险业有很多负面的看法,比如很多人认为,保险业本身的职业道德值得怀疑,保险业只是保了自己的险。现实当中,保险业合同条款的“精心”设计,不仅使得保险业不会面临丝毫的道德风险,恰恰相反,是参保的人如今面临着来自保险业的逆向选择和道德风险。参保不仅没有被保险,反而要冒着金钱损失的风险。“极其复杂的保险合同条款让投保人眼花缭乱如坠雨雾之中,复杂晦涩的合同条文把参保变成了上当受骗,甚至保险人根本就无意让投保人得知完全信息,在保险推销员巧舌如簧的蛊惑之下,投保人稀里糊涂地购买了感觉似乎不错的险种,其实这些险种的设计都是对保险公司非常‘保险’的,而风险更多地是留给了投保人。”①

因此,要全面理解保险业的伦理问题,就必须客观地分析保险业中保险公司、中介机构、投保人(保险市场的消费者)等多方面的伦理行为是否失范,而不能仅仅将保险失范行为锁定在投保人身上。

第一,要对保险人的伦理失范行为有足够的认识和重视。由于保险公司的信息披露缺乏及保险业务的专业性强,使保险消费者处在信息不对称之中,在投保前甚至投保后难以了解保险公司及保险条款的真实情况,如保险公司的经营管理状况、偿付能力及发展状况、参加保险后能够获得的保障程度等,只能凭借主观印象及保险代理人的介绍做出判断,客观上为保险公司的失信行为创造了条件。保险公司及其工作人员在保险业务中隐瞒与保险合同有关的重要情况,欺骗投保人、被保险人或受益人,不及时履行甚至拒不履行保险合同约定的赔付义务,使一些保险消费者丧失了对保险公司的信任。有些保险公司在理赔时,人为设定繁杂的手续,无故拖延赔付时间,甚至拒绝被保险人或受益人提出的合理索赔请求;在出险责任界定和保险标的的估损定损中,有些保险公司寻找各种理由减少赔付数额。一些保险公司违规经营,支付过高的手续费、给回扣、采用过低费率等恶性竞争行为,损害了保险公司的社会声誉。对保险代理人的选择、培训及管理不严,有一些保险公司误导甚至唆使保险代理人进行违背诚信义务的活动,严重危害了保险公司的形象。保险理赔中还存在大量的“关系理赔”“人情理赔”现象,即有社会地位的或者和保险公司管理层有关系的单位或个人,获赔速度快、金额大、服务好,而其他保户则遭受歧视性待遇。

第二,要对保险中介的伦理问题有足够的重视和认识。保险中介者也存在大量伦理失范。由于目前我国从事保险代理业务的人数量众多、规模庞大,业务素质及道德水准参差不齐,保险中介者的诚信缺失较多地表现为保险代理人的诚信缺失。保险中介者包括保险代理人、保险经纪人和保险公估人等。保险中介者的伦理失范主要表现为以下行为:保险代理人在展业时任意夸大保险的保障功能,隐瞒与保险合同有关的重要情况,有时甚至曲解保险条款,对除外责任以及投保人的索赔义务故意隐瞒。如在投资连结保险中,代理人为了迎合一部分投保人的心理,夸大该险种的投资功能,而不论及该险种所潜在的投资风险,由于实际的收益率远低于投保人的预期,引发退保风波。保险代理人在推广业务中欺骗投保人的情况非常普遍。保险代理人在获得更多代理手续费的利益驱动下,片面夸大保险产品的增值功能,许诺虚假的高回报率,回避说明保险合同中的免责条款,甚至误导投保人,给投保人、被保险人造成经济损失,引起保险消费者的普遍不满。保险代理人为了获得高额的佣金收入,在为投保人设计保险时,不是根据

① 参见价值中国网:http://www.chinavalue.net/Article/Archive/2009/5/17/176057.html。

对方的实际需求和缴费能力,而是一味地让对方投保高额的保险,极大地损害了投保人的利益。

从以上论述来看,单纯地强调参保人的道德风险是不对的,很容易引起误导,容易使我们忽视保险公司和保险中介机构的伦理问题。

保险业从业人员的职业道德问题已经得到保险监管部门的重视。2004 年,保监会发布了《保险代理从业人员职业道德指引》《保险经纪从业人员职业道德指引》和《保险公估从业人员职业道德指引》,这是中国保险业第一次制定全国性的从业人员道德规范。保监会保险中介监管部有关负责人表示,保险业的诚信体系建设是社会信用体系的重要组成部分,而保险的金融性质、保险产品的特点、保险业所承担的特有社会责任,决定了保险业诚信建设具有较其他行业更高的要求。诚信建设关系到保险的社会信誉,是保险业可持续发展的根本保证。保险中介从业人员是联系保险公司和投保人的纽带,保险中介从业人员必须以诚为本,以信立业,与保险公司、保险中介机构一起共同塑造保险业的诚信形象。此次发布的职业道德指引是保险业诚信建设中的一项基础性工作,对于提高保险中介从业人员的职业道德水准、规范保险中介从业人员的执业行为、提升行业诚信度具有重要意义。银保监会表示作为保险行业的主管和监管机关,今后将进一步推进保险业诚信建设,为全社会信用体系建设做出应有的贡献。[①]

## 【关键术语】

保险　经济补偿机制　保险基金　保险契约　最大诚信原则　保险业道德风险
团体保险　洗钱　炒单

## 【进一步思考和讨论】

1. 如何理解保险是一个“人人为我,我为人人”的行业?
2. 保险业的契约关系有何特点? 都涉及哪些行为主体? 这些主体都有哪些权利义务?
3. 保险业的道德风险表现在哪些方面?
4. 如何理解投保人的道德风险?
5. 如何理解保险公司的道德风险行为?
6. 如何理解保险中介的道德风险行为?
7. 团体保险中的洗钱行为对社会造成哪些影响? 其发生的经济原因有哪些?
8. 如何全面理解保险业的伦理问题? 如何进行伦理规制?
9. 如何理解保险业中的炒单行为?

## 本章参考文献

博特赖特. 金融伦理学[M]. 静也,译. 北京:北京大学出版社,2002.

① 参见《北京现代商报》,http://news.163.com/2004-12-14。

陈文辉. 团体保险发展研究[M]. 北京:中央编译出版社,2005.
迪尔伯恩金融服务公司. 保险从业人员的职业伦理[M]. 王珺,译. 北京:中国人民大学出版社,2005.
林钧跃. 企业信用管理[M]. 北京:企业管理出版社,2005.
刘金章. 现代保险理论与实务[M]. 北京:清华大学出版社,2009.
孙祁祥. 保险学[M]. 北京:北京大学出版社,1996.
吴定富. 保险职业道德教育读本[M]. 北京:人民出版社,2006.

# 第九章　金融危机与金融伦理

## 【本章目的】

本章目的是阐释金融危机与金融伦理之间的关系。学习本章,应着重从制度质量的角度,理解金融伦理缺失对金融危机生成的重要影响,理解金融危机之中各金融机构伦理失范的表现,并思考美国金融危机的伦理根源。

## 【内容提要】

金融危机的频繁爆发促使我们讨论金融危机背后的伦理根源和经济根源。本章从制度质量的讨论出发,引出对金融伦理的思考,认为制度质量是影响金融体系脆弱性的重要变量,而金融伦理是制度质量的核心要素。本章以对美国金融危机的探讨为契机,探讨了金融伦理与金融市场有效性的关系,讨论了界定金融市场伦理行为的基本准则。本章从金融服务业的伦理问题、金融创新和金融衍生品中的伦理问题、政府金融监管与干预的金融伦理这三个角度,深入探讨了美国金融危机的伦理根源。最后,本章从国际货币制度的公正性层面探讨了美国金融危机爆发的深层原因。

## 第一节　金融危机与金融伦理:概述

“金融危机”已经是我们这个时代的人最熟悉不过的名词之一,从 20 世纪末期到 21 世纪初期短短 10 年人类已经经历了两次大规模的金融危机。20 世纪八九十年代以来,金融危机在全球蔓延,在那些曾经倡导金融自由化的国家,无论是发达国家还是发展中国家,几乎都曾经受到金融危机的强烈冲击,金融危机似乎成为金融自由化的伴生物(见表 9-1)。金融体系变得越来越脆弱,有关金融脆弱性和金融危机的研究,开始成为 20 世纪 90 年代以来金融自由化理论的一个焦点。

**表 9-1　各国金融自由化和银行危机发生时间对照**

| 国家 | 金融自由化时间 | 银行危机发生时间 |
| --- | --- | --- |
| 奥地利 | 1980—1995 | |
| 澳大利亚 | 1981—1995 | |
| 比利时 | 1986—1995 | |
| 加拿大 | 1980—1995 | |
| 瑞士 | 1989—1995 | |

（续表）

| 国家 | 金融自由化时间 | 银行危机发生时间 |
| --- | --- | --- |
| 智利 | 1980—1995 | 1981—1987 |
| 哥伦比亚 | 1980—1995 | 1982—1985 |
| 丹麦 | 1981—1995 | |
| 厄瓜多尔 | 1986—1987,1992—1995 | |
| 埃及 | 1991—1995 | |
| 芬兰 | 1986—1995 | 1991—1994 |
| 法国 | 1980—1995 | |
| 德国 | 1980—1995 | |
| 希腊 | 1980—1995 | |
| 危地马拉 | 1989—1995 | |
| 圭亚那 | 1991—1995 | 1993—1995 |
| 洪都拉斯 | 1990—1995 | |
| 印度尼西亚 | 1983—1995 | 1992—1994,1997 |
| 印度 | 1991—1995 | 1991—1994 |
| 爱尔兰 | 1985—1995 | |
| 以色列 | 1980—1995 | 1983—1984 |
| 意大利 | 1980—1995 | 1990—1994 |
| 牙买加 | 1991—1995 | |
| 约旦 | 1988—1995 | 1989—1990 |
| 日本 | 1985—1995 | 1992—1994 |
| 肯尼亚 | 1991—1995 | 1993 |
| 韩国 | 1984—1988,1991—1995 | 1997 |
| 斯里兰卡 | 1980—1995 | 1989—1993 |
| 墨西哥 | 1989—1995 | 1982,1994—1995 |
| 马来西亚 | 1980—1995 | 1985—1988,1997 |
| 马里 | 1987—1989 | |
| 尼日利亚 | 1990—1993 | 1991—1995 |
| 荷兰 | 1980—1995 | |
| 挪威 | 1985—1995 | 1987—1993 |
| 新西兰 | 1980,1984—1995 | |
| 巴布亚新几内亚 | 1980—1995 | 1989—1995 |
| 秘鲁 | 1980—1984,1990—1995 | 1983—1990 |
| 菲律宾 | 1981—1995 | 1981—1987, 1997 |
| 葡萄牙 | 1984—1995 | 1986—1989 |
| 巴拉圭 | 1990—1995 | 1995 |
| 萨尔瓦多 | 1991—1995 | 1989 |
| 坦桑尼亚 | 1993—1995 | 1988—1995 |
| 瑞典 | 1980—1995 | 1990—1993 |
| 多哥 | 1993—1995 | |
| 泰国 | 1989—1995 | 1983—1987,1997 |

（续表）

| 国家 | 金融自由化时间 | 银行危机发生时间 |
| --- | --- | --- |
| 土耳其 | 1980—1982,1984—1995 | 1991,1994—1995 |
| 乌干达 | 1991—1995 | 1980—1995* |
| 乌拉圭 | 1980—1995 | 1981—1985 |
| 美国 | 1980—1995 | 1980—1992,2007 |
| 委内瑞拉 | 1989—1995 | 1993—1995 |
| 扎伊尔 | 1980—1995 | 1980—1995* |
| 赞比亚 | 1992—1995 | 1980—1995* |

资料来源：A. Demirgüç-Kunt & Enrica Detragiache, "Financial Liberalization and Financial Fragility", The world Bank: Policy Research Working Paper No. 1917, May, 1998: pp. 36 - 37。根据最新发展略有改动。

注：带星号者表示具体时间不详。

有关金融脆弱性和金融自由化之间关系最有影响的研究文献是 Demirgüç-Kunt & Detragiache(1998)，在该论文中，他们为 1980—1995 年间许多发展中国家和发达国家建立了金融自由化虚拟变量。为了表示金融自由化，他们选取了一种可观察的政策变化，即银行利率的放松管制，因为案例研究的结果表明，银行利率的放松管制往往是金融自由化的核心内容。他们的样本数据既包括在 1980 年之前就开始金融自由化的国家，也包括在样本时期内进行金融市场自由化的国家。通过控制其他可能引起金融危机的变量，他们试图检验那些金融体系自由化的国家是否更容易爆发银行危机，并检验金融脆化是否为金融自由化一个持久性的特征。他们控制的变量包括宏观经济变量、银行部门的特征变量以及制度变量。他们研究的有关金融脆化和金融自由化的另一个核心问题是，在那些支持金融体系有效运作所必需的制度环境(institutional environment)非常弱的国家，金融自由化的危险是否更大，换句话说，在那些制度质量(institutional quality)较差的经济中，金融脆化现象是否更加严重。这些制度包括对金融中介和有组织的证券交易的有效的审慎的监管，以及一个运转良好的实施合同和监管的机制。他们实证研究的结果表明：在那些金融部门自由化的国家，确实更有可能发生金融危机；金融脆化并非金融自由化一开始就出现的特征，而是在金融自由化过程开始一个时期之后出现的症状；统计数据还证明，较弱的制度环境使得金融自由化更有可能引发金融危机，尤其是在那些法律规范不健全、腐败盛行、官僚系统无效率、合约实施机制脆弱的经济中，金融自由化更容易引起银行危机和金融脆化现象。他们的这些结论表明，金融自由化是有成本的，这些成本中最常见的就是金融脆化，尤其在发展中国家，由于金融体系良好运作所必需的制度环境没有建立起来，制度质量难以支持金融自由化的进程，从而使得发生金融危机的概率增大。①

有关制度质量和金融危机之间的关系的研究对于我们研究金融伦理问题有深刻的启发意义。从某种意义上来说，金融监管体系的不健全和无效率、金融体系的腐败行为、

---

① A. Demirgüç-Kunt & Enrica Detragiache, "Financial Liberalization and Financial Fragility", The world Bank: Policy Research Working Paper No. 1917, May, 1998.

官僚行政体系的无效率、合约实施机制的脆弱,无一不与金融伦理相关:第一,金融监管人员的腐败和寻租行为,直接导致金融监管的失效。第二,金融体系(包括金融市场、银行、中介机构、保险机构等)的腐败行为,导致金融体系中的交易扭曲,欺诈行为的流行导致信息不对称的程度加深,这直接导致各种金融案件的爆发,引发金融体系的不稳定。第三,官僚体系的腐败和无效率,尤其是掌握金融审批权和监管权力的官员的渎职、索贿、受贿行为,直接影响金融体系的运转质量,导致上市公司的遴选质量低、保险机构的监管质量低,以及对证券公司操纵股市行为的纵容。第四,正是由于金融体系中金融伦理被忽视,诚信、公正、平等、透明信息等伦理行为规范没有被遵守,才导致金融体系的合约实施机制遭到破坏,金融欺诈层出不穷。因此,可以说,金融伦理是构成制度质量的核心内容,是影响金融体系脆弱性和金融危机的重要因素。

## 第二节　美国金融危机与金融伦理缺失

### 一、对美国金融危机的反省:没有伦理的金融是不可能持续的

始于2007年的美国次贷危机几乎席卷全球。欧美各个金融机构在这场金融危机的影响下损失惨重。英国第一大银行苏格兰皇家银行(RBS)2008年亏损达240.51亿英镑,创造了英国有史以来的最高纪录。欧洲市值最大的银行汇丰银行2008年利润下降了70%,该行表示需要得到177亿美元融资并裁员6 100人。美国联邦存款保险公司公布美国银行业2008年第四季度亏损262亿美元,为1990年以来首次出现季度亏损,问题银行和互助储蓄机构数量上升至252家,较前一季度的171家增长近50%。全球最大保险公司美国国际集团宣布2009年第一财季亏损617亿美元,创下美国公司历史上最大季度亏损纪录,加剧了投资者对美国金融系统和美国经济状况的忧虑情绪。美国政府表示将向美国国际集团额外提供300亿美元贷款,而此前这家公司已经得到了政府1 500亿美元的救助。而在这场危机中首当其冲的投资银行更是面临着整个业务全面萎缩乃至消失的危局。受金融业的影响,美国和欧洲股市纷纷发生大幅下跌,各股指连续跌破历史纪录。金融机构与股市的糟糕表现对实体经济也产生了巨大的负面影响,从事汽车、建筑、房地产等行业的企业纷纷出现大规模的亏损与破产,而其他各个行业也都受到了程度不同的影响。

次贷危机从单纯的债券市场危机演变成为席卷全球的金融风暴,甚至可能是一场百年难遇的经济衰退。世界各国在这场危机中都受到了不同程度的波及与影响,很多国家的经济陷入了衰退。各国纷纷联合起来采取行动,共同抵御这场危机的影响,并试图找到走出这场危机的方法,但时至今日,这些行动与方法并没有对这场危机的缓解起到决定性的作用,金融机构仍然面临巨大的风险,股市依然持续处于低迷,全球投资者的信心仍然处于冰点之下。

现在,也许是时候回头去反思一下这场金融危机产生的原因了。是什么使得花样繁多的金融衍生产品被不加限制地滥用?是什么让无数金融界的精英敢于冒着巨大的风险去追求超乎想象的高利润?是什么让投资者的信心始终无法恢复,即使各国政府已经

几次三番去拯救与帮助金融市场？又是什么使得本应坚不可摧的法律与规则在这场危机面前变得脆弱不堪？答案也许有很多，而其中长久以来被人们忽视的一个就是金融伦理的缺失。

## 二、金融伦理是金融市场有效性的前提

金融伦理一直以来是一个较为模糊的概念，甚至有很多金融行业的从业人员否认金融伦理的存在，认为它并不在也不应当在追求利润最大化的理性经纪人的考量之中。然而，在经历了这次金融危机之后，我们会发现没有伦理的金融是不可能持续的。仅仅靠法律与规则去约束人的贪欲并维持人与人之间的信任，最终只能导致贪欲的泛滥与信任的缺失。从这次全球金融危机可以看到，由于金融机构与金融从业人员金融伦理的缺失，投资者对于它们的信心已经下降到了相当低的水平。

金融伦理意味着人们在从事金融活动过程中进行不同选择时始终保持清晰和健康的价值观与行事原则。具体来讲，金融伦理主要包括两方面的内涵：一是金融市场自身的公平性，二是金融关系中人们的权利和义务。毋庸置疑，有效性是金融市场运行良好的一个重要指标，也是金融监管的一个主要目的。但只有当人们对市场的公平性有足够的信心时，市场才能是真正有效的。有效性本身就是一种伦理价值，它意味着通过最小的投入实现最大的产出，从而为社会提供更多的福利。在金融市场上亦是如此，当市场能够将现有资源配置到最有生产性的用途中时，这个社会的福利从总体上来讲就会增加。然而，只有当市场被人们认为是公平的时候，人们才会更积极地投入到金融市场之中，因而，作为效率这个目的的一种实现手段，公平性具有一种伦理价值。

在更多的时候，我们还会遇到公平性本身作为一种目的的情况，这时公平性往往会与效率发生冲突，因而有时我们不得不在公平和效率之间进行选择与权衡。这种现实通常被人们描述为“权益与效率的均衡”。在效率与公平（权益）或在经济与社会之间进行抉择是许多艰难公共决策的中心问题，但是我们也不能忽略这样一个事实：即使在这两者的冲突之中，公平性也会有助于效率的实现。个人投资者和社会成员受到金融市场运作不公平对待的方式有很多，但是最主要的不公平待遇有以下几种：欺诈与操纵、不对称信息和不平等谈判力量以及无效定价。

金融活动的另一个显著特征是金融契约，这不仅是一种市场交易行为，也会创造一种具有各方义务的关系。在金融活动中出现的契约关系是复杂多样的，因而这些关系所涉及的各种义务也是繁杂的。然而，其中一种关系是最为广泛而基础的，即委托—代理关系。

委托—代理关系中的主要金融伦理问题源于那种被代理人不能有效监督代理人行为的情况，其体制性来源是不对称信息的存在。这种不对称信息是指双方对信息的拥有程度与深度有所区别，更为重要的是，代理人往往有更多、更优越的信息。这在金融市场上是十分常见的一种情况。金融行业的从业人员往往都具有较深的金融知识与经验，而这些知识与经验是他们所服务的对象——作为委托人的投资者所不具备的。代理理论推定，每个人都会为自己的私利着想，在任何交易或交换过程中都尽可能少地放弃自己的私利。换一种说法，代理人通常会尽力规避或采取机会主义，进行损害被代理人利益

而有利于自己的行为,而被代理人由于所拥有信息的局限,很难对代理人的这种行为进行有效的监督,于是委托—代理问题就产生了。这种因被代理人对代理人的监督能力缺陷而引起的损失被称为代理损失。金融伦理所强调的就是从伦理的层面对代理人进行一定程度的约束,以尽可能地减少代理损失。

## 三、对于违反金融伦理行为的界定原则

更为重要而具体的一个问题是,如何界定一种金融行为是否违反了金融伦理,并且应当受到约束甚至惩罚。

众所周知,理性经济人的假设允许每个经济活动或者说金融活动的参与人追求自己利益的最大化,传统的自由主义经济认为这种每个人追求自身利益最大化的行为本身可以导致市场的最终均衡。这种追求自身利益最大化的行为在金融市场上集中体现为对于投资利润的追求,而盈利能力也恰恰在一定程度上反映出一个金融机构或者金融服务人员在金融市场上的能力。因此,对于金融市场上违反金融伦理的行为的界定就会变得十分困难。在大笔的资本收入面前,金融伦理的标尺似乎也变得模糊起来。如果一家投资银行在市场上通过金融衍生品的交易操作为它的客户带来了高额利润,又怎么能从金融伦理的角度对它进行批判呢?如果一家商业银行通过在房贷市场上的"良好"操作而保持着高速增长,又如何去判断它是否为了客户自己的利益而放弃了一部分看起来不能带来任何利润的伦理呢?如果整个金融市场都运行良好,所有人都在赚取高额的利润,享受着繁荣带来的幸福感,又有多少人去关注有哪些行为违反了金融伦理呢?事实上,对这些问题的回答恰好可以揭示此次美国金融危机发生的深层原因。高额的利润和虚假的繁荣使得包括投资人、金融业从业人员甚至政府金融监督机构在内的所有人的视线被蒙蔽,忽略了这些行为背后的金融伦理问题,也为日后危机的爆发与蔓延埋下了伏笔。

根据金融伦理的相关理论可以知道,高额的利润并不代表相应的金融行为不存在违反金融伦理的情况。界定一个金融行为是否违反了金融伦理,主要应当依据两个原则去进行判断:

一个原则是判断这一行为是否已经超出了委托—代理的契约关系中对代理人行为的约束,即代理人是否在委托人不知情或不了解的前提下进行了某种可能危及委托人自身利益的行为。由于信息不对称的存在,委托人很难对代理人进行全面而有效的监督,因而更多的时候,委托人更关注代理人的金融行为为自己带来利润的多少,同时以这种利润的多少来决定代理人的薪酬。因此,代理人往往会为了自己的利益最大化而尽可能地扩大为委托人带来的利润,由于更高的利润往往意味着更大的风险,代理人的这种行为就会使委托人的资产面临更大的风险,从而有可能危及委托人的自身利益。在这种现象出现时,尽管看起来委托人获得了更高的利润,但由于高风险的存在,委托人的利益在未来很可能会受到更大的损失,因此可以认为代理人的行为已经违反了金融伦理。

判断代理人行为是否违反金融伦理的另一个原则,是从委托—代理关系之外的第三方外部利益甚至整体的公共利益角度进行考虑。代理人和委托人除了受到委托—代理中的伦理关系约束,都受到普通伦理规则的约束,因此有时会出现这样一种情况:代理人对委托人的义务可能会与另外一种不依赖代理关系的义务相冲突。例如,当一个金融项

目使股东受益但会对其他企业或机构造成损害时,这样的冲突便产生了。这样的冲突往往会涉及外部经济效益的问题,也就是说,某项金融活动会赋予第三方一种成本,而这种成本并不被代理人或者委托人的任何一方所承担,因而两者也就没有激励去消除这种额外成本。当这种会带来外部成本的行为出现时,也可以认为是违反了金融伦理。从更广阔的角度来说,即使代理人的行为可能并没有违反委托—代理关系中委托人的意愿,也没有明显的损害委托人利益的可能,并且可以为委托人带来高额的利润,但如果这一行为可能对公共利益造成损害,或者可能危及整体的金融安全,这一行为仍然是违反了金融伦理的。在这次次贷危机中,引发危机的次级贷款的发行与买卖正是属于这一类行为,尽管次级贷款为投资者带来了高额的利润,但对于次级贷款以及由此衍生的各种金融产品的滥用使得整个金融市场的结构变得脆弱不堪,并最终导致信任链条的断裂和危机的爆发。

综上所述,即使一种金融行为可以为参与各方带来高额的利润,但如果它违反了委托—代理关系中委托人的意愿并有可能使委托人面对并不出于自愿的高风险,或可能使委托代理关系之外第三方的利益甚至整体公共利益受到损害,那么就可以认为这一行为违反了金融伦理,应当受到约束甚至惩罚。下面,我们将依据这一部分的结论对美国金融危机爆发的原因进行金融伦理角度的分析。

## 第三节　从金融伦理视角看美国金融危机:更深入的分析

在本节中,我们将分三部分对美国金融危机进行金融伦理层面的分析:首先,作为金融市场的主要参与者和活动者,金融服务行业向个人、商业机构和政府提供非常广泛的金融服务和金融产品。金融服务行业本身由主要的金融机构组成,如商业银行,储蓄与信贷公司,证券和投资信贷公司,共同基金和养老基金公司以及保险公司等。作为金融市场委托—代理关系中的代理人,这些金融服务公司基本上会遇到之前所提到的市场交易与金融合同方面所有的伦理难题。而这次金融危机的爆发与金融服务行业所暴露出的金融伦理问题有着十分密切的关系。其次,金融衍生品作为金融创新的产物为金融市场上的投资人和从业人员带来了大笔的收入和利润,也成为这次金融危机的罪魁祸首。因此,对于金融创新以及金融机构投资过程中的金融伦理问题的分析将有助于我们更深入地理解这次金融危机。最后,作为金融市场的另一个重要参与者,同时是金融市场规则的制定与监督者,政府相关机构也面临同样的金融伦理问题,其主要体现在金融监管过程以及金融危机爆发后的救助过程中。通过这三个不同层面对美国金融危机进行金融伦理角度的分析,将帮助我们更好地理解这次金融危机爆发的原因并找到缓解危机的方法。

### 一、金融服务行业的金融伦理问题

作为金融市场的主要参与者和金融市场委托—代理关系中的代理人,金融服务行业的金融伦理问题将直接影响到投资者的利益和整个金融市场的稳定性。由于金融服务是以一种合同关系提供给客户的,大多数的伦理难题都与公司对客人的义务有关。在这种客户与服务提供者的关系中，有些做法与实践显然是不道德的，甚至是非法的，有些则具有相当的争议性，并且每种做法与时间都有一个灰色区域，在这个灰色区域内，可接受行为与不可接受行为之间的界线变得模糊，而正是这些模糊的灰色区域，成为金融市场中最危险的地带，并成为诱发金融危机的原因。

在金融市场上，金融服务行业可能出现的违反金融伦理的行为有很多，具体来说，有如下几种：

（1）虚假与误导性声明。在开展业务的过程中，销售人士应当按金融伦理的要求，向客户真实地解释各种相关信息，而且解释的方式要易于理解，不能有任何误导性的暗示。

（2）欺诈。对于相关金融产品的收益与风险情况对客户进行欺诈。

（3）隐瞒相关重要信息。虽然销售人士并没有义务将每样产品的所有细节全部提供给客户，但客户自己也有责任调查获得相关信息，而销售人士不应当向客户隐瞒任何有关产品的重要信息，也不能在客户要求某一信息时不予理睬。

（4）炒单。金融服务行业从业者应当避免过分交易而获得佣金但并不使客户获益的做法。如果一个证券经纪人为了获取更多佣金而进行多重交易或进行高出一般佣金的交易，那么他就是在炒单，这也是一种违反金融伦理的行为。

（5）不进行合适性推荐与风险公布。金融服务行业从业人员应当向客户推荐合适的投资机遇，并公布相应的风险水平，让客户明确自己可能的获利与可能面对的风险。

以上几条要求构成了金融市场对于金融服务行业的基本金融伦理要求。而在这次金融危机中，主要的金融机构都或多或少地出现了上述一种或多种违反金融伦理要求的行为，并最终导致了金融危机的爆发。

这次美国金融危机产生的导火索是次级抵押贷款市场的崩溃。次级抵押贷款是指一些贷款机构向信用程度较差和收入不高的借款人提供的贷款。美国次级按揭客户的偿付保障不是建立在客户本身的还款能力基础上，而是建立在房价不断上涨的假设之上的。在房市火爆的时候，银行可以借此获得高额利息收入而不必担心风险；但如果房市低迷，利率上升，客户的负担将逐步加重。当这种负担到了极限时，大量违约客户出现，不再支付贷款，造成坏账。此时，次贷危机就产生了。自 2005 年第四季度以后，美国的住房市场出现低迷，新开量、新建房和存量房的销售量开始下降，房价也开始走低，住宅市场的周期波动不仅影响着美国经济，也给银行和金融业带来不小的冲击，其中，次贷危机成了影响美国及全球金融市场的导火索。

可以看到，商业银行作为次级抵押贷款的发放者，在贷款发放之时并没有充分考虑到次级抵押贷款可能存在的风险，也并没有向自己的存款人及投资者说明这种风险的存在。商业银行为了尽可能地提高利润与收入，完全没有按照委托—代理关系中的要求保护委托人的利益，而是将委托人的资产置于巨大的风险之下。随着不久之后以投资银行为主的金融机构不断进行金融创新，各种基于次级抵押贷款的新型债券的发放与销售，这种风险迅速传至美国的信贷市场。近年来美国旺盛的信贷需求使金融机构的整体风险意识普遍有所淡化，为提高收益而忽视操作风险的倾向在业务扩张中亦不断强化。违约事件集中暴露后，许多金融机构陷入了不良资产激增、抵押品赎回权丧失率上升和资金周转紧张的困境,加之对美国经济增长预期放缓,一些金融机构提前催收可疑贷款的措施进一步增加了违约事件的发生。信贷资产质量问题的暴露又很快传导至资本市场。首先,次贷危机直接导致以房屋抵押贷款为证券化标的的各类债券的贬值,一些优质债券也由于市场的普遍看淡而遭到错杀,同时一些与次级债类似的企业债亦被投资者抛售。其次,投资于次级贷款和其他高风险债券的基金遭到抛售和赎回,与房地产相关行业的股票也受到重创,加之不良的市场预期引导,美国股指开始出现大幅下跌,次贷危机由此向实体经济蔓延。

在上面整个过程中,包括商业银行、投资银行、共同基金乃至保险公司的各个金融机构都对这次金融危机的爆发负有金融伦理层面的责任。这些金融机构违背了自己在委托—代理关系中的义务,在委托人并不了解的情况下将委托人的资产大规模地投入具有高风险的次级抵押债券及其衍生品市场之中,试图赚取高额利润,而当最终信用泡沫破裂时,委托人的资产均受到了巨大的损失。在这里值得一提的是保险公司,作为为金融市场中可能存在的违约现象提供保障的金融机构,美国的保险公司为了获得高额的利润,不顾投保人的利益,将大量的保险金投入次级贷款及其衍生产品的市场,通过为这些产品提供担保来获取利润。而当危机爆发、借款人无力偿还时,巨额的保险赔偿直接导致大量保险公司的破产和投保人利益的损失。以美国最大的保险服务提供者美国国际集团(AIG)为例,据AIG2007年年底的数据,在CDS(信用违约样期合约,又称贷款违约保险)产品上,AIG担保的总金额高达5 273亿美元。也就是说,在最差的情况下,这也就是AIG要赔付的最高金额。除了AIG的金融产品部门“贩卖保险”,AIG的人寿保险部门同时购买了大量的MBS(房贷证券化)产品和CMBS(商业房产按揭贷款证券化)产品。据AIG2007年年底数据,整个2 867亿美元的投资包里,CMBS占4%,MBS占27%。以此计算的话,AIG人寿保险在这两块资产上的风险敞口也达到近890亿美元。如此巨大的风险敞口将曾经的保险业巨头AIG一次又一次拖到了破产的边缘。

## 二、金融创新与金融衍生品的金融伦理问题

在这场由次级抵押贷款引发的金融危机中,金融创新以及由此产生的金融衍生品扮演着重要的角色。由次级抵押贷款所衍生出来的各种债券的爆炸性的运用最终导致资本泡沫的形成。所谓金融创新,就是变更现有的金融体制和增加新的金融工具,以获取现有的金融体制和金融工具所无法取得的潜在利润。金融创新的本来目的是提高金融运营的效率,而金融运营效率的提高借由金融深化来实现。金融深化的实质就是利用金融创新增强金融体系配置资源的能力和效率,即通过利用银行体系适度的货币乘数效应和金融市场杠杆效应,达到推动实体经济有效增长、加快社会财富积累的动态过程。这个过程中除去金融制度和组织创新以外,微观层面的金融工具创新其实是通过节约资本的使用以赚取更多的利润,并实现风险的对冲、管理、缓释和转移,这个过程必然涉及金融杠杆的使用、结构产品的使用及不同金融市场之间的联系和风险的相互转移。但是当其中的杠杆率被随意地、过快地放大,风险在不同市场之间的转移得不到有效监管时,就有可能导致金融投机泛滥,而这正是这次金融危机的导火索。

金融机构在进行金融创新、创造新的金融衍生品的过程中,同样要受到金融伦理的

制约。首先,从委托—代理关系的角度来说,作为委托—代理关系中的代理人的金融机构在进行金融创新、创造新的金融衍生品时应当充分考虑到委托人的利益。一次金融创新带来的金融衍生品可否为委托人带来过高的风险,这种衍生产品的运作方式与风险情况能否被委托人理解和掌握,委托人的利益是否会因这种衍生产品的广泛运用而受到损害,这些都应当是金融服务行业所考虑的内容。而在这场金融危机中,这样的考量显然被金融机构忽视了。具有较高风险的次级抵押贷款,以及由其衍生而出 CDS、MBS 及相应的保险服务等各种金融产品不断地被设计出来并投放于市场。这样的行为本身已经违反了金融伦理对代理人义务的要求。

从另一个层面来说,这种不负责任的过度金融创新与金融衍生产品的开发也导致了整个金融市场风险的增加和不稳定性的提高,对公共利益产生了巨大的负面影响。金融衍生品有分散风险功能也有放大风险作用,极具两面性,华尔街投行对金融衍生品的过度创新,事实上是加大了金融市场的风险和波动。次级抵押贷款、CDS、MBS 等一个又一个衍生产品以追求高利润为目的被创造出来,这种过度的创新与形式上的复杂化,导致了金融衍生品与实体经济严重脱离,使得整个金融市场结构变得脆弱不堪。

尽管如此,把金融创新和金融衍生产品作为这次金融危机的罪魁祸首未免太过苛责。真正应该为金融危机负责任的,是开发和买卖这些衍生产品的人,他们违背了金融市场中金融伦理对他们的要求,过度追求短期内的高额利润,而忽略了这种行为可能对委托人和整个市场带来的影响。因此,在加强对金融创新与金融衍生品监管的同时,也应当重视金融伦理在金融市场中所起到的作用。

### 三、政府机构监督与干预的金融伦理问题

政府机构作为金融市场上法律和规则的制定者与监督者,在这场金融危机中也扮演着重要的角色。政府机构在金融市场上的参与主要分两个层面,其中政府监管是基本形式,也是最主要的形式。它是政府借助一系列市场制度设置,引导市场发展方向、规范市场行为、实现市场健康发展的必要保障,也是政府矫正市场失灵与调控市场发展的重要渠道。除了政府监督,政府干预是政府介入市场的特殊形式。它是金融市场出现系统性风险隐患或金融危机时,政府对政府监管失效或监管失败进行的补救行为,即通过政府采用的特殊方式和手段,使金融市场由非常规运行回复到正常有序的发展状态。作为金融市场的成员之一,政府机构同样受到金融伦理的制约,这种制约主要体现在危机爆发前的监管与危机爆发后的干预这两个方面。

在政府对金融市场进行监督的过程中所面临的最重要的金融伦理问题就是效率与公平的取舍。如前所述,效率与公平的取舍是金融市场上金融伦理的一个关键问题,也是规则制定者的政府首先需要考虑的问题。平衡两者的关系,找到最佳的权益(公平)效率均衡点,并依据此制定出相应的法律与法规是政府的重要职责。在这次金融危机中,正是美国政府以及相关的机构偏离了金融伦理的要求,过分偏重效率在金融市场上的作用而忽略了公平的重要性,才导致了衍生品市场上监管的缺失。政府监管的缺失导致金融市场信息失真,市场参与者行为失范与市场运行失序,不同程度地破坏了金融市场的运行机制,抑制和削弱了市场机制的活力与作用。首先,政府监管的缺失破坏了市场信

息披露机制的相对平衡。对金融衍生品的放任发展,使部分金融衍生品完全处于不透明状态,严重破坏了信息披露机制及时、准确、全面披露市场经营管理风险以及保护投资者合法权益的基本功能。其次,政府监管缺失导致市场风险防控机制失灵失效。金融信息的失真从源头上阻断了金融风险信息及时有效地传递,使风险防控机制失去了客观评判金融风险的基础与依据,破坏了风险防控机制的有效运转,使金融风险在信息严重不对称的状态下不断积聚、扩散,最终酿成严重的金融危机。最后,政府监管的缺失扭曲了金融市场的激励约束机制。在缺乏有效监督与必要约束下的高薪、高酬机制,极大地膨胀了部分金融机构与从业人员特别是高管人员追逐巨额利润的欲望,他们在高额薪酬与高额分红的诱惑下,过度开发金融衍生品,进行相关产品的交易,在不断放大与转嫁风险的过程中,赚取巨额报酬,获取巨额红利,由此引发了严重的道德风险、市场风险与制度风险。这些都是这次金融危机爆发与深化的原因。

在金融危机爆发后,美国政府立刻开始积极地介入金融市场,进行政府干预。所使用主要的干预手段有两种:一是修正相关的法律与法规,重建金融市场的秩序;二是对在这场金融危机中受到严重打击的金融机构给予救助。在这个过程中,政府机构依然面临许多金融伦理问题,而其中最重要的一个是政府救助的公平性问题。

由于此次金融危机的波及范围非常广,受到影响的行业除了银行、保险公司等金融行业,许多实体经济行业如建筑业、房地产业和汽车业也都受到了不同程度的影响,首当其冲的投资银行纷纷宣告破产,宣告倒闭的商业银行超过 70 家,保险业巨头美国国际集团数次濒临破产边缘,全国最大的地产交易公司房利美与房地美分别被政府接管。尽管美国政府拿出数千亿美元对金融机构进行救助,但是对于大量处于破产边缘的金融机构来说仍然远远不够。而每一家金融机构都代表了众多投资人、存款人以及投保人的利益,因此,在政府救助的过程中,难免会牺牲一部分人的利益,这就是政府救助的公平性问题。事实上,在政府救助的过程中,更多考虑的是获得救助的金融机构对于整个金融市场和国家经济的作用,这也是美国政府屡次斥巨资救助美国国际集团的原因。在这种情况下,政府在进行救助时不得不以公平性为代价,牺牲一部分人的利益,来保持整个金融市场的稳定,从而使金融危机得到缓解。

## 第四节　金融危机深层剖析:国际金融体系的不公正性

上面从金融伦理的角度分析了美国金融危机产生和爆发的原因,但是这个分析仅仅局限于美国自身的金融市场,而导致这场危机更深层的原因并不只是这些。这场危机的真正根源是不合理、不公正的国际金融秩序。因此,在对这场金融危机进行伦理反思时,我们的道德批判视野应该从华尔街金融界的个人道德素质扩展到国际金融体系本身的制度伦理缺陷。国际正义理念既为我们反思和批判现行的国际金融体系提供了重要的制度伦理视角,也为重建并完善国际金融体系提供了可靠的制度伦理基础。

目前,对于这场金融危机爆发的分析多数都集中在技术层面,如次级贷款的泛滥和贷款标准的恶意降低;衍生金融交易过度发展和缺乏监管;信用评级机构缺乏内在约束机制,将大量按揭贷款资产评为 AAA 级,误导投资者;金融机构杠杆比例过高;金融机构资产和债务期严重错配(以短期债务来发放长期贷款和购买长期资产);金融机构过度扩张;华尔街盈利模式存在问题;等等。而这些技术层面的弊端,其实都是全球金融制度安排内在缺陷的结果。制度层面的原因主要有四个:① "华盛顿共识"导致许多国家不顾本国需要和监管能力,实施金融开放和资本流动自由化,致使短期债务急剧增加和国际投机资金到处冲击各国金融体系,这就是金融全球化的巨大弊端。而美国的金融市场通过美元,经由这条通向全世界的金融自由之路,将美国的各种金融产品推销到世界各地,让全世界各国为美国的投资者分担风险。② 美国首创的股权激励机制导致企业高管片面追求短期盈利和不惜一切手段推高股价,这种激励机制已经被世界上很多国家所效法,导致了不同程度上的股市和金融市场的混乱。③ 美联储 2002—2003 年的错误货币政策(连续降息)直接导致信用泡沫和资产价格泡沫,埋下了祸根。由于美元霸权地位的存在,美国可以强迫其他国家共同分担金融甚至经济的风险,因而美国的金融监管机构敢于通过连续降息的方式来刺激经济与金融市场发展,而不必担心由此可能引发的泡沫问题。④ 国际货币体系的美元本位制和浮动汇率体系导致全球流动性泛滥。其中的核心是美元本位体制和浮动汇率体系。美国享受着国际铸币权并利用美元的霸权将消费与投资提高到了前所未有的程度。正是由于这个霸权货币体系的存在才创造了如此庞大的信用泡沫,支撑了美国的巨大不合理超前消费,同时让全世界为美国的错误埋单。这些全球金融体系存在的问题,成为金融危机爆发的根本原因。

全球金融制度安排的缺陷实质上体现了一种全球范围内的金融伦理问题,即国际制度层面的不公正性。这种不公正性集中体现在如下几个方面:

第一,权利分配的不公平。发达国家(特别是西方七国集团)在现行国际货币金融组织体系中居于主导地位,享有较多的权利,而广大发展中国家则处于边缘地位,难以影响全球金融事务的决策。国际货币基金组织(IMF)的总裁历来都由欧洲人担任,而世界银行行长一职则由美国人垄断。发展中国家在巴塞尔银行监管委员会(1974 年由西方十大工业国设立)和金融稳定论坛(由西方七国集团于 1999 年设立)中都没有代表。在 IMF 的加权投票权份额中,美国享有 16.83%,欧盟一共有 32%(其中德国占 6%,英国占 4.9%),印度为 1.9%,中国为 3.66%。IMF 的重大议题都需要 85% 的通过率,因此美国和欧盟享有实际的否决权。

第二,资源分配的不公正。国际金融体系虽然是一种影响所有国家的国际制度,但是,不同国家从这种制度安排中获得的收益是完全不同的。作为国际储备货币和贸易结算货币的币种都是少数几个发达国家的货币。提供国际通货的发达国家的银行系统可以享受规模经济效应和其他成本优势。各国出于国际清偿和稳定外汇体系的需要,总是把部分国际储备货币存放在发行国的银行里或购买发行国的国库券和政府债券,使资金流回发达国家,导致"穷国借钱给富国"的奇特格局(诺贝尔经济学奖得主斯蒂格利茨语)。发达国家不但因此可以无偿享有世界各国以万亿美元计算的财富,还可以获得低成本的资金来源。IMF 分配给发达国家的特别提款权(SDR)份额也远远高于发展中国家。其中,美国一国就占有 40% 的份额,而中国所占份额仅为 2.34%。全球金融中心主要集中在发达国家的城市(如伦敦和纽约),金融业所带来的收益主要由发达国家(特别是美国)分享。

第三,程序的不公正。从程序正义的角度看,一种公平的规则应当是签约各方在理性商谈的基础上达成的共识或妥协,但是,现行国际金融体系的运行规则基本上都是由西方七国制定的,其他国家只能被动地接受。国际金融决策的议程大都由西方七国主导。世界银行和 IMF 的重大决策缺乏足够的透明度。发展中国家不太熟悉国际金融事务,在与发达国家谈判时往往处于劣势,它们的合理诉求难以获得满足。一些贫穷国家缺乏经费,根本无力参加国际金融规则的制定。还有一些国家不是 IMF 的成员国,它们完全没有资格参与有关金融规则的制定。

第四,美元的"超经济剥削"。美元作为国际储备和交易货币的霸权地位不仅使之获得了巨额铸币税收益,还使之可以大量负债而不用担心破产。任何一个国内收支和国际收支都严重赤字的国家都不可能享有美国那样的财富。通过大量印刷美元并使美元贬值,美国人无偿占有了那些贸易顺差国的许多财富,迫使其他民族为其高消费的生活方式埋单。

第五,国际制度的不公正。华尔街的金融肥猫无疑对金融危机的爆发起到了推波助澜的作用。但是,他们不过是美国政府、世界银行和 IMF 所信奉的新自由主义经济政策的执行者。美国为平衡其国内和国际收支的双赤字而采取的扩张性的金融政策早就埋下了全球金融危机的隐患。美元在现行国际货币体系中的垄断与霸权地位使得美元的发行不受其他国家的限制与约束。IMF 采取歧视性的监督政策,过多地强调对新兴经济体进行监督,却忽视对重要发达国家的监管。IMF 的投票权结构使美国和欧盟具有否决权,这就使得 IMF 不可能通过任何不利于美、欧利益的决议,也使 IMF 对美、欧几乎不具备监督和约束的能力。因此,美国主导的不公正的国际货币金融体制才是这场金融危机的深层根源。

如上所述的存在于国际金融体系中的不公正性,正是导致美国金融危机爆发与蔓延的根本原因。然而值得我们注意的是,尽管目前国际金融体系中的不公正性及其可能对全球经济产生的危害已经通过这场金融危机显现了,对于重建国际金融体系尤其是国际货币体系的呼声也日益增加,但是整个国际社会仍然没有找到可以替代现有国际金融体系的更好的方法,美元的世界货币霸权地位在相当长的一段时间内依然无法撼动。如何在维持现有国际金融体系与货币体系的基础之上化解这次金融危机并防范类似危机的再次产生,是值得我们去深入思考的问题。而在这一目标的达成过程中,金融伦理仍然是不可忽略的重要内容。

## 第五节　结论:金融法律、金融伦理与金融市场稳健性

尽管政府机构可以通过颁布相应的法律与规则来监督和管理金融市场,但是这次金融危机也证明了金融市场上法律与规则的局限性,它主要体现在如下几个方面:首先,法律是一种相对粗糙的工具手段,并不适于约束所有的金融活动,尤其不适用于那些不能被简化为精确规则的活动。恰恰是这个原因,导致了那些处于法律无法精确定义的行为的泛滥,而对利润的疯狂追求也会促使人们不断地去寻找法律上的漏洞与空隙。其次,法律的制定与出台通常是对那些不道德行为的反应,因而那种激励金融从业人员恣意自

行直到法律禁止他们这样做他们才停止的做法是不恰当的。在这次金融危机中,由于金融市场上的法律并没有禁止次级抵押贷款及其金融衍生品的运用,才导致了这些金融产品被滥用。另外,法律也并不总是十分明确的,因而许多人认为自己的行为合法(尽管可能不合乎伦理),最后发现他们的这些行为是非法的,但是为时已晚。最后,仅仅遵守法律是不足以管理一个机构或运营一个公司的,因为雇员、客户以及其他各个方面都会期待或要求公司对他们给予合乎道德而非法律的待遇。以上几点说明了金融市场中法律的局限性,也就证明了为什么金融监督有时会起不到作用而导致金融危机的爆发。单纯地认为只有法律才能约束金融活动的观点只会招致更多的立法、诉讼和监督,而在金融市场上更有效的方法则是个人、机构和整个市场的自律。

从这场美国金融危机中可以看出金融市场中金融伦理的重要意义。首先,从整个金融市场的角度来讲,金融市场是金融交易进行的场地,因而这些金融活动必须有某些特定的伦理规则和期望的伦理行为作为其行动前提。这其中最基本的一条就是禁止一切欺诈与操纵行为,同时,公平性也应当被作为一条广泛关注的原则来对待。金融伦理一方面约束了代理人履行其在委托—代理关系中的义务,保证其行为不会损害委托人的利益,更不会出现欺诈与操纵行为;另一方面,可以敦促参与金融活动的各方保证整个市场的公平性与有效性。因此,在金融市场中金融伦理有着十分重要的意义,政府与相关机构在为金融市场制定相应法律规则的同时,也应当注重对金融伦理的强调。

其次,从金融市场的参与者金融服务行业的角度来讲,它作为金融界的窗口,也是影响普通大众最直接的方面。作为一个行业,它有责任研发满足人们需要的产品,并且还要以一种负责任的态度进行营销,如应当避免欺诈性和强迫性的销售技巧。另外,那些从事金融服务的机构所服务的客户通常是个人,因而一种好的伦理声望对于获取客户信任来说是非常关键的,更重要的是,这些公司或机构因为自己在金融市场技巧方面的特长而对客户负有某些特定的责任。一个股票经纪人或一个保险代理人应该不单纯是一个接受客户命令的角色,这些人还应该运用自己的特殊技能与知识为客户提供服务。因此,良好的金融伦理对于金融服务行业和它的从业者们来说是至关重要的。在这次金融危机中,以华尔街为代表的金融界人士的金融伦理受到了前所未有的质疑,这也是整个金融市场信任链条断裂并且一直无法被修复的重要原因之一。

最后,金融伦理对于作为金融市场参与者的个体的金融人士也有着重要的意义。金融市场上个体的伦理情况将直接决定他所服务的对象和供职的机构对他的信任程度,从而影响到他在金融市场上的表现和盈利能力。以这次金融危机中美国国际集团的高官薪酬风波为例,作为公司管理者的高层管理人员们在公司经营出现巨大问题、濒临破产边缘时依然索取了高额的年薪,无疑是一种违背金融伦理的行为,这直接引发了普通民众和政府官员的反对情绪。作为金融市场的参与者,金融人士应当格外注重自己的金融伦理水平。

综上所述,金融伦理的缺失是这次美国金融危机爆发的一个重要原因。以华尔街为代表的金融服务行业人士对于委托—代理关系中代理人义务的违背、以追逐高利润为目的的金融衍生产品的滥用对于金融市场公平性的破坏、金融市场上普遍的金融伦理问题导致信任链条的断裂、政府监管过程中对于金融伦理的忽略,成为金融危机出现和发展的原因。而从更深层的方面来看,以美元为中心的国际金融制度和国际货币体系所蕴含的金融伦理问题——不公平性,才是这次金融危机的根本原因。尽管在较短的时间内,重建国际金融制度和货币体系并不是一个现实的选择,但是对金融伦理的忽略必须得到所有金融市场参与者的重视。无论是从整个市场层面,还是以金融服务行业作为整体,抑或是作为个体的金融人士来说,金融伦理都有着重要的意义。而对于金融市场的另一个重要参与者政府及其相关机构来说,无论是政府监督还是政府干预,金融伦理都应当是一个重要的考虑内容。

## 【关键术语】

金融危机　金融脆弱性　制度质量　金融市场有效性　权益与效率的均衡　误导性声明　欺诈　炒单　金融衍生品　国际金融体系不公平性

## 【进一步思考和讨论】

1. 制度质量对金融脆弱性有何影响?
2. 如何理解金融伦理在制度质量中的重要作用?
3. 如何理解美国金融危机中的伦理根源?
4. 金融服务业应遵循何种道德规范?
5. 如何理解金融衍生品创新中的伦理问题?
6. 如何理解政府金融监管中的伦理问题?
7. 如何从国际金融体系的不公平性理解美国金融危机的根源?

## 本章参考文献


博特赖特. 金融伦理学[M]. 静也,译. 北京:北京大学出版社,2002.

金黛如. 经济伦理、公司治理与和谐社会[M]. 上海:上海社会科学出版社,2008.

罗雄华. 美国"新经济"与金融自由化[M]. 北京:中国青年出版社,2005.

普林多,普罗德安. 金融领域中的伦理冲突[M]. 韦正翔,译. 北京:中国社会科学出版社,2002.

章海山. 市场经济伦理范畴论[M]. 广州:中山大学出版社,2007.

A DEMIRGÜÇ-KUNT, D ENRICA. Financial Liberalization and Financial Fragility[R]. The World Bank: Policy Research Working Paper No. 1917, May, 1998.

E DURKHEIM. Professional Ethics and Civil Morals[M]. London: Routledge, 1992.

M FRIEDMAN. Capitalism and Freedom[M]. University of Chicago Press, 1962.

# 第四篇 金融市场中的伦理问题

本篇主要探讨金融市场中的伦理问题,尤其是探讨金融市场中各利益主体的利益冲突、金融市场的伦理基础、金融市场伦理失范的主要表现以及金融市场的伦理规制方法。本篇分三章。第十章探讨股票市场(资本市场的主要组成部分)的伦理问题,阐释股票市场的运作机制和伦理行为规范,揭示股票市场中市场操纵的伦理根源,同时从资本市场中上市公司和资本市场评估机构两个方面探讨了资本市场金融伦理失范的主要表现和规制方法。第十一章探讨了我国金融市场中非常特殊和典型的一类——民间金融市场——的伦理问题,探讨了民间金融市场的伦理支撑和内生机制,揭示了村庄信任在民间金融运作和演进中的核心作用及其局限性,同时探讨了民间金融市场的伦理危机和伦理规制。第十二章探讨金融市场监管中的伦理问题,主要从经济自由主义和国家干预主义的伦理价值嬗变出发,探讨金融市场监管应遵循的伦理原则,揭示了金融市场监管腐败的原因,并以美国金融监管变革为例探讨了自由主义监管伦理的转向。

# 第十章　股票市场与金融伦理

【本章目的】

学习本章,应了解股票市场的基本运作方法和参与者,了解股票市场操纵的表现和成因,同时思考资本市场中上市公司和评估机构的伦理失范问题及伦理规制方法。

【内容提要】

本章探讨股票市场的伦理问题,阐释股票市场的运作机制和伦理行为规范,揭示股票市场中的市场操纵的伦理根源,同时从资本市场中上市公司和资本市场评估机构两个方面探讨资本市场金融伦理失范的主要表现和规制方法。

## 第一节　股票市场的结构、参与者和伦理行为规范

### 一、股票市场的结构

股票市场从结构上来说分为发行市场和流通市场。发行市场(issuance market) 也称为一级市场(primary market),它是指公司直接或通过中介机构向投资者出售新发行的股票。一级市场的整个运作过程包括咨询与管理、认购与销售两个大的环节。在咨询与管理环节,要选择好发行方式(包括公募和私募),选定作为承销商的投资银行,准备招股说明书(私募情况下只准备招股备忘录),并进行发行定价。在认购与销售环节,发行公司着手完成准备工作之后即可按照预定的方案发售股票。对于承销商来说,就是执行承销合同批发认购股票,然后售给投资者。具体方式通常有包销、代销、备用包销等三种方式。

二级市场(secondary market)也称交易市场,是投资者之间买卖已发行股票的场所。这一市场为股票创造流动性,即能够迅速脱手换取现值。在"流动"的过程中,投资者将自己获得的有关信息反映在交易价格中,而一旦形成公认的价格,投资者凭此价格就能了解公司的经营概况,公司则知道投资者对其股票价值即经营业绩的判断,这样一个"价格发现过程"降低了交易成本。股票流动也意味着控制权的重新配置,当公司经营状况不佳时大股东通过卖出股票放弃其控制权,这实质上是一个"用脚投票"的机制,它使股票价格下跌以"发现"公司的有关信息并改变控制权分布状况,进而导致股东大会的直接干预或外部接管,而这两者都是"用手投票"行使控制权。由此可见,二级市场的另一个重要作用是优化控制权的配置,从而保证权益合同的有效性。

【专栏 10-1】

## 股票市场的名词解释

公募是指面向市场上大量非特定的投资者公开发行股票。其优势是可以扩大股票的发行量,筹资潜力大;无须提供特殊优厚的条件,发行者具有较大的经营管理独立性;股票可在二级市场上流通,从而提高发行者的知名度和股票的流动性。但其缺点是工作量大,难度也大,通常需要承销者的协助;发行者必须向证券管理机关办理注册手续;必须在招股说明书中如实公布有关情况以供投资者做出正确决策。

私募是指只向少数特定的投资者发行股票,其对象主要有个人投资者和机构投资者两类。其优点是:节省发行费;通常不必向证券管理机关办理注册手续;有确定的投资者,不必担心发行失败;等等。其缺点是:需向投资者提供高于市场平均条件的特殊优厚条件;发行者的经营管理易受干预,股票难以转让;等等。

招股说明书(prospectus)是公司公开发行股票的计划书面说明,并且是投资者准备购买的依据。招股说明书必须包括财务信息和公司经营历史的陈述、高级管理人员的状况、筹资目的和使用计划、公司内部悬而未决的问题如诉讼等。

招股备忘录:在私募的情况下,注册豁免并不意味着发行公司不必向潜在的投资者披露信息。发行公司通常会雇用一家投资银行代理起草一份类似于招股说明书的文件,即招股备忘录(offering memorandum)。招股说明书与招股备忘录的区别在于,招股备忘录不包括证券管理机构认为是"实质"的信息,而且不需要送证券管理机构审查。

包销(firm underwriting)是指承销商以低于发行定价的价格把公司发行的股票全部买进,再转卖给投资者,这样承销商就承担了在销售过程中股票价格下跌的全都风险。承销商所得到的买卖差价(spread)是对承销商所提供的咨询服务以及承担包销风险的报偿,也称为承销折扣(underwriting discount)。

代销(best-effort underwriting),即"尽力销售",指承销商许诺尽可能多地销售股票,但不保证能够完成预定销售额,任何没有出售的股票都可退给发行公司。这样,承销商不承担风险。

备用包销:通过认股权书发行股票并不需要投资银行的承销服务,但发行公司可与投资银行协商签订备用包销合同(standby underwriting),该合同要求投资银行作为备用认购者买下未能售出的剩余股票,而发行公司为此支付备用费(standby fee)。

### 二、股票市场的价格形成与伦理行为的影响

股票价格就是股票在市场上买卖的价格,又称股票市价或股票行市。股票只是一种有价证券的凭证,本身没有价值,股票之所以具有价格,是因为股票能够给它的持有者带来股息收入。买卖股票实际上是购买或转让一种领取股息收入的凭证。由于投资者购买股票是为了通过股票获得收益,即希望得到股息收入或者是买入价与卖出价之间的差

价利润,因此投资者会根据预期的股息收益与银行利息率的比较来决定股票的买卖。这样,股票的转让价格主要取决于预期股息收益和市场利率。用公式可表示为:

股票转让价格 = 预期股息收益/市场利率

这个公式表明:股票的转让价格与预期股息收益成正比,与市场利率成反比。在预期股息收益一定的情况下,市场利率较高,意味着把本金存入银行会有更高的收益,如果要获得与银行利率相同的收益水平,由于股息收益是一定的,所以只能降低股票的价格。反之亦然。当预期股息率高于当前的银行利率时,人们就会购买股票,从而使股票的需求增加,就会造成股价的上涨;反之,就会推动股价的下跌。

股票转让价格公式只是一种纯理论的推算。在现实生活中股票的转让价格往往会受多种因素的影响,如股票市场供求关系变化的影响。当市场大量抛售股票时,股价就会急剧下跌,而当人们抢购股票时,又会推动股价急剧上涨。而影响股票供求关系的因素又有很多,如国家的政治局势是否稳定,又如宏观经济形势、市场利率、汇率、税率、经济周期、通货膨胀率与通货紧缩率的变化,也与上市公司的盈利状况、企业自身法人治理结构的完善与否、行业因素等有关,还与投资群体的心理偏好等密切相关。最后,值得强调指出的是,股票价格还和参与者的伦理行为密切相关,市场中的违规违法事件,如是否存在会计欺诈、庄家操纵股价以及打击和揭露查处此类事件的行动等,都会造成股价的大幅波动。

### 三、股票市场的效率

市场效率问题主要讨论股票价格对各种影响股票价格的信息的反应能力和反应速度的问题。如果股票的价格能够完全和迅速地反映出所有可获得的有关信息,该市场就是有效率的。美国芝加哥大学的法玛(Fama)教授在市场效率问题方面做了大量的研究,他根据市场对信息做出反应和吸收能力的不同,把资本市场分为效率程度不等的三种形式:弱式有效市场、半强式有效市场、强式有效市场。

(1) 弱式有效市场:在弱式有效市场上,股票价格充分反映了全都能从市场交易数据中得到的信息,如过去的股价、交易量等。这样,投资者不能通过对股价变动的历史资料分析来判断未来股价的变动趋势。因此,在弱式有效市场上,技术分析就变得毫无用处。弱式有效市场表现为股票价格的随机游走(random walk),即股票价格的变化是相互独立的,每次价格的上升或下降与前一次的价格变化毫无联系,对下一次价格变化也毫无影响,股票价格的变化是随机的。对弱式有效市场的检验主要侧重于对股票价格时间序列的相关性研究上,如自相关性检验、操作试验、过滤法则和相对程度检验等。

(2) 半强式有效市场:在半强式有效市场上,与公司前景有关的全部公开的已知信息已经在股价中反映出来了。除了过去的股价信息,这些已知信息还包括公司生产经营的基本数据,管理质量,资产负债表组成,利润预测,股息变动,影响股价的各种政治、经济消息等。在这种市场中,投资者对公司的财务报表等各种公开发表的信息进行分析均不能获取超额利润,因此基本分析将失去作用。对半强式有效市场的检验,主要侧重于研究股票价格对各种最新公布的消息(如股息政策变动、利润预测)的反应速度。

(3) 强式有效市场:在强式有效市场上,股价反映了全部与公司有关的信息,甚至包括那些只有内幕人员知道的信息,投资者不可能找到一种好的方法得到超额利润。显然,这是很极端的。如果某些投资者拥有内幕消息,他是有可能利用这一消息获取超额利润的。因此,强式有效市场只是一种理论假设,在实际运作中,这种市场是无法出现的。

表面上看,股票市场的有效性与信息有关,但是从本质来说,股票市场的有效性受股市参与者的伦理行为影响,股市的操纵者通过扭曲的投资行为对股市的有效性造成消极的后果。

### 四、股票市场的参与者及其伦理规范

股票市场的参与者包括上市公司、证券交易所、投资银行(证券公司)、中介机构(经纪商)、金融媒体、评估机构等,这些机构在股票市场中扮演着不同的角色,需要遵循各自的伦理规范。

第一,上市公司是股票市场中最重要的参与者之一,上市公司的质量如何直接影响到股市的交易效率。对于上市公司来说,其最重要的伦理规范是向交易所、监管者以及公众提供真实、准确、全面和透明的信息,以保障投资者和其他交易者做出恰当的决策。因此,上市公司的诚信是其第一伦理规则。我国股票市场中发生过很多上市公司造假的事件,严重误导了投资者的投资行为,也对股票市场的运作造成了极大的负面影响。

第二,对证券交易所而言,其最重要的功能是为整个交易所制定交易规则,其游戏规则的制定必须是公平而合理的,必须有利于各个交易主体的公平交易,必须有利于股票市场的公平定价。因此,对交易所而言,其制定规则的透明性和公平性是最重要的伦理规范。另外,证券交易所也承担着向监管者、投资者和公众提供信息的功能,因此交易所必须提供完整而真实的信息,必须恪守诚实与信用的伦理规范。

【专栏 **10-2**】

### 证券交易所的功能以及场外交易

证券交易所是由证券管理部门批准的,为证券的集中交易提供固定场所和有关设施,并制定各项规则以形成公正合理的价格和有条不紊的秩序的正式组织。具体而言:

证券交易所的第一个功能是提供买卖证券的交易席位和有关交易设施。

在美国,交易席位可分为四种类型:

第一类是佣金经纪人(commission brokers),即经纪公司在交易所场内的代理人,他们接受经纪公司客户的指令并且负责在交易所内执行这些指令,经纪公司依据它们的服务向客户收取佣金。

第二类是特种会员(specialists),他们身兼经纪人和自营商两个角色。当佣金经纪人无法立即执行客户的买卖委托时,他们就将这些委托转托给负责该证券的特种会员,以便在条件合适时执行,因而特种会员也被称为经纪人的经纪人。同时,当公众不愿要价

或出价时，特种会员为了保证市场的连续、有序、公平，就得以自己的名义发出要价或出价，由此可能带来的损失通过在资金和税收上享有优势予以补偿，但也受到相应的职业通行准则的约束。特种会员还作为证券交易所指定股票的交易商以维持一个连续的市场。

第三类是场内经纪人(floor brokers)，通常在交易所内自由行动，当进入市场的指令过多时，他们就将协助佣金经纪人以防止指令积压。

第四类是场内交易者(floor traders)，他们只为自己做交易，是在交易所内寻求获利机会的投机者。

证券按交易所的第二个功能是制定有关场内买卖证券的上市、交易、清算、交割、过户等各项规则。① 上市——挂牌与摘牌。上市(listing)是赋予某只证券在证券交易所内进行交易的资格，上市股票的发行公司必须向交易所提交申请，经审查满足交易所对股票上市的基本要求，方能在交易所挂牌上市交易，但获得上市资格并不等于一劳永逸，证券交易所为了保证上市股票的质量，会对其进行定期和不定期的复核，不符合规则者会被暂停上市或予以摘牌。② 公开竞价与成交。上市股票的交易一般采取公开竞价法，又称双边拍卖法，是买卖双方按价格优先和时间优先的原则进行集中竞价——在不同价位，买方最高申报价格和卖方最低申报价格优先成交；在同一价位，指令先到者优先成交。而在申报竞价时有口头唱报竞价、计算机终端申报竞价和专柜书面竞价等形式。③ 交割、清算与过户。股票买卖成交后，就进入交割过户阶段，交割一般可分为证券商之间的交割和证券商与委托客户的交割，前者在证券交易所的结(清)算部进行，通常采用余额交割制，后者则在成交后完成。

证券交易所的第三个功能是管理交易所的成员，执行场内交易的各项规则，对违纪现象做出相应的处理等。

证券交易所的第四个功能是编制和公布有关证券交易的资料，这些资料必须为投资者、监管者和公众提供真实、准确、全面的信息。

---

第三，对投资银行而言，它们承担着为上市公司首次公开发行进行咨询服务、准备各种上市文件以及承销商的功能，在股票市场交易中扮演着极为重要的角色。投资银行在为上市公司准备各种上市文件(包括招股说明书)的过程中，必须秉持诚信、公正的伦理原则，不能在上市文件中提供各种虚假的信息，也不能利用各种信息误导投资者。投资银行在为上市公司提供服务的过程中，也要恪守公正的伦理原则，如在上市定价的过程中，不能因私利而采取扭曲的定价行为，要对上市公司和投资者负责，对股票市场的稳健与安全负责。

第四，证券交易所中活跃着各种中介机构，它们在二级市场交易中扮演着重要角色。这些中介机构应遵守交易所的交易规则，不能突破自己的交易限制，要遵守自己的职业道德，不能越雷池一步。比如经纪人只能代替执行委托客户的指令进行交易，而不能自己参与交易。各种证券公司、投资基金作为中介机构参与到证券交易当中时，应遵循诚信、公平的交易伦理规范，在交易中不能有利用虚假信息和资金优势操纵市场的行为，也不能有不顾客户资金安全的道德风险行为,要为客户资金的安全运行和增值负责。投资基金所投资的金融产品十分广泛,尤其在投资风险较高的金融衍生产品时,应该秉持稳健的投资策略,禁止盲目投资和过度冒险,而要将资金安全放在第一位。

【专栏 **10-3**】

## 投资基金的功能和类型

投资基金是通过发行基金股份(或收益凭证),将投资者分散的资金集中起来,由专业管理人员分散投资于股票、债券或其他金融资产,并将投资收益分配给基金持有者的一种金融中介机构。投资基金是资本市场一个新的形态,它基本上是股票、债券及其他证券投资的机构化,不仅有利于克服个人分散投资的种种不足,而且成为个人投资者分散投资风险的最佳选择,从而极大地推动了资本市场的发展。投资基金按组织形态细分,可以分为公司型基金和契约型基金两类。

(1) 公司型基金(corporate type fund)。公司型基金是依据公司法成立的、以盈利为目的的股份有限公司形式的基金。其特点是基金本身是股份制的投资公司,基金公司通过发行股票筹集资金,投资者通过购买基金公司股票而成为股东,享有基金收益的索取权。

(2) 契约型基金(contractual type fund)。契约型基金是依据一定的信托契约组织起来的基金,其中作为委托人的基金管理公司通过发行受益凭证筹集资金,并将其交由受托人(基金保管公司)保管,本身则负责基金的投资营运,而投资者则是受益人,凭基金受益凭证索取投资收益。

按投资对象细分,大致可分为八种:

(1) 股票基金。它的投资对象是股票,这是基金最原始、最基本的品种之一。

(2) 债券基金。它是投资于债券的基金,这是基金市场上规模仅次于股票基金的另一重要品种。

(3) 货币市场基金。它是投资于存款证、短期票据等货币市场工具的基金,属于货币市场范畴。

(4) 专门基金。它是从股票基金发展而来的投资于单一行业股票的基金,也称次级股票基金。

(5) 衍生基金和杠杆基金。它是投资于衍生金融工具,包括期货、期权、互换等并利用其杠杆比率进行交易的基金。

(6) 对冲基金与套利基金。对冲基金(hedge funds),又称套期保值基金,是在金融市场上进行套期保值交易,利用现货市场和衍生市场对冲的基金。这种基金能最大限度地避免和降低风险,因而也称避险基金。套利基金(arbitrage fund)是在不同金融市场上利用其价格差异低买高卖进行套利的基金,也属低风险稳回报基金。

(7) 雨伞基金(umbrella funds)。严格说来,雨伞基金并不是一种基金,只是在一组基金(称为“母基金”)之下再组成若干个“子基金”,以方便和吸引投资者在其中自由选择和低成本转换。

(8) 基金中的基金(funds of funds)。它是以本身或其他基金单位为投资对象的基金,其选择面比雨伞基金更广,风险也进一步分散降低。

第五,金融媒体(也包括广义上在各类媒体上对股票市场发出各种评价的经济学家和股评人士)对于股票市场的稳健运作有至关重要的作用。金融媒体(电视、报纸、杂志、网站等)应该遵守自己的职业道德,为公众提供负责任的信息,秉持诚信的原则,不误导投资者和公众。各类股票市场评论者和经济学家应该秉持公正、中立、诚信的伦理原则,既不提供虚假的信息,也不为个别利益集团服务,而要为整个股票市场做出客观和中立的判断,引领市场向健康的方向发展。

第六,评估机构在提供股票市场信息方面起到关键的作用,会计师事务所和专业评估机构都有责任向市场提供真实、准确的信息。在著名的美国安然公司事件中,安达信会计师事务所作为一个评估机构,与安然公司一起造假,严重误导了股票市场的投资者,自己也落入可悲的境地。评级机构是靠自己的信用和公正性来维持运行的,一旦这种信用和公正性受到损害,其存在的基础也就没有了。

## 第二节　股票市场的市场操纵与道德危机

### 一、股票市场的信息不对称、市场操纵与信任危机

理想的资本市场应该是一个充分共享信息、资金融通无障碍的平台,各交易主体在这个市场中相互信任,公平合作,实现正和博弈“共赢”的目的。中国的证券市场成立以来,一步步走向完善,但由于市场信息的不对称,在此过程中不可避免地出现了诸如内幕交易、股票价格操纵、庄家坐庄、公司圈钱等经济法律、伦理道德的问题,使得中国证券市场陷入“信任危机”。

关于信任,一个很人性化的解释是,“信任看来是信任者对善意的一种期望,这种期望是在能够辜负信任者特定个人(或者一部分人)的关系之中发展的。这种期望通常是信任者直接或间接地倾向于作为行动根据的期望,或者是信任者认为必须实现以便信任者过好日子的期望”①。在证券市场上,投资者同样希望对自己所选择的投资对象——股票——充满信任,期待最终能够获得收益的兑现。但是现实中,并非所有被给予信任的股票都能给投资者带来“好日子”,有时甚至是完全相反的结果,例如下面即将谈到的“亿安科技”,其作为中国第一只百元股票吸引了数以万计中小投资者的追捧,然而百元神话的股价瞬间“高台跳水”,一切灰飞烟灭。

不可否认,导致与期望如此相悖的结果的重要原因之一是证券市场上的信息不对

---

① 金黛如(Daryl Koehn)著,陆晓禾等译:《信任与生意:障碍与桥梁》。上海:上海社会科学院出版社 2003 年版。

称。那些不幸的中小投资者——或者称为“散户”——所获取的交易信息远远无法和市场上“大手笔”的庄家们相比,他们所能获取的所有与股票发行价格认定相关的信息,完全依赖于上市公司的招股说明书、年度报告、中期报告以及临时性的公告等是否完整、准确而透明。一旦其中的某些报告和信息被人为操纵或是虚假披露,那么将会直接影响中小投资者的正确决策,以至于损失惨重。而庄家对某一股票成功地坐庄之后,留下的将是一个缺失了信任的“空壳”。

【专栏 10-4】

## 我国股市中的坐庄与庄家

我国股市中,机构投资者盈利的主要方式是“坐庄”。所谓“坐庄”,是机构或个人大户投资者利用资金的优势操纵股价,利用散户投资者追涨杀跌的心理,从中渔利。庄家指中国证券市场上操纵股票价格借以牟利的交易者。庄家中既有私人投资者,也有证券公司。他们利用其在信息、资金、技术等各方面的优势,制造虚假或失真的信息,诱使中小投资者进入预设的圈套,达到攫取高额利润的目的。从中国股票市场的发展历史来看,庄家操纵市场的手法主要有利润操纵、送配操纵、政策操纵、舆论操纵、技术操纵等五种。

庄家对股市的操纵在中国股市上已是屡见不鲜,这种做法严重损害了广大中小股民的利益,违反了金融伦理学的信息对称和平等谈判力量的要求。金融伦理的公平性要求“平整游戏广场”,而机构投资者和广大中小股东无论在信息来源和信息处理能力上都存在相当大的差距,这就使庄家操纵变得必然和易行,再加上监管部门对于庄家操纵监管不力(或者说很多时候是无可奈何),迄今为止,在实践中被处罚的庄家屈指可数。所以,如何有效防止庄家的操纵行为,成为中国股票市场规范发展必须解决的重大现实问题。

股票市场的信息不对称现象很常见,而且信息越是不对称,市场有效性越差。这种不对称的信息对于交易双方是不公平的。一方面,庄家极容易掌握信息,甚至有的信息直接源于庄家,而散户们只能了解到显性的信息,甚至例如股票价格的上涨,由此做出简单利好的判断,用手中的筹码将信任的选票投给了那些被操纵和控制的股票;另一方面,庄家甚至可以通过操纵信息来谋求利润,例如传播虚假信息,吸引投资者的注意力,牟取高额的利润。

中国证券市场的信息不对称的现象极为严重。中国的股票反映信息的能力比较弱,受人为因素影响比较大,只能一定程度上反映历史信息和公开发布的信息,属于次强有效率市场。在信息不对称的市场环境中,庄家和散户可以看作博弈的双方,庄家知道散户的心理预期,散户对于庄家的青睐目标则难以判断,因此,庄家是股票价格的操纵者,而散户是股票价格的接受者。基于有效市场假说的分析,一旦庄家和上市公司内幕人士相互勾结,就可以联手操纵股价,这样的价格是对股票内在价值的扭曲,增加了市场运行的风险:一方面,中小投资者最终在经济上受到巨大的打击,血本无归,将对这只股票丧失信心,产生极度不信任;另一方面,庄家清盘之后,被操纵的股票价格通常会"高台跳水",之后,庄家撤出,这只股票"壳"的信任度会大打折扣,并且难以轻易复苏,严重的甚至可以引发投资者对整个股市信心不足,产生大规模的信任危机。

【专栏 10-5】

## 1995—2001 年证券市场操纵典型案件

君安深发操纵"厦海发":君安深发 1994 年 10 月 18 日以连续买卖和自买自卖的方式操纵"厦海发 A"及 A 股配发权,获利 238 万元。

山东渤海操纵本公司股票:渤海公司用 1 989.7 万元,于 1994 年 8 月以连续买卖和虚买虚卖操纵本公司股票,获利 587.97 万元。

广发证券操纵南油物业:广发证券挪用客户保证金 2.3 亿元,从广发场外融资 2.6 亿元,开设 153 个个人账户以价格数量相近、方向相反的交易操纵南油物业股票,1997 年 3 月 9 日持仓量占南油物业总股本的 25.95%。该公司未报告,也未公告。

申银万国操纵陆家嘴:1996 年 9—12 月申银万国从工商银行上海分行、光大银行上海分行拆借资金累计 75.1 亿元,日均 3.845 亿元;利用上海中央登记结算公司漏洞,从工商银行上海分行证券清算账户透支,日均透支额达 9.1 亿元;以连续买卖、对敲等手段操纵陆家嘴股票,获利 2 343.8 万元。

广深君安:广深铁路公司以"资产委托"的形式将募股资金 3 亿元交由君安证券炒股,未将收益列入账内。君安公司以其在港注册的子公司君安国际公司未经批准吸收资金,以个人账户炒 A 股、B 股,获利 4 000 万元。

信达信托:信达信托于 1998 年 4 月至 1999 年 2 月,集中 5 亿元资金,利用 101 个个人股东账户及 2 个法人股东账户,大量买入"陕国投 A"股票,持仓量最高占总股本的 25%。信达信托多次通过其控制的不同股票账户进行价格相近、方向相反的交易,以制造成交活跃的假象,使得该股价格从 1998 年 4 月 8 日的 10.01 元涨至 1998 年 9 月 21 日最高时的 19.12 元,涨幅达 91%。信达信托共获利 10 322 万元。

浙江证券操纵钱江生化:2000 年 1—10 月,浙江证券为客户融资 46 079.5 万元买入证券,截至 2001 年 3 月底,浙江证券挪用客户交易结算资金总额为 6.3 亿元,利用数十个股票账户大量买卖"钱江生化"股票,还通过其控制的不同股东账户,以自己为交易对象,进行不转移所有权的自买自卖,影响证券交易价格和交易量。截至 2001 年 3 月 20 日,股票余额为 14 075 537 股,实现盈利 4 233.18 万元。

资料来源:谢平、陆磊:《中国金融腐败的经济学分析》。北京:中信出版社 2005 年版,第 103—105 页。

## 二、股票市场操纵的案例分析:亿安科技

提及“亿安科技”,熟悉中国股市的人恐怕都不会忘记这只神话般突破百元,又梦魇般跌入谷底,而后平淡地销声匿迹的“高科技股”。

### (一) 诱人神话:百元股价中国第一

亿安神话的出现最早要追溯到其前身——深锦兴。深锦兴是深圳市外贸系统第一家上市公司——深圳市锦兴实业股份有限公司的股票简称,1992 年 5 月 7 日在深交所上市。该公司是一家从事禽畜饲料、仓储、粮油食品、纺织品业务的公司,深锦兴上市后经营状况每况愈下,1996—1998 年的每股收益出现负增长,这种状况一直持续到 1999 年中期被广东亿安科技发展股份有限公司(以下简称“亿安科技公司”)收购为止。

亿安科技公司是一家成立于 1998 年 10 月 13 日,注册资本 1.5 亿元,主营 SVCD、DVD 芯片、影碟机、通信设备及数码科技产品的公司。1999 年 4 月 10 日,深锦兴第一大股东深圳商贸投资控股公司及第四大股东深圳国际信托投资公司与亿安科技公司签订了股权转让合同,至此,亿安科技公司持有了深锦兴 23 346 082 股,占公司总股本的 31.7%,毫无疑问,亿安科技坐上了第一把交椅,与此同时,看好了深锦兴“盘小价低”的庄家们也开始了轰轰烈烈的股价操纵。

首先是“改旗易帜”。1999 年 8 月 18 日,“深锦兴”正式更名为“亿安科技”,由此开始,一只即将创造史无前例的“神话”的股票出现在深交所的大屏幕上。此时,亿安科技的价格已经由 1998 年年底庄家进入亿安科技建仓时的 8.34 元上升到 27.40 元,最高时达到 30.90 元。[①] 同时,公报上的经营范围也增添了许多如“数码科技”“生物工程”“纳米技术”“网络工程”等当下十分流行的概念,步入高科技股的行列。其间,还传出亿安科技公司与清华大学合作研制碳纳米管,投资中国眼科信息网、依贝视讯系统等,吸引了大量对亿安科技公司极度感兴趣但又无法得知真相的中小投资者用手中的筹码投去了信任票。

其次是“收集筹码”。庄家从二级市场入手,采用打压吸筹的方式,耐心地收集散户零散抛售的筹码。庄家手中的筹码不断增加,1998 年中期持股人数为 29 080 户,年末降至 14 906 户,1998 年 12 月 31 日,持有亿安科技超过 10 万股的户头所持有的股票数占流通股总量的 37.4%,一年之后,持股人数为 2 878 户,持有 1 000 股以上的人数仅有 640 人,持股量却有 99.03%[②],其中,10 万股以上的户头有 131 个,占流通股总持有量的 82.91%。庄家的筹码收集大功告成,亿安科技的股票全权在握,任其随心操纵。但事实上,亿安科技此时已经有悖于《公司法》(2013 年版)第一百五十二条第四款规定,股份有限公司申请其股票上市必须符合“持有股票面值达人民币一千元以上的股东人数不少于一千人”的“千人千股”的要求,依照《证券法》,该股票应依法暂停上市。[③]

最后是“价格操纵”。亿安科技的价格操纵主要是大股东通过四个庄家的交易完成

---

① 金信证券:《亿安科技历史行情数据》,1999 年 7 月。

② 魏雅华:《亿安科技:盛宴之后谁来买单?》,《金融经济》,2000 年第 3 期,第 42—44 页。

③ 郭丽红:《论证券交易价格的法律控制》,《现代法学》,2000 年第 4 期,第 124—127 页。

的——广东欣盛投资顾问有限公司、广东中百投资顾问有限公司、广东百源投资顾问有限公司、广东金易投资顾问有限公司。自1998年10月5日起，这4家公司利用627个个人股票账户和3个法人股账户，大量买进，最高时2000年1月12日3 001万股，占流通股总量的85%。[①] 庄家们通过这些账户对敲买卖，影响亿安科技的股价和交易量，2000年2月15日，亿安科技"历史性"地突破了100元，2月17日达到"辉煌的顶点"——126.31元。[②] 庄家们的"大手笔"开始于2000年，从2000年前收市时的42.3元到126.31元，只用了20个交易日，就联手成就了"中国第一只百元股"，打造了一个能够吸引无数中小投资者的"陷阱"。

一只流通盘仅有3 529万股、每股净资产只有1.27元的股票，为何能在17个月的时间里涨幅达到2 300%？

庄家们高明的手段固然是重要的原因。例如，在2000年亿安科技价格飙升的22个交易日里，除两天外，其余全是阳线。庄家的高明之处就在于拉升时从不拉涨停板，最高时只达到9.49%[③]，因此也就规避了因连续三个涨停板要做的公开说明，一切都在隐蔽中完成了。

更重要的是，庄家的得逞，是因为在当时中国股市近10年的发展过程中，始终没有出现超过百元的股票，而国外有的股票价格甚至高达数千美元，因此，无论是上市公司还是投资者，都存在一种心理预期：中国的股市理所应当存在高价位的股票。当时，《资讯广场》曾经刊登了一篇题为《为亿安科技的庄家"喝彩"》的文章，反映的正是这样一种心理：

> ……首只百元股票的出现无疑将向传统的"理念"和"方式"挑战，为亿安科技的股价喝彩，为将亿安科技推上百元价位的人士喝彩，更为"庄家"给我们带来的"投资理念"喝彩。
>
> 他们（指亿安科技的庄家——编者注）率先发现了中国股票二级市场的不平等、股票价值的扭曲、对高成长上市公司的不合理定位，最早运用了"用未来的收益来确定今天的价值"这一理论，他们借着高科技、网络革命而带来的巨大发展前景去身体力行，所以我们理应为他们喝彩，因为他们是智者，是先驱。

于是，当亿安科技"蓬勃向上"时，它博得了人们的信任，便成为这些市场参与者的心理寄托，他们相信，亿安科技将不负众望。然而，老到的庄家正是抓住了投资者的这种心理，和他们简单地认为价格能够如此强劲地上涨必然和上市公司的业绩突出相关，用残酷的现实和投资者们的预期开了一个大大的玩笑——数日之后亿安科技真的"跳水"了——他们不应当把过多的信任赋予亿安科技。

### （二）泡沫破灭：虚幻价格高台跳水

就在人们或惊讶或欣喜或担忧地看到亿安科技成就"一夜暴富"的神话、期待它再创新高时，亿安科技的价格开始走低了：2000年2月21日，股价突然下跌5.97%；22日，再

① 郭丽红：《论证券交易价格的法律控制》，《现代法学》，2000年第4期，第124—127页。

② 金信证券：《亿安科技历史行情数据》，2000年2月。

③ 同上。

次下跌9.97%,收盘时的价格跌破100元。[①] 正当人们还在分析亿安科技的股价下跌是否为偶然因素时,第三天的跌停板给了每个人当头一棒——亿安科技一直在被庄家操纵,现在庄家要出清了。

然而当时,并不是所有的投资者都能够意识到这一点,尤其是那些无辜的不知内情的散户们,他们还在做着亿安科技重生的美梦,但是,亿安科技股价的"高台跳水",使得信赖它的投资者们的梦想幻灭了。股价自开始下跌起,几乎直线下降,到2000年3月3日,股票的价格跌破80元,收盘价为76元;2000年8月30日,跌破60元,当日收盘58.8元。[②] 从100元到60元的价格经历了半年之久,这期间,庄家们获得了充足的时间把手中的筹码一一放出。

从此之后,亿安科技的虚幻股价再也没有能辉煌过。

2001年1月10日,证监会宣布调查亿安科技股价操纵问题[③],对其重点账户进行实时监控。此后五天,亿安科技的股价更是一路直下,1月9日收盘价的47.40元,连续五天跌停板,到1月17日25.19元开盘,五天之内,一半价格的跌落又一次让中小投资者们没有丝毫喘息的机会。[④] 然而,亿安科技在由于跌停而不得不发布的公告中称"本公司自1999年资产重组以来,主要业务已逐步由仓储贸易转向高科技产业,资产质量不断改善,经营业绩不断提高,历史遗留问题得到清理,公司正步入良性发展阶段。目前本公司一切经营运作均正常稳定,无应披露未披露事项""自1997年以来,本公司从未进行股票投资,未参与二级市场炒作"。[⑤] 不难看出,亿安科技公司的公告只是一个掩人耳目的幌子,搪塞着天真的被套着的投资者。

2001年4月23日,证监会发布公报:"截至2001年2月5日,广东欣盛投资顾问有限公司、广东中百投资顾问有限公司、广东百源投资顾问有限公司、广东金易投资顾问有限公司控制的股票账户共实现盈利4.49亿元,股票余额77万股。"至此,亿安科技庄家们所持有的3001万股股票大部分都已高位套现。

当庄家的黑幕被证监会的一纸公告揭开的时候,大多数股市里的散户们才恍然大悟——昔日追捧欢呼的"主角",却是被牵了线的"木偶";散户们曾经一度信任中国股市难得的超过百元的"高科技股",失去理智般地争相购买,却在和庄家极度不对称的信息来源下,被引诱,被利用,被套牢。

此后,亿安科技因为持续业绩不佳,财务状况持续恶化,被戴上了"ST"的帽子,2003年,ST亿安通过大幅降低财务费用实现了盈利,使得2004年年初撤销了退市风险警示。2004年,ST亿安又变卖了公司的大量资产,获得了极高的现金补充,使公司全年获得大幅盈利。[⑥] 由于业绩状况的明显改善,亿安科技成功摘帽,"亿安科技"的名称又出现在了深交所,然而此时的亿安科技的股价仅在10元左右徘徊。

---

① 金信证券:《亿安科技历史行情数据》,2000年2月。
② 金信证券:《亿安科技历史行情数据》,2000年3月至8月。
③ 《庄股时代的金字塔 亿安科技股价操纵案及反思》,中国证券网 www. Onstock. com 2001年5月19日。
④ 金信证券:《亿安科技历史行情数据》,2001年1月。
⑤ 《2001年度亿安科技公司大事记》,中国证券网 www. Onstock. com,2001年6月11日。
⑥ 《资产重组顺利完成"亿安科技"变身"宝利来"》,搜狐财经 business. sohu. com,2005年5月23日。

终于,被庄家操纵的"百元大股"结束了它的"百元谎言"。庄家做完"庄"走了,留下的只是一个缺失信任的软弱"空壳"。

(三)伏法闭市:难逃法网亿安更名

一只由于被庄家联手操纵而使股价从高达百元跌到不足十元的股票,对于投资其中尚未解套的人们来讲,无疑是一个致命的打击。其中,受到损失的多为中小投资者,属工薪阶层因而持有量少,当他们看到亿安科技的"百元神话"时,为之所动,下极大的决心购买如此高价的股票,其目的极其简单——股价高,前景看好,一点点的涨幅就可以盈利。同时,面对亿安科技最初的下跌,他们并不知道这就是所谓的"高台跳水",依旧持有他们朴素的观点——总有回升的一天,辛辛苦苦挣来的岂能就此放手。正因为如此,亿安科技最大的受害者就是这些把血本投入其中的人。

因此,亿安科技的庄家们于情于理都应当受到严惩。

2001年9月19日,受理"亿安科技股价操纵案"的律师团同时向北京和广州两地的法院提出诉讼,参与起诉的投资者有363人,诉讼损失标的达2400多万元。对于这起股价操纵案,被告一方主要是亿安科技的四大庄家——广东欣盛、中百、百源和金易四家投资顾问公司,以及亿安集团公司、亿安科技股份公司及其法定代表人。[①]

根据《刑法》第一百八十二条、《中华人民共和国民法通则》第一百零六条第(二)款、《证券法》第六十三条的规定,亿安科技被认定是一起典型的股票价格操纵案件。[②] 可以发现,这些老到精明的庄家们操纵亿安科技价格的手段几乎涵盖了法律所列举的所有证券价格操纵的犯罪行为要件:

首先,单独或者合谋,集中资金优势、持股优势或者利用信息优势联合、连续买卖,或者以事先约定的时间、价格和方式相互进行证券交易影响,操纵证券交易价格。[③] 亿安科技的四家股东投资公司利用其开立和控制的627个个人股票账户和3个法人账户,长时期地进行连续买卖,抬高股票价格,制造"百元谎言"。

其次,进行不转移证券所有权的自买自卖,影响证券交易价格或者证券交易量。这种方式也称为洗售。[④] 2000年1月12日四个庄家已经持有亿安科技3001万股,占流通股总量的85%,通过庄家内部的股票交易,抬高股价,事实上这一阶段亿安科技的交易已经成为庄家们的自买自卖行为。

最后,传播虚假信息,导致股票价格严重扭曲。亿安科技在1999年年底和2000年年初,相继公布了一些误导性的公告和信息,如与清华大学合作开发纳米物理电池等,以增强股票的知名度,吸引投资者的注意力,增加需求量,从而抬高股价,而在信息不对称的市场中接受信息方无法核实新信息的真实性。

当"亿安科技股价操纵案"的审判结束,一切信息大白于天下时,亿安科技的股价跌

① 欧阳剑:《亿安科技股东的赔偿成为无法承受之轻——访亿安科技民事索赔案律师团首席律师郭锋》,《中国工商》,2001年第11期。

② 同上。

③ 吴志良:《操纵证券交易价格罪的研究和实证分析》,《经济经纬》,1998年第5期,第85—88页。

④ 晁玉凤:《一起典型的操纵证券交易价格的犯罪——对联手操纵"亿安科技"股票价格案的认定》,《河南工业大学学报(社会科学版)》,2002年第2期,第52—54页。

落至历史最低点4.58元,跌幅达96.16%,成交量也大大萎缩。不难发现,随着亿安科技从巅峰坠入谷底,此时人们面对亿安科技,用脚投去了不信任票。

此后,亿安科技公司惨淡经营一年半,业绩平平,虽然摘掉了“ST”的帽子,但是,不足10元的股价让亿安科技公司汗颜,最终再易其主。2005年5月23日,在顺利完成股权移交的资产重组后,“亿安科技”正式更名为“宝利来”,深圳市宝安宝利来实业有限公司成为其第一大股东。曾经叱咤风云的亿安科技从深交所的屏幕上黯然消失。

纵观亿安科技这起典型的庄家操纵股票价格案件,庄家能够隐藏得如此之深,能够在短短17个月内将一只每股收益率为负的股票拉升为“中国第一只百元大股”,能够骗取数以万计的投资者掏出钱袋甘愿跟风高价吃进,能够在股价攀升的顶峰“高台跳水”,表面上看,是庄家雄厚的资金实力、老到的经验和缺乏诚信的道德因素所致,但从根源上看,正是因为证券市场存在显著的信息不对称才导致了诸如证券价格操纵、内幕交易等一系列上市公司有悖于伦理道德,直至将信任危机“引火烧身”的案例。

## 三、完善股票市场信任机制的政策框架

中国的股票市场存在显著的信息不对称,类似亿安科技的股票价格操纵和内幕交易等不正当的交易行为时有发生,制度存在严重的缺陷。因此,在中国资本市场进一步发展和完善的同时,上市股票信任机制的建立尤为重要。

### (一) 上市公司信息披露实施动态监管

现有的监管机制满足于对上市公司的信息披露进行静态监管,即对上市公司初次或第一时间披露的信息进行审核确认,而对上市公司就同一事件先后发布的前后不一致的具有误导、欺诈、恶意影响股价行情的信息没有采取有效的跟踪和随机监管措施。[①] 在信息不对称的情况下,上市股票在被庄家操纵的过程中,利用中小投资者信息缺乏的特点,很容易制造虚假信息,恶意吸引中小投资者。因此,对于上市公司信息的披露程度要求更高的透明度,可以让中小散户及时准确地获取信息,并且实行动态的监管机制。

### (二) 加强对庄家、大公司股东等信息掌握充分的主体的监督

绝大多数内幕交易和市场操纵行为均与上市公司的庄家和大股东有关,为此,要从制度上进行必要的限制。例如,要求上市公司大股东对其直接或间接进入股市的资金数量、开户机构、持股数进行适时披露,限制其通过中介公司买卖其作为股东的上市公司的股票数量,并限定买卖间隔。防止这些主体利用信息不对称的优势进行不正当的交易行为,损害中小投资者的利益。

### (三) 对证券交易的监控体制进行变革

目前我国证券市场上,监管系统还存在巨大的体制漏洞,具体而言如下:

1. 对股票行情变动的监管

要设立独立于交易所、隶属于证监会的监控系统,由证监会监督协调处理,并聘请律师、会计师、分析师等专业人才组成监控队伍实施即时监控,并及时采取风险防范和警示措施,保障投资者对行情的充分信任。

---

① 郭锋:《证券市场灰色缩影:中国股市存在严重的制度缺陷》,中国证券网,www.onstock.com。

2. 加强证券经营机构的内部制约机制

尤其是对证券经营机构及操盘手的监管,在股票价格的操纵中,庄家用个人身份证开户,建仓分仓,买入卖出,转移非法所得,都涉及证券经营机构的配合。因此,在立法上强制证券经营机构及其操盘手承担连带责任的同时,应当加强证券经营机构内部的相互制约,提高操盘手的道德素质。

(四) 对有违规操作市场的庄家要严格惩治

特别是在执法方面,应当做到有法必依,同时合理完善人民法院受理此类案件的方式、程序以及判例过程。在亿安科技的案例中,可以发现,在律师团提出诉讼后,最高人民法院不予受理,并做出声明:法院暂不受理由于内部交易、欺诈、操纵市场等行为引起的民事赔偿案件。法院是维持正义、惩治罪恶的地方,惩罚庄家,是对中小投资者利益的申诉,是提高中小投资者信心的重要渠道,因此,对庄家必须严惩不贷。

中国股票市场的起步和发展仅仅三十余年的时间,其内部体制还存有相当大的问题和漏洞,特别是出现的信任危机,许多上市的股票成为庄家自身牟利的“壳”资源,最终,使得这些股票成为不被信任的“空壳”,而中小投资者也渐渐对股票、对股市丧失了信任与信心。然而我们相信,股票市场乃至整个资本市场的有效运转是靠信息、信任和信心共同支撑起来的,随着市场信息公开透明度增强,投资者的信任程度加深,中国股票终将褪掉失信于人的“壳”,中国的资本市场将会更加完善。

## 第三节　资本市场上市公司的伦理问题

### 一、资本市场的零和博弈与正和博弈:上市公司造假的动因分析

上市公司是资本市场最重要的交易主体,诚信是资本市场健康的重要支撑要素。但是纵观世界各国的股票市场,上市公司造假行为屡见不鲜。上市公司编造利润,虚假记载、误导性陈述和重大遗漏等种种造假行为的主要目的是在未上市之时通过欺诈上市、上市之后通过提供假信息和编造利润来骗取再融资资格,同时与部分机构通过操纵市场来获取资本市场的投机利润,从股价波动中获取收益。在这些公司眼里,证券市场就是圈钱的最佳场所,上市公司成了其造假的最好平台。

我们常常怀有这样的幻想,以为只要加强证券业的监管,就可以使金融案件和金融危机消失,但是单纯强调金融监管和金融法律,却忽略了证券业本身的伦理特性。就算证券业的制度尽善尽美,还是不能从道义上解决投机问题。金融市场是否真的如乔治·索罗斯(George Soros)所说,不属于道德范畴? 证券市场是否真的只是经济动物追逐私利的“丛林”?

中国的投资者往往把股票市场当作一个赌博的场所,在股票市场中也充满了各种赌博场所才有的术语,整个股票市场的逻辑似乎与赌博非常相似。实际上,股票市场和赌博有很大的区别。仔细分析我们就会发现,赌博是一个零和博弈,有人赢就要有人输。它的道德结构不是“双赢”,而是“损人利己”。所以说,赌博本身是不符合道德规范

的。而研究证券市场的利益——道德结构,从经济学角度看,人们应该在不损害他人的利益前提下获取利润。因此,一个博弈是否符合道德,关键在于它是零和的还是正和的。

证券市场的参与人可看作两种:融资者和投资者。证券市场可以分为发行(一级)市场和流通(二级)市场。一级市场的基本利益关系主要发生在融资者与投资者之间。二级市场是投资者相互买卖的市场,其利益关系主要发生在投资者与投资者之间。作为一种投机工具,证券对投机者来说只是一个买卖的筹码。投机者眼中的融资者已经逐渐暗淡,他们只关心贱买贵卖。因此,投资者一般与融资者博弈,而投机者则主要与投机者博弈。总结来说,证券市场的利益—道德结构如表 10-1 所示。

**表 10-1 证券市场的利益—道德结构①**

| 主体 | 主要场所 | 共同目标 | 利益结构 | 行为模式或原则 |
| --- | --- | --- | --- | --- |
| 投资者—融资者 | 一级市场<br>二级市场 | 证券所代表的资本的盈利能力不断提高 | 正和博弈 | 互利 |
| 投机者—投机者 | 二级市场 | 证券市场资金的重新分配 | 零和博弈 | 客观上损人利己 |

证券市场是实现资金从盈余单位向短缺单位流通的一种基本方式。证券融资者为的是获取资金,需要讲究信誉问题;证券投资者则是以盈利为目的,但需要注意的是,“以盈利为目的”并不等同于“唯利是图”。考虑一件事的伦理意义和道德价值,既要看行为人的目的和动机,也要看其造成的社会后果。从这一意义上来说,即便是在股票市场中一夜暴富,也并非违反道德。二级市场的转让行为,实际上使得证券市场从纯粹的融资手段变成了一定意义上的赌博工具。但是,投机行为只要在游戏规则允许的范围内,其存在就是非常必要的,这些投机行为有利于资本市场定价机制的完善,也有利于保持一个连续交易的市场。因此,投机行为在某种意义上代替投资行为成为主要资本运作方式,这也是证券市场繁荣的一个标志。这里就存在明显的道德悖论。而由于这个悖论的存在,导致企业可以通过造假行为来谋取私利。审计行业本来是企业与金融业间的“管家”,更为流行的说法是“经济警察”。但由于会计造假违规成本的低廉和信息披露制度以及证券业监管制度的不完善,造假行为在高额利益驱使下层出不穷。

## 二、信息披露制度缺陷和上市公司的造假行为

华尔街顶级证券分析师丹·莱因戈尔德(Dan Reingold)曾在他的《华尔街顶级证券分析师的忏悔》(*Confessions of a Wall Street Analyst*)一书中详细描述了自己踏上华尔街后第一次经历的“越墙”过程。② “越墙”在华尔街是众所周知的名词,指一种企业内部信息的控制和隔离制度。这个比方说明,对那些促成交易的投资银行家手里的正在处理而尚未公布的消息要严守秘密。如果这些内幕消息泄露给了其他人——从操盘

① 任重道:《证券伦理》。郑州:河南人民出版社 2002 年版,第 6 页。

② 〔美〕丹·莱因戈尔德著,华林煦等译:《华尔街顶级证券分析师的忏悔》。北京:译林出版社 2007 年版。

手到分析师再到自助餐厅服务员的任何一个人——那么其中有些人就有可能利用这些内幕消息来买卖相关股票，从而赚取不公平的和非法的利润。内幕消息的泄露其实是一切金融丑闻、公司丑闻、做假账的财务丑闻和欺诈丑闻的源头，是一切内幕交易的发端。[①]

监管者总是试图通过所谓多样化的管理来减少内幕交易和公司造假的存在。比如美国证券监管机构就规定，一家上市公司必须雇用三家独立研究公司、一家单独的会计审计公司以及其他的相关公司来经营公司相关方面的业务，以防止出现内部操控和失信现象。但这些制度其实只能算治标而非治本。上市公司信用缺失的根本原因在于信息不对称，也就是信息披露制度的不完善。美国的上市公司信息披露制度不可谓不完善：

> （美国的上市公司）信息披露制度非常规范。证券交易委员会对全行业进行监督，他们不去筛选哪个公司应该上市，但是要求上市公司的财务情况、运作情况及其风险100%地公开，而且提供的数据必须是准确的。如果公司有欺诈行为，证券交易委员会就可以采取处罚手段。公司要不断上报各种要求公开的报告、表格。公司的上市由公司财务公开情况决定。在证券交易委员会下面有行业自律组织，有权力对协会成员进行管理和处罚，证券协会负责对股票、证券经纪人公司发许可证，规范操作，有一个完善的数据库网络，哪一个证券公司有受到纪律处分的历史都可以在网上查到。对公司债务的监管：如果是上市公司则归证券交易委员会管；如果是私募，就不必向证券交易委员会报报表；如果发行债券有欺诈行为，证券交易委员会就会介入了。[②]

从上面这段话来看，似乎美国的证券监管已经非常完善了，但是经过两百多年的努力，上市公司造假依然。上市公司两百多年财务舞弊的手段并没有太多的变化，也没有想象得那么高深，专业监管者只要认真履行职责是可以发现的。然而，市场经济使人们显得过于"理性"，而"良知""责任""勇气"却显得弥足珍贵。[③] 监管问题绝不是监管改革就能单方面解决的，还需要金融道德体系的制度建设。如何建立一个成熟、有效的资本市场，信息的公开、透明和准确披露是最重要的衡量标准之一，这一目标的实现需要政府监管部门、金融从业人员和投资者多方的积极参与和不懈努力，远非一朝一夕就能解决。由于信息的非对称性，以及由此引起的"外部性"和"搭便车"、逆向选择和道德风险，信息披露不会自动实现均衡，并且会导致市场失灵，危害投资者的利益，影响证券市场的正常运作。[④] 金融市场信息关系可用图10－1表示：

---

① 〔美〕丹·莱因戈尔德著，华林煦等译：《华尔街顶级证券分析师的忏悔》。北京：译林出版社2007年版。

② 李长安主编：《股市的丑陋》。北京：经济日报出版社2003年版，第348页。

③ 宋胜菊：《"世通"舞弊揭秘引发的思考》，《中华女子学院学报》，2006年第18卷第4期，第79—84页。

④ 周智勇、张怡、张卫新：《试论证券信息披露制度的经济学依据》，《科技信息》，2003年5月，第44—45页。

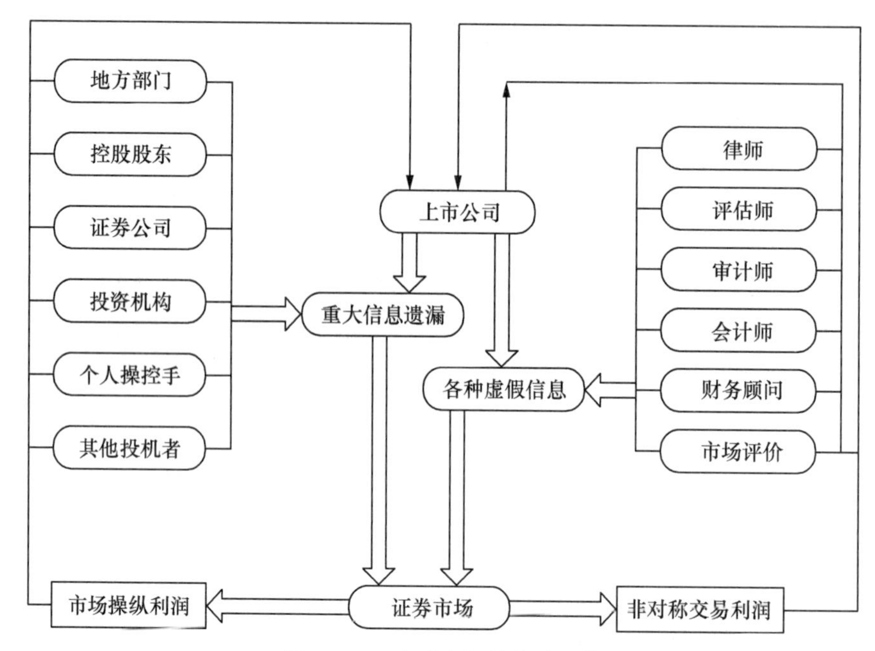


**图 10－1　金融市场信息关系**①

## 三、上市公司舞弊案:世界通信公司

美国证券交易委员会主席哈维·皮特(Harvey Pitt)将安然倒闭、安达信解体和美国电信业巨头世界通信公司(以下简称“世通”)作假与“9·11”恐怖袭击事件共同列为金融市场遭遇的四大危机。② 华尔街既是美国经济繁荣的核心,也是危机和动乱的源头。

世通财务舞弊案件至少创造了三个历史之最:其一,它是美国历史上涉案金额最大的上市公司财务舞弊案。据《国际金融报》报道,世通财务欺诈案涉及金额高达 110 亿美元。其二,它是有史以来罚款金额最大的上市公司舞弊案。案发一年之后,公司宣布同意支付 5 亿美元罚金了结此案。这笔罚金是有史以来对非经纪类公司数额最大的罚款。其三,案件的发生诱发了历史上最系统、最严厉的上市公司监管制度的出台。针对世通等案件,2002 年美国国会出台了《萨班斯-奥克斯利法案》(Sarbanes-Oxley Act)。该法案规定了包括会计职业监管、公司治理、证券市场监管,从机构设置到加重处罚等一系列共计 1 106 节加强监管的条款。③

世通于 2002 年 6 月 25 日发布公告,宣称该公司在 2001 年全年和 2002 年第一季度将 38 亿美元的经营开支错记到了资本开支账户上,使该公司在这一期间的经营业绩从巨额亏损变成了盈利 15 亿美元,公司被迫宣布从 6 月 28 日起裁员 1.7 万名,公司股票的价格由三年前的 64.5 美元暴跌至当时的 9 美分,几家保险公司和拥有世通债权的大银行也遭受了数十亿美元的损失。该案在给美国的经济蒙上阴影的同时严重打击了公众信心,一位投

① 王洪波、宋国良:《资本的陷阱》。北京:经济管理出版社 2003 年版,第 248 页。
② 刘晓明:《从安然、世通事件看美国经济》,《经济研究参考》,2003 年第 9 期。
③ 宋胜菊:《“世通”舞弊揭秘引发的思考》,《中华女子学院学报》,2006 年第 18 卷第 4 期,第 79—84 页。

资者悲哀地说:“连国家第二大电讯公司都能欺骗华尔街,我们还能相信谁?”[①]

2002 年 6 月 26 日,美国证券交易委员会起诉世通,理由是:

(1) 至少从 2001 年第一季度到 2002 年第一季度,世通通过不公开和不正当的会计处理隐瞒其真实运营业绩,在 2001 年度夸大所得税税前收益和少数股东权益约 30.55 亿美元,2002 年第一季度约 7.97 亿美元。

(2) 在 2001 年和 2002 年第一季度,世通采用不正当手法将某些费用支出记入资本性账户,将自己粉饰为一家盈利企业。

(3) 至少从 2001 年起,世通就开始实施一项不正当会计处理密谋,旨在操纵公司收入,使之符合华尔街的期望并支撑公司股票价格。由于不正当会计处理密谋,世通在向证交会呈报时,尤其是在 2001 年 12 月 31 日该会计年度的 10-K 报告中和 2002 年 3 月 31 日的季末 10-Q 报告中严重隐瞒了支出,又严重虚增了收入。

(4) 具体地说,世通在 2001 年 10-K 报告中包含的公司营运合并报表中披露,其 2001 年的线路成本[②]合计 147.39 亿美元,所得税税前收入和少数股东权益合计 23.93 亿美元。而事实上,世通在这个期间的线路成本大约为 177.94 亿美元,亏损近 6.62 亿美元。此外,世通在 2002 年第一季度 10-K 报告包含的公司营运合并报表中披露,它在该季度的线路成本合计 34.79 亿美元,所得税税前收入和少数股东权益合计 2.4 亿美元。而事实上,世通在该季度的线路成本大约为 42.76 亿美元,亏损近 5.57 亿美元。

2002 年 6 月 27 日,众议院向世通发出传票,开始对世通会计丑闻进行调查。2002 年 7 月 22 日,世通申请破产保护。[③]

世通的财务假账数目巨大,空前绝后,其舞弊手法其实很简单,却偏偏钻了制度的空子。归根到底,世通的作假行为就是为了公司商誉的提升,进而导致股价的浮动,企业从中获取利益。一句话说就是用不存在的赢利来骗取实在的赢利。

根据上面的数据显示,世通的假账制作其实用了以下几种手法:

(1) 滥用准备金以冲销线路成本。2001 年年初,世通公司首席财务官斯格特·苏利文(Scott Sulivan)下令下调线路成本,并按相同金额借记已计提的递延税款、坏账准备和预提费用等准备金科目,以保持借贷平衡。这种手法使世通在 2000 年第三、第四季度对外报告的税前利润虚增了 8.28 亿美元和 4.07 亿美元。

(2) 冲回线路成本,夸大资本支出。世通的高管人员以“预付容量”为借口,要求分支机构将原已确认为经营费用的线路成本冲回,转至固定资本等资本支出账户,以此降低经营费用,调高经营利润。美国证券交易委员会和司法部已查实的这类造假金额高达 38.52 亿美元。这类造假虚构了巨额的利润,严重误导了投资者对世通盈利能力的判断。它在夸大利润的同时,还虚增了世通经营活动产生的现金流量。

(3) 武断分摊收购成本,蓄意低估商誉。美国上市公司惯用一种叫作未完工研发支出(in process R&D)报表粉饰的伎俩,其做法是尽可能将收购价格分摊至未完工的研发

---

① 万继峰、李静:《从世通会计造假案看美国的会计腐败问题》,《上海会计》,2003 年第 7 期,第 46—47 页。

② “线路收入”指“世通向第三方电讯网络供应商支付的用于接入其网络系统的费用”。

③ 数据来自:〔美〕罗纳德·杜斯卡、布伦达·杜斯卡著,范宁等译:《会计伦理学》。北京:北京大学出版社 2005 年版。

支出,并作为一次性损失在收购当期予以确认,以达到在未来期间减少商誉摊销或避免减值损失的目的。1998 年度,世通迫于证券交易委员会的干预压力,将 31 亿美元分摊额确认为损失。

(4) 随意计提固定资产减值,虚增未来期间经营业绩。世通一方面确认 31 亿美元的未完工研发支出压低商誉,另一方面通过计提 34 亿美元的固定资产减值准备虚增未来期间的利润。同样,这种手法虚增了世通 6.95 亿美元的税前利润。

(5) 借会计准则变化之机,大肆进行巨额冲销。2001 年 7 月美国财务会计准则委员会(FASB)颁布了 142 号准则《商誉及其他无形资产》,不再要求上市公司对商誉以及没有明确使用年限的无形资产进行摊销,而改为减值测试并计提减值准备。利用这一变化,世通对无形资产和固定资产重新洗牌,大幅降低了折旧和倾销,扭亏为盈。①

世通舞弊案的揭秘过程一波三折,起因是世通内部工作人员辛西亚・库珀(Cynthia Cooper)一次无意中的发现。2002 年 3 月初,辛西亚在一次会面中意外获取苏利文违背公认会计准则、授意下属冲销已经计提的坏账准备 4 亿美元的信息。之后,辛西亚致电安达信了解情况,遭到安达信合伙人肯・艾卫瑞(Ken Avery)的粗暴拒绝,后者声称只听命于苏利文。辛西亚与苏利文就 4 亿美元的会计处理向审计委员会做陈述。苏利文迫于压力,同意予以更正。会后,苏利文提醒辛西亚注意自己的职责范围,警告她以后不要再干预无线通信部门的会计处理。3 月 7 日,美国证券交易委员会鉴于电信业不景气,世通的直接竞争对手美国电话电报公司(AT&T) 遭受巨额亏损,而世通 2001 年度仍然巨额盈利的事实,勒令世通提供更详细的文件资料,以证明其 2001 年盈利的真实性。时隔 5 日,证券交易委员会正式对世通的会计问题展开调查。内部审计部门的辛西亚等三人也展开了秘密调查。经过调查,辛西亚和她的助理哲恩・摩斯(Gene Morse)怀疑世通将经营费用转作资本支出操纵利润。一周后,他们获取了直接证据,查出一笔既没有原始凭证支持,也缺乏授权签字的 5 亿美元的电脑费用,并记作资本支出。6 月 24 日,审计委员会再次开会,安达信代表正式声明,他们对 2001 年和 2002 年第一季度财务报表发表的审计意见不再可信,建议世通按规定重编报表。同日,审计委员会正式通知苏利文和世通的副总裁大卫・迈耶斯(David Myers)辞职,否则将被立即解雇。迈耶斯辞职,苏利文拒不辞职。6 月 25 日,世通董事会召开紧急会议,听取审计委员会汇报,并做出决议,包括重编五个季度会计报表、让毕马威进行重新审计、向证券交易委员会通报情况、开除苏利文等。傍晚,世通 CEO 向新闻记者披露了特大财务丑闻。②

## 四、上市公司的伦理反思:证券业是否不需要道德

乔治・索罗斯,这个崇拜哲学家卡尔・波普尔(Karl Propper)的国际金融投机家,在引发东南亚金融危机之后,一度成为千夫所指之徒。马来西亚总理马哈蒂尔曾咬牙切齿地说:"我们花了四十多年建立起的经济体系,就被这个带有很多钱的白痴一下子给搞垮了。这个带有很多钱的白痴就是乔治・索罗斯。"但索罗斯为自己辩护说:"我不觉得内

① 数据和部分观点来自黄世忠:《世通财务舞弊手法透视》,《财务与会计》,2003 年第 8 期,第 18—19 页。
② 宋胜菊:《"世通"舞弊揭秘引发的思考》,《中华女子学院学报》,2016 年第 18 卷第 4 期,第 79—84 页。

疚或要负责任。金融市场有自己的游戏规则,但它不属于道德范畴,道德根本就不存在于这里。"①

证券业或广义上的金融市场真的不需要道德?金融市场作为一个颇为特殊的经济市场,其因金融交易在时间和空间上的分离等问题导致的信用的脆弱性决定了建立金融市场伦理的重要性。金融市场是一个充满竞争压力和逐利动机的市场。金融市场存在大量的委托—代理关系,而这种关系造成了信息的不对称、激励的不相容、责任的不对等。这样,委托方与代理方就可能相互猜疑和不信任,以致互相对抗,坑蒙拐骗等欺诈行为也就可能发生。而要防止这些不道德行为,需要一系列制度,如董事会、监事会的监督,再加上法律的监督。然而,如果没有人的伦理道德的自律,再好的制度与法律都无法解决金融市场的脆弱和缺陷,相反,还可能造成监督成本的不断攀升,甚至高到运行不下去。因此,金融市场必须建立在起码的伦理道德的基础上,建立在委托方和代理方相互信任、相互合作的基础上。建立对失信企业和个人的惩罚机制,是金融信用体系建设的重要内容。失信惩罚机制就是要使债务人的违约成本高于违约收益,甚至倾家荡产,从而极大地降低违约率,在全社会形成一个"有信则昌,缺信则难,无信则亡"的环境,使市场主体经过收益与成本的理性的衡量后自觉选择守信。

通过对整个世通造假案的分析,证券业中信息披露制度的不完善性问题和其本身的道德悖论浮出水面。除了加强制度监管,对证券业及连带的会计业甚至整个金融业内在的道德伦理矛盾的解决显得更为迫切。在金融市场中,道德并不是无用之物,它是一种需要保护和积累的宝贵的"社会资本";衡量一个国家金融市场是否发达、是否有效,固然离不开金融贡献率、融资规模与速度以及规避风险的能力等物质的和技术的指标,但也离不开信誉、信心、诚信和正义等伦理指数。如果一个国家的金融市场仅仅在"硬件"上发达,而在道德建设的"软件"上匮乏,甚至两者之间的差距越来越大,那么,这对金融市场的稳健运行将是十分危险的。

当然,从制度变革角度来说,信息披露制度的建设也应该加强:第一,要明确监管目标,细化监管强度。美国《1934 年证券交易法》第 10 条(b)款将内幕交易的范围订立得非常广泛与严厉,如任何投资者有意或无意从内幕知情人员处得知可供图利的内幕信息,均可能因内幕交易而遭到监控。定义的不严格直接导致了监控目标的不明确以及监控效果的打折。应该把制度的剑锋指向真正最迫切的问题,遏止案件的源头,才能有效监管。明确目标后,就应采取政府监管和企业自律的方式,丰富证券损失赔偿处罚的层次,使民事责任、行政责任和刑事责任泾渭分明,相互承接,层层演进,形成更为完善的惩罚体系。第二,要改革信息披露制度内在问题。现有的监管制度满足于对上市公司的静态监管,即对上市公司初次或第一时间披露的信息进行审核确认,而对上市公司就同一事件先后发布的前后不一致的具有误导性、欺诈性的信息,没有采取有效的跟踪和监控等动态监管措施。除了要建立动态监管系统,还应有内幕知情人员定期报告制度,建立起全方位的取证渠道,以更加迅速和准确地监管信息披露。

---

① 任重道:《证券伦理》。郑州:河南人民出版社 2002 年版。

## 第四节 股票市场评估机构的伦理问题

在现代市场经济系统中,中介组织是介于企业、个人之间,为其服务、沟通、监督、协调为主要职能的社会组织。它虽然不直接提供或出售产品,却向社会提供着重要的委托代理服务,是一条贯穿整个社会经济体系的经脉。市场经济的实质是信用经济,中介机构的产生降低了市场经济的交易成本,缓解了交易双方信息不对称,是一种重要的市场制衡力量,也是社会信用体系的组成部分。

股票市场的中介机构包括会计师事务所(为上市公司提供会计审计报告)、资产评估机构(对上市公司进行资产评估)、律师事务所(为上市公司出具法律意见)和证券公司(承销股票发行和从事股票交易的经纪业务)。本节主要探讨前三类中介机构的伦理问题。中介机构在公司发行上市中起作用主要有以下流程:选择券商,并且组建以承销商为核心的主要由中介机构组成的 IPO 小组;中介机构在股票承销时,要以本行业公认的业务标准和道德规范,对股票发行人及市场的有关情况及有关文件的真实性、准确性、完整性进行核查、验证等专业调查(尽职调查);在此基础上,才能进一步制定重组方案、发行方案,以及编制募股文件、申请股票发行。①

可见,股票市场的中介机构在公司上市的关键环节中,扮演着重要的角色,起着"经济警察"或者"把关人"的作用。所以,中介机构从业人员能否恪守职业伦理道德,中介机构能否公平有效运作,既影响到股票市场的规范有序发展,也影响着整个证券市场乃至整个社会信用体系的建立和完善,而且,最根本的,关系到广大股民的切身利益。评估机构作为中介机构在股票市场中扮演重要角色是显而易见的,投资者和监管者将或多或少根据评估机构的客观评估来做出投资决策或者进行相应的监管,因此评估机构本身的信用和评估可靠性是股票市场稳健运作的基础。

### 一、全球评估机构的概况

全球有各种各样的评级机构。美国的著名评级公司有:穆迪、标准普尔、Duff and Phelps、Fitch Investor Service、Crisanti、Maffei。日本的著名评级公司有:日本投资者服务公司、Mikuni Co、日本信用评级机构和日本债券研究所。此外,还有法国的金融评估机构 Agence d'Evaluation Financiere、加拿大的债券评级机构 Dominion、韩国的韩国投资者服务

---

① 各个中介机构在公司发行上市过程中的主要职能:

券商——制定股份公司改制方案;对股份公司设立的股本总额、股权结构、招股筹资、配售新股及制定发行方案并进行操作指导和业务服务;推荐具有证券从业资格的其他中介机构,协调各方的业务关系、工作步骤及工作结果,充当公司改制及股票发行上市全过程总策划与总协调人;起草、汇总、报送全套申报材料;组织承销团包销,承担股票发行上市的组织工作。

会计师事务所——对各发起人的出资及实际到位情况进行检验,出具验资报告;负责协助公司进行有关账目调整,使公司的财务处理符合规定;协助公司建立股份公司的财务会计制度、财务管理制度;对公司前三年经营业绩进行审计,以及审核公司的盈利预测;对公司的内部控制制度进行检查,出具内部控制制度评价报告。

律师事务所——协助公司编写公司章程、发起人协议及重要合同,负责对股票发行及上市的各项文件进行审查,起草法律意见书、律师工作报告,为股票发行上市提供法律咨询服务。

资产评估事务所——在需要的情况下对各发起人投入的资产评估,出具资产评估报告。

公司和英国的国际银行信贷分析机构(IBCA)。

评级机构采取不同的政策,标准普尔公司只为在美国证券交易委员会登记的美国公司进行非推销式评级,而从不对美国以外的公司做非推销的评级。穆迪公司和IBCA则提供外国公司债券的非推销式评级。穆迪公司和标准普尔公司的债券评级系统见表10-2和表10-3。

**表10-2　穆迪公司和标准普尔公司的债券评级**

| 穆迪公司 | 标准普尔公司 | 说明 |
| --- | --- | --- |
| Aaa | AAA | 最优质量 |
| Aa | AA | 高质量 |
| A | A | 中上质量 |
| Baa | BBB | 中等质量 |
| Ba | BB | 投机性 |
| B | B | 不令人满意 |
| Caa | CCC | 质量差 |
| Ca | CC | 高度投机 |
| C | C | 质量极差 |
|  | D | 违约 |

**表10-3　穆迪公司评级系统**

| 等级 | 说明 |
| --- | --- |
| Aaa | 最高的信用等级,投资风险最小,利息支付有极大或特别稳定的安全系数,本金偿还亦有足够保障 |
| Aa | 各项指标都表明信用度很高,但保障安全系数不如Aaa或有可能发生波动 |
| A | 有许多利于投资的特点。信用高于中等水平。有适当的保证本金偿还和利息支付 |
| Baa | 中等水平的信用级别。还款没有很可靠的保障,但也不至于很差。利息和本金的偿还从现期来看没有问题,但从长期看,缺乏某种可靠的保障条件 |
| Ba | 有投机因素的债券,未来的还款不是很有保证,对利息和本金偿还保护十分有限 |
| B | 缺乏作为一项有吸引力的投资的特点,债券未来走势不被看好 |
| Caa | 信誉很差,可能会违约 |
| Ca | 高度投机性,经常违约 |
| C | 债券信用等级最低,获得任何真正投资回报的希望十分渺茫 |

全球投资者对各机构的评级结果的看重程度不一。穆迪(由Dun & Brodstreet所有)和标准普尔(由McGraw-Hill所有)是两个主要的领导机构。IBCA在银行债务领域更权威。各公司的评级方法不同,比如,标准普尔评级时更侧重于大量的数学分析,而穆迪对一个公司及其环境的考察更全面一些。

【专栏10-6】

## 标准普尔公司用于工业性公司的评级方法

(1) 行业风险:定义为行业在经济中相对于经济发展趋势的能力。包括进入该行业的难易程度,收益起点的多样性和法律规章在行业中的作用。

A. 在经济周期中的重要性。

B. 经济的周期性:收益的波动,领先—滞后差距与持续时间,收益起点的多样性、可预测性和收益的稳定性。

C. 经济力量的冲击:高通货膨胀率、能源成本和来源、国际竞争状况、社会政治力量。

D. 需求因素:由GNP反映的真实增长水平,市场成熟程度。

E. 商业经济的基本融资特点:固定的或是可变的资金筹集,信誉作为销售工具的重要性。

F. 供给因素:初级产品、劳动力、生产能力的过度使用和不足使用。

G. 联邦、州和外国立法。

H. 可能的立法。

I. 分割或统一的经济。

J. 行业进入障碍(便利性)。

(2) 发行者在行业中的地位——市场地位:公司在其主营领域的销售份额、历史地位的保持和未来的发展能力。

A. 进行销售的能力。

B. 领先或稳定的市场份额。

C. 行业对营销/分销的要求——能力、不足、国内、国际、区域。

D. R&D——重要性——落后程度——产品生命的长短。

E. 产品支持/服务计划。

F. 主要客户的依赖性/主要客户的分散性。

G. 长期销售合约/收入的可见性/订货/预付(如订金)。

H. 产品分散化。

(3) 发行者在行业中的地位——运作效率。包括发行者的历史运作效率以及保持其在价格或成本上的优势的能力。

A. 维持和提高边际效率的能力。

B. 价格领导地位。

C. 生产的一体化。

D. 厂房和设备:现代、高效还是落后、陈旧,制造成本高或低。

E. 初级产品的供给。

F. 资本和劳动力的生产水平。

G. 劳动力:供给、成本、工会关系。

H. 污染控制要求和对运作成本的影响。

I. 能源成本。

(4) 管理评价。

A. 公司运作和融资的成功记录。

B. 计划的程度、整体性与成功的关系(不管是战略计划还是融资计划)、增长计划(内部和外部)。

C. 控制——管理、财务、内部审计。

D. 融资政策和实践。

E. 守诺、一致与重信。

F. 整体管理质量、延续性——中层管理水平。

G. 对并购的考虑。

H. 与对手的业绩比较。

(5) 会计质量:对采用的会计方法的整体评价,过高或过低评价公司财务业绩和地位的程度。

A. 审计者的资格。

B. LIFO 及其投资方法。

C. 无形资产。

D. 收入记录。

E. 折旧政策。

F. 不参加合并的分支机构。

G. 会计方法和养老金融资方法,养老金计划的基本情况。

H. 低估的资产,如 LIFO 储备。

(6) 收益的保护。表明公司基本长期收益能力的主要衡量方法,包括:

A. 资金回报率。

B. 税前扣除率。

C. 边际利润。

D. 资产/业务分割的收益。

E. 未来收益增长的来源。

F. 养老金扣除。

G. 内部融资增长的能力。

H. 根据通货膨胀调节收益的能力。

(7) 融资杠杆和资产保护:对负债的运用,对不同业务的债务提供不同津贴的合理使用。

A. 资本负债率和长期债务对资本的比率。

B. 全部负债与有形所有者权益净值的比率。

C. 优先股融资。

D. 表外融资项目、产品支付、经营租赁财产、厂房与设备、非合并分支机构、非基金的养老金债务，等等。

E. 资产的性质。

F. 流动资金的管理——应收账款、存货、应付账款。

G. 无形资产的数量、性质和价值。

H. 表外资产比如低估的自然资源或 LIFO 储备。

(8) 现金流量：现金流量和融资杠杆的关系以及内部获取现金需求的能力。

A. 对资金的全部需求和使用灵活性的评价。

B. 未来现金流量的波动性。

C. 现金流量对固定资本和可变资本的要求。

D. 现金流量与负债的关系。

E. 自由现金流量与短期负债和全部债务的比率。

(9) 财务灵活性：对公司的财务需求、财务计划和可选择方案及其在虽受压力但仍可无损信誉地实现财务计划的灵活性的评价。

A. 相对融资需要。

B. 实施财务计划。

C. 面临压力的融资备择方式——吸引资金的能力。

D. 资本使用的灵活性。

E. 资产开发潜力——资产的性质和低估的能力。

P. 表外资产的性质和数量。

G. 高额的短期债务/高额的浮动利率负债。

H. 大额或难以偿付的债务，包括债务和沉没资金的优先股。

I. 占全部权益高百分比的优先股。

J. 对应于资金需求可获得的相近期限的全部资金——内部自给资金和外部资金需求。

K. 所有者权益/所属关系。

资料来源：标准普尔公司，信用评览：公司与国际评级(纽约，1982)，第 90—91 页，转引自〔美〕乔治·考夫曼著，陈平译，《现代金融体系——货币、市场和金融机构》(第 6 版)。北京：经济科学出版社，2001 年，第 101—103 页。

## 二、评估机构与投资者的利益冲突引发的伦理失范

虽然评级机构代表投资者的利益，但他们也会从债券发行人那里获得报酬，这样就存在潜在的利益冲突。很多评级是“推销”得来的，或者说借款人要求评级机构给他们评定一个有利的等级，以增强他们在金融市场上的筹资能力。这样，就存在债券发行人或借款人贿赂或收买评级机构的可能性，使得评估机构的评级失去了客观性和可靠性，从而严重误导投资者。当然也有未经“推销”的评级，即评级机构根据投资人的要求对借款人主动进行评级，但是评级的过程并没有与债券发行人的财务管理部门做详细的讨论。

很多投资机构不可以投资于未经评级的债券，或必须投资于某信用级别以上的债

券。对此机构来说,信用等级的变化会导致它们购买或卖出债券。例如,某种证券信用等级下降,会导致投资者不得不卖出这种证券,进而引起该证券价格大幅下跌。由于这样的原因,债券发行人或上市公司当然希望自己发行的债券或股票能够有很好的评级,这样他们就产生了与评级公司合谋来欺骗投资者的冲动。

会计师事务所作为重要的中介机构,应遵循其行业自身的伦理道德,有义务维护股票市场的规范性,配合监管机构进行监管;注册会计师也应当忠实地履行"经济警察"的职能,不仅应当自觉地遵守一般的伦理道德,还应接受职业道德规范的约束。金融伦理对注册会计师职业道德标准的要求包括以下三个方面:① 具有一套专业知识体系;② 高度发达的组织和自律;③ 对公共服务的投入,即会计师应当用自己的知识为所有人的福祉服务。这几个层次的要求既包含了技术标准,又包含了伦理标准,技术标准是伦理标准的基础,也是伦理标准的重要组成部分。然而,很多会计师事务所作为评估机构却没有遵守其伦理行为规则,结果导致证券市场各种不规范的行为。例如在著名的银广夏事件中,深圳中天勤会计师事务所及其相关注册会计师的表现是令人失望的。银广夏如此巨大的舞弊行为,签字的注册会计师竟连续出具了无保留意见的审计报告。因此,不能不说注册会计师在审计过程中存在若干重大过失和隐瞒,负责银广夏财务报告审计工作的深圳中天勤会计师事务所的注册会计师在这一事件中负有不可推卸的责任。[①]这反映出一些注册会计师事务所和注册会计师金融伦理与职业操守的缺失,他们沦为上市公司弄虚作假的帮凶,使中国注册会计师的诚信度大大降低。

## 三、评估机构伦理问题的案例分析:麦科特案

### (一) 案例描述

麦科特欺诈上市案被称为"2001 年十大经济犯罪案件"之一。麦科特公司全称麦科特光电股份有限公司,2000 年 8 月 7 日在深交所上市(代码 0150),拥有光学机械、纺织轻化、生物医药、精工电子、投资贸易五大产业,是全国最大的光学生产基地之一。麦科特上市之初就曾被多次举报,2000 年 11 月证监会开始对其涉嫌利润虚假问题立案调查。2001 年 9 月 22 日证监会通过媒体发表公开谈话,将麦科特的问题定性为"欺诈发行上市"。

经证监会调查查明:1999 年 1 月,麦科特公司就上市问题召开了两次"三师一商"(会计师、审计师、律师和券商)协调会。为符合上市要求、达到上市目的,参加会议的各方明确分工配合。会后,钟伟贤授意练国富做假账,并派公司财务部经理王平配合,组织麦科特集团财务人员对公司财务资料进行大规模的编造。与此同时,深圳华鹏会计师事务所、广东大正联合资产评估有限公司、广东明大律师事务所和练国富等人"流水作业",进行同步审计和资产评估,编造有关合同、协议、法律文件和政府批文,并倒签日期,欺骗有关部门,骗取发行资格。

麦科特通过伪造进口设备融资租赁合同,虚构固定资产 9 074 万港元;采用伪造材料

---

① 何恩良:《中国注册会计师行业诚信建设研究——银广夏案例分析》,《企业经济》,2004 年第 11 期,第 185—186 页,略有删改。

和产品的购销合同、虚开进出口发票、伪造海关印章等手段,虚构收入 30 118 万港元,虚构成本 20 798 万港元,虚构利润 9 320 万港元(其中 1997 年虚构利润 4 164 万港元,1998 年虚构利润 3 825 万港元,1999 年虚构利润 1 331 万港元)。为达到上市规模,麦科特将虚构利润 9 000 多万港元先转成资本公积金,再转为实收资本,并伪制会计凭证、会计报表、隐匿或者故意销毁依法应当保存的会计凭证,以达到上市的目的。

此外,经调查,在麦科特发行上市过程中,深圳华鹏会计师事务所、广东大正联合资产评估有限责任公司、广东明大律师事务所、南方证券有限公司均出具了“严重失实”的审计或评估意见,不同程度地参与了麦科特造假案。

(二) 案例分析

有评论说,“麦科特案件提供了一个完整的图景,记录了上市当中每个环节、每个部门扮演的角色。银广夏、郑百文等其他案例均没有如此全面地展现企业上市一条龙的过程”。[①] 经调查,在麦科特股票发行上市过程中,深圳华鹏会计师事务所、广东大正联合资产评估有限责任公司、广东明大律师事务所分别为其出具了严重失实的审计报告、资产评估报告和法律意见书,南方证券有限公司参与编制了严重失实的发行申报文件。我们看到,在麦科特事件中,从会计师事务所、资产评估公司、律师事务所到证券公司、无一例外地参与了上市公司造假的过程。这些所谓股票市场的“经济警察”居然“全线失守”,不能不说是股市的莫大悲哀,我们不得不重新审视中介评估机构的金融伦理问题。

中介机构本来应该是公正的象征。然而,股票市场运作的实践中,呈现在我们面前的,却是一个又一个中介机构“伦理失守”的案例。证券公司为赚取承销费提供虚假的上市意见,为增加股票交易量不惜违规向大客户提供各种融资方便,律师出具不符合事实的法律意见,会计师提供虚假的审计报告,资产评估师进行偏离正常价值的资产评估……我们看看麦科特事件中,监管当局将股市中这颗毒瘤拔出之后,居然连带拔出了参与造假的中介机构的完整名单,从证券公司到律师事务所无一漏网。

诚信是中介机构的灵魂,“勤勉尽责,诚实守信”本是中介机构从业人员最基本的职业操守和伦理准则。股票市场中涌现出来的一幕幕中介机构的丑行,破坏了股市的正常交易秩序,损害了市场公平和公正原则,从而影响到股票市场公平与效率的实现。为什么中介机构伙同上市公司造假现象如此严重?中介机构伦理缺失的原因何在?是仅仅由于利益驱动,还是有其他的外部因素?

1. 需求决定供给

在股票市场上,上市公司与中介机构之间是一种需求与供给的关系。公司要上市,需要中介机构提供审计服务;上市以后,会计师事务所仍要继续为公司提供年度审计报告。从某种意义上来讲,中介市场实际上是一个需求决定供给的市场。从而,中介机构伦理缺失的原因和上市公司的需求是息息相关的。如果没有上市公司对假账的需求,中介机构参与造假便会没有市场。上市公司造假的需求是注册会计师造假的根源。

据《公司法》(2013 年)第一百五十二条规定,在交易所公开发行股票的公司必须满

---

① 于宁、王烁、凌华薇:《麦科特:一条空前完整的证券市场造假流水线》,引自和讯网(http://www.hexun.com/)。

足“公司股本总额不少于人民币五千万元”“开业时间在三年以上,最近三年连续盈利”,且“公司在最近三年内无重大违法行为,财务会计报告无虚假记载” 等条件。[①] 这些硬性指标将一大批不符合上市要求的公司拒之门外。于是有些公司为尽快获取上市资格,通常会聘请中介机构联合弄虚作假、粉饰业绩。

从供给来看,目前我国的中介行业存在激烈的市场竞争。在新体制下,我国的注册会计师事务所、评估师事务所、土地估价所等中介机构已经和主管单位脱钩,成为自负盈亏的市场主体,再加上各个中介机构规模小、数目多的特点,中介机构面临着巨大的生存压力。在这种压力之下,除了竞相展开价格战,它们有时不得不以放弃诚信原则为代价来吸引客户。

从很多中介机构违规案件中我们发现,许多参与造假的从业人员对于诚信操守之于中介行业的重要性还是有一定认识的,然而很多时候不得不“明知故犯”。所以,在我们呼吁中介机构讲求诚信、恪守职业伦理道德之时,如何改善中介执业环境、为中介机构创造一个诚信依托的大环境,成为重树股票市场中介机构金融伦理的关键因素。

2. 行政干预压力

除需求因素以外,行政干预压力也成为中介机构伦理缺失的重要外部因素之一。以会计师事务所为例,1998 年以前,我国的会计师事务所体制实行的是挂靠制度,会计师事务所一般挂靠于财政部门、审计部门、其他行政机关或高等院校等,这种政策体制的缺陷在于注册会计师难以保持其职业独立性,从而导致审计出现偏差。

2002 年,国家会计学院诚信教育教材开发组曾经针对虚假会计、审计报告产生的主要因素进行了一次问卷调查。调查结果表明:大多数被调查者认为,做假的主要根源之一是政府行政干预。其中,在回答“最近出现的一些上市公司涉及虚假陈述的审计报告的案件产生的主要原因”时,有 54.55% 的人回答是“政府行政干预”;59.57% 的人认为“上市公司做假账起主要作用的是国企改制坐直通车”;此外,在回答“目前假账成为社会经济生活中的‘毒瘤’主要因素”时,48% 的人认为是“政府官员要政绩”。[②] 这一结果表明,虽然我国已经取消了会计师事务所挂靠制度,但是地方政府对会计师事务所的行政干预还或多或少存在一些残留。地方政府迫于实现经济发展指标的压力,或者一味追求政绩,扩大上市公司规模以装门面,通常会以行政或其他手段向会计师事务所施加压力,干预注册会计师的审计过程和最终的审计意见。在这种行政干预的压力下,会计师事务所等中介机构想要维系伦理规范变得更加困难。

---

① 《中华人民共和国公司法》(2013 年)第一百五十二条规定,股份有限公司申请其股票上市必须符合下列条件:

(一) 股票经国务院证券管理部门批准已向社会公开发行。(二) 公司股本总额不少于人民币五千万元。(三) 开业时间在三年以上,最近三年连续盈利;原国有企业依法改建而设立的,或者本法实施后新组建成立,其主要发起人为国有大中型企业的,可连续计算。(四) 持有股票面值达人民币一千元以上的股东人数不少于一千人,向社会公开发行的股份达公司股份总数的 25% 以上;公司股本总额超过人民币四亿元的,其向社会公开发行股份的比例为 15% 以上。(五) 公司在最近三年内无重大违法行为,财务会计报告无虚假记载。(六) 国务院规定的其他条件。

② 《虚假会计、审计报告主要原因是政府行政干预——一百零二家事务所的调查结果之二》,中华财会网(www.e521.com),2002 年 2 月 14 日。

3．法律规范滞后

面对股票市场中发生的虚假陈述、内幕交易、庄家操纵、中介机构参与造假等诸多违法违规行为，监管部门本应依照有关法律法规予以坚决打击，然而多年来，监管部门基本上还是依据行政方式来处理相关事件，以致股票市场上相关法律法规滞后发展，一些违法违规行为呈现愈加严重的态势。中国政法大学研究生院院长李曙光教授曾经指出："中国的证券市场如果要保持长期健康稳定发展，一定要走法制之路。"目前，证券市场中"相关法律依据不是特别充分，有的问题没有法律依据，有的存在执法不严现象，有的在操作过程中没有承接性的原则"，他还进一步指出，"在具体的刑罚中，一个突出问题就是刑罚与违法违规行为的获利不能'对价'。加重刑罚力度是必要的，否则违法违规一方永远会感觉收益大于风险，刑罚也就不具威慑力"①。

目前，我国对中介机构的管理主要侧重于事前审批，存在严重的法律缺位和监管缺位。有关法规制定严重滞后、法律欠缺具体条文、法律法规不健全，是中介机构虚假审计屡禁不止的重要原因。此外，有些法律规定缺乏可操作性，处罚力度轻，造成违规成本与收益不对等。在发达的市场经济中，中介机构的行为通常受到法律规范的严格约束。一旦中介机构出现违法违规现象，不仅可能受到行业内监管机构或政府监管机构的严厉处罚，而且责任者还要承担民事赔偿责任甚至刑事责任。然而，在我国，会计师事务所等中介机构违规违法后，大多只受到行政处罚，相关法律对民事责任规定很少，对刑事责任只是规定提供虚假财务报告，只有当"严重损害股东或者其他人利益"时才被认为是犯罪。中介服务机构或相关从业人员的不诚信行为的社会成本太小，这就无形之中增加了其铤而走险的概率。

4．缺乏职业伦理与自律仍是根本内因

中介机构伦理缺失的原因固然受到一些外部因素的影响，然而根本原因还是在于其从业人员疏于自律，违背了职业伦理道德的要求。

职业道德是指从事一定社会职业的人们，在自己特定的职业活动中所应遵循的、与其职业活动相适应的行为规范。中介机构从业人员的职业道德指中介机构从业人员在其执业过程中所应遵循的行为规范，包括职业品德、职业纪律、专业胜任能力及职业责任等方面所应达到的标准，它是社会职业道德在中介机构领域的具体体现。中介机构从业人员既应自觉遵守国家制定的行业相关法律法规，也要自觉遵守中介机构职业演进过程中自发形成的行业伦理规范要求。

市场经济是一个利益主体多元化的经济体系，而中介机构处于多元利益主体的中心，肩负着客观、公正处理各方利益的重任。但是，现实实践中，中介机构从业人员的职业道德水准却不容乐观。

第一，缺乏专业胜任能力。长期以来，我国中介机构的行业进入门槛较低，考核标准不严格。随着市场经济的发展，中介机构的职能不断丰富，专业工作也日趋复杂，对中介机构从业人员的业务水平不断提出更高的要求。面对纷繁复杂的审计案例，很多从业人员逐渐感到力不从心。中介机构从业人员专业胜任能力不足的另一方面表现为对相关

---

① 《今日焦点关注：解读中国证监会负责人答记者问》，《上海证券报》，2005年4月13日。

从业法律法规不甚了解。近几年来,针对中介机构立法不足的情况,我国陆续颁布了一系列法律法规,确立了中介机构从业人员须遵守的标准要求,然而,很少有从业人员通晓这些规章制度,这也是中介机构屡出问题的原因。具备良好的专业胜任能力是遵守职业伦理道德要求的基本前提,也是中介机构赢得社会信任和市场竞争的重要条件。

第二,丧失了独立性。中国会计学会副会长陈毓圭曾经指出:“独立性是注册会计师行业的灵魂。”不仅如此,独立性也是所有中介机构执业的灵魂。然而,当前我国中介机构执业中最大的问题依然是独立性不足。前面我们已经谈到,目前我国的中介机构从总体上看仍然受制于权力机构,“一是一些中介机构与主管部门还没有完全脱钩,在组织机构、人员安排、财务关系和执业要求上受制于主管部门;二是公共部门掌握着中介业务的指定权,实际上也就控制了中介机构生存的命脉”①。这种依附关系的存在使得中介机构在一些情况下难以拒绝客户和官员的不正当要求。

第三,缺失诚信。诚信意识是市场信用体系的核心,更是中介机构的灵魂,诚实守信、敬业修身是中介机构从业人员应遵守的最基本的职业道德。股票市场上的中介机构既是联系上市公司与投资者的桥梁,也是联系上市公司与监管机构的纽带。中介机构如果偏离诚信的要求,不能对上市公司做出客观真实的评价,伙同上市公司弄虚作假,那么其行为对股票市场任何一个参与者的伤害都将是巨大的。近些年来,美国不断发生财务丑闻,导致投资者对中介机构越来越丧失信心,结果在整个社会上出现了严重的信用危机,极大地影响了美国经济的发展。而在中国,社会信用体系正在逐步建立的过程当中,中介机构的诚信对证券市场信用体系的发展显得更为重要。

第四,偏离公平公正原则。股票市场应该是公开、公平、公正的,“三公”原则需要中介机构来维护。公平公正原则要求中介机构从业人员在履行职能时摒弃个人私利,避免各种可能影响其履行职能的利益冲突。利益驱动下,有些从业人员偏离了公平公正原则,帮助上市公司做假账、为其提供虚假证明、发布虚假信息,破坏了市场信用关系,这也是中介机构从业人员丧失职业伦理道德的主要表现之一。

可见,在中介机构执业过程中出现的一系列伦理缺失的现象,其原因是多方面的,不仅包括中介机构从业人员背离职业道德规范要求等自身因素,也包括需求因素、政策因素、法律因素等一系列外部原因,当然内部因素是根本和主要的。可以说,利益驱动是中介机构从业人员背离职业道德要求、出现行业伦理缺失最根本的原因。此外,外部不合理的需求、行政力量的干预、法律法规的滞后,以及监管力度的薄弱,都是造成目前中介机构伦理状况混乱的原因。

### (三)中介机构伦理建设

中国政法大学研究生院院长李曙光教授认为“麦科特不仅是一个案例,它展现了一种‘麦科特现象’。其典型特征是,目前肆虐于中国证券市场上的上市公司造假流水线的形成,是公司治理结构出了问题,同时也是来自公司外部那些提供代理服务的机构和专业人员出了问题,即为上市公司提供服务的投资银行家、审计师、会计师、律师们出了问

---

① 陈永实:《揭穿中介机构六大涉腐伎俩,斩断中介腐败黑手》,焦点房地产网(http://house.focus.cn),2004年1月5日。

题，换句话说，是‘公司治理的生态’（ecology of corporate governance）出了问题”①。

这一生态大环境不仅包括投资银行家、审计师、会计师、律师等专业人员这一“职业知识共同体”，也包括上市公司、行业协会、证监会以及其他监管当局。生态链上的一个环节发生了问题，不仅要就这一个环节对症下药，更要着眼于宏观，从整个生态链上加以制衡。对中介机构进行伦理规范，仅仅呼吁中介机构自身加强诚信建设、遵守职业道德是不够的，需要同时从内部环境和外部环境、从道德建设和法律监管入手，才能有效地实现行业自律，使之不再是“无牙”老虎。

这一点同金融伦理的要求也是一致的。因为从伦理的概念范畴上来讲，伦理范畴侧重于反映人伦关系以及维持人伦关系所必须遵循的规则，伦理义务对成员的要求具有双向性特征，是客观法，是他律与自律的统一。由此可见，伦理不同于道德。道德强调的是自省与自律，而伦理则强调可以利用外在手段与内部约束结合使主体达到一定的规范标准。因此，建设金融伦理体系，发挥其对中介机构的规范作用，不仅要求对中介机构本身加强伦理道德教育，也要创建伦理环境，加强伦理的法律控制与监管。

1. 需求约束

需求因素是中介机构出现伦理问题的重要因素之一。因此，这就提示我们，要解决中介机构存在的伦理丧失问题，可以从治理上市公司的需求入手，应该提高上市公司质量，使之满足上市标准，改善公司的治理结构，清晰产权，完善信息披露制度，使它们不再因不符合上市条件而有不正当的舞弊需求，这样才能在源头上遏制中介机构的联合造假。

2. 自身约束

对于中介机构自身来说，应该形成一种内部控制制度，加快中介机构产权制度改革，积极探索建立有限责任制和合伙制中介机构，加强中介机构内部的监督制约，以此约束从业人员的行为。完善的内部控制制度约束，能够避免和消除一些管理上的漏洞，形成各相关部门和人员的相互制约；在这种制度保障以外，中介机构从业人员也应自觉履行职业伦理道德的要求，不断提升专业胜任能力和执业能力，达到相应的专业技术标准的要求，通晓并遵守国家、专业团体及本公司的各有关规定；保持执业独立性；在执业过程中坚守公平公正以及诚实信用的原则。事实上，中介机构具有商业性和服务性双重属性，遵从行业伦理要求，坚守职业道德，不仅是遵守市场经济委托代理活动规则的伦理需要，更是中介服务人员的立身立业之本。从长远来看，是符合中介机构服务行业根本利益的。

3. 行业约束

注册会计师协会、律师协会、资产评估协会作为行业自律组织，应在“法律规范、政府监督、行业自律”的模式下，不断进行行业伦理的理论研究、行业伦理规范的修订，充分发挥行业协会的规范与管理作用，配合监管部门进行监管。

在市场准入方面，要提高对中介机构的资质要求，并且配合监管部门，根据中介机构的从业时间、以往业绩、资产规模、人员素质等，定期审查以确定中介机构的资质等级，对

---

① 李曙光：《麦科特不仅是一个案例，它展现了一种现象》，《财经》，2002 年 3 月 22 日。

中介机构从业资格进行重新认定。

行业协会作为行业伦理规范的旗帜，应该发挥其内在思想的指向标作用，形成一整套完善而明晰的行业职业伦理道德要求规范。目前，行业协会在这方面的作为还比较薄弱，制度上存在欠缺，对于中介机构从业人员职业道德准则的规定仅限于基本准则，规定也过于强调原则，缺乏可操作性。所以，中介机构行业协会应该尽快建立行业职业道德具体准则，明确规定违法违规行为以及处罚办法，为中介机构从业人员提供更为具体的行为尺度，引导、规范其执业行为，同时也要加强对从业人员的职业教育和培训。

在评级约束方面，行业协会应配合监管部门建立中介机构信用档案，并向公众和社会征信机构开放，定期开展行业内信用评级活动，对信用等级低下的中介机构予以通报批评，加强社会舆论对中介机构的监督。

最后，行业协会应经常开展行业内教育和宣传，倡导诚信原则，弘扬行业正气，在整个行业内创造一种伦理规范氛围，从而对行业成员形成强有力的制度约束，以规范中介机构从业人员的市场交易行为。

4. 法律保障

法律上对为公司提供外部服务的专业人员的责任的规定是明晰的。他们负有：①“勤勉责任”，专业人员必须以合理的方式和合理的技能为公司服务；②“信托责任”，专业人员必须对上市公司负有最高的忠诚责任，这个忠诚是对公司所有股东而不是少数股东的忠诚；③“会计责任”，专业人员有责任向公司及其广大股东提供真实完整的会计账目；④“律师责任”，专业人员必须向公司及其广大股东出具真实准确的法律意见。[①]

“在中国，我们也有众多的法律规制了中介机构的专业人员的责任，如《证券法》第一百六十一、第一百八十九条，《注册会计师法》第二十一条、第四十二条，《律师法》第二十九条，《刑法》第二百二十九、第二百三十一条。实际上都原则规定了专业人员丧失‘勤勉尽责’等责任所构成的侵权行为应负的民事、刑事责任。问题是，这些责任的发现机制、惩戒机制和赔偿机制怎么通过一套透明度较高、正当、合理、公正的及时程序展现出来，同时使这个程序的展现过程，成为一个‘公司治理生态’的改造过程和规范的‘职业知识共同体’的形成和扩展过程。”[②]

针对目前中介机构立法缺失、执法不严等问题，完善中介机构法律制度建设，要从立法和执法两方面入手。目前，我国针对中介机构从业人员责任已经出台了一系列法律法规，然而还远远不够完善。今后，我们要继续加强立法，健全中介机构执业准则和标准体系，在《中华人民共和国民法典》《中华人民共和国刑法》及有关经济法中对中介机构违法行为、民事赔偿和刑事制裁标准以及诉讼方式等做出明确规定，使中介机构从业人员在执业时，以及监管部门对违规中介机构进行查处时，真正做到有法可依。

同时，在完善立法的基础之上，也要建立有效的执法机制。一旦中介机构卷入腐败和欺诈丑闻，监管部门应立即启动执法程序和诉讼程序，对中介机构违规违法行为进行行政处罚、民事赔偿和法律制裁；不仅如此，行业协会和政府监管部门也要经常对中介机

① 李曙光：《麦科特不仅是一个案例，它展现了一种现象》，《财经》，2002 年 3 月 22 日。

② 同上。

构执业情况进行定期或不定期的检查和稽查，一旦发现问题严惩不贷。如此，加大违规成本，才能对其行为形成有效的制约。

近年来，股票市场上，不断涌现出中介机构伙同上市公司造假事件，其中尤以会计师事务所最严重。[①] 中介机构的这些违法违规行为对股市秩序造成了恶劣的影响，给广大股民带来了严重的损失。分析其伦理缺失原因，我们发现，除了需求因素、行政因素、法律因素等外部原因，中介机构内部缺乏职业道德也是重要原因。进行中介行业金融伦理建设，要从中介机构内部出发，加强从业人员自身职业道德修养，同时，也应放眼于整体环境，打造中介机构行业及整个股票市场的金融伦理氛围，以有效的制度约束来弥补纯粹道德规范的脆弱性。

伦理不仅是一种道德精神或涵养，更是一种内心的自我规范。这种规范可以是个人通过自我道德约束自发形成的，也可以是一个社会群体为了规范人与人之间的关系而外在制定的。这就决定了伦理不仅是一种观念性的价值准则，也是一种实体性的制度保障，它不是被动性地处于社会制度体系之中，而是可以主动性地反作用于社会经济。

从这个意义上来说，社会主义市场经济既是利益经济、法制经济，也是伦理经济。伦理对经济有四个方面的作用：为经济提供价值导向，协调经济活动领域的人际关系，为经济活动提供凝聚力和驱动力，为经济行为提供政治规范和法律规范的强制制约以外的软性约束。[②]

所以，构建股票市场中介机构的金融伦理体系，既是构建一套社会行为规范或准则，更是构建一个社会制度体系。在这一体系中，金融伦理既是意识层面的规范，也会通过制度约束促进股票市场的有效运行，最终实现股票市场的公平与效率。笔者认为，建立这样一套金融伦理体系，根本在于建立一套完善的社会信用体系。

社会信用体系是一种规范诚信的社会机制，是规范市场经济秩序的治本之策和长效机制。它对于失信行为具有记录、揭露、预警和惩戒的功能，可以有效地遏制市场交易当事人信息不对称的现象，造成一种“违规失信，处处制约；诚实守信，路路畅通”的社会氛围，使失信者付出沉重代价，诚实守信者得到应有的经济利益和保障，从而有力地维护经济活动和社会生活的正常秩序。我们建立社会信用体系，不仅要建立一整套与市场经济深入发展相适应的现代信用制度，同时也要形成一种符合社会道德规范，蕴含着平等、公正、开放意识的现代诚信文化。只有真正建成这样一种社会信用体系，才是规范金融伦理，促进金融市场和整个市场经济快速健康发展的根本途径。

## 【关键术语】

发行市场（一级市场）　交易市场（二级市场）　价格发现过程　会计欺诈　庄家操纵　股票转让价格　弱式有效市场　半强式有效市场　强式有效市场　证券交易所

---

① 以下为近年来牵涉造假的部分会计师事务所及涉及的有关事件：中华会计师事务所——琼民源事件；蜀都会计师事务所——红光实业事件；四川华西会计师事务所——东方锅炉事件；沈阳华伦会计师事务所——黎明股份事件；湖北立华会计师事务所——康赛集团事件；深圳中天勤会计师事务所——银广夏事件；深圳华鹏会计师事务所——麦科特事件；郑州会计师事务所——郑百文事件。

② 江雪莲，《现代商业伦理》。北京：中央编译出版社2002年版。

公平定价　投资银行　招股说明书　中介机构　投资基金　金融媒体　股票市场操纵
信息不对称　信任危机　坐庄　庄家　零和博弈　正和博弈　越墙　中国墙
信息披露制度　内幕交易

## 【进一步思考和讨论】

1. 金融伦理如何影响股票价格的波动？
2. 金融伦理如何影响资本市场的效率？
3. 股票市场有哪些参与者？这些参与者各自需要遵循哪些伦理规范？
4. 股票市场中的市场操纵是如何进行的？
5. 庄家是如何操纵市场和误导小投资者的？中国庄家文化的形成有何深层制度原因？
6. 如何完善股票市场的信任机制？
7. 证券市场的利益—道德结构是怎样的？如何理解在这种利益—道德结构中的不同行为模式和伦理价值原则？
8. 如何从完善信息披露制度入手减少上市公司的造假行为？
9. 评估机构在股票市场中扮演着什么角色？
10. 评估机构道德风险行为有哪些经济和伦理根源？如何规制评估机构的伦理失范行为？

## 本章参考文献


博特赖特. 金融伦理学[M]. 静也,译. 北京:北京大学出版社,2002.

晁玉凤. 一起典型的操纵证券交易价格的犯罪——对联手操纵“亿安科技”股票价格案的认定[J]. 河南工业大学学报(社会科学版),2002(2):52—54.

丹·莱因戈尔德. 华尔街顶级证券分析师的忏悔[M]. 华林煦,张德让,张静,翟红梅,译. 北京:译林出版社,2007.

杜斯卡 R,杜斯卡 B. 会计伦理学[M]. 范宁,等译. 北京:北京大学出版社,2005.

冯玉琦. 我国注册会计师职业道德建设存在的问题及对策[J]. 经济师,2003(12):189—190.

郭丽红. 论证券交易价格的法律控制[J]. 现代法学,2000(4):124—127.

韩振军. “银广夏事件”制度缺陷[J]. 中国投资,2001(10).

郝红增,田逢春. 银广夏倒了砸得最重的是谁[J]. 财税与合计,2002(7).

何恩良. 中国注册会计师行业诚信建设研究——银广夏案例分析[J]. 企业经济,2004(11):185—186.

何小锋,等. 投资银行学[M]. 北京:北京大学出版社,2002.

贺劲松,韩振军. 7.7 亿元泡沫是怎样吹大的——银广夏追踪调查[J]. 发展,2002(7).

胡佳峻. 注册会计师从银广夏事件中应吸取的教训[J]. 中国审计信息与方法,2001(10):24—25.

胡旭阳. 中介机构的声誉与股票市场信息质量——对我国股票市场中介机构作用的实证研究[J]. 证券市场导报,2003(2):58—61.

黄世忠. 世通财务舞弊手法透视[J]. 财务与会计,2003(8):18—19.

江雪莲. 现代商业伦理[M]. 北京:中央编译出版社,2002.

金黛如. 信任与生意:障碍与桥梁[M]. 上海:上海社会科学院出版社,2003.

考夫曼. 现代金融体系——货币、市场和金融机构:第6版[M]. 陈平,译. 北京:经济科学出版社,2001.

黎霆. 直面股市诚信危机[N]. 中国经济时报,2003-10-6.

李长安. 股市的丑陋[M]. 北京:经济日报出版社,2003.

李曙光. 麦科特不仅是一个案例,它展现了一种现象[J]. 财经,2002(3).

李幛喆. 中国股市发展报告——2001年[M]. 北京:世界知识出版社,2002.

林硕. 华尔街不是"哗尔"街——一个金融"巫师"的忏悔和救赎[J]. 全国新书目, 2007(15).

刘淑娟,刘晓斌. 试论上市公司的信用评级——对"银广夏"事件的思考[J]. 财经理论与实践,2002,23(116).

刘晓明. 从安然、世通事件看美国经济[J]. 经济研究参考,2003(9).

罗能生,肖捷. 中国股市的伦理审视[J]. 道德与文化,2004(6):14—16.

马玉超. 信用缺失与诚信价值观的塑造——美国世通财务欺诈案带给我们的启示[J]. 管理,2002(19):19—21.

闵一宗. 中国股市"黑箱操作"面面观[J]. 北方经济,2000(1):4—10.

倪元春. 财务造假与注册会计师的职业道德问题[J]. 经济师,2004(10).

欧阳剑. 亿安科技股东的赔偿成为无法承受之轻——访亿安科技民事索赔案律师团首席律师郭锋[J]. 中国工商,2001(11).

普林多,普罗德安. 金融领域中的伦理冲突[M]. 韦正翔,译. 北京:中国社会科学出版社,2002.

任重道. 证券伦理[M]. 郑州:河南人民出版社,2002.

宋胜菊. "世通"舞弊揭秘引发的思考[J]. 中华女子学院学报,2006,18(4):79—84.

孙立文. 对"银广夏案件"的一点思考[J]. 中国注册会计师,2001(11).

孙智英. 信用问题的经济学分析[M]. 北京:中国城市出版社,2002.

田宝良. 中国股市的问题与出路[J]. 经济学家,2000(1):101—106.

万继峰,李静. 从世通会计造假案看美国的会计腐败问题[J]. 上海会计,2003(7).

汪月祥. 审计实务中如何遵循独立审计准则——从"银广夏"审计失败谈起[J]. 中国注册会计师,2002(5).

王洪波,宋国良. 资本的陷阱[M]. 北京:经济管理出版社,2003.

王建,李帮. 从银广夏等事件看我国证券市场的信用环境建设[J]. 财经科学,2001-12(增刊):151—154.

王良. 社会诚信论[M]. 北京:中共中央党校出版社,2003.

王亲生. 律师诚信制度与律师职业道德[J]. 中国律师,2002(8):6—7.

王星闽. 从银广夏事件谈机制建设的漏洞[J]. 决策咨询,2001(12):21—22.

魏雅华. 亿安科技:盛宴之后谁来买单?[J]. 金融经济,2000(3):42—44.

吴志良. 操纵证券交易价格罪的研究和实证分析[J]. 经济经纬,1998(5):85—88.

小益. "银广夏"责任者的反思与"银广夏"事件的启示[J]. 中国注册会计师,2003(4):47—49.

易宪容. 国内股市如何才能走出困境[J]. 中国中小企业,2004(8):65—66.

原玉廷,靳共元. 中国股市的现状分析与展望[J]. 当代经济研究,2002(1):59—64.

张锐. 银广夏,骗局被揭开之后[J]. 政策与管理,2001(9):28—30.

郑也夫,彭泗清,等. 中国社会中的信任[M]. 北京:中国城市出版社,2003.

周俊生. 金钱的运动——中国股市十年风雨路[M]. 上海:复旦大学出版社,2000.

周智勇,张怡,张卫新. 试论证券信息披露制度的经济学依据[J]. 科技信息,2003(5):44—45.

# 第十一章　民间金融市场与金融伦理

【本章目的】

学习本章，主要是了解信任和乡土文化在民间金融内生机制中的作用，理解民间金融市场的运作机制和伦理支撑，并了解民间金融市场的伦理危机的形成原因与规制方法。

【内容提要】

本章探讨了我国金融市场中非常特殊和典型的一类——民间金融市场——的伦理问题，探讨了民间金融市场的伦理支撑和内生机制，揭示村庄信任在民间金融运作和演进中的核心作用及其局限性，同时探讨了民间金融市场的伦理危机和伦理规制。民间金融市场尽管基于传统的乡土文化和社区信任，但是它的扩张必然导致信息不对称和道德风险，从而导致民间金融市场出现崩溃的危机。本章通过温州的案例探讨了民间金融的伦理危机及其规制方法。

## 第一节　民间金融市场的结构与运作模式

民间金融市场在我国金融体系中占据重要的地位，尤其是在农村金融体系中，大部分信贷交易是通过民间金融市场完成的。我国民间金融的主要表现形式为资金供求者之间直接完成或通过民间金融中介机构间接完成的债权融资。随着地域和历史发展的不同，我国很多地区产生了多种民间金融运行的形式。在探讨民间金融市场的金融伦理之前，我们先介绍我国民间金融市场的基本结构和运作机制。

### 一、农村合作基金会

农村合作基金会从开始成立运行到被清理关闭，大约经历了 10 年的时间。温铁军(2005)根据农村合作基金会与国家政策之间的高度相关性，将其发展历程分为萌发、改革、高速扩张、整顿发展和清理关闭五个阶段。[①] 早在 1983 年，黑龙江、辽宁一些乡村为有效地管理、用活和清理整顿集体积累资金，将集体资金由村或乡管理并有偿使用，最初的宗旨是管好、用好原有的资金。自 1984 年河北省康保县芦家营乡正式建立农村合作基金会以来，经过 1987—1991 年的改革试验阶段，其作用和效益逐渐发挥出来，在一定

① 温铁军：《三农问题与世纪反思》。北京：生活 · 读书 · 新知三联书店 2005 年版，第 288—315 页。

程度上缓解了正式金融体制安排下资金供给不足的矛盾,逐步得到政府和有关部门的鼓励、支持和推广,自 1992 年开始进入迅速扩张阶段。至 1996 年,全国已有 2.1 万个乡级、2.4 万个村级农村合作基金会,融资规模达到 1 500 亿元。[①] 但此后,许多农村基金会在地方政府的干预下开始大量办理非会员及所在区域外的存贷款业务,违背了其最初的互助宗旨,变成了第二个农村信用社,在组织储蓄方面成为正规农村金融机构强有力的对手,引发了恶性竞争。同时,由于普遍的高息吸存和内部管理的混乱,农村基金会出现了局部的兑付风险。尽管 1996 年 8 月的《国务院关于农村金融体制改革的决定》(国发〔1996〕33 号)针对这种状况提出了三项整顿措施,但由于已经存在的大量不良资产、乡镇级的政府和中央调控的矛盾等原因,加大了清理整顿的难度,直至 1998 年在四川、河北等地出现了较大规模的挤兑风波。1999 年 1 月,为规范金融市场、整顿金融秩序,国务院正式决定全国统一取缔农村合作基金会。

农村合作基金会在其存在的历史阶段,很好地填补了基层农村金融体制的断层,能够以灵活的金融活动来弥补正规农村金融机构的不足;而且从实践经验看,在那些农村合作基金会发展较好的地方,高利贷得到一定程度的抑制。然而出于种种原因,农村合作基金会的功能被严重扭曲。尤其是其中的行政干预色彩浓厚,一个突出的教训就是,如果金融监管还未能按照市场经济的规则进行,政府还可以对民间金融机构指手画脚,民间金融的合法化就是民间金融的灾难。

## 二、合会(民间钱会)

合会是一个综合性的概念,是各种金融会的统称,在我国有着较为悠久的历史,是一种基于血缘、地缘和人缘关系的带有互助和合作性质的自发性群众融资组织。一般的规则是由某人出于某种目的(比如孩子上学、结婚、盖房子,买生产原料等)召集若干人建会,召集人为会首(或会主),参加者为会脚(或会员),每人每期拿出约定数额的会钱,首期归会首使用,以后各期按照一定的规则分别由会脚得到并使用(得会),各期金额相同,只是依据得会先后次序不同,交纳金额不等的会金,先得会者交纳的会金较后得会者交纳得更多,多出者意为还本付息,实质为整借零还;后得会者为零存整取,所得为本利和。按照得会的规则不同,事先固定使用次序的称为“轮会”,按照抽签方式确定使用次序的叫作“摇会”,以投标方式决定使用次序的属于“标会”;按照每期期限不同,又有“月会”“季会”“半年会”和“年会”之分。虽然叫法多种多样,具体做法也五花八门,本质上都是上述这样一套规则,即入会成员之间的有息借贷。

这是民间盛行的一种互助性融资形式,集储蓄和信贷于一体。在我国,就规模而言,融资数额较大的合会多分布在经济较为发达的东南沿海地区,尤以浙江、福建为多。合会是农村金融运作中比较普遍的一种形式。合会适合于一个流动性较弱的、范围有限的熟人社会。它依靠非正式的社会关系和信任关系建立,依赖非正式的制裁机构,即在农村这样的特定区域内人们所共同认同的道德观念和社会排斥,来维系其运营体系。归根

---

① 李静:《中国农村金融组织的行为与制度环境》。太原:山西经济出版社 2004 年版,第 33 页。

结底,民间合会是以对人信用为主的合作金融组织。[①] 但也有很多合会在人们投机思想的冲击下,从合作性变成了趋利性,会首抬高利率水平吸引会员存钱,盲目扩大会员人数,会员拿着建“千元会”筹集来的资金参加“万元会”,卷入非常复杂和脆弱的“信任链条”,一旦某个环节出现问题,“拆东墙补西墙”的做法并不罕见。另外,当面对巨额的会金时,有时名誉的损失就相对变成了一个较小的成本,违约的可能性大大增加。可以说,合会作为一种互助型金融组织,在很多经济欠发达的地区发展过程中起到了不可忽视的推动作用,但其蕴含的风险也是相当可观的,必须对其规模、结构和运营机制进行规范与控制,否则一旦发生大规模的倒会事件,不仅是经济上的损失,所带来的社会动荡和人心不稳将是更难解决的问题。

### 三、私人钱庄

钱庄大都指采取合伙制和股份制成立的、为借贷双方提供担保、以中小企业为放款对象的组织。从事融资和高利借贷的私人钱庄在20世纪80年代开始活跃,像温州曾经出现过三家经过当地工商行政部门批准登记注册的、公开挂牌营业的钱庄。直到1986年《中华人民共和国银行管理暂行条件》的颁布,明令禁止私人涉足金融业,私人钱庄逐渐转入地下,但其活动一天也没有停止过。私人钱庄的存在很大程度上弥补了一些农村地区、私人经济和家庭工业发展对于资金的巨大需要,其屡禁不止是有客观必然性的。私人钱庄的服务态度较好,实行24小时服务制,其利率水平介于民间借贷和银行、信用合作社之间,比正规机构存款能提供更高的利息,相较其他分散的地下金融机构,组织机构完善,因此吸引了大量的客户,对正规金融机构产生了巨大的冲击,占据了一定的金融市场份额。这也使得以前政府在对待钱庄的态度上忽明忽暗,如果予以强制手段取缔,肯定会造成客户的损失而产生社会的混乱。于是中国人民银行温州市中心支行曾允许温州苍南县钱库镇的银行和信用社实行利率浮动,改变了以往的服务方式,成为由中国人民银行总行批准的在全国率先进行利率改革的试点地区,欲以此与私人钱庄竞争。温州第一家正式挂牌的方兴钱庄就是在这种竞争环境中于1989年正式关门。后来,1998年7月13日发布的《非法金融机构和非法金融业务活动取缔办法》,将其他类似的私人钱庄均以非法金融机构名义取缔。

### 四、民间自由借贷

根据中国人民银行温州市中心支行的一份问卷调查显示,在温州当地民间借贷中仅10.6%的借贷活动发生在陌生人之间,而51.5%的借贷双方是朋友关系,通过银背、钱庄的组织筹措借款的只占7%左右。[②] 因此,我们不能忽视另外一个非常重要的民间金融形式——民间自由借贷。据对我国15个省份24个市县42个村落的调查,95%的村落发生过个人借贷。[③] 这是一种无组织的金融活动,一般指发生在亲戚、朋友和乡里乡亲之间的

---

① 姜旭朝:《中国民间金融研究》。济南:山东人民出版社1996年版,第56页。

② 《温州民间借贷出现新样本 直接借贷方式成主流》,“浙江在线”网站(http://www.zjol.com.cn),2004年12月4日。

③ 李建军:《中国地下金融规模与宏观经济影响研究》。北京:中国金融出版社2005年版,第60页。

借贷关系。按利率高低可划分为三种形式:白色借贷(友情借贷)、灰色借贷(中等利率水平借贷)和黑色借贷(高利贷)。自由借贷通常难以统计,利率高低不一,且借款形式不规范,其形式主要有口头约定型、简单履约型和高利贷型。口头约定型大都是在亲戚、朋友、同乡等熟人之间进行,完全依靠个人间的感情及信用行事,无任何手续且一般数额较小;简单履约型较为常见,凭一张借条或一个中间人即可成交,数额大小居中,借款期限长短和利率高低全凭双方关系的深浅而定;高利贷型盈利目的最为明显,且潜在风险较大,个别富裕的农户将资金以高于银行的利率借给急需资金的农户或企业,从而获取高额回报。

自由借贷相对而言是最复杂、最不易管理的一种民间金融形式,容易引起经济纠纷和人们之间的矛盾,造成的悲剧也不在少数。而且其存在形式非常分散、隐蔽,可以说根本无法完全取缔。每个人都可能有手头紧的时候,每个人也都可能有闲散的资金。因此,只要存在对资金的需要,市场就一定能创造出满足这种需要的对象。

## 五、民间典当业

典当业在我国民间金融业中曾扮演了重要的角色,以前是指出当人将其拥有的所有权的物品作为抵押,从当铺取得一定当金,并在一定期限内连本带息赎还原物的一种融资行为。在我国历史上,典当业主要从事抵押放款的业务,中国古代的典当业根据资料考证大约在南北朝时期就出现了,自古典当行的主顾都是穷人,而典当行大都是一副高利盘剥的凶恶嘴脸,而在现代社会,当铺的原则已经变成了公平交易、自愿互利。1988 年从四川成都出现中华人民共和国成立以来第一家当铺开始,在缓解出当人资金短缺、帮助居民解决资金暂时困难、推动社会经济发展方面起到了积极的作用。相较众多的其他民间金融组织,典当行业安全系数大、社会震荡小,且较少干扰国家产业政策,这是由典当业的经营特点决定的。典当业这种抵押放款的方式,由于有抵押品的存在且其价值一般高于贷款本息额,即使将来借款人出现经营风险,对于典当业主而言,风险也是很小的。而对于借款者来说,如果一旦出现经营风险,至多损失的是典当品,而且其灵活周到的服务和自愿交易的原则,使得典当行业受到欢迎是不言而喻的。据商务部统计,2006 年国内典当企业达 2052 家,注册资本总额达 170 多亿元,行业从业人员达 1.8 万人,2006 年的典当总额达 800 多亿元。[①] 现在,部分典当业已经实现规范化,获得国家的金融经营许可,但是仍旧有一部分典当业处于地下状态。

**【专栏 11-1】**

### 清代以来温州的典当业

一、温州典当业发展历程

至清代,温州典当业更加兴盛,乾隆初年(约 1736),永嘉城内设善赉当铺;嘉庆间

① 曾业辉:《典当背后的财富机会》,《中国经济时报·商业周刊》,2007 年 5 月 9 日。

(1796—1820),瑞安县城设大赉当铺;道光元年(1821),乐清县大荆镇设张氏当店;五年,永嘉城区设德丰当铺;同治二年(1863),永嘉城区又设仁和当店;同治间(1862—1874),平阳县设鼎盛当店;光绪间(1875—1908),永嘉城区相继开设通济当店、公大当店,平阳县金乡镇亦设殷大同典当。此外,温州城乡还有为数不少的代当(当店的代理者)。

由于市场竞争的结果,清代温州典当业的利率已趋于正常。道光二十一年二月底,瑞安赵钧在《过来语》中记道:"瓯俗典铺起息,比省会重三倍有余,如当钱三十五千,一月该利八百七十五文,省会五十两,八厘起息,一月只合二百八十文。"当时温州典铺(代当)当钱三十五千文,月利八百七十五文,即月息2.5%,按通俗的说法,月息二分五厘,比宋代已大幅下降。

清末,永嘉县署《温州府永嘉县光绪三十四年实业统计表》提供了当时永嘉县典当业较完整的统计数字。该年永嘉县有当店五家:善赉、德丰、仁和、通济、公大,共有房舍135方丈(即1 500平方米)、143间,总资本11万余两。店主分别来自宁波、瑞安、永嘉,经理聘请宁波人、永嘉人担任。店伙合计93人,杂役20人,贷出资财56万两,行息率二分三厘,止赎期限27个月,合计年赢利5 000两,各店每年四季节缴官规费40元,当、赎物品有金银、珠玉、铜锡、绸纱、丝布、衣服等类共400多种。由此可知,当时永嘉县典当业的资本利润率为4.5%,并不算高,也可能在填表时店主有所保留。《温州市金融志》还指出,在当期内,物主可随时付本利取赎,不满一月者,按整月计息,到期不赎,当店即可没收典当物拍卖抵偿。当物的估价,由店方当面讲定,不容讨价还价。柜面定价后,出具当票,以作取赎凭证。典当人因不慎遗失当票,只要注明该票的花色、当本、日期,可以挂失,但赎回时需有担保。此外,有下述情况不受当:典当物属公物或贼赃;典当人形迹可疑者;珍奇物件不能估定其价值者。

至清宣统元年(1908),据永嘉实业统计记载,永嘉城区典当机构为五家。1930年年初,永嘉城区仅存通济、德丰、善赉三当。[①] 如同全国其他地区一样,20世纪50年代以来,典当业在温州逐渐绝迹。

二、温州典当业的重新复苏及其经营特征

1988年年初,中华人民共和国成立后绝迹近四十年的典当业,再次出现在温州市的鹿城街头,继而扩大到了下属的一些县镇。自1988年2月9日温州市第一家典当商行——温州金城典当服务商行开业。至1988年8月底,温州市已开业的典当行遍布了除洞头县以外的8县2区达34家之多,其中属全民所有制1家(非独立,系温州市服务公司创办),属股份制组建的有33家。34家典当行拥有货币资本金1 578万元(其中集体股337万元),资本总额最高的达150万元,最低的5万元。截至1988年8月31日,34家典当行的累积发生额达117 656 090元,余额为61 290 890元。规模最大的一家典当商行——金城典当行,1988年8月底余额达10 115 300万元。典当行营运资金的来源主要有三个方面:① 向金融机构借款3 608万元(其中各家银行3 094万元,城市信用社、农村金融服务社514万元),占资产总额的58.9%;② 内部集资,向主管部门及一些企业单位

① 参见温州市志。

借款943万元，占资产总额的15.4%；③ 自有货币资本金1 578万元，占资产总额的25.7%。[①] 据当时的调查，典当商行的从业人员，有待业青年、集体或街办工商业改行的，及少数有一定专业特长的，如金银鉴别行家、会计、律师（仅一人）等专业人员。1949年以前从事过典当业、属“重操旧业”的人员，目前在温州寥寥无几。

20世纪80年代末期建立的典当机构，其质押物以不动产居多数。如1988年6月中国人民银行温州市中心支行对温州市区五家已开业典当行的调查（见表11－1），结果表明不动产质押物金额占整个质押物金额的75.79%，其中的一家典当行不动产质押占整个比例的94%。[②]

**表11－1 温州市五家典当商行质押物状况（1988年6月）**

（单位：万元）

| | 动产 | | | | | | 不动产 | | |
|---|---|---|---|---|---|---|---|---|---|
| | 金银饰品 | 家用电器 | 机动车辆 | 商品 | 物资 | 其他 | 房屋 | 设备 | 其他 |
| 金城 | 138.90 | 27.78 | 111.12 | — | — | — | 648.20 | — | — |
| 大公 | 110.53 | 6.41 | 24.58 | — | 6.50 | 1.52 | 402.74 | 14.30 | 8.20 |
| 鹿城 | 93.00 | 20.00 | 8.00 | — | — | — | 411.00 | 7.00 | — |
| 东瓯 | 43.10 | 11.10 | 9.60 | — | — | — | 210.40 | 4.50 | — |
| 公平 | 5.12 | 2.30 | 1.10 | 0.50 | — | 8.50 | 265.40 | — | — |
| 合计 | 390.65 | 67.59 | 154.40 | 0.50 | 6.50 | 10.02 | 1 937.74 | 25.80 | 8.20 |
| 占比 | 24.2% | | | | | | 75.79% | | |

资料来源：中国人民银行温州市中心支行．关于温州市典当业发展基本情况的调查报告[R]．温市银金管字第0375号，1988-9-22，打印稿复印件。

典当商行的资金投向，据1988年6月份中国人民银行温州市中心支行对市区五家典当行的调查（见表11－2），大部分资金用于生产与经营，占97.93%，用于解决生活临时急需的仅占2.07%。

**表11－2 温州市五家典当商行的资金投向状况（1988年6月）**

（单位：万元）

| | 生产 | 经营 | 生活 |
|---|---|---|---|
| 金城 | 259.48 | 648.00 | 18.52 |
| 大公 | 14.30 | 555.97 | 4.50 |
| 鹿城 | 30.00 | 492.00 | 17.00 |
| 东瓯 | 55.00 | 210.00 | 18.70 |
| 公平 | — | 282.92 | — |
| 合计 | 358.78 | 2 188.89 | 53.72 |
| 占比 | 13.79% | 84.14% | 2.07% |

资料来源：中国人民银行温州市中心支行．关于温州市典当业发展基本情况的调查报告[R]．温市银金管字第0375号，1988-9-22，打印稿复印件。

① 参见中国人民银行温州市中心支行：《关于温州市典当业发展基本情况的调查报告》，温市银金管字第〔1988〕0375号，1988年9月22日，打印稿复印件。

② 同上。

从组织机构看，典当商行都实行董事会下的经理负责制，设董事会、经理室、估价科、拍卖处、财务科等职能部门，人员一般为10—12名。从人员素质看，典当商行的主要负责人原来是一些工商企业的负责人，有一定的经营管理经验。例如温州金城典当商行的董事长是现任鹿城区城郊工业供销公司的经理，大公典当商行的董事长由吉瓯贸易公司的经理兼职。商行的其他人员则基本上是从社会上招聘的各类有关专业技术人员。

典当商行的经营范围分动产和不动产两大类。动产类以日用品、家用电器、金银饰品，有价证券、富余原材料、企业闲置设备及交通工具等为主；不动产主要是房屋。

典当商行的典当期限一般规定为：起当期10天，不到10天提前回赎的按10天收费，典当期为3个月，期满不能回赎的，可在期满前3天内提出延赎申请，延赎期15天。典当物品的实际价值必须在100元以上，不足100元不受理，典当逾期不回赎的，做绝当处理，但可领取绝当价数30%的金额。

典当商行的综合费率，包括服务费、仓管费、保险费等，一般为月率的24‰—36‰，高于城市信用社贷款利率，低于民间借贷利率。如首家开业的金诚典当商行的收费标准：按月收取当金2%—3%的服务费，视物品体积、保管要求，按月收取当金0.6%—1%的仓管费、保险费，三项合计为月3%左右。

商行对典当物品的估价方法：不动产一般按市价的50%左右估价；动产质押物视市场情况，如黄金饰品一般是按市价的70%—75%估价。

从典当商行的经营情况看，1988年8月至12月是温州典当业发展的高峰期，据当年8月份的一次调查，34家典当商行的累计发生额达11 765.6万元，当金余额为6 129万元；规模最大的金诚典当商行，8月底余额为1 011.5万元。据11月底对市区12家典当商行的统计，累计发生额11 668.98万元，当金余额为4 309.9万元；规模最大的金诚典当商行，11月15日余额731.6万元，与8月份相比规模在缩小。到了1989年5月，温州典当商行的境况显得不佳，据调查，截至5月底，市区12家典当商行累计发生额16 949.25万元，余额2 584.64万元，其中已逾期当款1 912.63万元，占74%，在全部逾期当款中，不动产当款逾期1 740.5万元，占91%。①

## 六、民间集资

民间集资盛行于20世纪80年代，其在相当程度上满足了当时非公有制经济特别是民营经济起步阶段对资金的需求。大规模的集资特别是规模较大的公募资金，没有经过批准是不受法律保护的。集资具体包括以劳带资、入股投资、专项集资、联营集资和临时集资等，由于风险大，而且被认为扰乱了农村金融秩序，一般都受到抑制，如著名的河北省孙大午集资案。民间集资形式的创新夹杂着对风险的漠视以及欺诈的骗局，不时在一些地区引发社会震荡。1997年亚洲金融危机后政府监管意识强化，加大了治理非法集资的力度。1998年4月，国务院颁布了《非法金融机构和非法金融业务活动取缔办法》（中

① 张震宇：《温州的典当业》，http://www.ripbc.com.cn/yjxxw/jinrongnianjian/page/1990/9004314.htm。

华人民共和国国务院令第247号),提出了“变相吸收公众存款”的概念,同时设置了“未经依法批准,以任何名义向社会不特定对象进行的非法集资”的兜底条款,极大地扩展了监管机关的权限空间,为其监管执法行为增加了更多的灵活性,使一些游走于不同监管机关的权力边界之间的集资形式重新回到监管的框架内。

## 第二节　民间金融市场的伦理支撑

民间金融的演进和扩张依赖于同一社区的人之间所形成的社会网络以及由这种特定的社会网络而形成的伦理秩序与信任关系。生活在同一个地区的人由于具有共同的文化传承,容易通过彼此间的联系结成社会网络(由个体间的社会关系所构成的相对稳定的体系)。人们的经济生活正深深“嵌入”社会网络之中,人们可以在社会网络的基础上建立包括信用关系在内的各种联系,并通过社会网络实现实际或潜在资源的集合,获取信息、影响、信任等社会资本,机器、设备、资金等物质资本,以及文化素质、劳动技能等人力资本。[①] 其中,社会资本[②]是一种无形的资本,能够惩罚破坏信任关系的人或行为,促使人们为共同的利益而采取合作态度,因而是维持社会网络稳定的重要因子。

同西方社会相比,中国社会的网络化特点十分明显(张其仔,2001),而“乡土社会”正是我国民间金融赖以生存与发展的社会网络。费孝通(2001)指出:“乡土社会在地方性的限制下成了生于斯、死于斯的社会。……这是一个‘熟悉’的社会,没有陌生人的社会。乡土社会的信用并不是对契约的重视,而是发生于对一种行为的规矩熟悉到不假思索时的可靠性……”可见,一方面,乡土社会的生活富于地方性;另一方面,乡土社会的社会秩序主要靠民间的非正规制度来保证。笔者称这种为民间金融发展提供土壤的社会网络为“乡土社会网络”(indigenous social network)。乡土社会网络的作用主要体现在以下两个方面:

第一,乡土社会网络有助于形成共同的伦理秩序和克服信息不对称。

在民间金融市场,贷款申请者的信用状况缺乏法律担保,民间金融组织只能通过贷款申请者的朋友、亲戚、邻居、商业伙伴等获取有关其信用状况的信息。由于民间金融市场的信用状况通常表现为道德品质的形式,民间金融组织只能通过由熟人构成的乡土社会网络获得这一信息。[③] 基于此,设定如下模型:

假设民间金融组织对于贷款申请者的考察通过对其熟人的调查进行,并在调查结果的基础上加入自己的判断,以此确定贷款申请者是否有还款能力,并由此决定是否为其提供贷款。贷款者如果决定贷款,则对被认为有还款能力的申请者收取 $r_1$ 的利息,对于

---

① Uzzi(1999)通过统计分析证明,企业和银行之间的嵌入关系增加了企业摄取资本和以较低成本获得借贷的机会,同时,在具备嵌入关系的企业中,具备网络互补性的企业更有可能以较低成本获得信贷。

② 在这里,我们采用 Putnam(1993)对“社会资本”的定义,即能够通过推动协调的行动来提高社会效率的信任、规范和网络。

③ 王晓毅等(2004:第158页)在温州的调查表明,在从事小规模专职的民间借贷活动中,许多人是老年人和妇女,其中很重要的一个原因就是,他们有更多的时间和机会了解到借款人的真实信息。

被认为没有还款能力的申请者收取 $r_2$ 的利息[①]，且 $r_2 > r_1$。被调查者在大多数情况下是诚实的，但也有少数人例外（出于私利，他们可能会说有还款能力的人没有还款能力，或者没有还款能力的人有还款能力），但是他们在接到贿赂的情况下都会做出有利于贿赂者的评价。因此，贷款申请者可以通过贿赂被调查者而得到正面评价。对于有还款能力的贷款申请者而言，其只需要贿赂那些少数不诚实的人，使之变得诚实，成本为 $C_1$，而其余的贷款申请者为了得到正面评价，则需要贿赂大多数人，使之变得不诚实，成本为 $C_2$，$C_1$ 与 $C_2$ 不随借款额度的变化而变化，且 $C_1 < C_2$。并假设贷款金额为 $M$，借款者能够通过借款获得的效用率为 $b$（也即其能够通过借款获得 $Mb$ 的效用）。进一步假设，如果贷款者向真正没有还款能力的人提供贷款，则款项将无法收回。

在民间金融中，组织对于贷款申请者的甄别可以用信号博弈来表示。根据上述假设，得到图 11－1 所示的信号博弈模型，其中，博弈双方的收益是双方在贷款期结束时分别通过借贷行为获得的净收益。

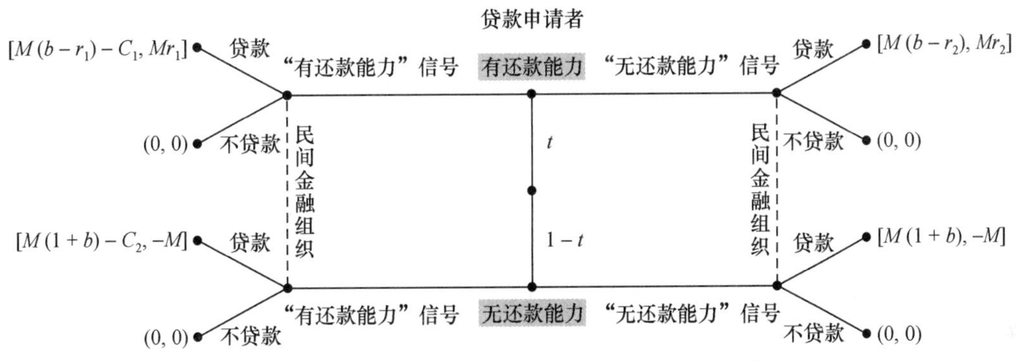


**图 11－1　贷款申请者与民间金融组织的信号博弈**

通过求解可知，若要求信号与实际情况相符（即被调查者能够向民间金融组织提供真实信息），则需满足：

$$C_1 \leqslant M(r_2 - r_1) \tag{11-1}$$

$$M(1 + b) < C_2 \tag{11-2}$$

（11－1）式、（11－2）式在直观上的含义就是，有还款能力的人需要付出的贿赂成本小于其能因自身的还款优势而获得的利息优惠，无还款能力的人付出的贿赂成本则要高于其能通过贷款获得的总收益。要使（11－1）式和（11－2）式成立，必须满足以下条件：$r_2$ 比 $r_1$ 大很多，$C_1$ 很小，$C_2$ 很大。也就是说，如果民间金融组织能够对自身认为还款能力较弱的贷款申请者收取比普通贷款者高得多的利率，并且被调查者的诚实度较高、基本能够反映实际情况。那么，民间金融组织就能够对贷款申请者做出良好的筛选。

由于民间金融组织的利率较为灵活，第一个条件很容易满足，而乡土社会的网络性质则有助于第二个条件的满足。在乡土社会网络中，人与人之间的关系具有稳定性和持续性，因而人与人之间的博弈是一种重复博弈。在这种重复博弈中，若一方的不合作并

---

① 之所以会向被认为没有还款能力的人提供贷款，是因为对于“是否有还款能力”这一问题的判断不可能做到完全准确，为了防止业务流失，在一定的条件下，民间金融组织也会考虑满足这些申请者的贷款要求。

不宣告彼此间的关系的结束,那么他的不合作行为将引起另一方的报复,结果有可能两败俱伤,这就要求双方为了各自的利益寻求合作解。事实上,在这样的社会网络中,被调查者通常不仅与贷款申请者,也与民间金融组织者有着较为密切的关系,其自身可能也会需要通过民间金融贷款,声誉对于他们而言具有重要的意义。因而,出于维持声誉的考虑,他们多会体现出诚实的态度。由此可见,乡土社会网络给予了民间金融组织在克服逆向选择问题方面的优势(王曙光,2006b)。

第二,乡土社会网络有助于民间金融克服道德风险、建立有效偿付机制。

乡土社会的规范是乡土社会网络运作的基础之一,而信誉又是乡土社会规范的重要组成部分。如果一个人不讲信用,那么这种信息很快会通过乡土社会网络传播开来,使得他甚至其家人都无法再得到社区内人们的信任,在人员组成相对固定的乡土社会网络中,这种信任的丧失将会是致命的。因而,乡土社会网络有助于防范民间金融中的失信行为(王曙光,2006a)。

由上文知,民间金融组织在发放贷款前通常已经对贷款申请人做出了很好的甄别,贷款人通常不存在没有还款能力的可能。因此,即使某些贷款者将贷款行为视作一次性博弈、不看重自己的声誉,民间金融组织也能够通过正式或非正式手段(据上文,民间金融组织可能会根据借款数额,剥夺借款者的土地、收成、劳动力、社会地位甚至生命)挽回损失。而非正式手段的存在基础正是建立在地缘与血缘关系上的乡土社会网络,因为在这样的社会网络中,不守信用的人将成为众矢之的,即使受到的惩罚的严重度超出了其所应得的程度,人们也会认为他是罪有应得,在道义上支持制裁者。[①] 以下通过模型说明非正式手段在民间金融偿付机制建立中的作用。

假设在采取法律手段时,民间金融组织能够挽回贷款本金及利息,且诉讼费率为 $s$;在采取非正式手段时,民间金融机构剥夺的借款者财产所能折合的数额要大于贷款本金与利息之和,贷款总收益率为 $r+p$。由此得到图 11-2 所示的完全信息动态博弈模型,模型中其余字母含义同上一模型。

求解得到此博弈的子博弈精练纳什均衡:民间金融组织贷款给申请者,申请者还钱。如果民间金融组织只有法律手段一种挽回损失的途径,从理论上看,均衡解不会发生变化。但是,在实际情况中,民间金融组织很少依靠法律手段来解决问题:一方面,在社会资本存量丰富的乡土社会网络中,协议的制定常常基于口头承诺而非书面合同,在出现纠纷时,当事人可能会选择私下了结而非对簿公堂(张其仔,2001);另一方面,民间金融的贷款数额往往较小,采取法律手段解决纠纷客观上需要较多的时间和人力投入,机会成本很高。由此可见,如果没有基于乡土社会网络存在的非正式手段,民间金融组织可能不会贷款给申请者,其自身也就失去了存在的意义。正是基于乡土社会网络的偿付机制的建立,促进了民间金融的产生和发展。

由上文可知,社会网络的形成基础是共同的文化传承,因而,研究民间金融的成因,也不能忽视文化因素的影响。以下对于中国民间金融和美国犹太人免息贷款组织的分

---

① 张其仔(2001)指出:“地缘网络中的制裁通常使制裁者所付代价少,而被制裁者所付代价大,从而使被制裁者更多地考虑他的行动对制裁者的影响。”

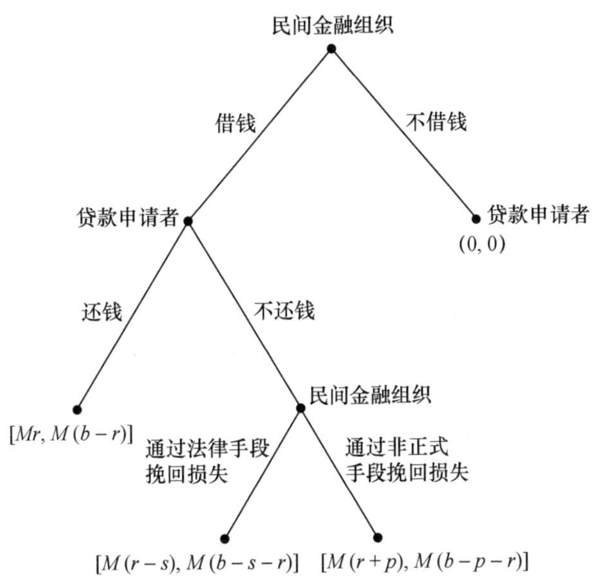


**图 11－2　贷款申请者与民间金融组织的完全信息动态博弈**

析表明，文化传统以及在此基础上形成的共同的价值观和宗教信仰，会在一定程度上强化民间金融组织的生成机制，并使民间金融具有强大的超越地域的可复制性。

## 一、中国民间金融：伦理文化传统与复制性

中国的伦理传统文化注重关系和人情，这种取向不仅体现在观念上，而且体现在社会结构之中，并为社会结构所强化。这种文化的影响贯穿于民间金融发展的整个历程之中。

从古代来看，山西票号的发展壮大是很好的例证。作为清末民初民间金融领域中的重要组成部分，山西票号纵横大江南北近一个世纪，分号延伸到日本、朝鲜、中国香港等国家和地区，创造了中国民间金融在发展速度、规模和范围方面的奇迹。支撑这一奇迹的重要因素正是"笃诚信行"的庄严承诺和强调"真善"的独特文化魅力，是守信、团结的传统文化的延续。

从现代来看，温州现代民间金融的兴起也很好地证实了这一点。温州民间在历史上有一种"认盟兄弟盟姐妹"的民俗，这种民俗活动与通过血缘和婚姻建立起来的家庭姻亲关系一起构成了一种稳固的微观社会结构。当这个结构中的成员在企业经营过程中需要增加投入时，首先选择这种以血亲、姻亲和盟兄弟姐妹关系为基础的"会"或民间直接借贷方式来筹集资金。夏小军(2002)对浙江台州、温州和福建泉州等地民间金融的观察研究表明，中国民间金融活跃地区的地域分布完全与这种民俗组织活动的地域分布一致，证实了文化因素对于民间金融生成的意义。

### 二、美国犹太人的免息贷款组织[①]:宗教传统与文化迫力

在第二次世界大战前,在美国居于少数民族地位的移民为了融资便利,往往会在其自身民族的贷款组织模式基础上,在美国建立针对本民族的民间贷款组织,如中国人、日本人和犹太人都有类似的组织,而且这种组织在形态上与各自国内的民间金融组织基本一致。在这些组织中,犹太人的"希伯来免息贷款组织"(Hebrew free loan association)由于其特有的"免息"性质,颇具特色。

"免息贷款"的理念根植于犹太人的信仰犹太教,《圣经旧约》中的《出埃及记》(*Exodus*)、《利未记》(*Leviticus*)以及《申命记》(*Deuteronomy*)都明确表示,人们不应当向穷人索取利息,《塔木德》(*Talmud*)[②]也提到了慈善贷款的理念。希伯来免息贷款组织的形成还在一定程度上受到犹太人传统文化中的"科学慈善观"(science philanthropy)的影响。这种观念认为,应当鼓励穷人依靠自己的能动性而非其他人的慈善行为来改善生活,接受施舍有失体面,并且会由于依赖性的产生而导致永久性贫困。[③] 因而,在这种观念的影响下,人们会力求通过贷款而非施舍,为穷人提供帮助。指出,人类首要的需要是个体有机系统的需要——营养,两性及传种,防御及日常生活必备品,这些最基本的"文化迫力",强制了一切社区发生种种有组织的活动,而更高层次的需要或文化迫力表现在社会与精神两方面。希伯来免息贷款组织的出现,也在一定程度上反映了人们在社会和精神方面更高层次的文化迫力——通过向他人提供民间性的免息贷款实现自我价值。

## 第三节　村庄信任与民间金融内生机制

### 一、共同体、村庄共同体和关系共同体:农村民间金融的伦理基础

在研究乡村的治理结构、文化传统、行为模式、运作机制等问题时,我们常常被一个问题所困扰:究竟是什么因素影响了居于其中的每个人的行为和决策?以农村的民间金融为例,我们发现,在农村中,非正式金融占据着极为重要的地位,即使是在正规金融已经逐步渗入的区域,非正规的借贷形式仍旧有着旺盛的生命力。而民间的非正规金融之所以具有较强的生命力和较高的效率,也许正在于民间金融的组织形式和运作机制暗合了乡村的治理结构和行为模式的传统,从而使得民间金融极容易被农民所理解和接受。因而,要解释民间金融的运作机制及其有效性,就必须首先阐明乡村社会的伦理行为准则与文化传统。

村庄一直是中国乡土社会中一个非常特殊的群落。从地理上来说,村庄具有比较清晰的地域。在历史久远的人类生活变迁过程中,尽管每一个村庄的地理范围并不是固定

---

① 参见 Tenenbaum(1989)。

② 该书是犹太人继《旧约圣经》之后最重要的一部典籍,又称"犹太智慧羊皮卷",被誉为"犹太 5 000 年文明的智慧基因库"。

③ 有一些希伯来贷款组织收取很低的利息,其原因是,组织的管理者认为,不付利息地获取贷款同样有失体面,而支付少许的利息能够为穷人赢得自尊。

的，但是大体来说，村庄在较长的历史时期内一般较好地保持了地理上的稳定性，这一点是毋庸置疑的。由于每个村庄都具有地理上清晰的界限，在不同的村庄中，经济活动和社会交往都是在相互隔绝的情况下独立进行的，因此中国的村庄具有独立的文化单元和社会单元的性质。在中国传统的乡土社会中，村庄具有某种程度上封闭的特性，村庄与村庄之间尽管在地理上是相互临近的，但是在村庄的治理和村民的交往方面，有着非常清晰的界限。在很多地方，不同的村庄尽管地理距离并不遥远，但是所使用的语言竟然有很大的差别，这种现象令很多语言学家和人类学家大为惊叹。这也就说明了村庄作为一个群落，在一定程度上具有独立性和封闭性。

由于村庄的独立性和封闭性特征，因而使用“共同体”这个概念对中国村庄进行研究就具备了逻辑基础。“共同体”或“社区”是英文 community 的不同翻译，不过“社区”这个译法比较着重于其原始意义[①]，而“共同体”这个译法则着重于其本质含义。从地域上来说，共同体中的成员虽然一般是在一个地域内活动的，但是这种地域上的规定性并不是必然的。比如说，在世界各地生活的华人虽然其居住的地方不同，却有着大致相同的文化传统和行为准则，因此属于同一个比较抽象的共同体。因此，笔者认为，共同体更为本质的特征是具有共同的交往规则、价值体系和文化传统，也就是说，构成共同体的要素是共同的价值观，而不仅是地域上的封闭性和清晰界限。

《韦伯斯特词典》对“共同体”这一概念有四个方面的界定：第一，共同体是由不同的个体组成的团体；第二，共同体的成员通常具有共同的利益，并享受共同的权利，因此具有共同特征和共同抱负的人更容易组成共同体；第三，同处于共同体中的不同个体之间一般具有互动关系，而不是孤立存在的，相应地，共同体中的每一个人都必须遵守共同的规则或法律；第四，共同体中的成员一般都是居住在同一个地方，但这不是必要条件。[②]第二个和第三个界定具有比较重要的意义，在第二个界定中，共同的利益关系成为构成一个共同体最基本的动力和根源，而第三个界定中，共同体赖以维持的先决条件是共同遵守及认同一整套价值观念和游戏规则。

在笔者看来，村庄作为一个共同体也必须遵守这两条基本的界定原则：第一，村庄作为一个共同体之所以形成，其根本动力和根源在于，在很长的历史发展中，每一个农民都是以村庄为基本单元生活其中的，村庄承载和满足了村民多方面的需求，既满足了其经济需求（在村庄范围内进行土地、资源的分配以及其他生活需求），也承载着村民的其他需求，比如村庄是一个农民及其家族社会活动的主要区域，也是其社会声望得以确立的重要依托，在村庄这个共同体中形成的声誉、社会交往资源以及网络成为一个农民及其家族延续的最基本的条件。第二，村庄之所以作为一个独立的共同体，是因为居于其中的人们都在历史久远的共同交往中形成了共同的价值观念和行为准则，大家都承认这套

---

① 把 community 翻译为“社区”，据费孝通先生说开始于 20 世纪 30 年代。1933 年燕京大学社会学的毕业班为了纪念派克教授来华讲学要出一本纪念文集，其中派克教授自己写的文章中有“community is not society”一句话，原来这两个词都翻译为“社会”，为了准确反映派克教授的原意，费孝通等翻译为“社区”。社区指在一个地区形成的具体的群体，而社会是指这个群体中人与人相互配合的行为关系。参见费孝通：《乡土中国　生育制度》。北京：北京大学出版社 1998 年版，第 325 页。

② 转引自胡必亮：《关系共同体》。北京：人民出版社 2005 年版，第 6 页。

规则，如果谁违背和践踏了这套价值体系，必将遭到共同体内所有成员的唾弃和鄙视。正是这套看来无形的价值体系和交往准则，世世代代维系着村庄的完整性和稳定性，使得村庄作为一个基本的治理单元而保持相对的延续性。当我们反省为什么中华民族几千年来保持相对的稳定性时，我们应该看到，村庄作为一个治理单元的稳定性是整个中华文明稳定性的有力的支撑。正是因为有了村庄在价值观念和治理模式上的稳定性，整个中华文明才在几千年的发展中奇迹般地保持了稳定性。国内一些学者意识到村庄共同体所承载的"非正式制度"和民间秩序对于中华文明延续性的影响：

> 中华文明之所以得以不间断地持续了几千年，中国社会秩序之所以在几千年间比较平稳地得以维持下来，重要原因之一就在于中国比较成功地实现了正式制度与非正式制度、人为秩序与自发秩序之间的平衡发展，并且非正式制度在相当长时期内是起主导作用的。也就是说，在相当长的历史时期，法制与伦理道德相比，伦理道德的力量远大于法制的力量……即使以儒家思想为主体的非正式制度后来被日益正式制度化为国家的"大传统"了，但现实生活中普遍存在的、丰富多彩的、没有被正式制度化的"小传统"也每时每刻地发挥着重要作用。

然而，作为"大传统"的儒家文化和作为"小传统"的民间文化之间共同的精神纽带又是什么呢？胡必亮（2005）进一步把村庄共同体进行抽象，提出了"关系共同体"的概念。关系共同体当然不是中国所特有的现象，在任何一个国家和文化传统中，都具有一种特殊的人群之间形成的交往模式和组织模式，这些交往模式和组织模式都可以被称为"关系"。但是在中国这个以伦理为本位的社会文明体中，"关系"显然具有特别的内涵。很多学者认为，中国与西方相比较，其社会秩序不是建立在团体本位的基础上，也不是建立在个人本位的基础上，而是建立在充满人情成分的人际关系本位基础之上。[①] 假如我们把"关系共同体"作为分析中国乡土文化的一个切入点，则对传统乡村中的很多现象都会有比较透彻的崭新的理解。

关系共同体带有极强的中国文化的特征。"关系"在中国传统文化中具有一定的不确定性，它依赖于很多条件而存在，但又可以打破很多条件而存在。比如关系一般依赖于一定的地缘、血缘、族缘和业缘条件，一些有着共同血缘、地缘、族缘和业缘关系的人更容易形成一个共同体。但是，在中国的一些关系共同体中，有时可以不必依赖这些条件而存在。关系共同体很有可能打破原有的血缘、地缘、族缘和业缘关系而拓展出新的关系网络。因此，关系共同体有很强的可延展性。关系可以根据一定的秩序进行拓展，把一些本来不属于关系共同体的人纳入共同体范围，从而使得关系的外延不断延伸。但是，不论怎样，关系共同体总是有一定限度的。超出一定的限度，共同的价值观和交往规则就很难维系，因而其保持共同体的成本就会上升，关系共同体崩溃的可能性就会增大。因此，虽然胡必亮已经认识到"关系共同体是一个开放的而不是封闭的系统"，但是不可否认，关系共同体虽然具有一定的延展性和开放性，却也同样具有一定的边界特征，假如

---

① 参见梁漱溟：《中国文化要义》，载《梁漱溟学术精华录》。北京：北京师范大学出版社 1988 年版。金耀基：《人际关系中人情之分析》，载杨国枢主编《中国人的心理》。台北：台湾地区桂冠图书公司 1987 年版。转引自胡必亮：《关系共同体》。北京：人民出版社 2005 年版，第 10 页。

超出了这个边界，在没有新的社会规则和价值体系支撑的情况下，关系共同体的过度延伸会带来灾难性的后果，下面我们所分析的互助会的崩溃事件就可以说明这一点。

## 二、村庄信任的制度基础与约束条件

村庄作为一个关系共同体，对于中国乡村的民间金融组织的形成和演进有着非常重要的影响。各种民间金融组织形式，从最简单的私人之间的借贷，到比较有组织的带有互助性质的合会，都带有非常强烈的个人关系的印记。在这些非正式的借贷形式中，人际关系的亲疏程度和相互信任的程度成为决定民间金融组织是否有效率的最重要因素。村庄信任，成为维系整个村庄稳定性与和谐运转的重要条件，也是民间各种借贷关系和金融组织得以维持的内在力量。

胡必亮在其《农村金融与村庄发展》中这样界定“村庄信任”的内涵：

> 村庄信任是一个综合性的概念。它是指在村庄共同体框架下，村庄里的每一个个体通过一定的与当地文化紧密相联系的社会规范与社区规则嵌入(embedded)村庄系统之中，并因此互相之间产生对于彼此的积极预期的一种社区秩序。很显然，这是一种具有自组织性质的民间秩序，是一种通过非正式制度的作用而形成的秩序。……在村庄信任这一概念体系中，村庄共同体的存在是前提条件，地方性习俗以及地方性的习惯法和社区规则、会意性知识(tacit knowledge)、地方传统以及信任等构成了村庄信任的重要内容。[①]

村庄信任是在传统村庄这样一个相对封闭的关系共同体中孕育和发展起来的。传统村庄的封闭性和治理结构的非正式性，使得村庄信任在较长的历史时期中很容易得到培育和维持。信任作为一种社会资本，其对于一个社会的有效运转和经济的稳健发展极为关键，一个没有信任的社会，会人为增大整个社会运转的成本，从而导致社会运转效率下降，社会成员的总体福利水平降低。在中国传统的村庄共同体中，由于共同体成员之间通过几代人的重复博弈已经形成较为稳定的和谐的合作关系，同时由于空间的封闭性和有限性，导致成员间的信息基本上是对称的和充分的，因此，在民间的合会与标会的组建过程和运转过程中，来自成员违约的道德风险是非常罕见的。而成员之所以珍惜自己的信誉，乃是因为在村庄共同体中已经形成了共同的价值观念和交往规则，这些规则千百年来一直发挥作用，如果谁违反了这些价值观念和交往规则，则会被村庄共同体中所有成员所鄙弃，其代价可能不仅仅由犯规者自己承担，而且要殃及自己的后辈和亲戚。村庄共同体的成员通过日常的“闲言碎语”来评价成员的行为，也给予那些违规者以舆论惩罚。可以说，在一个乡村共同体中，惩罚机制和监督机制都是非常有效的。正因为如此，才保证了合会和标会违约率被控制在一定水平。

基于“村庄”这个较为封闭的关系共同体而建立起来的信任关系，由于其信息的基本对称性与完备性、惩罚机制与监督机制的有效性，村庄信任的维系成本极低。村庄信任被胡必亮称为“社会信任秩序的最高境界”，其原因正在于村庄信任是一种不需要任何正

① 胡必亮：《农村金融与村庄发展》。北京：商务印书馆2006年版，第181页。

式契约安排来维系的“认同型信任”。[①] 但是同时我们必须认识到,村庄信任是需要较为严格的前提条件的:首先,村庄信任有比较严格的地域限制,村庄信任的范围一般局限于一个村庄,超越村庄的信任关系一般较为罕见,即使有,也比较脆弱。其次,村庄信任依赖于较低的社会流动性与较简单的社会网络,一旦人口流动性增加,超过一定临界点之后,就会使得村庄信任难以维持,最终归于崩溃。再次,村庄信任一般存在于市场化水平较低的区域,也就是说,村庄信任的有效性一般来说与该区域的市场化水平呈负相关关系,越是市场化水平低的地方,村庄信任所构成的关系共同体越牢固,村庄信任的维系成本越低,从而村庄信任也就越有效;而在市场化程度比较高的地区,一些正式的契约化信任关系越容易取代不需要契约的认同型信任关系。最后,村庄信任有赖于社会制度的稳定性与社会结构的稳定性。在一个社会制度与社会结构激烈变迁的时代,村庄信任会受到极大的扰动,信任关系的脆弱性也会相应增加。基于以上的限制因素和条件,尽管村庄信任属于维系成本极低的认同型信任,但是不可否认,村庄信任与市场条件下的契约型信任具有一定的替代性,一旦地域范围扩大,社会流动性增加,市场化水平提高,社会制度与社会结构的不稳定性增加,村庄信任的脆弱性就会显现出来,从而自然被更为市场化的契约型信任关系所取代。可以说,村庄信任是一定市场化水平下封闭的村庄共同体中所培育的特殊的认同型信任关系,本身必然随着传统乡土社会的解构与市场契约社会的发展而不断演进。村庄信任度与地域范围、社会流动性、市场化水平和社会结构稳定性这几个变量之间的关系可以用以下公式表示:

$$F(VT) = F(LL, SL, ML, ST)$$

其中:$VT$——村庄信任度;$LL$——地域范围;$SL$——社会流动性;$ML$——市场化水平;$ST$——社会结构稳定性。$dVT/dLL < 0$,$dVT/dSL < 0$,$dVT/dML < 0$,$dVT/dST > 0$。

## 三、村庄信任与民间金融组织的演进和效率

民间金融组织在传统乡村之所以具有较高的效率与较低的违约水平,与以上分析的村庄信任有着极为密切的关系,而胡必亮所提出的“村庄信任”这个范畴对于乡村借贷关系和金融体系特征确实有着很强的解释能力。在“村庄信任”这个概念的基础上,我们可以分析传统乡土社会的融资特征。我们发现,即使是在村庄信任的范围内,融资的差序格局也是非常明显的。费孝通先生用差序格局来描述中国传统乡土社会伦理秩序的特征,而用团体格局来描述西方市场社会的结构特征。[②] 而中国乡土社会中,民间金融组织的制度结构与社会成员的融资顺序跟差序格局正相吻合。在传统乡土社会中,尤其是在一个村庄信任所维系的关系共同体中,其成员会首先寻求基于最亲密的亲友关系的私人之间的借贷。其次是在村庄范围内组织的合会或标会等比较松散的非正式的民间金融组织,这些带有互助性质的“会”的社会基础仍然是极具人性色彩的村庄信任关系,传统上的“会”一般不超过村庄的范围(当然也有例外)。再次,在更高的层次上,一般在超越

---

① 胡必亮:《农村金融与村庄发展》。北京:商务印书馆 2006 年版,第 190 页。

② 参见费孝通:《乡土中国　生育制度》。北京:北京大学出版社 1998 年版,第 24—31 页。关于“差序格局”这个范畴在现代的适用性及其学术意义,参见王曙光:《市场经济的伦理奠基与信任拓展》,《北京大学学报》,2006 年第 3 期,第 139—146 页。

村庄的范围内,会形成一些更具组织性和制度性的金融组织,比如钱庄与典当铺。这些钱庄与典当铺不再依赖于封闭的村庄信任,而是依赖于比较完善的契约与非人格化的市场关系。最后,在钱庄与典当铺等较为正式的民间金融组织的基础上,在农村市场化水平逐渐提高的条件下,可能形成一些初具现代银行特征的乡村银行。[①]

一个农村居民一般会遵循上述的融资顺序来安排其借贷行为,当然,我们很容易发现,这个融资顺序实际上同时描述了农村金融(包括正式金融和非正式金融)体系发展与提升的一般逻辑顺序。当非正式金融组织的制度结构和融资规模发展到一定阶段时,必然寻求组织形式的进一步演进,其契约形式逐渐市场化,内部治理结构也逐渐复杂化和正规化,最后将发展成为较为现代的乡村银行和较为正规的合作金融组织。但即使是到了出现较大规模现代乡村银行与正规合作金融组织的历史阶段,我们相信,民间的基于"村庄信任"的非正式金融组织也必将在很长时间内继续存在并发挥作用,"会"这种形式在中国上千年来一直持续存在并保持旺盛生命力就是一个极好的证明。[②]

以"标会"为代表的中国农村民间金融组织由于其融资制度安排较为合理、操作简捷科学并能有效利用"村庄信任"降低违约成本,因此在传统乡村中具备一定的制度优势。但是基于我们以上的讨论,"会"有一定的规模边界与地域边界,如果突破了其所能承受的规模边界与地域边界,则极易出现"崩会"事件。浙江乐清和平阳等地在20世纪80年代曾发生过严重的倒会或崩会事件,危机波及几个县,使得政府对民间金融的态度一直持非常谨慎甚至抑制的态度。[③] 可见,民间金融组织的风险和效率既依赖于民间金融组织内部治理的有效性和制度安排的科学合理性,也依赖于村庄信任及其拓展的程度。超越规模边界和地域边界的民间金融组织必然面临更大的违约风险,而解决的方案只能有两个:一是非正式金融本身组织形式与运行机制的演变和提升,向更加正规的金融形式过渡,从而使得非正式金融组织的契约形式逐渐严密化与复杂化;二是政府对某些具有高风险、高违约率、带有高度投机性质的民间金融组织给予密切的关注与监管,也可以运用适当法律手段予以制止,而保证那些风险较低的民间金融组织的正常运作。

## 第四节　民间金融市场的伦理危机与规制

民间金融市场的有效性依赖于一定地域范围内的传统社区信任(尤其是农村地区的村庄信任),这种基于血缘与地缘关系的信任有利于克服信息不对称,有效减少道德风险。但是,民间金融市场由于其不规范性和社区信任的局限性,也很容易导致伦理危机。民间金融市场的伦理危机主要表现为:当民间金融市场的半径逐步扩张以至于突破传统社会信任的范围之后,参与者之间的信任关系破裂,民间金融市场的发起人极易出现道

---

① 对农村融资顺序的详尽研究,参见王曙光等:《农村金融与新农村建设》。北京:华夏出版社2006年版,第36—37页。

② 胡必亮在浙江苍南县钱库镇的调研表明,即使是在"文化大革命"时期,那里的钱会仍然存在并非常活跃。参见胡必亮:《农村金融与村庄发展》。北京:商务印书馆2006年版,第196页。

③ 参见王晓毅:《温州的农村金融体系:苍南县钱库镇及项东村调查》(打印稿),1998年。Kellee S. Tsai, *Back-Alley, Banking: Private Entrepreneurs in China*, Cornell University Press, 2002。

德风险行为，甚至有可能衍生出带有诈骗性质的机会主义行为，从而导致民间金融市场的风险加大，在极端情形下会产生局部的金融危机。下面我们从乐清“抬会”事件和苍南、平阳“排会”事件看看温州民间金融市场的伦理危机和政府的规制措施。

浙南地区农村素有组织“会”的传统，“会”是一种古老的民间经济互助性质的信用形式，在浙南有广泛而悠久的影响，即使在中华人民共和国成立后也一直没有中断。在温州，一般意义上的“会”被称为“呈会”。“呈会”作为民间借贷的一种形式，其性质、规模、对象、用途等在改革开放之后发生了变化，其资金投向由主要满足生活消费转向生活消费与生产经营投资相交叉，由直接融资转向直接信用与间接信用相并存，其种类纷繁、性质各异。据温州市金融学会应健雄的调查，20世纪80年代初“呈会”的种类有“聚会”“遥会”“标会”“退会”“单千跟”“八年四”“压会”“啃会”“导会”“摸会”“抬会”等十一种。[①] “呈会”按性质大体分为三个大类：

第一类是传统的亲友之间的经济互助性质的呈会，这类呈会一般规模小，形式简单，时间短，会员一般为亲朋至友。会款的用途一般为建房、婚嫁、高档消费品等，偶尔也用于筹措生产性资金。这类互助性质的呈会一般没有信用中介人，由会主（发起人）与各个会脚直接发生关系。可以是一次性的“聚会”，也可以是连续轮流式的“摇会”。

第二类是有信用中介人参与的经营性质的呈会。这类会名目繁多，有“退会”“压会”“八年四”等。它是一种较大规模筹集生产经营资金的一种手段，其特点是经营货币、存贷结合、存贷见面、收取利差。“会主”充当信用中介人以攫取盈利为目的进行组织和筹措资金，从事资金的拆借活动，一个“万元会”的会主每月可得利差300元左右。这类呈会具有间接信用的性质，在一定条件下对融通资金、促进生产经营有一定作用，但是由于会主一般自有营运资金极微，风险承受能力较差，信贷关系较松散，信用情况模糊，因此风险很大，一旦面临倒会，会造成比较严重的损失。1984年春，乐清黄华乡会主南碎倩倒会，清账后亏空40万元，给落会的会员造成巨大经济损失。[②]

第三类是具有金融投机诈骗性质的呈会，“抬会”即属于这种性质。“抬会”从形式上看是“八年四”的变种，它以超高利率为诱饵，吸引社会闲散资金，采取以会养会、以会得会的手法，使大量资金脱离生产经营和流通领域，加剧资金供求矛盾，潜藏巨大金融风险，带有严重欺骗性质。应健雄（1986）认为，“抬会”是一种以妇女为骨干、以单线联系为基本形式、以欺骗为手段、以牟取暴利为目的的金融投机活动，会主没有自有资金，多为文化程度不高的妇女。

抬会是民间“单万会”，即百人每人每月百元成单万会的变种，参与者之间不存在互助成分，会脚之间也不存在直接的信息交流和相互监督。抬会的组织结构很像金字塔状的立体几何图形：在塔尖的是大会东，中间是中小会东，底端是人数最多的会脚。其内部参与者之间的关系不像一般的互助会，存在真正关系的只有两个当事人——会东和会脚：大会东和中小会东之间实际上也是会东与会脚的关系，而中小会东只不过在充当更

---

① 应建雄：《加强资金市场管理、取缔金融投机活动——乐清“抬会”的始末》，民间借贷利率理论讨论会材料，初稿打印稿，1986年。

② 同上。

低一层的会东时,又成为高一层的会脚,大会东也可以直接拥有不再扩展组织的会脚。

一种典型的抬会的资金轮转使用的一般流程是:起会时,各个会脚先向会东支付11 600 元;从第2个月开始,会东每月向会脚支付9 000 元,连续支付12个月,计10.8万元;从第13个月起,会脚每月向会东支付3 000 元,连续支付88个月,计26.4万元。这种抬会要持续100个月,在不考虑时间价值的情况下,会东可以从会脚那里获得16.76万元的收益。但对于会脚而言,只要起会时支付11 600 元接下来的只需支付12个月每月收入9 000 元,如果抬会能够顺利运行到第13个月,会脚的11 600 元就可获得10.8万元的收益,这种获利程度是任何其他的金融投资和实业投资行为都无法达到的。从而,抬会对一般个人而言是非常具有吸引力的。

但是,问题的关键是,会东如何在一年的时间内,把11 600 元转变成10.8万元。对会东而言,唯一的出路是发展新的会脚,把新会脚的钱支付给老会脚。会东由会脚抬,老会脚由新会脚抬,逐渐发展到一个会抬另一个会。经过计算,会东要使抬会顺利运行下去,到第6个月必须发展到22个会脚,到第12个月,要发展到691个会脚,到第18个月,要发展到20 883 个会脚。抬会的发展速度和规模是非常迅速的,以乐清为例,1985—1986年不到一年的时间里,该地区形成了12个属于金字塔最顶端的大会东,其中三个涉及的会款发生额在亿元以上,10万元以上的大中小会东达上千人。

但是,一个地区的抬会能够顺利运行下去需要有两个前提:一是该地区要有数量可以无限增加,愿意且有能力(至少可以支付起会时的11 600 元)入会的新会脚;二是每个参与者都能信守承诺按时照协议支付会金。实际上这两个前提是不可能满足的。乐清的实际情况证明了这一点,抬会几乎是在同一时间内迅速崩溃。而且,在倒会过程中,某些大的会东为了在倒会之前大捞一把,创造了如“短会”和“官会”等抬会的变体。“短会”参与者资金轮转使用的一般流程与一般的抬会差不多,只不过持续时间特别短:每个会脚在起会向会东支付1.2万元,接下来的两个月会东向会脚支付9 000 元。一个“短会”只持续三个月,在这三个月内对会脚而言可以获得6 000 元的收益,而对会东而言,只能靠发展新的会脚。“官会”又称“倒抬会”,会脚在起会时先从会东那里获得资金,然后在三个月后向会东偿还少量资金就可以了,但只有当地的官员才可以成为会脚,其规模也视干部官阶的大小而定。这些大的会东之所以组织这种赔本的“官会”其目的主要是想通过干部入会来带动百姓入会,同时还可以得到当地政府的支持。①

“抬会”的发源地在温州乐清县柳市镇,其发展到高峰时,每个家庭几乎都卷入其中。抬会的利率高达25%—50%,大大超过了生产经营者的承受能力。维持抬会的唯一方法,就是不断发展新的会脚,不断扩大抬会的规模,以会养会,以会保会,潜伏着极大的危机。20世纪80年代中期,浙江温州乐清发生了严重的“抬会”风波,这场倒会风波最早发生于乐清,余波涉及温州平阳、苍南、永嘉、洞头及台州、丽水等14个县(区),卷入的总人数达20多万,30%的群众卷入其中,13个乡镇的参加户数达70%,情况严重的乡村几乎

---

① 关于抬会的运作机制,参见陈德付:《互助会的投融资效率——温州案例研究》,浙江大学2015年硕士学位论文,第44—48页;应建雄:《加强资金市场管理、取缔金融投机活动——乐清“抬会”的始末》,民间借贷利率理论讨论会材料,初稿打印稿,1986年。

涉及每家每户。以乐清为例，到1986年年初，会款发生额10亿元多，实际投入的资金22亿元多，因入会而破产自杀的63人，200多人潜逃，近千人被非法关押、拷打，无数家庭在一夜之间变得负债累累。这次抬会风波使得乐清当地的整个金融市场陷于极度的混乱之中，正规金融机构的资金大量被抽走，而人们为了筹集资金入会，使得民间私人借贷的月利率由原来2%—3%上升到10%—20%，最高时达到40%，2亿元左右的民间游资都流向了这场抬会的“金融游戏”中。[①]

以上我们描述了乐清“抬会风波”的始末，下面我们看看在苍南、平阳两地发生的“排会风波”的来龙去脉。“排会”于1984年的下半年在平阳的局部地区出现，继而从平阳敖江向苍南龙港扩散蔓延，1986年年初乐清“抬会”倒会前夕是“排会”发展的高峰期。据统计，平阳参与“排会”的人数约17万人，涉及资金10 399万元，主要发生地为平阳的敖江、万全、昆阳等3个区4个镇共18个乡；苍南参与“排会”的人数约3.5万，涉及资金9 135万元，主要发生地为苍南的龙港、宜山等2个区1个镇共7个乡。[②]

排会是互助会畸形发展后的另外一种变体，其资金的轮转使用规则非常复杂。与一般互助会的一个最大不同点是它的资金的支付方法：会东和会脚之间不完全用现金结算，会脚可以以空头认会，采取挂账计付利息的办法。在利息支付上，有的排会还计算复利利率，其利率一般高于当地民间私人直接借贷的利率。与抬会一样，排会的会东也必须靠发展新的会脚才能使排会顺利运行下去，倒会也是必然的。在倒会后的清理债权债务期间，由于排会种类很多，其资金的轮转使用规则又非常复杂，类似于“短会”和“官会”，某些大的会东在倒会前夕也创造一些持续时间很短的排会的变体，继续发展大量的会脚，使得清理难度加大，给当地造成了很大的混乱和危害。

抬会和排会的特征可以归纳为如下几点：① 会东一般都无自有资金，有的实际上是一些金融诈骗分子，都是利用会脚的资金达到发财的目的。② 会东靠高利率为诱饵吸引人们入会，这种高利率大大超过了外部市场的投资收益率和人们入会后用来消费可以承受的水平，使得资金的投向完全脱离了生产和消费领域。③ 各种会已经从原来单一的且带有互助性质逐渐转变为“会中有会”且以盈利为唯一目标。会东必须靠不断发展新的会脚的方式才能使会顺利运行下去。④ 与一般的互助会的会脚彼此之间是比较熟悉的不一样，这些变体都是只靠会东和会脚之间的单线联系，会脚之间不存在直接的信息交流和相互监督，这加大了这些会发生倒会的概率，成为会东非法牟取暴利的一种工具。

温州20世纪80年代中期发生的“抬会风波”和“排会风波”是中国当代民间金融发展史上的重大事件，总结在“抬会风波”和“排会风波”中温州地方政府的危机处置方式和对民间呈会的政策框架，对未来民间金融发展是有巨大指导意义的。温州地方政府与金融监管部门在发生抬会和排会的倒会事件后，采取了积极处置、分类管理、管制与疏导相结合的方法，既有效地遏制和取缔了非法的金融投机诈骗活动，同时保护和引导民间金融组织向规范方向发展。归纳起来，温州地方政府和金融监管当局的危机处置与监管

---

① 姜旭朝：《中国民间金融研究》。济南：山东人民出版社1995年版。

② 李元华：《温州民间融资及开放性资本市场研究》。北京：中国经济出版社2002年版。温州市委调查组：《关于苍、平两县“排会”的剖析》，初稿打印稿，1987年8月1日。

政策框架包含以下几个方面：

第一，有效保护、规范和疏导合法的民间金融组织及其融资活动。温州地方政府和金融监管部门充分认识到，民间金融的发展是商品经济发展的需要，而且对现有的金融体系起到重要的不可或缺的补充作用，因此对正常的民间借贷、资金互助会以及民间的金融机构的融资活动，应该予以保护和引导。在温州市金融学会的调查报告中，这样概括温州地方政府和金融监管部门采取的政策框架：

> 目前民间借贷的性质和形式发生根本变化，其资金投向已经由原先的满足生活消费转向生产经营活动，由民间直接融资转向直接信用与间接信用并存。这对促进农村商品经济的发展起到拾遗补缺的作用。民间借贷是一个大范畴，应区别不同性质和形式，因地制宜，采取不同政策。允许私人之间直接拆借，合法的借贷关系受法律保护。亲友间的互助性质的呈会允许继续存在。呈会的总金额一般不得超过一万元，利率可以略高于(一般以不超过8%为宜)当地信用社的贷款浮动利率。以获取利差为目的的经营性的呈会和私人钱庄，均属金融机构性质，自有资金极微，缺乏承受风险能力，根据国务院颁布的银行管理条例是不允许存在的。鉴于温州市目前的实际情况，可采取过渡的办法，向当地人民银行登记、清理，逐步收缩。清理登记期间，要按收取会款或存款总额10%的比例，向农业银行缴纳准备金，向税务部门缴纳税款。①

温州市委调查组所起草的《关于苍、平两县“排会”的剖析》也表达了同样的政策倾向与思维方式，在这个报告的最后，温州市委谈到这次处理排会事件的经验教训：

> 应该说，民间信用活动对促进农村商品经济的发展有一定的积极作用，我们应采取疏导方针，既要加强管理，又要积极疏导，通过疏导实现管理。个人之间正常的相互拆借，任何部门不应干涉，合法的借贷关系应受到法律保护。凡属非营利性的、具有经济互助性质的成会(也叫呈会)，可允许存在，但对其规模、利率、期限等要有所限制。对以营利为目的的经营性质的成会活动，会主都要向当地政府或银行办理登记，清理账目和会款。②

温州市委的政策基调与温州人民银行的基调是完全一致的。我们不能不说，这样的政策框架是成本最小的但同时又是符合民间金融发展规律的。

第二，严厉取缔和打击非法的金融诈骗投机活动。对于民间高度投机性质的排会和抬会等金融组织形式，温州地方政府和金融监管当局的政策指向非常清晰，即进行严厉取缔和打击。温州市人民银行和温州地方政府都认为，“对于金融投机违法活动，必须坚决取缔，依法没收非法所得。但在取缔过程中，应有领导地进行，要讲究政策和策略，引火不烧身。对投机者要坚决打击，经济上不给占便宜，对广大群众利益又要给以保护，要

---

① 应建雄:《加强资金市场管理、取缔金融投机活动——乐清“抬会”的始末》，民间借贷利率理论讨论会材料，初稿打印稿，1986年。

② 温州市委调查组:《关于苍、平两县“排会”的剖析》，初稿打印稿，1987年8月1日。

有利于社会安定”①。

第三,危机处置中坚持分类指导原则和保障金融安全原则。1986年,温州乐清“抬会”倒会后,造成社会严重混乱。1986年3月19日,乐清县政府决定对抬会会主采取行动,由于消息泄露,全县上千名大小会主全部逃走,会脚为追回会款,全家倾巢出动寻找,最后发展到到处抓人质(人质中还有不满周岁的三个孩子)。会主住宅房屋被捣毁一百四十多栋,很多房屋被洗劫一空,犯罪分子乘机行凶抢劫,社会秩序一片混乱。1986年3月24日,温州市委根据温州市人民银行建议,派出调查组帮助乐清县清理会案工作,明确“抬会”的性质为金融投机违法活动,“以有利于社会安定团结、有利于商品经济发展、有利于社会主义正常金融活动开展、有利于清理会案工作的顺利进行为指导思想,区别民间借贷中直接拆借、经营性呈会和金融投机活动,分别采取允许存在、逐步取代和坚决取缔三种不同对策”。温州市委在危机处置方面,提出抬会的处置“以不得利为原则,会主还本,会脚退利”的原则,逐步稳定了人心,使大中小会主陆续回来,并在政府监督下进行清账,人质大都被放回。分类指导原则和保障金融安全原则是温州市地方政府危机处置中坚持的两大原则,由于很好地坚持了这两大原则,温州乐清县的抬会风波得到了比较顺利的处置。根据应建雄的报告,截至1986年4月17日,已清退会款9 266万元,部分得到会款的居民将现金送存银行和信用社,导致银行和信用社的储蓄大幅上升,3月20日到4月30日,乐清县城乡储蓄余额增加1 008万元。②

第四,构建多层次的资金融通市场,调动正规金融机构和非正规金融体系两方面的积极性。有效控制民间金融机构风险、提高资金融通效率的最重要手段,是加快正规金融机构的改革,形成由银行信用、合作社信用、社会集资、民间信用等多渠道、多层次的资金融通市场。其中银行信用和信用社信用是农村资金融通的主导性力量,社会集资和民间信用是必要的有益的补充。温州市地方政府认识到,要控制区域金融风险、合理引导和管理民间金融组织,首先必须对正规金融机构的经营管理进行改革和创新。在这个指导思想下,温州市积极进行浮动利率改革,信用社和银行根据当地资金需求情况,根据企业和个体工商户的平均资金利润率水平不断调节利率水平。同时,温州市地方政府鼓励信用社开拓经营领域,试办资金委托、信用咨询等新金融服务项目,并鼓励在有条件的乡镇成立集体金融服务社,办理资金委托业务,这些资金服务社对民间信用活动起到很好的引导和调节作用。正规金融机构加快改革,使非正规金融组织存在的必要性下降,同时鼓励了那些规范的民间金融组织正常地开展金融服务,这是保障区域金融安全的治本之策。

## 【关键术语】

民间金融　农村合作基金会　合会(钱会)　私人钱庄　民间自由借贷　民间典当业
社会资本　乡土社会　乡土社会网络　熟人社会　村庄信任　民间金融内生机制

---

① 应建雄:《加强资金市场管理、取缔金融投机活动——乐清“抬会”的始末》,民间借贷利率理论讨论会材料,初稿打印稿,1986年。

② 同上。

村庄共同体　关系共同体　民间金融市场伦理危机

## 【进一步思考和讨论】

1. 民间金融有哪些主要形式？其各自的运作机制如何？

2. 如何理解乡土社会和乡土社会网络以及由此形成的社会资本？

3. 在民间金融的内生机制种，村庄信任起到什么作用？如何理解村庄共同体的概念？村庄共同体的维系需要哪些条件？

4. 民间金融市场产生伦理危机的根源在哪里？

5. 以温州为例，如何理解民间金融市场的伦理危机的正确规制方式？

## 本章参考文献


费孝通. 乡土中国　生育制度[M]. 北京：北京大学出版社，1998.

胡必亮，刘强，李晖. 农村金融与村庄发展——基本理论、国际经验与实证分析[M]. 北京：商务印书馆，2006.

胡必亮. 关系共同体[M]. 北京：人民出版社，2005.

江曙霞，马理，张纯威. 中国民间信用——社会、文化背景探析[M]. 北京：中国财政经济出版社，2003.

江曙霞，张小博. 双重准则规制下民间信用制度变迁的成本—收益分析[J]. 金融研究，2004(11)：19—28.

姜旭朝，丁昌锋. 民间金融理论分析：范畴、比较与制度变迁[J]. 金融研究，2004(8)：100—111.

姜旭朝. 中国民间金融研究[M]. 济南：山东人民出版社，1996.

金耀基. 人际关系中人情之分析[M]//杨国枢. 中国人的心理. 台湾：桂冠图书公司，1987.

李建军. 中国地下金融规模与宏观经济影响研究[M]. 北京：中国金融出版社，2005.

李静. 中国村落的商业传统与企业发展——山西省原平市屯瓦村调查[M]. 太原：山西经济出版社，1996.

李静. 中国农村金融组织的行为与制度环境[M]. 太原：山西经济出版社，2004.

李元华. 温州民间融资及开放性资本市场研究[M]. 北京：中国经济出版社，2002.

梁漱溟. 中国文化要义[M]//梁漱溟. 梁漱溟学术精华录. 北京：北京师范大学出版社，1988.

马林诺夫斯基. 文化论[M]. 费教通，译. 北京：中国民间文艺出版社，1987.

王曙光. 农村金融与新农村建设[M]. 华夏出版社，2006.

王曙光. 市场经济的伦理奠基与信任拓展——超越主流经济学分析框架[J]. 北京大学学报，2006(3)：139—146.

王晓毅，蔡欣怡，李人庆. 农村工业化与民间金融——温州的经验[M]. 太原：山西经济出版社，2004.

王晓毅，朱成堡. 中国乡村的民营企业与家族经济——浙江省苍南县项东村调查[M]. 太原：山西经济出版社，1996.

王晓毅. 农村工业化过程中的农村民间金融——温州市苍南县钱库镇调查[J]. 中国农村观察，1999(1)：52—59.

温铁军. 三农问题与世纪反思[M]. 上海：生活·读书·新知三联书店，2005.

温州市委调查组. 关于苍、平两县“排会”的剖析[Z]. 初稿打印稿，1987-8-1.

夏小军.温州民间“会”的功过[J].经济学消息报,2002-5-14.

应建雄.加强资金市场管理、取缔金融投机活动——乐清“抬会”的始末[C].民间借贷利率理论讨论会材料,初稿打印稿,1986.

曾业辉.典当背后的财富机会[N].中国经济时报·商业周刊,2007-5-9.

张其仔.新经济社会学[M].北京:中国社会科学出版社,2001.

B UZZI. Embeddedness in the Making of Financial Capital: How Social Relation and Network Benefit Firms Seeking Financing[J]. American Sociological Review, 1999, 62: 481-505.

G MARK. Economic Action and Social Structure: The Problem of Embeddedness[J]. American Journal of Sociology, 1989, 91: 481-510.

L S YANG. Money and Credit in China: A Short History [M]. Harvard University Press, 1989.

R D PUTNAM. Making Democracy Work: Civic Tradition in Modern Italy[M]. Princeton University Press, 1993.

S TENENBAUM. Culture and Context: The Emergence of Hebrew Free Loan Societies in the United States [J]. Social Science History, 1989, 13(3): 211-236.

S T KELLEE. Back Alley, Banking: Private Entrepreneurs in China [M]. Cornell University Press, 2002.

Y DAVID, H WU. To kill Three Birds with One Stone: The Rotating Credit Associations of the Papua New Guinea Chinese[J]. American Ethnologist, 1974, 1(3): 565-584.

# 第十二章　金融市场监管与金融伦理

【本章目的】

学习本章，主要是了解金融市场监管的伦理基础和历史争议，了解金融市场监管的伦理原则，思考金融市场监管腐败的根源，并讨论金融监管未来的价值转向。

【内容提要】

本章探讨金融市场监管中的伦理问题，主要从经济自由主义和国家干预主义的伦理价值嬗变出发，探讨金融市场监管应遵循的伦理原则，揭示了金融市场监管腐败的原因，并以美国金融监管变革为例探讨了自由主义监管伦理的转向。金融监管是一把双刃剑，需要在经济自由主义和国家干预主义之间寻找一个最佳的平衡点。金融危机之后，美国监管伦理的价值转向值得思考。

## 第一节　经济自由主义和国家干预主义的伦理价值嬗变

对金融市场进行监管或管制很容易引起学术上和实践上的争议，这种争议的核心是经济自由主义与国家干预主义之争。在美国这样的传统上以经济自由主义为核心经济价值观的国家，人们持有这样的牢固观念：对金融市场的过度介入是有害的，金融市场自身产生的自律能够使得其有效运作。正是基于这样的认识，美国金融监管部门对美国金融衍生品市场采取了较为宽松的态度，出现了大量金融衍生品监管的空白，这是导致美国金融危机的直接原因之一。

经济自由主义作为一种经济伦理观和经济价值观，在资本主义发展史上经历了跌宕起伏的过程，其确立、发展、演变、转型的过程中充满了争议，与国家干预主义经济伦理观形成了此消彼长的关系。经济自由主义和国家干预主义的沉浮消长，始自经济学和经济思想的滥觞时代。综观整个经济思想史，这两种思潮其实一直处于一种竞争性的此消彼长的状态，这种互为消长的趋势是与不同时代的经济形态和发展状况相联结的。正如著名经济学家萨缪尔森在其《经济学》中所指出的，“经济学本质上是一门发展的科学，它的变化反映了社会经济趋势的变化”①，这个论断正确地阐明了经济思想与经济发展之间的关系。也就是说，并没有一种一劳永逸的完美的经济思想，可以长久地绝对性地在任何经济时代都占据优势的统治性的地位，验之于经济思想史，这个论断是可以得到历史支持的。

---

① 〔美〕萨缪尔森、诺德豪斯著．高鸿业译：《经济学》。北京：中国发展出版社 1993 年版，第 2 页。

著名经济思想史学家陈岱孙先生曾经在一篇经典文献中为经济自由主义和国家干预主义下过精辟的定义,并对这两种思潮在历史上的消长关系做过系统的考察。[①] 所谓经济自由主义,是一种主张最大限度地利用商品市场的机制和竞争的力量,由私人来协调一切社会经济活动,而只赋予国家以承办市场机制和竞争力量所不能有效发挥作用的极少量经济活动的经济思想和经济政策。所谓国家干预主义,则是一种主张削弱私人经济活动的范围,由国家干涉和参与社会经济活动,在一定程度上承担多种生产、交换、分配等经济职能的经济思想和经济政策。在西方经济思想史中,最早的国家干预主义思想可以追溯到重商主义,尽管在许多有关西方经济思想史的著作中,重商主义(mercantilism)并没有被视为现代经济学的滥觞时期,而被贬抑为现代经济学的史前期思想(prehistoric thoughts),与此同时,一般经济思想史著作几乎都一致将主张经济自由主义的亚当·斯密(Adam Smith, 1723—1790)的《国富论》(*An Inquiry into the Nature and Causes of the Wealth of Nations*,1776)作为现代经济学的真正开端。作为古典经济学派鼻祖的斯密所提出的基于国家契约理论和经济上的个人主义的"自由放任"(laissez-faire)学说,是对于重商主义国家干预经济活动的经济主张的一种反对,而这种经济思想上巨大变化的根源,仍然在于17世纪末期至18世纪中期欧洲尤其是英国的经济形势与经济地位的变化。

斯密开创的古典经济学派对于作为"看不见的手"(invisible hand)的市场机制的膜拜,其理论基石有四,即他们相信:在一个完全竞争的市场制度里,公私利益必然是协调而不是冲突的;市场可以自动地对经济主体的行为进行调节,从而达到理想的均衡状态;均衡价格可以指引不同产品的相对生产数量和生产要素在生产中的最适度分配;自由市场经济可以达到分配的公平性。虽然经济自由主义的这些假定并没有得到完全的证明和系统的论证,但是,经过大卫·李嘉图(David Ricardo, 1722—1823)、约翰·穆勒(John Mill, 1806—1873)和巴斯夏(Bastiat, 1801—1850)等后古典学派的发挥,中间经过19世纪70年代兴起的边际学派(marginalism)在分析方法上对古典学派的补缀[②],再经过19世纪末到20世纪初叶以阿尔弗雷德·马歇尔(Alfred Marshall, 1842—1924)为代表的新古典派的折中式的整合工作,经济自由主义思想最终成为主宰欧美的正统的主流经济思想。但是不可否认的是,经济自由主义不是从来没有遇到过挑战,福利学派对古典理论中"最大化"的质疑以及剑桥学派对完全竞争假说的质疑,都在某种程度上预示了后来经济自由主义的理论危机。

假如将眼光从欧洲的发达国家转移到在欧洲比较后进的德国,我们就会发现一种与流行于英法等国的经济自由主义传统相对立的另一种经济思想的传统,那就是可以与欧洲经典的经济自由主义分庭抗礼的以主张国家对经济运行的有效干预为主要特征的德

---

① 参见陈岱孙:《西方经济学中经济自由主义和国家干预主义两思潮的消长》(1984年8月),收于《陈岱孙文集》(下卷)。北京:北京大学出版社1989年版。这篇经典文献是迄今为止对于经济自由主义和国家干预主义之消长趋势的最为集中、深刻、系统和权威的论述,对中国经济学界产生过深刻影响。

② 虽然边际学派表面上在价值问题上与古典学派似乎处于对立的地位,从而被称为对于古典经济学的边际革命;但就其整体的理论立场而言,边际学派运用边际分析方法对传统的古典理论的哲学基础进行技术上的论证,从这个意义上而言,不管是里昂·瓦尔拉斯(Léon Walras, 1834—1910)还是其继承人帕累托以及美国边际主义者约翰·贝茨·克拉克(John Bates Clark, 1847—1938)都是经济自由主义的支持者而非攻击者,因此这种所谓革命仅仅是方法论意义上的革命而非哲学基础意义上的革命。关于边际学派的最详尽的论述,参见晏智杰:《经济学中的边际主义》。北京:北京大学出版社1987年版。

国浪漫主义、国家主义和历史主义学说。弗里德里希·李斯特(Friedrich List, 1789—1846)是这个理论最集中和最典型的体现者,他从德国经济发展落后和产业资本薄弱的具体经济现实出发,认为应当重视政府在保护国内产业和扶植经济成长中的积极作用,而不是简单地因袭发达国家的经济自由主义政策。国家主义的经济学说出现在经济后进的德国本身,似乎暗示着某种经济思想史和经济史中的一般规律,这种规律就是,越是在经济落后的不发达国家,从自身经济发展阶段和发展水平出发,就越是强调国家在经济运行中的作用,越是主张以国家对经济发展的积极干预和计划化来代替经济自由主义所主张的自由市场竞争。这几乎成为一切面对经济赶超使命的国家一致的经济政策取向。这个经济思想史和经济史的规律在我们分析经济落后国家所采取的金融管制和金融抑制政策的历史根源的时候,同样适用。

经济自由主义所受到的最致命的攻击来自约翰·梅纳德·凯恩斯(John Maynard Keynes, 1883—1946),20世纪30年代空前的经济萧条为凯恩斯登上经济学的历史舞台提供了机遇,这段历史已经为经济学的研究者所熟知。凯恩斯在其著作《就业、利息和货币通论》(*General Theory of Employment, Interest and Money*, 1936)中,以就业不足均衡来反对传统的经济自由主义者奉为圭臬的完全竞争条件下充分就业均衡的理论,提出克服"市场失灵"(market failure)的国家干预主义学说以及与此相匹配的一整套财政政策和货币政策,长期以来成为欧美国家政府制定经济政策的重要参照,在事实上使得欧美国家走出经济衰退的阴影并带来资本主义经济发展的第二个黄金时代。凯恩斯革命的意义在于,它对古典学派以来奉为神明的完全竞争、市场机制和自由放任提出了挑战,它在某一时期成为取代经济自由主义的经济学正统和主流思潮,而即使在凯恩斯主义遭受攻击的时代,国家干预主义也理所当然地与经济自由主义处于分庭抗礼的同等地位,直到今天,凯恩斯主义经济思想仍然是一种强大的足以影响国家决策的经济思想。如果我们追溯金融理论和金融控制的实践的话会发现,在这个时期,为了尽快摆脱经济萧条和经济衰退的影响,为了防止金融危机和金融系统的再次崩溃,各发达国家都采取了一定程度的金融管制政策(如对资本流动的管制、对银行竞争的限制和对利率的管制等),以维护银行和金融系统的稳定性。这些带有强烈国家干预经济迹象的金融控制政策,成为后来金融自由化最初的改革目标。

20世纪70年代之后,凯恩斯主义学说因为对于西方发达国家中"滞胀"(stagflation)现象的解释乏力而遭到越来越激烈的攻击,代表新自由主义的各种学派应运而生,其中,以哈耶克为代表的新奥地利学派、弗莱堡学派、以弗里德曼为代表的货币主义学派、理性预期学派和供给学派等最为著名。这些学派是对凯恩斯革命的一次"反革命",试图恢复经济自由主义在经济理论中的正统和主流地位。但是经济自由主义不可能完全取代国家干预主义而形成独霸经济学天下的局面,在20世纪末期,经济学中的新凯恩斯主义与新自由主义同时存在,从美国20世纪90年代末期的经济政策而言,其新凯恩斯主义的政策倾向是非常清晰的。[①] 联系到金融领域,我们注意到,在20世纪70年代新自由主义经济学滥觞的时期,也是金融自由化理论萌芽和成长的时期,金融自由化理论的一些经典

---

① 美国经济在20世纪90年代初期的低迷使得经济自由主义遭受谴责,而新凯恩斯主义重新得到重视,克林顿政府在经济调整方面采取的以财政政策实现充分就业和经济增长的目标的做法有较强的凯恩斯主义特征。参见徐滇庆:《政府在经济发展中的作用》。上海:上海人民出版社1999年版,第18—19页。

作品在这个时期开始出现。① 实际上，我们未尝不可把金融自由化理论看作这个时期新自由经济学在金融领域内的一个理论分支，在一些原则性和根本性的政策主张上，金融自由化理论（金融深化理论和金融发展理论）与新自由主义经济学都是一脉相承的。

经济自由主义和国家干预主义作为一种经济伦理观，在历史上一直存在一种波浪式的演进规律，经济自由主义和国家干预主义交替发展，在不同历史阶段“轮流坐庄”，这个规律不能不使我们深思。不管是经济自由主义还是国家干预主义，都不是一成不变的伦理教条，而是要根据经济发展的具体阶段和特征来判断政策的价值维度。

## 第二节　金融市场监管的必要条件和要素

20 世纪 70 年代以来，发展中国家都在经济自由主义伦理价值观的指导下，开始了大规模的金融自由化实践。但是，到了 20 世纪 80—90 年代，发展中国家的金融危机层出不穷，经济自由主义带给发展中国家最深刻的教训是忽视了对金融部门的审慎监督与管制，金融自由化使得旧有的带有金融抑制痕迹的金融管制措施被逐渐抛弃和修正，但是对银行行为进行有效监管的法律框架以及自由化的金融体系所需要的其他法律环境没有及时建立，因而引发频繁而严重的金融体系危机和动荡。发展中国家逐渐认识到，金融自由化不是单纯地放弃政府管制，而是改变政府管制的作用方式与政策工具；金融自由化所抛弃的仅仅是妨碍金融发展和经济增长的金融抑制政策，而不是放弃所有正当而必需的金融体系游戏规则。事实上，要使得金融自由化导致真正的金融发展和经济增长，必须有一整套完善有效的法律规范和市场规则来支撑金融体系的自由化过程。

【专栏 12-1】

### 市场经济法律体系的 10 个指导性原则及其要素

Walker(2000)②列举了有益于金融自由化顺利进行和金融体系稳健运作的市场经济法律体系的 10 个指导性原则，其实涵盖了一个完善的市场经济所必须遵守的根本法律原则，这些原则对于发展中国家在金融自由化过程中健全法律框架是非常有借鉴意义的：① 市场经济的法律体系建立在这样的假定之上：公共利益来自市场中的个人决策，这些个人决策在供求约束之下将有限的经济资源进行有效配置。② 法律规则应该认识到私人产权的重要性并对界定清晰的产权进行保护，其中包括物质层面的产权以及知识产

---

① 例如金融自由化理论最初的代表人物罗纳德·麦金农（Ronald McKinnon）和爱德华·肖（Edward Shaw）的关于金融自由化和金融深化的代表作都出版于 20 世纪 70 年代。参见 Ronald I. McKinnon, *Money and Capital in Economic Development*. Washing, D. C., Brookings Institution, 1973; Edward S. Shaw, *Financing Deepening in Economic Development*. New York: Oxford University Press, 1973。

② John L., Walker. Building the Legal and Regulatory Framework", In: Eric S. Rosengren & John S. Jordan, *Building an Infratrcture for Financial Stability*. Federal Reserve Bank of Boston, Conference Series No. 44, June, 2000, eds.: pp. 31-66.

权。③ 法律规则应该在人类对于自由和秩序这两种基本欲望之间做有效平衡，在维护交易自由的同时保证市场秩序。④ 法律、规则、行为规范，应该基于透明性和开放性，应该鼓励和有益于经济交易。⑤ 法律规则应该考虑到，在一个自由市场经济中，需要某种程度的政府干预，过度的政府干预和法律约束会阻碍创新，但过轻的政府干预和法律约束会使私人产权受到损害。政府对市场的干预要求以必要的可信任度作为基础，防止专断和不公平行为，政府干预应完全基于法律规则。⑥ 应该在社会中逐渐培育支持法律规则和反对腐败的法律文化，法律的执行应该激发民众对于法律的信心，并激发他们尊重法律的基本要旨。⑦ 法律规则应该反映一个社会独特的文化、历史和人口状况，法律规则改革的意愿应该来自一个社会的内部。⑧ 法律规范应该培育一种奖贤任能的社会氛围，支持在保持距离的交易中基于市场价格的分散决策，而不是基于裙带主义和腐败。市场参与者被转化为商品和服务的价格，金融工具也应该以法律规则为基础。法律规则应该鼓励和有益于及时、准确的信息的提供，以使得公众可以随着市场价格的调整而调整自己的交易行为。⑨ 市场经济中的金融体系应该有复杂的法律和监管框架来作为支持，这些法律框架为参与者提供了稳定的交易媒介，可信任的金融机构，公平诚实的资本市场和有效的支付体系与清算结算体系。⑩ 法律规则应该支持市场参与者之间的产权的转移，这种产权转移是来自市场经济内在的“创造性破坏”。法律规则应该支持和鼓励创新与竞争，同时应该为市场经济带来合作和信心。

完善且执行良好的市场经济法律框架有助于提高一国制度质量，从而减少金融自由化所引发的金融脆化现象。根据沃克尔的市场经济法律体系指导性原则，市场经济法律框架至少需要具备以下要素：

- 市场经济法律框架需要包含清晰界定产权和保护产权的法律规则；市场经济法律框架需要严格的行政法，以防止政府当局的专断和不公平的行为。
- 市场经济法律框架需要严格的公司法，以设定公司治理标准，保护股东的权益，在公司法中应明确所有者、经理人和股东的作用、权利和责任。
- 市场经济法律框架需要严格的合同法，以保护合同各方的权益，保证各方义务的履行，而抵押法通过获得实际资产的请求权而保护贷款人的权益。
- 市场经济法律框架还需要具备防止市场中舞弊、欺骗以及其他不公平行为的法律，保护正当交易不受这些行为的损害。
- 市场经济法律框架需要具备有能力的、道德上可靠、政治上独立的司法机构，这样一个司法机构必须有足够的拥有良好法律培训的律师以及有信誉的诚实的法律执行当局作为支持。
- 市场经济法律框架必须包含关于破产的法律规范，以保证淘汰那些严重拖欠的企业和金融机构，并有利于企业的重组和再建；政府的监督和管制作为法律规范一个必不可少的组成部分，必须有助于提供良好的法律环境，使得当事人能够有效地估计交易风险。
- 金融体系中风险管理的压力不一定都要私人金融机构来承担，中央银行法必须有助于建立一个政治上独立但非常可靠的中央银行，它有责任维护物价的稳定性并对金融机构的风险进行有效监管和及时救助。

● 市场经济法律框架必须包含一套复杂的有关金融机构的法律规则,在这些法律规则中应规定金融机构最低安全与效率标准,并规定监管金融机构的手段和方式,这些监管手段允许监管者设定审慎的规则来控制风险(包括资本充足率、贷款损失准备金、资产集中度、流动性、风险管理以及内部控制)。

● 市场经济法律框架必须为资本市场建立一个透明、公平、有效的法律和监管环境,包括对投资者和监管证券的发行的保护、对交易商和经纪人的监管以及对股票交易的监管等,法律还必须通过足够的信息披露以及会计和审计工作来保证透明性,而对于那些集体性的投资工具(如投资公司),必须有特别的监管措施。

● 市场经济法律框架必须包含那些用来规范非现金交易的法律规则以及有关证券交易的清算与结算体系。

● 市场经济法律框架必须包括严格的反垄断法,以防止经济力量的过分集中以及垄断性的价格设定反垄断法必须有助于鼓励和培育竞争精神与创新精神。

● 市场经济法律框架还需要清晰、公平和可预测的税法体系,严格的税法可以保证政府当局有足够的资源用于履行自身的义务并为整个社会提供最低社会安全网络,金融体系中公平而有效的税法可以保证金融机构的公平竞争。

所以,要使金融体系稳健而有效地运作,保证在金融自由化过程中尽可能降低金融脆化现象和金融动荡,就必须首先具备以上所说的完善的市场经济法律框架,这既是金融自由化的必要条件,也是金融自由化的最终目标之一。因此政府在推行金融自由化的过程中,必须逐渐地有意识地完善有关法律框架,同时加大执行法律规则的力度。在我们所探讨过的制度质量问题中,包含着政府部门的行政效率、政府腐败的程度、合约执行的效率等要素,良好的法律框架和有力的法律实施均有利于改善这些制度质量要素。

资料来源:John L. Walker, "Building the Legal and Regulatory Framework", In: Eric S. Rosengren & John S. Jordan, *Building an Infratrcture for Financial Stability*, Federal Reserve Bank of Boston, Conference Series No. 44, June, 2000, pp. 31-66。

---

清晰、完善、公开的市场经济法律框架是实施有效金融监管的必要前提,但是对于建立稳定的金融体系而言,发展中国家面临的更大挑战是这些法律规则和制度安排的有效实施。我们必须详细考察有效的金融监管所依赖的必要条件和实施金融监管的具体的可操作的政策工具。

第一,在影响监管效率的所有条件中,最关键的是要存在强有力的独立的监管主体(监管者)。监管者的权威和强制力量来自政治的支持和法律的严格保护。监管者的独立原则是监管有效性的核心保障,在下一节我们将重点介绍。政府给予金融监管机构以独立性,其原因是多方面的,Krivoy(2000)认为其中最强大的动力来自国际金融的一体化和全球化,这个趋势使得全球金融市场成为一个紧密联系的市场,市场参与者在这个全球市场中享有自由选择权利,一个脆弱的金融体系可能有被逐出全球金融市场的危险,必须由一个独立的监管机构来执行一个国际上统一的标准,以维持本国金融体系的竞争力;另外,国际机构在促进各国金融监管机构独立性方面也有重大影响,巴塞尔银行监管委员会(Basle Committee on Banking Supervision, BCBS)、国际保险监管者协会(International Association of Insurance Supervisors, IAIS)、国际证监会组织(International Organization of Securities Commissions, IOSCO)、国际货币基金组织(International Monetary Fund, IMF)以及世界银行(World Bank)都在其中起到重要作用,它们的政策倾向和在监管手段方面的建议,深刻影响了发展中国家的金融监管机构的行为,促使这些机构提高监管的独立性,以适应国际金融组织的要求。[①] 独立性是与可信任度联结在一起的,监管者对于政府和议会而言必须是可信任的,这是监管者独立执行监管职能的基础,而可信任度的大小,则取决于各国民主制度的力量和公共政策方面的决策透明度。发展中国家应该在公众和政府中努力建立监管机构的可信任度,把金融机构的可信任度作为民主治理的一部分来看待。监管机构的独立性和可信任度意味着监管机构不受政治压力和利益集团的影响,否则,监管机构就不能获得地方银行体系和民众的尊重与信任。金融监管机构的独立性和可信任度还建立在执行监管的权威性上,它可以独立执行法规,可以独立对犯规者实施罚款和其他惩戒措施,否则,监管者的权威性、独立性和可信任度就无从谈起。

第二,金融监管机构实施有效金融监管的另一个必要条件是监管者必须拥有足够的资源以达成其监管目标。金融监管是一项成本很高的政府行为,它需要足够的经费、拥有高度专业知识和技术的监管人员以及高超的信息技术手段,所有这些都需要较大的资金投入;但是在现实经济中,监管机构往往是一国金融部门中的一个小分支机构,缺乏足够的资金、人力资源以及信息技术手段,难以完成复杂、艰巨的金融监管。所以,为了保证金融监管机构的监管效率,各国必须对监管机构进行不断的投资,使其拥有足够的资源实施监管行为。监管者必须对银行经营业务、融资技术、风险管理和市场趋势有透彻的了解,对金融机构的金融创新及其风险有迅速的反应;监管者还必须能够收集和分析那些最新的、有意义的信息,不能仅仅依赖银行的财务报告,还要基于严格的程序对银行经营进行密切关注;监管机构还必须吸引和留住那些经过良好训练的专业人员,并使他们有避免腐败的内在激励。政府、金融机构和国际金融组织都应该优先考虑监管机构的预算问题,以保证监管者拥有足够的资源实施监管。

第三,监管者实施有效监管的必要条件除了独立性和拥有充足资源,还要求具有预见性和行动果断。中央银行可以利用其再贴现窗口的限制而对银行实施某种监督,强制银行处理其存在的问题,但是中央银行在处理系统性的危机方面存在较大局限。发展中国家要建立现代的具有预见性的审慎监管体系,就必须克服一系列文化和法律的障碍。所谓"审慎"的监管体系,就是监管者创造出一套规则和激励手段,来鼓励银行采取谨慎的行为,而且监管者越早实施这些激励,这些规则也就越有效。相对而言,习惯法(common law)传统国家比民法(civil law)传统国家更容易采取预防性的措施,因为习惯法的法

---

① Ruth de Krivoy, "Reforming bank supervision in developing countries", In Eric S. Rosengren & John S. Jordan, *Building an Infratrcture for Financial Stability*. Federal Reserve Bank of Boston, Conference Series No. 44, June, 2000, pp. 113-133.

律框架提供了基本的原则和指导,而这些基本原则又通过判例和经验而得到丰富,所以在习惯法传统国家的监管者可以在发现银行的行为不审慎的时候,更容易采取预见性、灵活性的监管方式对其进行处理。而在民法传统的拉美或者亚洲发展中国家,法律体系相对比较僵化,这就使得监管者很难根据预先判断采取预见性、灵活性的措施,这些国家的监管者往往做出非常详细的规定,规定银行哪些该做、哪些不该做;同时,监管者的判案往往只是对成文法律的一种肯定,而不是对于法律的阐释,而监管者的权力都被巨细无遗地加以规定。在这种法律环境下,监管者很难有足够的空间和机会去做出自己的判断,也很难同那些银行进行谈判,使得监管者难以在银行经营出现严重危机之前就对银行的不当行为做出预先矫正。因此,在拉美或是亚洲发展中国家,监管者往往注重事后惩罚,而不是事先的果断判断和预见性措施。

我们已经详细考察了有效金融监管所必需的市场经济法律原则和法律环境,也列举了有效金融监管的必要条件——强有力和独立的监管者、充足的监管资源和监管者的果断与预见性行动,那么,接下来的问题就是探讨有效的金融监管所应该包含的关键性要素。尽管衡量银行和其他金融机构稳健性的指标包含非常复杂的变量,但是对于监管者而言,试图在掌握有关银行经营的所有信息之后再做出判断是不现实的。监管者必须关注那些反映银行风险和稳定性的关键信息,这些指标必须是容易监控的和具有可操作性的。国际金融机构所公认的且具有较强可操作性的关键指标有三个:流动性(liquidity)、资本充足性(capital adequacy)和资产质量(asset quality)。

流动性管理是银行最重要的活动之一,监管者应该对此进行严密的监督,银行的公共信息披露应该包含相对流动性比率指标(relevant liquidity ratios),这是金融体系增强风险管理能力的重要方面,也是对金融危机进行有效预测的一个非常有力的早期预警指标。许多新兴市场国家所发生的金融系统性危机,初期均表现为银行流动性危机,因此对银行流动性的管理是减少金融体系风险的重要手段。在执行金融控制战略的发展中国家,政府往往驱使银行向那些优先部门提供中长期贷款,这种行为使得银行的资产与负债之间的到期配搭出现问题,从而引发流动性风险,因此要改善发展中国家的银行流动性指标,政府必须停止这种扭曲性的融资政策。流动性监管还必须考虑到表外负债(off-balance-sheet liabilities)的现金流冲击,这是影响新兴市场国家银行安全性的特别重要的因素。

监管者对资本充足性的管理在发展中国家具有重要意义,因为这些国家中资本短缺往往成为银行脆弱性最基本的根源。在经济状况良好的时候,提高资本要求的努力可以很容易成功,假如在投资者信心比较高的时刻没有采取提高资本要求的措施,那么经济一旦陷入衰退和危机边缘,提高资本要求的使命就很难达成,因此发展中国家在实施资本充足性要求的时候应该把握时机。许多发展中国家已经接受了《巴塞尔协议》的资本充足率标准,而且这个标准确实在加强新兴市场国家的银行体系方面扮演了重要角色,但是许多学者对资本充足标准提出了批评①,这使得新兴市场国家和巴塞尔银行监管委员会寻求对这个标准进行某种程度的修改。但是资本充足标准本身具有的优势也是非常明显的:这个标准非常简明,易于监管,有利于数据的比较,可操作性较强。因此,尽管资本充足标准对银行行为可能存在一定的负面效果,但是作为一种银行监管手段,这个标准有着自身的优势,因而不能完全放弃。

对于银行的稳健经营而言,资本充足性诚然重要,但是资产质量同样应该受到关注,即使正式的金融指标表明完全符合资本充足性规则,但是假如资产质量很差,那么这种资本充足是没有任何意义的。对资产质量最大的挑战来自建立在关系基础上的贷款行为以及资产评估规则。在发展中国家,关系型的投资行为是根深蒂固的,在这种投资模式中,对公司治理的监督是非常薄弱的,银行的内部控制也非常松散,外部审计处于无效率状态。银行与其他商业伙伴有着共同所有权关系,银行愿意基于这种亲密关系给这些企业贷款,而不顾及投资项目本身的盈利性和风险性,这极大地损害了资产质量。大量关联交易(connected transactions)的存在使情况变得更糟。在资产评估方面,为保证公平性,必须有明确、统一而清晰的会计准则,这些准则对所有银行一视同仁。此外,要保证资产质量,金融体系中还必须具备训练良好的公正的资产评估机构,这些机构行使独立的评估职能,不受外界力量的扰动。在传统东亚式金融体制中,由于银行和关联企业的密切关系,导致银行的贷款行为扭曲,关系型贷款非常普遍,严重影响了资产质量,使得银行积累了大量的不良资产(nonperforming assets),这些不良资产成为金融危机的内在根源。因而,加强资产评估、提高资产质量是金融监管的重要组成部分,也是银行稳健经营有效抵御风险的必要条件。综上所述,现代金融监管所包含的要素是非常复杂的,但是各国在金融监管的一些基本要素上似乎已经达成了共识,这些因素包括:保证监管机构的独立性、权威性和监管资源的充足性,对银行流动性、资本充足性和资产质量的关注,健全的会计规则、公正的资产评估机构和审计机构以及准确及时的信息披露,这些因素构成审慎监管的最基本内容。②

---

① 斯蒂格利茨认为,太多的发展中国家过度依赖资本充足标准,而这个标准是没有效率的,而且在某种条件下甚至可能阻碍生产力的增长,提高资本充足标准就意味着降低银行的特许权价值,使得银行的总体资本价值降低,对银行的激励其实起到负面作用;另外,尽管确实存在一个足够高的资本充足水平以保证银行不会发生投机冒险行为,但是这个标准的成本过于高昂。监管者需要认识到,资本充足标准可能恰恰会导致银行投入投机性活动,它们想寻求更大的收益来抵消其高成本,于是投入更大的冒险性投资活动。斯蒂格利茨建议在金融监管方面采取所谓"动态组合法"(a dynamic portfolio approach),将资本充足标准与那些提高银行特许权价值的措施(如限制银行业的进入和竞争,对存款和贷款利率进行限制等)加以有机结合,以提高对银行的激励和约束。参见 J. E. Stiglitz, "Principles of financial regulation: A dynamic portfolio approach", The World Bank, Research Observer, Vol. 16, No. 1, Spring, 2001: pp. 1-18; T. Hellman, K. Murdock & J. E. Stiglitz, "Liberalization, moral hazard in banking, and prudential regulation: Are capital requirements enough?", Stanford Graduate School of Business, Stanford, Processed, 1998。

② 有关银行监管的文献,还可参照:Wilbert O. Bascom, *The Economics of Financial Reform in Developing Countries*. New York: St. Martin's Press, Chapter 12, "Regulation, Supervision, and Financial Crisis", pp. 170-189; S. P. Kothari, "The role of financial reporting in reducing financial crisis in the market", in Eric S. Rosengren & John S. Jordan, *Building an Infratrcture for Financial Stability*. Federal Reserve Bank of Boston, Conference Series No. 44, June, 2000, eds.: pp. 89-102; Gerard Caprio & Daniela Klingebiel, "Bank insolvencies: Cross-country experience", Policy Research Working Paper No. 1620, World Bank, Policy Research Department, Washington, D. C., 1996; Gerard Caprio & Dimitri Vittas, *Reforming Financial Systems: Historical Implications for Policy*, Cambridge: Cambridge University Press 1997, eds.; Gerard Caprio, "Safe and sound banking in developing countries: We are not in kansas anymore", *Research in Financial Services: Private and Public Policy*, 1997, 9: pp. 79-97。

## 第三节　金融市场监管应遵循的伦理原则

金融市场监管必须遵循以下伦理原则：

第一，金融市场监管必须遵循独立性原则。这一点我们在上一节已经谈到。可以说，如果没有监管者的独立性，监管者在监管过程中受到政府的过度干预和介入，那么金融监管的有效性就无从谈起。监管者在操作上的独立性（operational independence），是1992年巴塞尔银行监管委员会所确立的有效银行监管核心原则中的一个重要标准，但是在不同历史、政治和文化背景的国家，监管者的独立性存在很大差异。在东亚传统金融体制中，金融监管机构的独立性要求与英国和美国的监管者独立性要求就有很大区别，东亚体制中监管者由于在人员任免、财务来源以及政策目标上与政府有着密切联系，因此其独立性受到巨大限制。亚洲金融危机的教训表明，保持金融监管机构在政策操作上的独立性是非常重要的，监管者应该具有脱离政府和其他政治力量的强制性的权威，在对金融机构发放许可证、实施日常监管、惩罚不正当交易行为和在金融动荡时采取迅速果断的矫正措施方面，应该具有独立的职能和实施权力。监管者的独立性应该以法律手段进行明确界定，这样才能在投资者中确立监管者的权威和可信任度，使得监管者可以保护公民免受官僚行政机构不当行为的影响，保护监管者不被既得利益集团所骚扰。要使监管者的独立性不受侵害，应该在人事任免上独立于政府体系，监管机构超脱于政府之外，不受政府机构人事更迭和政府领导人个人好恶的影响。同时，要维持监管者的独立性，就必须保证监管机构的预算和财务来源不受制于政府。

第二，金融监管必须遵循公平与平等原则。金融监管的法律框架和游戏规则必须是公平的，这意味着对不同的交易主体、不同的金融机构、不同的金融市场，都要采取公平的法律框架来实施监管。如果法律框架鼓励不公平的监管行为，如果游戏规则对于不同交易主体和机构是有差异或歧视待遇的，则金融监管的有效性就大打折扣。在中国，金融监管的公平与平等原则尤其值得重视。在我国信贷市场和证券市场上，长期存在所有制的歧视。在信贷市场上，国有商业银行体系更多地向国有企业贷款，而很少向民营企业贷款，其原因是金融监管部门认为对国有企业贷款即使出现不良贷款，其政治风险也比较低，这就使得国有商业银行在进行国有企业信贷时较少考虑贷款质量问题。类似地，我国证券市场上，上市公司的选择方面也存在严重的所有制歧视倾向，国有企业很容易得到上市的法律许可，而民营企业却很难得到上市机会，这使得我国的股票市场长期得不到正常的发展，不能不说与监管部门的歧视性做法有关。公平与平等原则意味着监管者要对不同所有制的交易主体一视同仁，这样才能保障监管的有效性和监管法律的严肃性。

第三，金融监管必须遵循信息披露的透明性和对称原则。这是一条重要的监管伦理原则。信息披露的透明性和对称原则从两个方面降低了金融市场的信息不对称：从金融市场中的被监管对象而言，监管者要求其必须向监管者和公众按时披露必要的信息，信息披露必须是准确、真实、完全的，这样监管者和公众就可能对其进行有效的监督；从金融监管者自身而言，其监管的立法框架和游戏规则也必须是透明的，其政策的变动和制定政策的过程应该是透明的，并在立法过程中允许金融机构的有效参与，这样才能保障立法和监管的公正性。

第四，金融监管必须遵循监管机构廉洁原则。金融监管的有效性有赖于金融监管机构和个人在行为上的廉洁性，防止金融腐败。金融监管的目的是保障公共利益，但是很多金融监管者被金融机构中的利益集团收买，在金融监管立法和金融监管行为中出现偏袒利益集团的行为，构成金融腐败。因此，金融监管者自己成为被“被管制者”俘获的猎物或俘虏。[1] 这就是“监管者被俘获”理论。在我国，监管者腐败和“被俘获”的现象层出不穷，严重影响了金融监管的效率。

## 第四节　金融监管腐败

金融监管是金融市场中一组专门的行为规则，并通过这些行为规则（如条例、规则、守则、指引、原则、监管计划、政策及处罚赔偿计划等）来减少市场失灵、构建市场秩序、保护投资者权益、促进市场竞争及实现金融资源优化配置，是为了协调金融市场的商业行为而采取的各种行为规则或出台的种种制度安排。[2] 监管部门能正确地行使自身的权利，则能有效地推动金融市场的发展，倘若监管部门自身出现违规、腐败行为，其对金融市场造成的恶劣影响可想而知。法规不健全、缺乏有效监管手段、监管不透明、监管部门有不正当收益等监管问题，都是造成金融机构违规行为发生的重要原因。

《中国金融腐败的经济学分析》一书中得出了如下结论：作为贿赂的供给者，金融机构存在两类行贿行为，一是为了开展新业务而不得不承受的监管当局设租盘剥（胁迫），二是为了对自己的违规行为寻求监管庇护而进行的主动行贿（共谋）。相应地，监管当局的受贿行为也分为两类：一是通过设租进行的贪赃而不枉法行为，即行政审批中的受贿行为，二是通过收取贿赂而进行的贪赃枉法行为，即保护违规机构以换取个人好处。金融监管腐败与被监管对象行为存在“下游关联”效应，下游被监管机构超额利润越高、违规动机越强，相应监管部门的腐败倾向越高，因而银行监管腐败与证券监管腐败存在量的不同。[3]

近年来我国的金融监管部门中真正曝光的腐败案件为数并不多，一种说法是监管部门有着较强的约束机制，绝大多数人员不存在违规行为。但也有很多人对此存在质疑，认为只是没有暴露出来。尤其是市场各方对证监会有关审批发行环节的官员存在严重腐败行为的怀疑与质疑一直不断。

---

① 刘宇飞：《国际金融监管的新发展》。北京：经济科学出版社 1999 年版，第 95—100 页。

② 易宪容：《重塑金融监管的理念、方法与制度》，《中国经济时报》，引自 http://www.china.org.cn/chinese/OP-c/396988.htm。

③ 谢平、陆磊：《中国金融腐败的经济学分析》。北京：中信出版社 2005 年版，第 74 页。

【专栏 12-2】

## 我国证券监管部门的腐败行为案例

1995 年，时任中国证监会上市部副主任鲁晓龙由于涉嫌受贿被捕。1993 年泰山石油在深圳证券交易所上市，当时的名称叫“鲁石化 A”，为了运作上市事宜，时任公司董事长、总经理徐洪波曾经贿赂了很多官员，其中一个受贿对象便是鲁晓龙。案发后鲁晓龙被判入狱 13 年。

1995 年，鲁晓龙案发后不久，中国证监会上市部副处长钟志伟被捕，原因是接受了湖北一家上市企业的贿赂。当时的行贿手法是，受贿人提供身份证号，由拟上市企业为其办理原始股凭证，上市后再抛出，把差价部分转入受贿人账户。钟志伟接受了大约 4 万股原始股，最终因受贿罪被判处有期徒刑 3 年。

1995 年下半年，证监会纪检部门接到北京市检察院的通知，时任发行部副处长高良玉涉嫌受贿。按照检察机关提供的情况，高良玉的涉案缘由与钟志伟如出一辙，都是向拟上市企业购买原始股，上市之后卖出，赚取差价。

1999 年下半年，时任上海证券交易所专员办主任的刘明，被要求接受中纪委调查。经过一年调查，证监会传达了中纪委最终的调查结果，湖北一批上市企业都与刘明案有关，这些企业也采用向当事人或亲属行贿原始股的办法，从而获得最终的上市资格。调查结果显示，刘明本人没有收受贿赂，但他两名亲属的账户上分别有 1 000 多万元和 700 多万元不明来源的现金，两个账户已被冻结，两名亲属则逃到国外。

2001 年 7 月，太原市杏花岭检察院将收受贿赂、为他人乱批营业执照的证监会期货处副处长、太原证券监管特派员段素珍正式批捕。自 1997 年以来，段素珍先后为山西某信息咨询公司及广西北海中天期货有限公司非法办理营业执照，共收受好处费 52.7 万元。

2004 年 8 月 24 日，新华社报道了成都市委常委、宣传部部长高勇因涉嫌巨额受贿被检察机关依法逮捕的消息。高勇于 2000 年 11 月任证监会贵阳特派办党委书记、主任并兼证监会成都稽查局副局长。其落马是由于贵州原省委书记刘方仁受贿案发（但与刘案并无关联），向刘方仁儿媳易阳行贿的刘志远为求立功赎罪，举报高勇在任中国证监会贵阳特派办主任期间向其索贿 120 万元，经调查属实。

2004 年 11 月，证监会发行监管部发审委工作处副处长王小石被逮捕。据了解，早在 2004 年七八月份，北京西城检察院反贪局就接到匿名举报称王小石利用职务之便收受他人贿赂。根据举报线索，反贪检察官走访相关单位、调阅有关材料，确认“王小石确有受贿嫌疑”。11 月底，证监会内部召开了关于“王小石事件”的通报会议，首次对王小石案件的事发原因做了较详细的披露。据了解，王小石被检察机关带走的原因之一是，在 2003 年凤竹纺织（600493）“过会”（即通过发审会审核）的过程中出卖发审委员名单，另一个原因是在深圳某上市公司发可转债的过程中参与公关、介绍受贿。

资料来源：李箐，《证监会落马官员盘点》，《财经》，2005 年总第 124 期，第 78—79 页。

## 第五节　自由主义监管伦理的转向:美国金融监管变革

本节试图对美国 2007 年以来的金融危机和金融监管变革进行探讨,这些探讨有助于我们更深刻地理解金融发展过程中自由主义伦理价值观和加强管制之间的关系,更好地把握金融自由化时代金融创新与金融监管之间的关系。

美国金融监管在 1929 年大萧条之后经历了复杂的变迁过程,美国的监管哲学也一直在加强监管和自由放任之间游移。大萧条使原本崇尚自由放任的美国监管当局加强了对金融业的管制,通过了《1933 年银行法》,其中规范政府与银行业之间关系的一些条款被合称为《格拉斯-斯蒂格尔法案》。该法案规定:任何以吸收存款业务为主要资金来源的商业银行,不得同时经营证券投资等长期性资产业务;任何经营证券业务的银行,也不能经营吸收存款等商业银行业务;商业银行不准经营代理证券发行、证券包销、证券零售、证券经纪等业务;商业银行的员工不得在各种投资银行机构兼职;商业银行不得设立从事证券业务的分支银行或附属机构。《格拉斯-斯蒂格尔法案》奠定了美国金融分业经营和分业监管的基本模式。20 世纪六七十年代以来,发达国家陆续实施金融自由化计划,其中尤其以英国的金融"大爆炸"计划影响最为深远;与此同时,美国的金融创新和金融自由化也突飞猛进,新的金融机构和新的金融产品不断出现,金融机构之间的业务交叉也不断加强,进行综合经营的趋势已经不可阻挡。1999 年,美国通过了《金融服务现代化法案》,废止了执行了半个多世纪的《格拉斯-斯蒂格尔法案》,改进原有的金融业分业经营和分业监管体制,形成了一种介于分业监管和统一监管之间的新的监管模式,学界称之为"伞形监管模式"。在这种模式下,金融控股公司的各子公司根据不同业务接受不同行业监管机构的监管,而联邦储备委员会为金融控股公司的伞形监管者,负责评估和监控混业经营的金融控股公司整体资本充足性、风险管理的内控措施以及集团风险对存款子公司的潜在影响等。《金融服务现代化法案》强调在混业经营背景下对金融体系进行综合性的监管,这种监管理念和哲学自然比 1933 年的《格拉斯-斯蒂格尔法案》更能适应新的时代要求,也更能促进金融机构之间的相互渗透和相互竞争,并在一定程度上提高了混业经营条件下监管的效率。

这种美国伞形监管体制是一种"双重多头"监管模式。① 所谓"双重",是指联邦和各州均有金融监管的权力;"多头"是指有多个部门负有监管职责,中央一级的监管机构主要有联邦储备委员会(FED)、货币监理署(OCC)、联邦存款保险公司(FDIC)、联邦金融机构检查委员会(FFIEC)、证券交易委员会(SEC)、联邦住房贷款银行委员会、联邦储蓄和贷款保险公司、保险监督官协会(NAIC)、联邦储备监督署(OTS)和国民信贷联合会等。这种监管模式也有一定的优点:一方面,可以充分调动联邦监管者和地方政府两种力量,使联邦和地方的金融机构都可以得到有效的监管;另一方面,不同的监管机构之间也可以相互竞争,在竞争中提高监管效率,有利于监管资源的有效配置。具体来说,"双重多

---

① 参见全先银、闫小娜:《美国的金融监管改革》,《中国金融》,2009 年第 17 期;许传华:《美国金融危机下金融监管模式的缺陷及对我国的启示》,《经济问题》,2009 年第 7 期,第 92—94 页。

头”监管模式下采取这样的分工模式:由州和联邦银行监管者监督银行业务,州和联邦证券监管者统辖证券业务,州保险委员会负责监管保险经营和销售。各个金融监管机构的分工大体是这样的:联邦储备委员会作为美国的中央银行和伞形监管者(umbrella supervisor),对联邦银行和州银行行使广泛的监管权。1999 年《金融服务现代化法案》赋予联邦储备委员会监管金融控股公司的权力,同时并没有限制或废除其对银行直接行使监管的权力。货币监理署负责审批银行申请,批准分支机构的设立及银行的合并,制定有关的管理法规并监督执行,查处违法行为并有权吊销执照。但货币监理署无权管理州注册的银行。联邦存款保险公司通过经营商业银行存款保险业务发挥监管职能。联邦金融机构检查委员会根据 1978 年《金融机构管理和利率控制法》创立。委员会是各监管机构的联合组织,由货币总监、联邦存款保险公司董事长、一位联储委员会委员、货币监理署署长和联邦信用合作社管理局董事长组成,负责“为金融的检查建立统一的原则和标准以及报告形式”,协调各机构之间的合作。保险监督官协会由美国的 50 个州和哥伦比亚行政区以及 4 个美属准州的保险监督官组成,其职能是协助州保险监管者履行职责,同时达到保护消费者利益、促进市场竞争等保险监管的目标。证券交易委员会根据 1934 年《证券交易法》而设立,是直属美国联邦的独立准司法机构,负责美国的证券监督和管理工作,是美国证券行业的最高机构,具有准立法权、准司法权和独立执法权。美国所有的证券发行,无论以何种形式出现,都必须在该委员会注册;所有证券交易所都在委员会监管之下;所有投资公司、投资顾问、柜台交易经纪人、做市商及所有在投资领域里从事经营的机构和个人都必须接受委员会监管。各州监管当局对在本州注册的金融机构进行监管。2005 年,美国在联邦和各州层次总共拥有 115 个金融监管机构从事金融监管,而且当时国会还在考虑增设监管机构。与联邦储备体系作为伞形监管者对应的是对金融子公司进行监管的监管机构,统称为职能监管者(functional regulators)(见图 12-1)。①

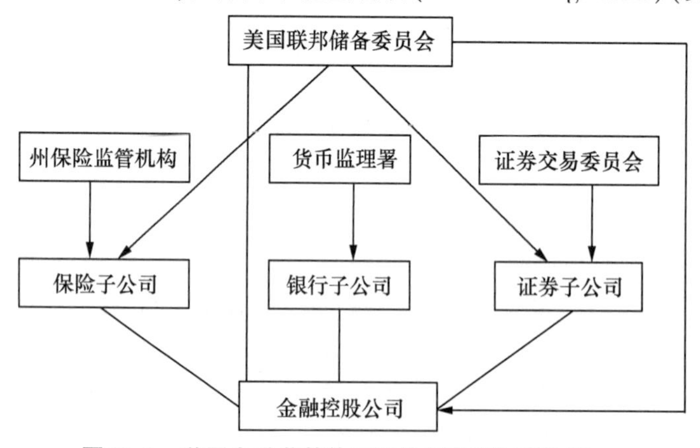


**图 12-1　美国金融监管体系架构(双层监管模式)**

① 一些学者认为,“functional regulators”的字面直译是“功能监管者”,但所谓的“功能监管者”实际上是对不同金融机构分别实施监管的不同的监管机关,在性质上属于机构监管,而非功能监管。故为确切起见,应使用“职能监管者”来取代“功能监管者”。功能监管是指依据金融体系的基本功能和金融产品的性质而设计的监管,一种特定的金融功能由同一监管者进行监管,无论这种业务活动由哪一个金融机构经营。这种观点是很有见地的,故本章也使用“职能监管者”的概念。参见戚红梅:《美国金融改革方案对金融监管模式与机构的改革》,《河北法学》,2009 年第 11 期,第 38—42 页。

美国“双重多头”监管体制的形成,可以说跟具有美国特色的行政体系有密切的关系。美国的行政体系讲究权力的分立和制衡,因此,美国金融监管机构的设立比较繁复,各种机构令人眼花缭乱。由于强调权力的制衡,因此很多机构对同一个监管对象往往都具有监管职能,都有权力进行监督。就像艾伦·格林斯潘(Alan Greenspan)在其自传《格林斯潘回忆录——动荡年代:勇闯新世界》(*The Age of Turbulence: Adventures in a New World*)里写到的,“几个监管者比一个好”①。这是典型的美国监管哲学。众多的监管者之间的相互竞争、相互约束和相互制衡,就打破了监管者之间的垄断,防止监管垄断带来的寻租、效率低下等弊端。

但是万事有一利必有一弊,美国这种特殊的“双重多头”监管体制也有很大弊端:导致出现了越来越多的监管“真空”,并使一些风险极高的金融衍生品成为漏网之鱼。最为突出的真空是各部门、各产品的监管标准不统一,甚至危机发生后监管部门才发觉,它们的规则完全不适应它们负责监管的、已迅速变化了的金融系统。在金融创新不断推进的情况下,一些新的金融机构和新的金融产品不断出现,它们往往处于没有监管的“真空”当中,监管盲点的出现使得很多风险潜伏下来,最终以金融危机的形式爆发。像CDO(债务担保证券)、CDS(信贷违约掉期合约)这样的金融衍生产品,到底该由美联储、联邦储蓄监督署监管还是由证券交易委员会来监管并没有明确的法律规定。

美国监管体系的另一个弊端是机构太多,权限互相重叠,容易造成多头齐下却无人负责的局面。同时,由于各种监管规则制定得越来越细,以至于在确保监管准确性的同时牺牲了监管的效率,对市场变化的反应速度越来越慢。此外,多头监管的存在,使得没有任何一个机构能够得到足够的法律授权来负责整个金融市场和金融体系的风险。最佳的监管时机往往因为会议和等待批准而稍纵即逝。所以,从总体来说,尽管设计“双重多头”监管模式的本意是要实现权力的分立制衡,但是由于机构太多和监管条文过于烦琐,从而缺乏监管力量的整合,导致最终监管的效率反而比较低。美国货币监理署模拟了经营所有金融业务的“全能金融控股公司”,结果发现,有权对这家控股公司进行直接监管的机构就有9家。在实际运行中,根据货币监理署对花旗、摩根大通的调查,对这两家集团有监管权的机构远远超过该数字。英国金融服务管理局(FSA)在2004年的报告中,比较了美国、德国、法国、爱尔兰、新加坡和中国香港的金融监管成本,结论认为美国的监管成本居各个国家和地区之首。美国金融服务圆桌组织在2007年发表题为《提升美国金融竞争力蓝图》的报告,也认为“美国的监管成本是非常高的”。2006年,美国金融服务的监管成本高达52.5亿美元,大约是英国金融服务局6.25亿美元监管成本的9倍。该报告还估算认为,“美国监管成本占被监管的银行非利息成本的10%—12%”②。监管成本低和监管效率低下的原因除了机构设置繁复,还因为监管体系过于分散而使得信息沟通成本极高,各个监管机构之间对于某个监管领域的法律规定有可能产生不一致,监管标准之间相互冲突,同时机构越分散则监管盲区有可能越多。比如,对于投资银行的监管就存在很大的问题。与商业银行相比,美国的投资银行受到的监管较少。根据

① Alan Greenspan, *The Age of Turbulence: Adventures in a New World*. The Penguin Press, 2007.

② 全先银、闫小娜:《美国的金融监管改革》,《中国金融》,2009年第17期。

分工，证券交易委员会负责监管投资银行，美联储负责监管银行控股公司和商业银行；证券交易委员会只要求投资银行提供连续的年度财务报告，并且只监管其中的证券经纪业务，不管其他业务；复杂的金融衍生工具游离在联邦监管之外。[①] 由于投资银行没有得到很好的监管，尤其是在创新各种金融衍生工具时缺乏监管，导致投资银行创造出大量的风险极高的金融产品，极大地误导了投资者，最终导致投资银行的大面积破产和投资者的巨大损失。可以说，美国金融危机首先从投资银行开始爆发，金融监管难辞其咎。美国证券交易委员会主席克里斯托弗·考克斯（Christopher Cox）一语中的："我们的教训是，依赖金融机构自律是行不通的。没有授权任何机构和人员监督投资银行控股公司，让它们放任自流是一个致命的错误。"由于对某些金融机构放任自流，出现监管"真空"而导致危机，是美国的最大教训。美联储前主席格林斯潘也说："我原来想当然地认为银行和金融机构的自利性（交易的另一方为自身利益将严格把关，形成金融业内互相监管的机制），能够在最大程度上保护股东利益和公司资产安全。现在看来错了，必须加强政府对金融体系的统一监管力度。"

美国金融危机的爆发促使美国监管当局反思原来的监管体制，并酝酿进行改革。2008年3月31日，财长亨利·保尔森（Henry Paulson）向国会提交了《金融监管体系现代化蓝图》（Blueprint for a Modernized Financial Regulatory Structure）。这一蓝图是美国1929年大萧条以来最大的金融改革计划，共分为三期。其中的短期计划是，建议在"总统金融市场工作组"（President's Working Group on Financial Markets）加入银行监管者，将领域从金融市场扩张到整个金融系统，以增进金融监管机构之间的协调和合作；新成立抵押贷款创始委员会（Mortgage Origination Commission），监督按揭贷款管理，改变此类经纪人脱离联邦监管的情况。建议给联储扩权，除监管商业银行外，还有权监督投资银行、对冲基金、经纪公司、商品交易所等金融机构。短期计划的核心是扩大联储权力，消除监管盲区和重叠。中期计划包括：建议取消联邦储蓄机构牌照，将其纳入国民银行牌照体系，同时撤销20世纪80年代建立的监督储贷机构的储蓄管理局，合并到具有全国银行监管权的货币审计局；支付清算体系一直以来没有一个统一的监管体系，美联储应当承担支付清算系统的主要监督责任；在保险领域，过去都是由州保险监管当局进行监管，而保险业迅猛发展对这种分散监管体系提出新的挑战，《金融监管体系现代化蓝图》建议在财政部下设立国民保险办公室（Office of National Insurance），负责监管保险公司；鉴于期货和证券市场差异缩小，建议合并美国商品期货交易委员会和证券交易委员会，实行统一监管。可见中期计划主要着眼于整合各种金融监管机构的功能，或将金融监管机构进行合并，或建立新的具有统御性的更高级别的金融监管机构。长期计划是，建立一个理想的金融监管体系，分为三类：其一是市场稳定监管者（美联储），加大联储权力，由它来收集信息并对整个金融风险进行监控，该职能将建立在美国货币监理署和联邦储备监督署（OTS）的基础上，在整个金融系统中起到核心作用。其二为审慎金融监管者（prudential financial regulator），把此前由五个机构负责的日常银行监管事务由审慎金融监管者统一领导，这一新的机构负责向所有银行和存款机构派出检查人员，消除银行和储蓄银行的差别。其

① 许传华：《美国金融危机下金融监管模式的缺陷及对我国的启示》，《经济问题》，2009年第7期，第92—94页。

三是商业行为监管者,它将负责监管所有类别机构的商业行为,包括保护消费者、信息披露、商业实践以及注册牌照等事宜,并为行业进入提供统一标准。在此架构下,州的金融监管当局对州注册的金融机构保留执法和惩戒的职能。《金融监管体系现代化蓝图》虽然并未对美国金融体系进行彻底的变革,但是已经就一些重要的弊端进行了大刀阔斧的修正。这些修正对于整合监管资源、消除监管盲区、提高监管效率都有重要的意义。这个计划一经推出,就立即引起业界的强烈反应,其中不乏很多反对的声音。《金融监管体系现代化蓝图》虽然只是一堆设想,不可能在短时间内实现其目标,但是通过对旧监管体系的全面反思而启动了未来的改革。

一年之后,美国奥巴马政府于2009年6月17日公布了名为《金融监管改革——新基础:重建金融监管》(Financial Regulatory Reform—A New Foundation:Rebuilding Financial Supervision and Regulation)的改革方案,旨在达成五方面的改革目标[①]:第一,加强对金融机构的监管。改革方案指出,所有可能给金融系统带来严重风险的金融机构都必须受到严格监管。为此,政府将成立金融稳定监督委员会(Financial Services Oversight Council),以监视系统性风险,促进跨部门合作。同时强化美联储权力,监管范围扩大到所有可能对金融稳定造成威胁的企业。除银行控股公司外,对冲基金、保险公司等也被纳入美联储的监管范围。另外,对金融企业设立更严格的资本金和其他标准,大型、关联性强的企业将被设置更高标准,对冲基金和其他私募资本机构需在证券交易委员会注册。第二,建立对金融市场的全方位监管。改革方案建议,强化对证券化市场的监管,包括增加市场透明度,强化对信用评级机构的管理,创设和发行方需在相关信贷证券化产品中承担一定风险责任。赋予美联储监督金融市场支付、结算和清算系统的权力。第三,保护消费者和投资者不受不当金融行为损害。改革方案指出,为了重建对金融市场的信心,需对消费者金融服务和投资市场进行严格、协调的监管。该方面的措施有三:一是新成立一个独立的消费金融保护局(Consumer Financial Protection Agency,CFPA),使消费者和投资者不受金融系统中不公平、欺诈行为的损害,该机构将拥有与其他监管机构同样的权力,包括制定规则、从事检查、实施罚款等惩戒措施;二是从增强透明度、简单化、公平性和可得性四个方面进行消费者保护改革;三是加强对投资者的保护,促进退休证券投资计划,鼓励更多储蓄。第四,赋予政府应对金融危机所必需的政策工具,以避免政府为是救助困难企业还是让其破产而左右为难。改革方案指出,要建立新机制,使政府可以自主决定如何处理发生危机并可能带来系统风险的非银行金融机构。美联储在向企业提供紧急金融救援前需获得财政部许可。第五,建立国际监管标准,促进国际合作。为此,该方案建议,改革企业资本框架,强化对国际金融市场的监管,对跨国企业加强合作监管,并且强化国际危机应对能力。

这些方面的变化,表明美国的监管体系开始出现一种值得关注的转向,即由强调自由放任、自律和分散监管,走向强调加强管制和统一集中监管。同时,美国金融监管的重心也从监管局部性风险向监管金融市场系统性风险转变,为此奥巴马“金融新政”强调加

① 关于奥巴马改革方案的内容,参见王琛:《如何看美国金融监管改革方案》,《学习时报》,2009年8月23日;全先银、闫小娜:《美国的金融监管改革》,《中国金融》,2009年第17期,第92—94页。

大美联储的监管权力,并优化金融监管体系组织架构,美国金融监管的覆盖面也有所扩大。

【专栏12-3】

## 20世纪的美国银行管制:一个简要的历史概览

- 《联邦储备法案》(Federal Reserve Act)(1913)创生了美国联邦储备体系。这项法案一个最主要的创新是提供了一个称作贴现窗口的便利,银行可以从联邦储备体系借入资金。在那时,全国性注册银行被要求成为联邦储备体系的会员。它们由此获得使用支票结算的便利和贴现窗口的机会,但是它们需要服从联储体系的管制。
- 《埃奇法案》(Edge Act)(1919)对美国银行的国际业务进行管制。它允许美国国际银行在美国开设子公司,并从事直接服务于它们的涉及国际商务的顾客账户的州际银行业务。证明这种拒绝给予许多国内银行的特权是必要的理由为,美国银行需要与在美国具有这种能力的外国银行进行有效的竞争。
- 《麦克法登法案》(McFadden Act)(1927)处理分支机构的设立和开展州际银行业务的问题。一些州允许银行开设一些分支机构,其他的州则只允许开设一家分支机构。与此同时,一些州允许开展州际银行业务而另一些州不许可。在这项法案出台之前,货币监理官禁止全国性银行设立分支机构和从事州际银行业务,这使得全国性银行在与那些允许这些业务开展的州中运作的州立银行竞争时处于不利的地位。随着《麦克法登法案》的通过,全国性银行被允许在本州内设立分支机构,只要那些州允许即可。1935年修正案允许这些机构设在它们所运作的州内,当允许州立银行设立分支机构和州际银行时,它们可以获得相同的机会。
- 《1933年银行法》(Banking Act of 1933)有三条主要的条款:第一,它建立了联邦存款保险公司并要求所有全国性银行参加。第二,在这项法律的所谓格拉斯-斯蒂格尔部分,它要求商业银行取消它们的投资银行业务。通过这项法律的第16、20、21和32款,银行被禁止从事公司证券承销。第三,对活期存款的利息支付是被禁止的,并且这项法律对储蓄存款和定期存款的应付利率进行管制。所有这些条款都针对降低银行恐慌和产业破产的危险。
- 《1935年银行法》(Banking Act of 1935)肯定了美联储监管商业银行定期存款应付利率的权力,并把美联储重组成它现在具有联储委员会和拥有更大权力的联储主席的形式。它还把《麦克法登法案》的条款扩展至在全州范围内允许州立银行开设分支机构。
- 《银行控股公司法》(Bank Holding Act)(1956)和它的1966年及1970年修正案直接针对试图利用它们作为控股公司的地位逃避对开设分支和州际银行管制的银行控股公司。这个做法在20世纪50年代变得更为广泛。这个法案及其修正案赋予联储管制银行控股公司的权力。尽管银行控股公司被禁止在那些没有明确通过所谓的“肯定的立法”在许可的州内从事州际银行业务,但它们被允许在州际基础上从事自己的非银行业务。

• 《银行合并法》(Bank Merger Act)(1960)的颁布是为了建立一个批准机制,以便司法部门按照银行对反垄断法的遵守情况来决定所提议的兼并是否批准。它的1966年修正案把重点重新放在与增加的竞争并不严格相关的兼并受益上。例如,如果它能增加对工作的服务或便利,或者增强一个问题银行时,将会对这个兼并提议给予有利的考虑。

• 《贷款真实性法案》(Truth in Lending Act)(1968)要求贷款人完全披露贷款的条款。在这项法案诞生之前,消费者要比较贷款的成本是很困难的,因为没有法律要求银行向消费者计算并披露可以比较的标准,例如实际年利率。

• 《公平信用账款法案》(Fair Credit Billing Act)(1974)包括了规定如何处理消费者信用卡投诉的联储管制Z条例,也包括处理住宅和抵押贷款的条款。

• 《国际银行法》(International Banking Act)(1978)对在美国的外国银行业务进行监管。它使得外国银行与国内银行受到许多同样的法规的限制。

• 《1980年存款机构放松管制和货币控制法案》(Depository Institutions Deregulation and Monetary Control Act of 1980)取消了储蓄存款的利率上限,允许对交易账户支付利息,取消了对抵押贷款的州利率上限,并把由联邦存款保险公司提供的保险金额提高到每个账户100 000美元。与此同时,这项法案显著地增加了允许的储蓄和贷款业务,这给银行业带来了比以往任何时候都更大的竞争性挑战。

• 《存款机构法》(Depository Institutions Act)(1982),有时也称为《高恩-圣·杰曼法》,它把银行可以贷给单一客户的资本限制提高到15%,并授权管制机构通过在一个州际的基础上促进它们与运作良好的银行(或其他金融机构)的合并来帮助出现问题的银行(或其他金融机构)。这个政策被扩展至州和全国性注册金融机构。

• 《银行竞争平等法》(Competitive Equality in Banking )(1987)用于避免日益增多的金融机构失败的危机。它授权联邦存款保险公司进行紧急州际银行收购和创立"桥梁银行"的操作,以在失败银行的股票必须出售之前最多两年的时间内对它进行控制。在这个法案出台之前,失败银行被清算,存款者被偿还,或者银行(或至少是可接受的资产和存款)被出售给另一家运作良好的银行机构。

• 《金融机构改革、复兴和实施法案》(Financial Institutions Reform, Recovery, and Enforcement)(1989)允许商业银行购买运作良好的储蓄和贷款机构。而在该法案出台之前,商业银行只允许收购失败的储蓄与存款机构,而且该法案允许达到银行业标准的储蓄和贷款机构转变为商业银行。

• 《1991年联邦存款保险公司改善法》(Federal Deposit Insurance Improvement Act of 1991)处理了一些有关存款保险基金的问题。它授权联邦存款保险公司最多可借款300亿美元以增加保险基金。它提出了采取及时的拯救行动以处理问题机构的要求,以及对受保机构实行基于风险的保险收费的要求。

• 《州际银行业和分支机构效率法案》(Interstate Banking and Branching Efficiency Act)(1994)准许在1995年9月29日之前进行银行控股公司层次的州际分支机构设立和在全国范围内的银行收购。并且在所有的未通过特别法案以禁止此类州际银行扩展的州内,到1997年中期之前允许州际分支机构联网和控股公司兼并。

• 《金融服务现代化法案》(Gramm-Leach-Bliley Financial Modernization Act)(1999),废除《格拉斯-斯蒂格尔法》,彻底打破了维持数十年的金融分业经营的局面,允许混业经营;建立了一个允许证券、银行和保险以及其他金融机构之间联合经营、审慎管理的规范金融体系。该法案允许银行和证券业务的混业经营,允许国民银行及其联营机构从事财产保险业务,另外,国民银行可以从事货币监理署授权范围内的保险业务。这标志着美国现代金融法律制度的建立,标志着美国从20世纪30年代以来一直遵循的金融分业经营制度的终结,以及金融控股公司为主要形式的金融集团混业经营时代的开始。

## 【关键术语】

经济自由主义　国家干预主义　金融自由化　市场经济法律体系　监管主体的独立性
信息透明性和信息对称原则　双重多头监管模式　美国《金融服务现代化法案》
奥巴马金融政策

## 【进一步思考和讨论】

1. 经济自由主义和国家干预主义在历史上的消长关系给我们什么启示?
2. 金融市场监管需要哪些必要条件?
3. 金融市场监管的关键性指标有哪些?
4. 金融市场监管应遵循哪些伦理规则?
5. 为什么会出现金融监管的腐败现象?
6. 奥巴马金融政策的主要内容有哪些?它对于美国金融监管的伦理转向有哪些意义?
7. 你认为未来的理想的金融监管应该是什么样的?我国金融监管体系有哪些优势和弊端?

## 本章参考文献

陈岱孙. 西方经济学中经济自由主义和国家干预主义两思潮的消长[M]//陈岱孙. 陈岱孙文集:下卷. 北京:北京大学出版社,1989.

刘宇飞. 国际金融监管的新发展[M]. 北京:经济科学出版社,1999.

戚红梅. 美国金融改革方案对金融监管模式与机构的改革[J]. 河北法学,2009(11):38—42.

全先银,闫小娜. 美国的金融监管改革[J]. 中国金融,2009(17).

萨缪尔森,诺德豪斯. 经济学[M]. 高鸿业,译. 北京:中国发展出版社,1992.

王琛. 如何看美国金融监管改革方案[N]. 学习时报,2009-8-23.

谢平,陆磊. 中国金融腐败的经济学分析[M]. 北京:中信出版社,2005.

徐滇庆. 政府在经济发展中的作用[M]. 上海:上海人民出版社,1999.

许传华. 美国金融危机下金融监管模式的缺陷及对我国的启示[J]. 经济问题,2009(7):92—94.

晏智杰. 经济学中的边际主义[M]. 北京:北京大学出版社,1987.

C GERARD, K DANIELA. Bank Insolvencies: Cross-country Experience [R]. Policy Research Working paper No. 1620, World Bank, Policy Research Department, Washington, D. C. ,1996.

C GERARD. Safe and sound banking in developing countries: We are not in kansas anymore [J]. Research in Financial Services: Private and Public Policy. 1997, 9:79-97.

C GERARD, V DIMITRI. Reforming Financial Systems: Historical Implications for Policy [M]. Cambridge: Cambridge University Press,1997.

G ALAN. The Age of Turbulence: Adventures in a New World [M]. The Penguin Press, 2007.

I M RONALD. Money and Capital in Economic Development [M]. Washing, D. C. : Brookings Institution,1973.

J E STIGLITZ. Principles of financial regulation: A dynamic portfolio approach [J]// The World Bank. Research Observer, 2001, 16(1), 1-18.

L W JOHN. Building the Legal and Regulatory Framework [C]// Eric S. Rosengren & John S. Jordan. Building an Infratrcture for Financial Stability. Federal Reserve Bank of Boston, Conference Series No. 44, June, 2000.

O WILBERT. Bascom. Regulation, Supervision, and Financial Crisis [M]. The Economics of Financial Reform in Developing Countries. New York:St. Martin's Press,1994.

R DE KRIVOY. Reforming Bank Supervision in Developing Countries [C]// Eric S. Rosengren & John S. Jordan. Building an Infratrcture for Financial Stability. Federal Reserve Bank of Boston, Conference Series No. 44, June, 2000.

S P KOTHARI. The Role of Financial Reporting in Reducing Financial Crisis in the Market [C]// Eric S. Rosengren & John S. Jordan. Building an Infratrcture for Financial Stability. Federal Reserve Bank of Boston, Conference Series No. 44, June, 2000,eds:pp. 89-102.

S S EDWARD. Financing Deepening in Economic Development [M]. New York: Oxford University Press,1973.

T HELLMAN, K MURDOCK, J E STIGLITZ. Liberalization, moral hazard in banking, and prudential regulation: Are capital requirements enough? [J]. Stanford Graduate School of Business, Stanford, Processed, 1998.

# 第五篇 金融机构的社会责任体系构建

本篇集中探讨金融机构的社会责任体系构建问题。最近一些年来兴起的企业社会责任思潮在金融体系中的应用将极大地增强金融机构与社会之间的互动,改善金融机构的经营管理模式并有效促进金融机构的安全性与社会绩效。本篇分两章。第十三章基于对企业社会责任理论和商业银行社会责任理论的历史发展轨迹的梳理,系统地阐述企业社会责任和内涵及其对企业发展的重要意义,揭示商业银行社会责任的内在结构,并从商业银行的特殊性出发,探讨了商业银行特有的企业社会责任。第十四章首先介绍国外优秀的商业银行在企业社会责任方面的成功实践,由案例出发,探讨国外商业银行在履行社会责任方面的法律框架、伦理规制框架和商业银行社会责任创新,以期对我国的商业银行社会责任体系的构建有所镜鉴;之后主要从我国商业银行的社会责任体系构建的反思出发,揭示我国商业银行体系在社会责任构建方面的不足及其背后的经济制度根源,并据此提出我国商业银行社会责任体系构建的系统性政策框架,从微观机制和宏观体制两方面提出政策建议。

# 第十三章　企业社会责任和商业银行社会责任的理论演进

【本章目的】

本章的目的是从理论上对企业社会责任和商业银行社会责任进行一番梳理。学习本章,应对企业社会责任和商业银行社会责任的理论发展脉络有所了解,并能够从理论的高度来审视商业银行社会责任的内涵和社会意义。

【内容提要】

本章基于对企业社会责任理论和商业银行社会责任理论的历史发展轨迹的梳理,系统地阐述企业社会责任和内涵及其对企业发展的重要意义,揭示商业银行社会责任的内在结构,并从商业银行的特殊性出发,探讨了商业银行特有的企业社会责任。从利益相关者理论和商业银行的特殊地位出发,商业银行承担社会责任有其必要性。

## 第一节　企业社会责任思想的发展

### 一、企业社会责任思想的起源

社会责任思想的产生可以追溯到两千多年前,在苏格拉底的哲学思想、柏拉图的《理想国》、亚里士多德的《政治学》著作中,都闪现着这一思想。在西方文明摇篮的古希腊和古罗马时代,农业是传统主导产业,商业和商人的社会地位低下,其逐利行为备受社会压制。在中世纪,教会认为商人的逐利行为是违反基督精神的,对其合理性提出了强烈的质疑,并且强调经济活动只是为了服务公众利益而存在,商人要顾及其他成员和社区的福利。文艺复兴之后,新教伦理、自由意志伦理和市场伦理这三大动力推动了西方工业化时代的来临,工商业的发展成为经济发展的关键力量,企业家也无可辩驳地成为历史舞台的主角,利润最大化和企业家的自利行为也得到了社会认同与支持,这一时期的社会责任观是一种朴素的道德观,认为商人的社会责任主要是保证国家财富的积累。但是,无论古希腊、中世纪还是重商主义时期,在公司还没有成为社会商业活动主要组织形式的年代,人们关心的仅仅是公民个人的社会责任,企业社会责任思想还无从谈起。

企业产生于18世纪中期西方工业革命时期,并在此后的社会经济发展中扮演了越来越重要的角色,越来越多的经济学流派和理论也开始讨论企业的责任这一问题。古典经济学以利益最大化作为出发点分析人类的经济行为,亚当·斯密“看不见的手”是其思想基础。基于古典经济学和新古典经济学的企业理论①认为,企业只要以利润最大化为其唯一目标,就可以达到全社会利益的增进。

但是,凯恩斯在《自由经济的终结》一书中批评了"自由经济"的思想。在他看来,"那个认为个人独立地按各自利益行事会产生最大的财富总量的结论是建立在很多不现实的假设之上的,根据这些假设,生产和消费的过程完全是无组织的,对条件和需求有充分的预见,并且有足够的机会来获得这种预见性"②。

20 世纪出现的公司革命颠覆了自由经济所依赖的完全竞争条件。伯利和米恩斯在《现代公司与私有财产》的再版序中指出,公司革命使得竞争在许多方面不复存在,即使少数幸存的竞争也已经不是原来意义上的竞争了。公司革命创造出了一种前所未有的经济力量。经济力量是一个包含市场力量在内但比市场力量更大的概念,它会影响到资源使用、产品安全、环境污染、工作条件、工资支付以及价格变化等。显然竞争是无法控制这种经济力量并使得这种力量的结果符合公共利益的。经济权力已经建立在公司经营者的手中,所有权与经营权的分离已经不再要求经营者必须遵从为股东服务这个压倒一切的要求。

现代的"企业社会责任"(corporate social responsibility,CSR)一词起源于 20 世纪初期的美国。一般认为,1923 年英国学者欧利文·谢尔顿(Oliver Sheldon)在美国进行企业考察时,最早提出了企业社会责任的概念。究其原因,一方面,美国特殊的制度背景使得它比其他西方工业国家更为关注公司的社会责任问题。Epstein et al.(1978)将其制度背景总结为四点:其一,有关社会责任的合法性;其二,美国对公司社会责任的长期关注是与这个国家对私有经济的倚重密不可分的;其三,在美国,企业从一开始就在国家生活中扮演了重要的领导者角色;其四,在美国普遍接受了企业界传播的一种思想,认为企业管理者不只是一个职位,还是一种职业。③ 另一方面,企业社会责任思想的兴起与这一时期美国经济的工业化过程和现代大公司④的出现紧密相连,两权分离催生了管理者资本主义,开始质疑那些既不管理公司也不参加公司劳动的消极股东还能否合法地声称他们拥有公司。管理者资本主义认为利润最大化再也不是公司唯一的目标,管理者在考虑社会和法律责任时也不能将股东作为唯一需要关注的群体,而是应该同时考虑公司中不同群体的利益。管理者资本主义的出现开始挑战自由经济及其所信奉的利润最大化原则,从而产生了现代公司社会责任的思想。

## 二、企业社会责任思想的演变

20 世纪 30—60 年代,关于企业社会责任思想最集中和最有影响力的争论主要有两次:一是 20 世纪 30—50 年代关于管理者受托责任的"贝利—多德"之争,二是 20 世纪 60

① 现代企业理论认为,新古典经济学是没有企业理论的,但本文所说的企业理论泛指所有关于企业性质和作用的思想。

② Keynes, John Maynard, *The End of Laissez Faire*. L. & Virginia Woolf, 1927.

③ Epstein, Edwin, and Votaw, Dow, *Rationality, Legitimacy, Responsibility: Search for New Directions in Business and Society*. Goodyear Publishing Company, Inc., 1978.

④ 按照钱德勒的定义,现代公司有两个特征:一是它拥有不同的经营部门,二是它由层级分明的受薪管理者管理。参见 Chandler, Alfred, D. Jr., *The Visible Hand*. Belknap Press of Harvard University Press, 1997。

年代关于现代公司作用的“贝利—曼恩”之争。

在所有权与经营权分离的现代公司中,对于管理者在行使经营决策权时责任范围如何界定的问题,有两种不同观点:一种认为管理者只对股东负责,另一种认为管理者只对公司负责。哥伦比亚大学教授贝利(Berle)和哈佛大学教授多德(Dodd)就是这两种不同观点的代表人物,由此也展开了长达二十多年的“贝利—多德”之争。贝利认为企业管理者只能作为企业股东的受托人,而股东的利益始终优于企业的其他潜在利害关系人的利益。“所有赋予公司或者公司管理者的权力,无论基于公司的地位还是公司的章程,或者同时基于这两者,只要股东有利益存在,这种权力在任何时候都必须只用于全体股东的利益。因此,当行使权力会损害股东利益时,就应该限制这种权力。”①多德对此表达了不同的看法:公司作为一个经济组织,在创造利润的同时也有服务社会的功能。法律之所以允许和鼓励经济活动,不是因为它是其所有者利润的来源,而是因为它能服务于社会。除股东利益外,法律和舆论在一定程度上正迫使商事企业同时承认和尊重他人的利益;企业管理者应树立起对雇员、消费者和广大公众的社会责任观。②

非常有意思的是,后来多德和贝利的观点发生了换位性的变化。多德在20世纪40年代放弃了企业应负社会责任的观点,认为现实中表面上管理层是更加重视雇员等利益相关者的利益,但这种重视是受迫于外界压力,而不是来自企业内生性的力量。贝利反而认为多德原来的观点是对的,承认“这场争论明显以多德教授的观点获胜而告终”。③到了50年代,贝利彻底转变为企业社会责任的倡导者,并和曼恩(Manne)展开了激烈的争论。贝利承认自己过去担心企业管理者不适合充当企业利益分配者的角色,但企业界变革的事实证明了多德的观点是正确的,最初由斯密提出的古典自由市场理论已经不再适用于现代公司。而此时曼恩的立场就是要坚持自由经济,他于1962年在《对现代公司的“激烈批判”》一文中,态度鲜明地驳斥了贝利关于现代公司要承担社会责任的观点,指出“管理效率并不意味着管理者具有承担社会责任的能力,实际上,管理者并不具备这种能力,而且让一个生意人完全介入捐赠活动中并取代市场的作用是一种很糟糕的决策机制”④。“贝利—曼恩”之争吸引了更多的学者参与到关于企业社会责任问题的争论中来,并且延续了很长时间。

从20世纪60年代开始,学术界的研究和争议的焦点一直是围绕着企业社会责任的内涵展开的,诸多学者在自己的著作中都提出这一概念的定义,并就其内涵展开激烈争论。1953年,被称作现代“企业社会责任之父”的霍华德·鲍恩(Howard Bowen)出版的《商人的社会责任》(*Social Business of Businessman*),被认为是第一本有关企业社会责任的著作,标志着现代企业社会责任研究的开端。他从企业家对经济社会发展的贡献和对企业发展的作用这一角度,深入分析了企业社会责任的内涵,认为“企业社会责任包含企业家按照社会普遍认可的社会目标和价值观制定相应的目标、进行相应的决策或遵循相

---

① Berle, Adolf A., “Corporate powers as powers in trust”, *Harvard Law Review*, 1049, 1931.

② Dodd, E. Merrrick. “For Whom Are Corporate Managers Trustees?”, 45 *Harvard Law Review*, 1145, 1932.

③ A. A. Berle, “The 20th century capitailist revolution”, quoted in Dr Saleem Sheikh, *Corporte Social Responsibility: Law and Pratice*. Cavendish Publishing Limited, 1996: p. 156.

④ Manne, Henry G., “The ‘higher criticism’ of the modern corporation”, *Columbia Law Review*, 1962, 62(3).

应的行动标准"。[1] 鲍恩强调的是社会目标和价值观,这为企业社会责任思想的发展提供了一个基本理论支持。到了20世纪70年代,还出现了几个与企业社会责任密切相关的概念,例如企业社会表现、经理人的公众责任、企业社会响应。此外,利益相关者理论的发展及日益扩大的社会影响也为企业社会责任的讨论带来了一定的影响,启示学术界企业社会责任的概念与包含的内容是不断变化的,而且对于不同的人意味着不同的内涵。

此后,更多的学者没有停留在仅仅讨论企业社会责任的定义上,而是以企业社会责任、企业社会表现、企业环境责任等为题目,进一步展开了许多实证研究,典型的如Wartick and Cochran(1985)的企业社会表现模型[2]、Wood(1995)的企业社会表现模型[3]、Steg et al.(2003)的可持续性企业表现模型[4]等。到了90年代,企业社会责任理论与实证研究都丰富了起来,且呈现出多元化的趋势。学术界基本上形成一个共识:企业社会责任是对企业外的许多利益相关者群体承担的责任。这一时期,企业社会责任理论的整合逐步开始,企业社会表现的研究得到了进一步发展,对企业社会责任的探讨也上升到了企业管理的层面。此外,企业社会责任的发展也不仅仅是在学术界中独立进行,欧盟、商务社会责任国际协会(Business for Social Responsibility,BSR)等政府组织和非政府组织也对企业社会责任问题展开了理论探讨与实践行动,对学术界产生了很大的影响力。欧盟、国际标准化组织(ISO)战略建议小组等都提出各自的企业社会责任定义,非学术界开发的企业社会责任测评工具如美国KLD研究与分析公司建立的KLD指数、美国《财富》杂志开发的Fortune企业声望指数的数据库资料和对企业的排名资料等,也被学者广泛引用。当前,企业社会责任与企业管理、企业社会责任与企业业绩和发展的关系、企业社会责任与利益相关者、企业推行企业社会责任的途径、有关企业社会责任实践情况的调查报告等,已经成为国际企业社会责任研究领域的热点课题。

## 第二节 基于不同企业理论的企业社会责任

20世纪60年代以来,随着劳工权益保护、消费者权益保护、资源和环境保护以及社会贫富悬殊等社会问题凸显,西方发达国家对企业社会责任的讨论越来越热烈。这些观点总体上可以分为两类:一类是坚持企业不要承担社会责任的观点,即传统的企业社会责任理论;另一类是坚持企业要承担社会责任的观点,即现代企业社会责任理论。下面将就传统企业社会责任思想和现代企业社会责任思想进行简要阐述。

---

① Bowen, Howard R., *Social Responsibilities of the Businessman*, Harper, 1953.

② Wartick S. L., and Cochran P. L., "The evolution of the corporate social performance model", *Academy of Management Review*, 1985,10(4):pp.758-799.

③ Wood D. J., "Corporate social performance revisited", *Academy of Management Review*, 1995,20(4): pp.986-1014.

④ Steg L., C. Vlerk, S. Lindenberg, T. Groot, and H. Moll, T. Schoot Uiterkamp, and A. van Witteloostuijn, "Towards a comprehensive model sustainable corporate performance", Second interim report of the Dutch SCP Project, University of Groningen.

## 一、基于传统企业理论的企业社会责任

### (一) 传统企业理论

传统企业理论是在古典经济学和新古典经济学的基础上建立起来的。古典经济学的理论基点是亚当·斯密"看不见的手"。斯密在《国富论》中提到:"每个人都不断努力为他自己所能支配的资本找到最有利的用途。固然,他所考虑的不是社会的利益,而是他自身的利益,但他对自身利益的研究自然会或者毋宁说必然会引导他选定最有利于社会的用途。""他受着一只看不见的手的指导,去尽力达到一个并非他本意想要达到的目的,……他追求自己的利益,往往使他能比在真正出于本意的情况下更有效地促进社会的利益。"①

基于古典经济学的传统企业理论认为企业的功能能够归结为经济功能,衡量企业成功与否的唯一标准是企业的经济价值,企业管理者的唯一目标就是追求企业利润最大化,即股东利益最大化。20 世纪 60 年代以后,追求股东利益最大化的观点不断得到强化。研究企业理论的文献大多以交易费用、委托—代理、不完全契约、信息不对称等概念为核心而展开,形成了所谓的主流企业理论。这一理论的基本观点是,股东作为剩余风险的承担者,享有法律所赋予的对企业的所有权和控制权。而现代企业发展的结果是,财富的所有者并没有全部的控制权,控制企业的人也没有全部的所有权。在这一背景下,企业股东往往要把企业的控制权委托给管理者。作为代理人的管理者,被要求对作为委托人的股东负有法律上的信托责任,即管理者的行为要从股东的最大化利益出发,股东利益优于其他人的利益。② 因此,在主流企业理论看来,实现股东利润最大化意味着企业在最大程度上实现了它的企业社会责任。

### (二) 传统企业社会责任思想

传统企业社会责任思想是基于上述传统企业理论的,其核心思想是:"在自由经济中,企业仅具有一种而且只有一种社会责任,那就是在法律和规章制度许可的范围内,利用它的资源,从事旨在增加它的利润的经营活动。"③让企业承担过多的社会责任,无疑增加了经营成本开支和费用,与企业利润最大化的目标相悖,也违反市场经济的原则。其中,典型的学者及观点如下:

(1) 古典学派的观点:企业唯一的责任就是追求利润最大化。诺贝尔经济学奖获得者米尔顿·弗里德曼是自由主义的代表,他在著作《资本主义与自由》(*Cafitalism and Freedom*)中,于专门一章"垄断和社会责任"中明确指出,"有一种越来越被普遍接受的观点,认为公司的管理者和工会的领导人在满足他们的股东或成员的利益之外还要承担社会责任。这种观点在根本上错误地认识了自由经济的特点和性质。在自由经济中,企业有且仅有一个社会责任——只要它处在游戏规则中,也就是处在开放、自由和没有欺诈

---

① 〔英〕亚当·斯密著,郭大力、王亚南译:《国民财富的性质和原因的研究》。北京:商务印书馆 1997 年版。

② 陈宏辉:《企业利益相关者的利益要求:理论与实证研究》。北京:经济管理出版社 2004 年版。

③ Milton Friedman, "The responsibility of business is to increase its profits", in Tom L. Beauchamp and Norman E. Bowie(ed.). *Ethical Theory and Business*, 3rd ed. Prentice-Hall, 1988: pp. 87-91.

的竞争中,那就是要使用其资源并从事经营活动以增加利润"[①]。弗里德曼反对企业社会责任的依据主要有三个方面:一是认为企业是股东的企业;二是坚持企业的目标是利润最大化;三是将管理者仅仅看作股东的代理人。他对企业社会责任的抨击归于一点,即企业社会责任思想是对自由经济的根本颠覆。

(2)诺贝尔经济学奖得主、自由经济的信奉者哈耶克认为,企业社会责任是违背自由原则的,企业参与社会活动必将导致政府干预的强化。企业及其管理者根据自己的判断而行善的权力必定是暂时的,他们将最终为这短暂的自由付出高昂的代价,那就是不得不按照政治权威的命令行事。[②]

(3)哈佛大学教授莱维特(Levitt)于1958年在《哈佛商业评论》上发表题为《社会责任的危害》的文章,指出:如果企业参与社会问题,就会获得广泛的权力,并将演变成像中世纪教堂或者民族国家那样的权力中心,支配政治、经济和社会,形成十分有害的极权机制。[③]

### (三)传统企业社会责任理论的缺陷

在企业与社会其他基本组成单元联系日益紧密的现代市场经济中,传统企业社会责任理论的缺陷越来越明显。正如李炳毅和李东红(1998)所讲,"传统企业社会责任理论暗含了这样一些假设:社会由具有不同职能的组织和个人构成,各社会成员都能尽职尽责地承担各自的责任;企业的外部不经济可以通过以下几条途径消除:一是市场机制、法制和政策等的调节、约束和制裁;二是其他部门的活动可以消化企业在法律允许的范围内造成的部分不经济;三是其他社会责任交由企业以外的组织和个人承担更有效,即社会责任通过在不同组织与个人之间的分工可以达到帕累托最优。传统经济学的这种理论假设与现实的经济生活是极不相符的,从人类社会的发展进程来看:第一,它所设定的理论只限于完全竞争的市场模式,而在现实经济生活中,完全竞争的市场状态极少存在,大量存在的是非完全竞争和垄断两类市场;第二,现实经济生活的事实表明,企业利益与社会利益并非总是一致的,在很多情况下甚至是完全相反的"[④]。

杨瑞龙和周业安(1997)也说:"新古典经济学的完美与现实是脱节的,该理论不能解释现实中的企业的变化。理论和现实的相悖,遭到了许多学者的批评。现实的变化要求直面现实的理论。"[⑤]

## 二、基于现代企业理论的企业社会责任

### (一)现代企业理论

主流企业理论将企业社会责任等同于股东利益最大化,这种片面的企业社会责任观遭到了很多学者的质疑和批驳。梳理国外关于企业社会责任的研究文献可以发现,早在20世纪20年代,一些企业代表和管理人员就已经认可这样的观点:企业经理不仅是股东

---

① 〔美〕米尔顿·弗里德曼著,张瑞玉译.《资本主义与自由》。北京:商务印书馆1986年版。

② Hayek, F. A., *The corporation in a democratic society: In whose interest ought in and will it be run?* in H Ansoff, *Business Strategy*, 1969.

③ Levitt, Theodore, "The Danger of Social Responsibility", *Harvard Business Review*, 1958,36(5):p.41.

④ 李炳毅、李东红:《企业社会责任论》,《经济问题》,1998年第8期,第34—36页。

⑤ 杨瑞龙、周业安:《一个关于企业所有权安排的规范分析框架及其理论含义——兼张维迎、周其仁及崔之元的一些观点》,《经济研究》,1997年第1期。

利益的受托人,也是其他社会索取人的受托人。Davis(1960)认为主流企业理论将企业社会责任限定在经济范围内的观点,在以下几个方面是失效的:第一,很难把生活中的经济方面与其他方面区别开来,我们承认企业的经济功能是主要的,非经济功能是次要的,但是非经济功能确实存在;第二,即便能把生活中的经济方面区分开来,一般的公众似乎不希望企业局限于经济学意义上的企业,他们有人格化企业期望;第三,企业目前有社会人的权利,因此,如果企业忽视了作为社会人的责任,那么它们将进一步丧失权利。① 企业不能仅仅实现其传统的经济功能——生产和分配,而应该提高整个国家的社会经济福利,资源应该被用于更广泛的社会目的而不是仅仅用于狭隘的、受约束的私人和企业的利益。②

### (二) 现代企业社会责任思想

从现有的文献来看,现代企业社会责任理论多是以利益相关者理论为基础的,该理论认为企业与很多团体有密切联系,这些团体能够影响企业行为,也能够被企业行为影响。③ 现代企业社会责任理论的核心思想是,企业是构成当今经济社会整体的基本单元,除了正常经营赚取利润,企业还应当同时考虑社会的利益,并自觉承担相应的责任。本文也站在现代企业社会责任理论的角度,对商业银行企业社会责任的定义与内涵、理论与实践进行探索和分析。

以下列举现代企业社会责任理论的要点:

(1) 企业社会责任的支持者用不同的方式否定了自由经济所倡导的将利润最大化作为企业唯一目标的思想,但并没有彻底否定企业赚取利润的目的,他们提出用"利润最优化"(profit optimization)取代利润最大化,同时追求社会目标。管理学大师彼得·德鲁克(Peter Drucker)于20世纪80年代提出"赚钱行善"这一具有现实意义的思想,也就是将社会的需要和问题转化为企业的盈利机会。他认为政府不宜承担解决社会问题的责任,而企业的首要责任就是赚取足够的利润来承担未来的支出,这种支出是为了保证未来的工作机会。他反对将利润最大化作为企业的唯一目标,但并不排斥企业的获利行为。Sheikh(1996)明确提出,"企业管理者不再最大化股东的福利,他们通过增加收入并追求对社会有直接影响的非金钱目标来最大化企业总的福利。他们会满足利润而不是最大化利润"④。

(2) 企业承担社会责任能够减轻政府的负担,从而使得政府更好地发挥其调节职能,两者相互扶持,共同发展。如果政府调节职能受限,企业就有可能要承担政府过度管制造成的后果。正如经济学教授鲍恩所说,"如果商人能够认识到他们行为的社会后果并能够自愿地按照社会的利益行事,那么就可以避免滥用自由经济,也可以免除政府过度管制的危险"⑤。

---

① Davis K., "Can business afford to ignore social responsibilities?", *California Management Review*, 1960, 2.

② Frederick W. C., "The growing concern over business responsibility", *California Management Review*, 1960, 2.

③ Freeman R. E., *Strategic Management: A Stakeholder Approach*. Boston, MA: Pitman, 1984.

④ Sheikh, Saleem., *Corporate Social Responsibilities: Law and Practice*. Cavendish Publishing Limited, 1996.

⑤ Bowen, Howard R., "Business management: A profession?" *The American Academy of Political and Social Science, The Annals*, 1995, 1.

(3) 企业承担社会责任即便是目前增加了成本,也只是减少了短期利润。企业社会责任能够为企业带来无形资产,稳固企业的长期利润,提升企业的社会声誉。耶鲁大学经济学教授亨利·沃利克(Henry Wallich)分析认为,"短期利润最大化行为可能会损害长期生存",因此,"认同社会责任可以使得公司被社会接纳,而这是公司持续经营所必需的"①。

(4) 作为经济体中的重要组织,企业通常占有较多的社会资源、资金、技术及管理人才。因此,企业应当积极参与社会事务,打造良好的公众形象,赢得更多客户和员工的信赖,使企业的经济效益与社会效益有效地结合起来。

通过对传统企业社会责任理论和现代企业社会责任理论主要观点的阐述与比较可以看出,现代企业社会责任理论突破了传统的"利润是企业唯一目标"的界限,将企业的目标定位在企业自身利益与社会大众利益的平衡之上,体现了企业自主权益与社会责任的统一。但是,与传统企业社会责任理论相比,现代企业社会责任理论仍然缺乏像主流企业理论那样深厚的理论基础和缜密的逻辑方法。弗里德曼对此还批评说:"这场关于企业社会责任的讨论,以其分析结构的松散及严密性的缺乏而著称。"②因此,这两种理论的争论还会继续。正如乔治·斯蒂纳(George Steinet)和约翰·斯蒂纳(John Steinet)所说:"企业社会责任的观念是在与传统经济观念相对抗的过程中缓慢发展起来的。这两种观念之间的紧张状态并没有停止,它还会继续下去。"③

## 第三节 商业银行企业社会责任结构理论分析

### 一、企业社会责任结构理论

卡罗尔对企业社会责任的定义是"某一特定时期社会对组织所寄托的经济、法律、伦理和自由决定(慈善)的期望"。这一包括四类责任的定义是在麦奎尔提出的企业社会责任定义基础上发展起来的,试图把社会对企业的经济、法律期望与一些更具社会导向性的关注联系起来,这些社会关注包括伦理责任和慈善(自愿的/自由处理)责任。④ 卡罗尔的定义从结构角度将企业社会责任的类型及层次进行了阐释,也是目前理论界比较流行的企业社会责任定义,可以用一个四个层次的金字塔图加以形象说明,如图 13-1 所示。

图 13-1 描绘了企业社会责任的四个层次。经济责任是基本责任,处于这个金字塔的底部。与此同时社会期望企业遵守法律,这是社会关于可接受行为和不可接受行为的法规集成。再上去就是伦理责任这一层次。这一层次上,企业有义务去做那些正确的、正义的、公平的事情,还要避免或尽量减少对利益相关者(雇员、消费者、环境等)的损害。

---

① Manne, Henry G., and Wallich, Henry C., "The modern corporation and social responsibility", *American Enterprise Institute for Public Policy Research*, 1972.

② 〔美〕米尔顿·弗里德曼著,张瑞玉译.《资本主义与自由》。北京:商务印书馆 1986 年版。

③ 〔美〕乔治·A. 斯蒂纳、约翰·F. 斯蒂纳著,张志强、王春香译:《企业、政府与社会》。北京:华夏出版社 2002 年版,第 131 页。

④ 〔美〕卡罗尔、〔美〕巴克霍尔茨著,黄煜平译:《企业与社会:伦理与利益相关者管理(第 5 版)》。北京:机械工业出版社 2004 年版,第 23 页。

在该金字塔的最上层,寄望企业成为一位好的企业公民,也就是说期望企业履行其自愿/自由决定或慈善责任,为社区生活质量的改善做出财力和人力资源方面的贡献。① 当然,正如卡罗尔自己所言,没有一个形象表达是尽善尽美的。这个金字塔图旨在说明企业的所有社会责任是由一些具体类别的责任所组成的,其集合是企业社会责任的总体。这种分层次相对独立的区分,是为了讨论方便,而实际上各细分责任之间并非互不兼容,经济责任与其他责任也不是并列关系。②

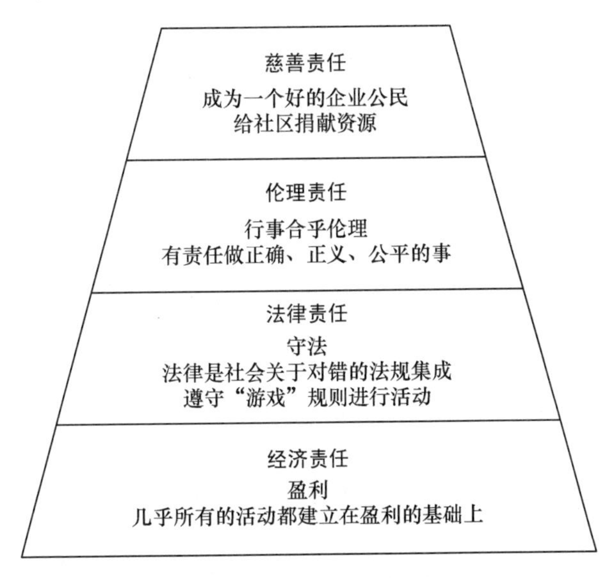


**图 13-1　企业社会责任金字塔③**

总之,在卡罗尔看来,企业负有的上述四种责任尽管含义有别,但都是社会希望企业付诸履行的义务,都是企业社会责任的组成部分。卡罗尔对企业社会责任的界定在学术界被认为是企业社会责任研究的一种进步,这一新框架既有可理解性又有综合性。但是,必须指出,尽管卡罗尔的研究赢得了多数的赞同,还是有部分学者对此提出了批评。卢代富(2002)指出,“就卡罗尔的界定而言,我们以为有以下几个不妥之处:一是将企业社会责任作为一个与企业责任等同的对象范围及其宽泛的属概念,使其不适当地包含了各种形形色色的企业责任类型;二是将本应视为企业道德责任之组成部分的企业的慈善责任与企业道德责任并列,忽略了二者在本质上的一致性;三是缘于上述第一点不妥之处,这一界定使得企业经济责任、企业社会责任、企业法律责任和企业道德责任之间本来的逻辑关系变得混乱”④。

① 〔美〕卡罗尔、〔美〕巴克霍尔茨著,黄煜平译.《企业与社会:伦理与利益相关者管理(第5版)》。北京:机械工业出版社2004年版,第26页。

② 同上书,第27页。

③ 同上书,第26页。

④ 卢代富:《企业社会责任的经济学与法学分析》。北京:法律出版社2002年版,第92页。

## 二、商业银行企业社会责任结构性分析

下面将分别从经济责任、法律责任、伦理责任和慈善责任四个方面对商业银行企业社会责任进行结构分析。

### (一) 经济责任:效率与公平

正如卡罗尔所说,“把经济责任称为社会责任看起来有点不可思议”①,但事实上,作为一种社会组织,企业的第一责任就是作为一个经济单位正常地发挥功能和正常地经营。只有企业在合理的范围内赚取了足够的利润,才能保证自身的可持续存在和发展,才能满足股东要求的合理投资收益、为雇员提供稳定的工作和合法的收入、向客户提供优质产品等,这也正是在社会中建立企业的原因。因此,在四结构企业社会责任体系中,将经济责任作为其他所有的责任的基础是合理和必要的,它反映了企业作为营利性组织的本质属性。使企业成为营利性的经济组织,这是市场经济制度的固有要求;而让企业尽可能盈利,也是现代企业制度的根本意义所在。因此在理解企业社会责任内涵时,不能将企业的经济功能与企业的社会功能对立起来,而应把它们作为相互匹配、相互补充的两个方面,共同纳入企业社会责任的框架。

企业经济责任最早仅仅被界定为股东利益最大化,但是随着社会的发展变化,企业经济责任的内容不断扩展。恩德勒(2002)认为,企业社会责任中的经济责任主要包括:① 短期的和长期的利润最大化;② 生产率的改进,包括生产要素、生产过程、产品和服务的质量等;③ 所有人和投资人的财富的保值与增值;④ 尊重供应商;⑤ 公平对待竞争者;⑥ 保留和增加雇员工作岗位、公平支付工资和社会福利、对雇员进行再教育并向雇员授权;⑦ 服务消费者。②

商业银行是金融行业重要的成员之一,一方面,其所承担的最根本的经济责任是赚取利润,使企业自身得到不断发展,这也是企业赖以生存和发展的首要条件;另一方面,商业银行还应当发挥金融企业的独特优势,促进社会经济的公平合理发展,有效配置社会资源,而不能以牺牲社会福利为代价来获取利润。也就是说,商业银行需要兼顾效率与公平,以更好地履行其经济责任。

具体而言,商业银行的经济责任包括以下几个方面:

(1) 提高经济效益,确保资产的保值增值,回报股东。

(2) 优化企业机制,包括建立公平合理的企业利益分配机制、公司治理机制、激励机制。

(3) 完善银行风险管理体制,有效防范内外部风险。

(4) 增进地方和国家税收,增加就业,支持公共经济政策。

(5) 努力促进行业及宏观经济发展,确保金融行业稳定与金融体系安全。

### (二) 法律责任:国家强制性的“硬约束”

“法律责任反映着社会的‘条文化伦理’,体现出由立法者确定的对公平进行企业活

---

① 〔美〕卡罗尔、〔美〕巴克霍尔茨著,黄煜平译.《企业与社会:伦理与利益相关者管理(第5版)》。北京:机械工业出版社2004年版,第24页。

② 〔美〕恩德勒著,高国希等译.《面向行动的经济伦理学》。上海:上海社会科学院出版社2002年版。

动的基本看法,遵从这些法律是企业的社会责任。”[①]法律责任是以国家强制力为保证的,是维护社会基本秩序所必需的最低限度道德的法定化,它是对责任主体的一种硬约束。根据现代企业社会责任的理论,企业的经济责任与法律责任是有冲突的:经济责任强调的是企业实现股东的经济利益,不需法律的特别要求;法律责任强调的是企业在法律框架下负有的责任和义务,会以牺牲利润为代价。但是现实中,企业的经济责任与法律责任是相互包含的,在事实上很难区分。

企业法律责任的内容也随着社会的变迁而发生了变化。早期企业的法律责任仅仅是保护股东利益,这源于人们的如下几点认识:股东利润最大化是唯一可以操作的企业目标;对企业和股东有利必然对社会有利,因此企业不应再承担其他社会责任;其他利益相关者可以受到契约保护,因此他们不会因股东利润最大化的目标而受损。但是,随着社会的进步,企业作为一个社会组织占有和处置了社会上大部分的资源,它对经济生活的影响日益重要,过去以“股东利润最大化”作为企业唯一目标的弊端也逐渐显现——资本家们盲目地追逐私利,引发了资源浪费、环境污染、劳工福利受损等一系列社会问题。为了解决这些问题,美国等西方国家纷纷修改企业法,加强了对公司行为的限制,使企业承担起更多的对社会其他相关群体的法律责任。越来越多的经营者也开始抛弃过去那种漠视劳动者、消费者、债权人等相关群体的做法,不再以股东的利润为单一目标,而是引入利益相关者参与公司的管理。

商业银行的法律责任同样经历了一个不断发展的过程。在早期,商业银行最大的法律责任就是保证存款者的储蓄免遭损失,如:美国于1933年立法成立了联邦存款保险公司,为银行存款提供联邦保险,以防止存款者因银行倒闭而受损。随着银行业务的不断深入和扩展,商业银行逐渐成为各国经济体系的核心,其影响力远远超过了存款者的范围,因经营不善而带来的银行危机也很容易引发经济危机,所以对商业银行法律责任的定义不能再仅仅限于保证存款安全。从美国开始,越来越多的国家纷纷修改了商业银行法,强调商业银行对整个经济体系的重要性,拓宽商业银行的法律责任范围,加强了对银行行为的限制和监管。

一般而言,现代商业银行的法律责任具体包括以下几个方面:

(1) 依法纳税,遵守行业规范,强化自我约束,遵循其他法规,以保证存款人、其他客户、员工及社会公众的合法权益。

(2) 对银行从业人员进行法律教育与监督,规范其行为。

(3) 促进其他相关组织履行法律责任。

当然,正如卡罗尔所言,“与法律责任本身一样有意义的是,法律责任涵盖不了社会对企业的所有期望行为”,原因至少有三:“其一,法律应付不了企业可能面对的所有话题、情况或问题;其二,法律常常滞后于被认为是合适的新行为或新观念;其三,法律是由立法者制定的,有时与其说可以反映出适当的伦理理由,不如说可能体现了立法者的个

① 〔美〕卡罗尔、〔美〕巴克霍尔茨著,黄煜平译.《企业与社会:伦理与利益相关者管理(第5版)》。北京:机械工业出版社2004年版,第24页。

人利益和政治动机"[①]。因此,法律责任固然重要,但远远不能仅以此来界定银行的社会责任,一个完整的社会责任体系需要除经济责任、法律责任以外更高层次的责任。

### (三) 伦理责任:社会规范的"软约束"

从结构角度提出的企业社会责任观以企业经济责任与法律责任为基础,强调高级层次的伦理责任与慈善责任。正如前面所述,法律责任不可能涵盖社会对企业的所有期望行为,而伦理责任弥补了法律责任的不足之处。"伦理责任包括那些为社会成员所期望或禁止的、尚未形成法律条文的活动和做法。"[②]它要求无论是否在法律制度的强制下,企业都要做正确的、公正合理的事情。承担伦理责任是企业的自律责任,是企业内在的、自愿的、主动的责任选择,这也是衡量企业是否勇于承担社会责任的一个重要方法。

### (四) 慈善责任:自觉性承担

慈善责任是企业按规定的价值观和社会期望而采取的额外行动,如支持社区项目和慈善事业等。这些责任完全是自愿的,是不受法律强制约束的,甚至也不是社会所期望的,只取决于商业银行从事这些社会活动的意愿。它与伦理责任的主要区别在于,慈善责任一般不是道德上的要求。

承担慈善责任并非完全没有必要,这是因为企业的社会目标和经济目标并非相互分离、相互对立的,而是可以良性互动的。银行作为重要的金融机构类型之一,其可以支配的资源远远多于个人,完全可以利用慈善活动来改善竞争环境,将社会目标和经济目标统一起来,并能使企业的业务前景得到改善。此外,慈善活动也不仅仅是捐钱而已,银行还可以通过充分利用自身能力和关系来支持慈善事业,由此产生的社会效益远远超出个人捐赠者、基金会甚至政府。但是,慈善行为不能仅仅建立在少数富人慷慨施舍的理念之上,而应当将企业作为一个整体来看待,将慈善行为建立在包括所有者、管理者和员工对于社会所担负的责任之上。

## 第四节　商业银行企业社会责任利益相关者理论分析

### 一、利益相关者理论

利益相关者理论是社会学和管理学的一个交叉领域,主要研究社会各相关群体与企业的关系,是对传统"股东至上论"的一种否定和修正,实质上是现代企业社会责任的强烈支持者。利益相关者的思想产生于 20 世纪 60 年代,80 年代以后影响不断发展扩大,并对传统的公司治理模式和企业管理方式产生了巨大的冲击。90 年代,利益相关者理论与企业社会责任研究也开始出现全面的结合,从利益相关者角度研究企业社会责任的成果越来越多,实践中对于这一理论的应用也逐渐广泛起来。这一理论的核心观点是:"企业是其利益相关者相互关系的联结,它通过各种显性契约和隐性契约来规范其利益相关者的责任和义务,并将剩余索取权与剩余控制权在企业物质资本所有者和人力资本所有

---

① 〔美〕卡罗尔、〔美〕巴克霍尔茨著,黄煜平译.《企业与社会:伦理与利益相关者管理(第 5 版)》。北京:机械工业出版社 2004 年版,第 24 页。

② 同上书,第 25 页。

者之间进行非均衡的、分散的、对称的分布,进而为其利益相关者和社会有效地创造财富。"①因此,企业的所有者不能仅仅局限于股东,所有的利益相关者之间的权利是独立的、平等的,这也在某种程度上为企业社会责任理论的发展扫清了障碍。

传统管理理论把利益相关者只看作那些供应资源或购买产品、服务的个人或群体,现代管理理论却赋予利益相关者更为丰富的内涵。1984 年,爱德华 · 弗里曼(Edward Freeman)出版了《战略管理:利益相关者方法》(*Strategic Management: A Stakeholder Approach*)一书,正式提出了利益相关者管理理论。在此书中,弗里曼做出了一个经典的广义定义:"一个组织里的利益相关者是可以影响到组织目标的实现或受其实现影响的群体或个人。"②更确切地说,应该把供应商、客户、雇员、股东、当地的社区以及处于代理人角色的管理者都包括到这一群体里。

克拉克森(Clarkson)将利益相关者定义为"在公司及其过去、现在和将来的行为中具有或主张有股份、所有权或利益者"。根据利益相关者与公司联系的紧密性,大致将其分为主要利益相关者(primary stakeholders)和次要利益相关者(secondary stakeholders)。主要利益相关者是指公司生存和持续经营不可或缺的个体或团体,通常包括股东、投资者、员工、客户、供应商、政府及社会等。次要利益相关者是指左右或影响公司,或者受公司左右或影响的个体或团体,公司的生存虽不依赖于次要利益相关者,但处理不善也会对公司造成破坏,比如媒体和其他在公司具有特殊利益者。③

玛格丽特 · 布莱尔(Margaret Blair)认为:企业本质上是一种受多种市场和社会群体影响的组织,公司存在是为社会创造财富,公司应该是一个具有"社会性责任"的组织,由公共利益所控制和管理。企业的出资不仅来自股东,而且来自企业的雇员、供应商、债权人和客户,后者提供的是一种特殊的人力投资和资本投资。④

## 二、商业银行社会责任与利益相关者

银行的利益相关者主要包括股东、员工、客户、商业伙伴、社会公众等。

### (一)股东

在市场经济条件下,企业与股东的关系事实上是企业与投资者的关系,是企业内部关系中最重要的内容。古典经济学理论认为企业是股东的代理人,目标就是股东利益最大化。随着市场经济的发展和投资方式的多元化,企业的股东已经不仅仅是传统意义上持有股票的直接股东,还包括通过债券、基金等进行货币投资以及非货币形式投资的其他群体或个人,企业与股东的关系也逐渐演变为企业与社会的关系,对股东的责任也具有社会性。因此,在讨论企业社会责任时不能忽略股东这一利益相关者。具体而言,银行对股东承担的社会责任包括:

---

① 陈宏辉:《企业利益相关者的利益要求:理论与实证研究》。北京:经济管理出版社 2004 年版。

② Freeman, R. E., *Strategic Management: A Stakeholder Approach*. Pitman Publishing Inc, 1984.

③ Clarkson, M., "A stakeholder framework for analyzing and evaluating corporate social performance", *Academy of Management Review*, 1995, Vol. 20(1).

④ [美]玛格丽特 · M. 布莱尔著,张荣刚译:《所有权与控制:面向 21 世纪的公司治理探索》。北京:中国社会科学出版社 1999 年版,第 213 页。

（1）创造利润和财富，实现股东价值最大化。这无疑是商业银行赖以生存的基础，也是对其投资人应该履行的基本经济责任。

（2）对股东资金的安全和合理收益负责任。作为投资人的代理人，银行应当尊重股东最基本的权利，以给股东带来合理合法的收益为经营前提，而不能任意挥霍投资人的出资，不能利用投资人的出资进行违法的、不道德的交易。

（3）银行有责任建立完善的公司治理结构，向股东提供真实的经营和投资方面的信息。例如，定期发布真实的财务报表、召开股东大会、建立完备的公司规章制度并严格执行等。

（4）确立核心道德价值体系，关注股东的长期利益。商业银行要想实现可持续发展，仅仅为股东创造短期财富是不够的。而拥有核心道德价值观、遵守职业道德、依法合规经营，才是能够长盛不衰和实现投资者长远利益的前提条件。确立核心道德价值体系，才能使企业持续繁荣和发展，确保投资者财富的安全保障和长期增长。

### （二）员工

企业与员工之间的关系是建立在契约基础上的一种经济关系，除此之外，还有一定的法律关系、道德关系和社会关系。银行对员工的责任主要有：

（1）保障员工合法利益。银行有责任遵守劳动保护方面的法律法规，通过制定和完善劳动用工制度，在基本工资、社会保障及福利等方面保障员工的基本利益。防止任何形式的民族、性别、年龄歧视，确保平等的就业机会。通过改善用工方式、开发灵活多样的用工方案，如弹性工作时间安排、家庭工作制度和休假制度等，使员工能够在生活和工作之间获得良好的平衡，以改善员工的生活质量和健康水平，同时可以调动员工的工作积极性。

（2）确保安全舒适的工作环境。作为金融企业，商业银行每天都拥有大量的流动和库存资金，以及其他形式的资产。正是这种特殊属性，更加要求商业银行为员工提供一个安全的工作场所，尽力避免坍塌、火灾、歹徒抢劫等可能伤害人身安全事故的发生。同时，还应积极为员工营造一个舒适的工作环境，以帮助员工积极应对金融行业较大的工作压力，凸显企业的人文关怀。

（3）为员工提供良好的职业发展渠道。积极开展各种形式的培训，不断提高员工的业务能力及综合素质，创造平等的就业机会、升迁机会、接受教育的机会，这不仅有利于员工自身的职业发展，也可以提高企业的经营管理效率，吸引大量优秀人才，为企业创造更多的财富。

### （三）客户

企业对客户的责任主要体现在对其权益维护上，具体包括向客户提供安全可靠的产品，尊重客户的知情权、自由选择权等。银行对客户的责任主要有：

（1）确保客户的知情权和自由选择权。在提供金融产品和服务时，银行不能强迫客户，更不能有歧视客户和服务对象的情况。由于金融产品和服务本身的专业知识壁垒，银行与客户之间存在信息不对称，而这种信息不对称可能会损害客户的合法利益。因此，银行应当尊重客户的知情权，主动开展各种活动普及相关金融知识，事先提供有关服务的收费、安全和办理方式等信息，使客户对金融产品和服务有全面深入的了解，从而做出合理的决策。

（2）确保客户财产的安全。银行在为客户提供如资金存取、个人信息保管和资金转移等金融服务的过程中，须保证这些服务是安全可靠的，不会对客户的资金和个人信息造成损害或泄露。特别是随着技术的进步，网上银行、电话银行等电子银行业务渐渐兴起并得到广泛应用，银行就更需要加强此类业务的风险防范与管理，为客户财产安全负责任。

（3）有效的客户关系管理。在买方金融市场中，客户成为银行至关重要的商业资源，对客户关系的建立、维持和培育引起了全球商业银行的高度重视。有效的客户关系管理包括树立客户战略，建立长期稳定、科学管理的客户关系、深度挖掘客户资源的效益，大力开展以关系营销为主的金融营销和以优质文明服务为主的服务支持，实现银行与客户在价值利益上的"双赢"。

（4）确保客户的投诉权利。在客户受到欺骗、侵权时，银行有责任确保其客户拥有合理的投诉或索赔渠道，以便使客户的损失能够及时得到足额的补偿。

### （四）商业伙伴

企业的商业伙伴主要包括竞争对手、供应商和销售商。对于商业银行来讲，一是要本着诚信原则对待每一个供应商（如银行的资金提供者），遵守契约规定和条款内容，寻求建立互利互惠的战略联盟关系，分享经营成果，实现共同繁荣和发展；二是公平对待同业竞争者特别是小型竞争者，不能采取恶性竞争的方式，不能突破商业伦理道德的底线，拒绝以不道德的手段垄断市场、控制价格、排挤中小竞争者。商业银行只有处理好了与商业伙伴之间的关系，合作共赢，才能为整个金融市场创造良好的局面。

### （五）社会公众

盈利虽然是企业的首要任务，但必须以社会的发展为前提。企业也是社会中的一个实体，它依存于社会，并对社会产生影响。因此，企业要关注社会公众的利益，在创造物质财富的同时树立良好的社会形象，才能为企业发展创造良好的外部环境，提供丰富的利润来源。银行对社会公众承担的责任主要有：

（1）保护环境。一方面，商业银行在自身的经营过程中，应当节约资源、保护环境；另一方面，商业银行有责任通过信贷制度控制和减少可能破坏环境的贷款项目，减少贷款客户可能对大气、河流等带来的污染，支持科研机构和企业开发有益于环境的新技术。

（2）提高劳动力素质。人力资源是包括商业银行在内的广大企业的珍贵资源，银行有责任在这一领域承担应有的责任。一方面，加大对现有员工的教育和培训力度，能够不断提升员工的基本素质和职业技能水平；另一方面，加大对教育机构和困难学生的投资或贷款支持，利用自身的资金优势支持国家的人才培养。

（3）支持慈善事业和社会公益活动。商业银行在获得丰厚利润的情况下，力所能及地回报社会，特别是为当地社区发展做出贡献，从而提高自身的社会声誉，创造出良好的社会关系，这也是银行无形资产的积累。

## 第五节　商业银行特有的企业社会责任

除了从结构方面和利益相关者方面分析商业银行一般的企业社会责任，金融行业的特殊性决定了银行还应当承担其特殊的社会责任。这些责任对商业银行、金融行业乃至国民经济的发展都起着举足轻重的作用。对此类特殊社会责任进行分析，有利于商业银行对应当履行的责任范围更加明晰，而不是停留在浅层次的责任定位上。

### 一、商业银行的特殊企业性质

经过几百年的演变发展，商业银行已经成为世界各国经济活动中最主要的资金集散机构，其对经济活动的影响力居于各国各类金融机构之首。它在金融领域中分布最广、数量最多，是现代金融业的主体，在整个国民经济的运行中发挥着不可替代的核心作用。

尽管中外学者对商业银行的表述各不相同，但总结各方观点可以看出其所包含的内涵是基本一致的，商业银行的含义具体有以下三点：第一，商业银行是一个信用接受的金融中介机构，它的主要业务是接受存款然后发放贷款；第二，商业银行是唯一能提供“银行货币”的金融组织，它具有其他金融机构不具有的存款货币的吸收和创造力；第三，商业银行是以获取利润为最终目的的企业。[①] 就商业银行的自身性质而言，其在国民经济中主要发挥着信用中介、支付中介、信用创造、金融服务四大职能。

商业银行属于企业的范畴。它是按照相关法律（《商业银行法》《公司法》）规定设立的一种金融企业，具备开展业务所需的自有资本并达到管理部门所规定的最低资本要求，自主经营、自负盈亏、依法经营、照章纳税。由此看来，商业银行具有一般工商业企业的所有基本特征。但是，商业银行又不同于一般的工商业企业，具有一定的特殊性。具体如下：

（1）经营对象的特殊性。一般企业的经营对象是具有一定使用价值的物质商品和劳务，商业银行则以金融资产和金融负债为主要对象，经营的是货币这种特殊的商品，而货币是商品交换的一般等价物，关系到整个国计民生。

（2）资本结构的特殊性。商业银行经营所需要的资本绝大部分来自存款人的存款，自有资本所占比重极小。即使按照《巴塞尔协议》的要求，包括核心资本和附属资本的商业银行总资本与风险资产的比例也只需达到8%。

（3）行为选择的外部性。商业银行是一国货币供给机制的核心，是金融资源配置的主要主体。与一般工商企业相比，不仅是机构的内部问题，还与政府部门行为、相关产业发展、社会经济状况、国家宏观调控政策和货币政策等密切相关，其行为选择具有经济效应和社会效应双重影响，具有典型的外部性。

商业银行也不同于非银行金融机构，是一种特殊的金融机构，这与银行的职能有关。首先，信用创造被认为是商业银行特有的职能，也是其区别于其他金融机构的重要特征，商业银行通过调整社会资金总量，可以对货币币值、利率水平、社会投资、价格水平、国民

---

① 王淑敏、符宏飞：《商业银行经营管理》。北京：清华大学出版社、北京交通大学出版社2007年版，第2页。

生产总值等重要经济变量产生重要影响,对于社会经济发展具有极其重要的意义。其次,银行以吸收存款作为主要资金来源,而诸如保险公司、财务公司、信托公司、证券公司等的非银行金融机构则不以存款作为主要资金来源,而是以某种方式吸收、运用资金,并从中获利。最后,商业银行具有其他金融机构无可比拟的自身优势,如社会联系面广、信用可靠、掌握了大量的市场信息和经济信息,尤其是在我国,商业银行以其相对悠久的发展历史、国家强有力的支持、庞大稳定的客户群体等各种条件在金融行业占据绝对优势。

正是因为商业银行的特殊性与重要性,使得其对整个社会经济的影响要远远大于其他普通企业。一旦商业银行发生经营困难或者倒闭,将对国民经济产生巨大的破坏,给整个社会带来不可估量的负面影响。一些国家的政局动荡、经济萧条、社会不稳定往往就是由于该国的金融系统特别是银行业的运转发生了故障。因此,作为一种特殊企业,商业银行不仅需要对自身负责,更应该对整个社会负责。

## 二、商业银行应承担的特殊社会责任

### (一)强化风险管理,确保存贷款的安全性与稳定性

确保存贷款的安全性与稳定性,是商业银行作为传统金融机构最本质的责任,这不仅关系到银行本身的资金流动和盈利,还关系到行业的安全、政策的执行、经济的发展。

首先,存款业务是商业银行最传统的业务,商业银行属于高负债高风险企业,自有资本十分有限,存款是其主要资金来源,它的生存与发展在很大程度上是依赖存款的。其次,贷款是商业银行资产的主要形式,也是效益的重要来源,贷款质量一旦出现问题,往往会是致命性的事件。最后,银行存贷款是一国货币创造的基础,是货币政策传导机制的重要载体,尤其是在市场经济中,银行存贷款的这一作用就更加突出。可见,银行的存贷款无论对于个人、银行,还是整个国家经济,都有着十分重要的影响。这就要求商业银行加强自身的风险管理,保障存贷款的安全性与稳定性。

从微观角度来看,商业银行风险管理的目标是通过控制风险,防止和减少损失,最终保障正常经营活动的顺利进行。从宏观角度来看,商业银行风险管理的目标是通过单个银行的稳健经营,确保整个银行体系的正常运转,最终维持金融秩序的稳定。由此可见,强化风险管理体系、保障自身稳健经营,是商业银行不可逃避的社会责任。

### (二)引导社会资金分配,发挥社会责任主体优势

由于职能的特殊性,商业银行投资在社会总投资中占据了绝对优势。作为社会资金的主要供给者,商业银行与资金需求者(贷款人)形成了债权、债务关系,债权人(银行)对债务人(贷款者)的企业社会责任主要表现为:满足社会资金的需求,并在此基础上使得资金使用的效用最大化,通过信贷杠杆,引导各行各业的生产经营行为。尤其是在我国的金融结构中,银行的直接融资仍然占据着牢固的主体地位,因此银行在贯彻国家调控政策、促进经济结构调整方面具有不可替代的重要作用。

第一,银行应在保证资金安全和效率的同时,将资金公平分配给贷款人。为了达到社会效用的最大化,银行应关注各经济主体对银行服务的需求,加大对资金稀缺部门的信贷支持力度。换句话讲,有效率地配置资金是商业银行的重要社会责任。第二,商业银行在选择贷款项目(企业)时,不仅要关注经济指标,还要关注人文指标、资源指标和环

境指标,最大化社会效用,以避免资源浪费。

因此,商业银行在发放贷款、开展业务时,要关注到自身对资金分配引导的特点,认真研究分析国家产业政策,采取有效措施,发挥责任主体优势,对社会资金的分配进行有效的规范和引导。具体包括:

(1) 停止对严重危及生产安全、严重污染环境、质量不符合国家标准、高能耗等项目的投资。

(2) 控制对生产能力严重过剩、采用落后技术、不利于节约资源和保护生态环境等项目的贷款。

(3) 支持有利于环境保护资源节约型项目的投资,支持中小企业的发展,支持科技创新,实现经济、社会全面可持续和协调发展。

(4) 支持社区建设,通过慈善捐赠对资金进行再分配,促进社会公平。

### (三) 加强自身信用体系建设

银行自诞生之日起就无可厚非地与信用相联系,并且在社会信用体系中占有绝对的地位。一方面,银行的正常经营发展是建立在其他信用主体之上的,只有政府、企业、个人等相关社会主体的信用状况良好,银行的各项业务才能顺利开展,整个信用体系才能有效地运作。另一方面,银行的信用对其他信用主体起到了积极促进的作用。良好的银行信用势必有良好的经营状况、完善的治理机构、有效的风险管理和监督机制做支撑,这些都在很大程度上抑制了其他主体出现违背信用准则的行为,因为一旦如此,他们就有可能无法正常获得银行的产品和服务,其他社会活动有可能由此受到制约。其他主体为了能够保证正常社会活动不受银行信用体系的影响,就不得不努力加强自身的信用体系建设,朝着积极有利的方向发展。

在我国经济市场化的过程中,信用问题似乎成了一个不可逾越的障碍。从微观层面看,个人信用、企业信用的缺乏,致使经济活动的交易成本居高不下;从宏观层面看,社会普遍存在失信现象,渗透于整个经济的各个行业部门。而商业银行因信用问题、职务犯罪等造成的损失是难以估计的,给中国银行业带来的负面影响更是难以用金钱来衡量的。如果一家银行不守信用,必将直接成为居民和企业"失信"的加速器,也将成为社会整体信用滑坡的重要因素。反过来,个人和企业对银行业的信任度降低,必然引起银行业各项业务合法性的危机,从而动摇银行业信用管理的基础。这种对银行业的信任感一旦被破坏,其后果不仅仅是银行信用底线的崩溃,更是对一国金融行业信用、社会信用的动摇。在全球化背景下,一旦社会整体信用水平出现问题,遭到质疑,就不仅是某个企业或某个行业的灾难,更是整个经济体的灾难,其影响的也不仅是金融或者经济领域,而有可能渗透到一国的社会领域、政治领域。因此,商业银行必须意识到自己在社会整体信用中的作用,加强自身信用体系建设,担负起这份责任。

## 【关键术语】

企业社会责任　传统企业理论　现代企业理论　企业社会责任结构理论　经济责任　法律责任　伦理责任　慈善责任　利益相关者理论　银行行为选择的外部性

## 【进一步思考和讨论】

1. 企业社会责任的来源是什么?

2. 传统企业理论和现代企业理论是如何理解企业社会责任的?

3. 企业社会责任在历史上的争议给了我们什么启发?

4. 从利益相关者理论出发,企业应该对利益相关者负有哪些责任?

5. 企业社会责任结构理论中,经济责任、法律责任、伦理责任和慈善责任之间的相互关系如何?

6. 商业银行有何特殊性?这些特殊性决定了商业银行需要承担何种社会责任?

## 本章参考文献


布莱尔. 所有权与控制:面向 21 世纪的公司治理探索[M]. 张荣刚,译. 北京:中国社会科学出版社,1999.

陈宏辉. 企业利益相关者的利益要求:理论与实证研究[M]. 北京:经济管理出版社,2004.

弗里德曼. 资本主义与自由[M]. 张瑞玉,译. 北京:商务印书馆,1986.

卡罗尔,巴克霍尔茨. 企业与社会:伦理与利益相关者管理:原书第 5 版[M]. 黄煜平,译. 北京:机械工业出版社,2004.

李炳毅,李东红. 企业社会责任论[J]. 经济问题,1998(8):34—36.

刘俊海. 公司的社会责任. 北京:法律出版社,1999.

刘俊海. 强化公司的社会责任[M]// 王保树. 商事法论集:第 2 卷. 北京:法律出版社,1997.

卢代富. 企业社会责任的经济学与法学分析. 北京:法律出版社,2002.

深圳证券交易所. 深圳证券交易所上市公司社会责任指引:第二条[S/OL]. http://www. szse. cn/main/zxgx/200609259300. shtml.

斯蒂纳,斯蒂纳. 企业、政府与社会[M]. 张志强,王春香,译. 北京:华夏出版社,2002.

斯密. 国民财富的性质和原因的研究[M]. 郭大力,王亚南,译. 北京:商务印书馆,1997.

王淑敏,符宏飞. 商业银行经营管理[M]. 北京:清华大学出版社,北京交通大学出版社,2007.

杨瑞龙,周业安. 一个关于企业所有权安排的规范分析框架及其理论含义——兼张维迎、周其仁及崔之元的一些观点[J]. 经济研究,1997(1).

《中国企业管理年鉴》编委会. 关于企业社会责任研讨[M]//中国企业管理年鉴(1990). 北京:企业管理出版社,1990.

A A BERLE. Corporate Powers as Powers in Trust [J]. Harvard Law Review 1049,1931.

A A BERLE. The 20th Century Capitailist Revolution[M]//Dr. Saleem Sheikh. Corporte Social Responsibility: Law and Pratice. Cavendish Publishing Limited, 1996, 156.

A D Jr CHANDLER. The Visible Hand[M]. Belknap Press of Harvard University Press,1997.

D J WOOD. Corporate Social Performance Revisited[J]. Academy of Management Review, 1995,20(4): 986-1014.

E DODD. Merrrick. For Whom Are Corporate Managers Trustees? [J]. Harvard Law Review 1145,1932.

E EPSTEIN, D VOTAW. Rationality, Legitimacy, Responsibility: Search for New Directions in Business and Society[M]. Goodyear Publishing Company, Inc. , 1978.

E M EPSTEIN. The Corporate Social Policy Process: Beyond Business Ethics, Corporate Social Responsibility and Corporate Social Responsiveness [J]. California Management Review, 1987, 3: 104.

F A HAYEK. The Corporation in a Democratic Society: In Whose Interest Ought in and Will it be Run? [M]// H. Ansoff. Business Strategy, 1969.

F MILTON. The Responsibility of Business is to Increase Its Profits [M]// Tom L. Beauchamp, Norman E. Bowie(ed.). Ethical Theory and Business: 3rd ed. Prentice-Hall, 1988, 87-91.

H G MANNE. The "Higher Criticism" of the Modern Corporation [J]. Law Review, 1962,62(3).

H G MANNE., Wallich, Henry C. The Modern Corporation and Social Responsibility[R]. American Enterprise Institute for Public Policy Research, 1972.

H R BOWEN. Business Management: A Profession? [J]. The American Academy of Political and Social Science, The Annals, 1995, 1.

H R BOWEN. Social Responsibilities of the Businessman [M]. Harper,1953.

J M KEYNES. The End of Laissez Faire: 3rd impression edition [M]. L. & Virginia Woolf,1927.

J W McGUIRE. Business and Society [M]. McGraw-Hill, 1963.

K DAVIS. Can Business Afford To Ignore Social Responsibilities? [J]. California Management Review, 1960, 2.

K DAVIS, R L BLOODSTREAM. Business and Society: Environment and Responsibility: 3rd ed [M]. McGraw-Hill, 1975: p.39.

L C STEG, V S LINDENBERG, T GROOT, H MOLL., Uiterkamp T. S., Wit-teloostuijn A. Towards a Comprehensive Model Sustainable Corporate Performance [R]. Second interim report of the Dutch SCP Project, University of Groningen,2003.

M CLARKSON. A Stakeholder Framework for Analyzing and Evaluating Corporate Social Performance [J]. Academy of Management Review, 1995, 20(1).

R E FREEMAN. Strategic Management: A Stakeholder Approach [M]. Boston, MA:Pitman, 1984.

S L WARTICK, P L COCHRAN. The Evolution of the Corporate Social Performance Model [J]. Academy of Management Review, 1985,10(4):758-799.

S SHEIKH. Corporate Social Responsibilities: Law and Practice [M]. Cavendish Publishing Limited, 1996.

T LEVITT. The Danger of Social Responsibility [J]. Harvard Business Review, 1958, 36.

W C FREDERICK. The Growing Concern Over Business Responsibility [J]. California Management Review, 1960, 2.

# 第十四章　国内外商业银行企业社会责任实践

【本章目的】

学习本章，主要应了解国内外商业银行在企业社会责任方面的实践，借鉴优秀银行的经验，分析我国商业银行社会责任体系存在的问题，探索完善中国特色的商业银行社会责任体系。

【内容提要】

本章主要介绍国内外优秀的商业银行在企业社会责任方面的成功实践，由案例出发，探讨国内外商业银行在履行社会责任方面的法律框架、伦理规制框架和商业银行社会责任创新，以期对我国商业银行社会责任体系的构建有所镜鉴。本章重点介绍了赤道原则的主要内容及实践，揭示了商业银行在环境保护、社会可持续发展、性别平等、社区发展、保障劳工权利、反腐败、保障人权、民族文化保护方面的社会责任及其制度保障。同时，本章从我国商业银行社会责任体系构建的反思出发，揭示我国商业银行体系在社会责任构建方面的不足及其背后的经济制度根源，并据此提出我国商业银行社会责任体系构建的系统性的政策框架，从微观机制和宏观体制两方面提出政策建议。

## 第一节　国外商业银行企业社会责任的发展

### 一、企业社会责任运动的总体情况

20 世纪 70 年代开始，以生产要素全球化、市场全球化以及贸易规则全球化为主要特征的经济全球化进程加快，在更大范围和更高层次上优化了全球的资源配置。在这种发展背景下，企业在追求经营绩效的同时，已经不能将环境污染、产品品质、劳动安全等问题置之度外，企业对社会产生的影响和社会责任问题越来越受到广大企业及其利益相关者乃至全社会的关注。在这样的背景下，企业社会责任运动也越来越具体，由最初仅仅是价值观层面的体现，逐步发展成为普遍适用的守则、标准等，这些守则、标准既有按照政府标准或跨政府标准来界定的，又有非政府组织制定的。如 1997 年，社会责任国际组织联合部分跨国公司和其他一些国际组织发起并制定了 SA8000 标准，其内容涉及童工、强迫劳动、健康与安全、歧视、工资报酬等。随后，“道琼斯可持续发展指数”和“多米尼道德指数”等一系列与社会责任相关的企业标准相继推出，企业社会责任逐渐成为社会评价一个企业的公认指标。与此同时，随着人们价值观念、消费观念的改变，以及对可持续发展观的认同，西方社会掀起了一系列深入、广泛、持久的社会责任运动，包括消费者运动、劳工运动、环保运动、社会责任投资运动和可持续发展运动等。

此外,随着企业社会责任运动的发展,近年来企业社会责任也已名列全球公共政策议程之中。1999 年 1 月,时任联合国秘书长安南在瑞士达沃斯世界经济论坛上提出了《全球契约》,并于 2000 年 7 月在联合国总部正式启动。目前国际通用的与企业社会责任相关的公约还包括《国际劳工公约》[①]《地球宪章》[②]《世界经济合作与发展组织公司治理原则》《沙利文全球原则》、制止贿赂行为的商业原则等。

然而,在声势浩大的企业社会责任运动中,商业银行企业社会责任的讨论和实践也是于 21 世纪才逐渐兴起。2002 年的伦敦原则规定了金融机构在经济繁荣、环境保护和社会发展三方面的七原则。随后,《南非金融部门宪章》问世,它规定了金融机构在经济繁荣、环境保护和社会发展三方面的十原则。但这些并没有在国际上造成应有的影响。2002 年 10 月,荷兰银行和国际金融公司在伦敦主持召开了一个由九个国际商业银行参加的会议,专门讨论在项目融资中屡屡碰到的环境与社会问题。此间花旗银行提出动议,认为国际金融界应尽量制定一个统一的规则来解决这些问题,从而促成了赤道原则框架的构建。赤道原则第一次确立了国际项目融资的环境与社会的最低行业标准,成为国际上第一个专门针对金融机构的企业社会责任基准,在国际金融发展史上具有里程碑意义,也推动了国际社会中商业银行企业社会责任实践活动的迅速发展。

## 二、国外商业银行企业社会责任现状

历史上一些国外商业银行就是依靠积极承担伦理道德的社会责任,才推动了自身企业的长期繁荣和发展。美国 J. P. 摩根银行的创始人就说,“摩根之所以能够常胜不衰,是因为它一直奉行一种对外讲诚信、对社会负责任的经营理念,即不会在主导市场的情况下操纵金融市场,赚取不义之财,危害社会和经济稳定”。

在当前的经济环境下,商业银行企业社会责任所涵盖的范围非常广泛,社会责任问题也已经受到欧美等国商业银行广泛的关注和重视,它们大都在积极采取切实有效的措施来加强这一方面的工作力度,如:越来越多的国外商业银行将社会责任列入企业战略目标管理,积极加入国际社会责任机构约束自身的经营活动,按照国际社会责任标准经营业务,定期对外公布企业社会责任报告,等等。通常国际上知名度越高的银行,其对社会的贡献也就越大,可举例说明近年来一些著名商业银行在社会责任方面的主要表现:① 巴克莱银行推动可持续融资与社区投资;② 渣打银行支持艾滋病防范和康复事业;③ 汇丰银行减少二氧化氮和污染空气排放,支持环境保护事业;④ 美洲银行推动员工福利政策,关注单亲家庭职工和少数民族地区职工的生活需要;⑤ 荷兰银行积极建立利益相关者保护原则,将可持续发展标准贯穿于经营活动之中;⑥ 德意志银行投资建立“德意志银行微观信贷发展基金”,支持投资者向非营利事业部门发展,并建立“德意志银行

---

① 《国际劳工公约》是跨国企业关于社会政策的三方协议原则,指导政府制定关于工人组织和雇主组织以及跨国企业自身的原则,涵盖就业、培训、工作条件和生活条件以及劳资关系等领域。

② 即《里约环境与发展宣言》,就环境与发展领域的国际合作规定了一般性原则,确定了各个国家在寻求人类发展与繁荣时的权利和义务,制定了人和国家的行动规范。其主要适用对象是国家而不是企业,但是宣言提出的许多关于环境与发展的定义和概念对公司的可持续性发展具有前瞻性的指导作用。

亚洲基金”,援助泰国、越南等国多名感染艾滋病的儿童。

关于企业社会责任的评估,国际社会也已经确立了一些完善的评估体系,其中既有赤道原则这样专门针对金融机构的标准,又有适用于多种行业企业而被商业银行运用的标准。如目前国际上流行的评估标准——Accountability Rating 和 CSR Network 对企业社会责任的评估标准,众多金融机构都参与其评估。根据 Accountability Rating 2008 企业社会责任评估标准细则①,评价一家企业的企业社会责任标准主要包括以下四个方面。① 发展战略。企业在制定核心发展战略时是否关注重要的社会、环境以及更广泛的经济因素? ② 公司治理。在企业经营与决策形成过程中,企业管理者是否关注与利益相关者有关的非财务目标? 是否很好地将这些非财务目标转化为企业的管理体系、标准程序、激励政策? ③ 利益相关者参与。企业是否与那些能对企业行为施加影响以及受企业行为影响的人进行对话交流? 企业能否像对待财务业绩一样,完全公开报告其社会与环境业绩? 企业是否为其社会与环境管理和报告提供了恰当的独立保证? ④ 业绩管理。企业的业绩是否显示出其战略部署、管理体系、标准程序能够有效地影响社会、环境? 根据 Accountability Rating 2007 的评估结果,全球有多家金融机构上榜,其中巴克莱银行位列榜单第二,汇丰控股位列第四。

考虑到赤道原则对于金融机构的特殊意义,下面将就此进行进一步阐述。

## 三、赤道原则

### (一) 赤道原则的主要内容

赤道原则是由世界主要金融机构根据国际金融公司与世界银行的政策和指南建立,旨在判断、评估和管理项目融资中的环境与社会风险的一个金融行业基准。实行赤道原则的金融机构简称为 EPFI(Equator Principles Financial Institution)。

2006 年,赤道原则的文本经过修改投入使用。正文包括四部分,分别是序言、适用范围、原则陈述和权利放弃声明。② 在正文之后的展示部分③有四个文件,即项目的分类、潜在的社会与环境影响和风险的列表、国际金融公司关于社会与环境可持续性的实施标准,以及世界银行和国际金融公司的专门指南。

---

① http://www. accountabilityrating. com/default. asp。

② 序言部分主要对与赤道原则有关的问题做了简要说明,包括赤道原则出台的动因、接受赤道原则的意义、赤道原则的目的,以及 EPFI 的一般承诺。

适用范围部分主要规定了赤道原则适用于总投资 1 000 万美元及以上的新项目和现有项目的扩建或更新。项目财务顾问行为也受赤道原则的约束。

原则陈述部分是文本的核心内容,包括十条原则,EPFIs 承诺只把贷款提供给符合这十原则的项目。十原则具体如下:第一条规定了项目风险的分类依据;第二条规定了 A 类项目和 B 类项目的社会与环境评估(SEA)要求;第三条规定了社会与环境评估报告应包括的主要内容;第四条规定了行动计划(AP)要求;第五条规定了公开征询意见制度;第六条规定了信息披露和社区参与制度;第七条规定了借款人的约定事项;第八条规定了独立的环境或社会专家聘任要求;第九条规定了违约救济制度;第十条规定了 EPFI 定期的公开报告制度。

权利放弃声明部分规定了赤道原则的地位和效力。声明这些原则只是发展金融机构各自的内部实践和政策的框架,它们没有给任何人创设任何权利和义务。EPFI 自愿地独立地接受和执行这些原则,不能依赖国际金融公司和世界银行或向它们追索。

③ 其中,展示 1 要求 EPFI 基于国际金融公司的环境与社会筛选标准,根据项目预期的社会与环境影响人从大到小分为 A、B、C 三类;展示 2 列举了社会与环境评估报告中必须解决的 17 种潜在的影响和风险;展示 3 列出了国际金融公司的 8 个实施标准;展示 4 介绍了世界银行的污染预防和减少污染的手册(PPAH)及国际金融公司的环境健康与安全指南(EHS)。

赤道原则的制定已经上升到了行业基准的高度，而不只是行业方法。适用范围包括1 000 万美元及以上的项目，投资、贷款行为及财务顾问行为都受其约束，如此广阔的涵盖范围使得赤道原则成为国际上最知名的金融机构企业社会责任标准。实行赤道原则后，EPFI 要根据环境或社会风险的高低把项目进行分类，保证只为那些符合条件的项目发放贷款，即项目发起人能使金融机构确信他们有能力和有意愿遵守金融机构的社会与环境政策和程序。

### （二）赤道原则的国际实践

赤道原则于 2003 年 6 月由 7 个国家的 10 家国际领先银行率先宣布实行，包括花旗银行、巴克莱银行、荷兰银行和西德意志州立银行。随后，汇丰银行、J. P. 摩根、渣打银行和美国银行等世界知名银行也纷纷接受这些原则。截至 2008 年 11 月 12 日，实行赤道原则的 EPFI 已有 63 家[①]，它们中既有发达国家的金融机构，也有发展中国家的金融机构，其业务遍及全球 100 多个国家，项目融资总额占全球项目融资市场总份额的 85% 以上。2008 年 10 月 31 日，我国的兴业银行宣布加入赤道原则，成为中国首家“赤道银行”。

截至 2010 年，根据金融机构所处不同地区统计，63 家 EPFI 如表 14-1 所示。

**表 14-1　按地区分布 EPFI 一览表**

| 地区 | 机构 |
|---|---|
| 亚洲<br>（5） | 日本：Mizuho Corporate Bank, Bank of Tokyo—Mitsubishi UFJ, SMBC<br>阿曼：Bank Muscat<br>中国：兴业银行（Industrial Bank Co., Ltd） |
| 欧洲<br>（32） | 比利时：Dexia Group, KBC Bank N. V., Fortis<br>法国：Calyon, Societe Generale, BNP Paribas<br>丹麦：EKF<br>德国：Dresdner Bank, Hypo Vereinsbank, WestLB AG, KfW IPEX-Bank<br>意大利：MCC, Intesa Sanpaolo<br>荷兰：ABN AMRO Bank N. V., FMO, ING Group, Rabobank Group<br>葡萄牙：BES Group, Millennium bcp<br>挪威：DnB NOR<br>西班牙：BBVA, Caja Navarra, la Caixa<br>瑞士：Credit Suisse Group<br>英国：Barclays plc, HSBC Group, Standard Chartered Bank, The Royal Bank of Scotland, HBOS, Lloyds TSB<br>北欧地区：SEB, Nordea |
| 北美洲<br>（14） | 加拿大：BMO Financial Group, CIBC, Manulife, Royal Bank of Canada, Scotiabank, Export Development Canada, TD Bank Financial Group<br>美国：Bank of America, Citigroup Inc., J. P. Morgan Chase, Wells Fargo, CIFI, E + Co, Wachovia |

① http://www.equator-principles.com/。

（续表）

| 地区 | 机构 |
|---|---|
| 南美洲<br>(7) | 巴西:Banco Bradesco, Banco do Brasil, Banco Itau, Banco de la República Oriental del Uruguay, Banco Galicia, Unibanco.<br>智利:CORPBANCA |
| 大洋洲<br>(3) | 澳大利亚:Westpac Banking Corporation, National Australia Bank, ANZ |
| 非洲<br>(2) | 南非:Nedbank Group<br>多哥: Financial Bank |

资料来源:http://www.equator-principles.com/。

2003 年 6 月之后,赤道原则就直接运用于世界上绝大多数大中型和特大型项目,有些项目在是否符合赤道原则方面颇有争议,引起了全世界的关注。最典型的案例有巴库—第比利斯—杰伊汉(Baku-Tibilisi-Ceyhan,BTC)输管道项目、萨哈林 2 号石油天然气开发项目(the Sakhalin II oil and gas project)和雨林行动网络(RAN)抗议花旗银行向破坏热带雨林的活动提供资金等。

【专栏 14-1】

## 赤道原则典型案例

**案例 1** BTC 项目。这是赤道原则下第一个 A 类项目,是赤道原则的第一次重大试验。该项目由苏格兰皇家银行集团等九家 EPFIs 负责融资。世界野生动物基金(WWE)、地球之友(FOE)等非政府组织指出该项目有 127 处违反了赤道原则,因而反对 EPFIs 向该项目提供资金。同时,EPFIs 也受到了来自媒体的压力;不仅如此,非政府组织还诉诸法庭请求保护人权和环境。① 迫于压力,贷款银团后来聘请了独立的环境顾问进行评估,结果表明该项目遵守了赤道原则。为了更加放心,贷款银团还聘请了另一个环境顾问代表它们对该项目进行监督。

**案例 2** 萨哈林 2 号石油天然气项目。这是赤道原则下投资规模最大和争议最多的项目之一。它被非政府组织和原住民指责威胁濒临绝种的西部灰鲸、破坏珍稀鱼类和鸟类的栖息地、对地区渔业发展造成污染。迫于压力,项目发起人委托世界自然保护联盟(IUCN)召集一个独立科学评估小组评估该项目对西部灰鲸的影响。俄罗斯的环保组织也向俄罗斯的法院提起诉讼。2005 年,萨哈林岛的原住民举行了两次抗议活动,并得到了国际声援。他们认为,作为 EPFIs 的瑞士信贷第一波士顿银行(Credit Suisse First Boston)不应在这个项目中扮演财务顾问的角色,因为这个项目多处违反了赤道原则。该项目有关的 EPFIs 还有荷兰银行等。

**案例 3** 雨林行动网络(RAN)抗议花旗银行向破坏热带雨林的活动提供资金。作为

① 该诉讼由格鲁吉亚环保团体绿色替代组织(Green Alternative)提起,控告当局非法颁发环境许可证。

反花旗银行运动的一部分,RAN 制作了一个广告并在纽约的有线电视台播出,广告中电影明星敦促花旗银行信用卡持有者弄烂他们手中的信用卡以抗议花旗银行参与破坏热带雨林。第二天花旗银行的董事会主席从它的客户那里收到了 10 万张被损坏的信用卡。一些非政府组织认为 RAN 的此次广播、示威、请愿和反面宣传所累积起来的影响是迫使花旗银行官员走近 RAN 的原因。双方会晤之后,非政府组织宣称花旗银行承诺加强"高危区"项目的审慎性审核调查,对原住民区实施新的贷款政策,披露它所提供资金的所有电力部门的项目温室气体排放情况。

---

通过赤道原则的融资实践,可以归纳出赤道原则在实践中的一些特点:

(1) 赤道原则已发展为行业惯例,它虽不具备法律条文的效力,但具有一种约定俗成的无形的威慑力,使得金融机构意识到这是一个不得不遵守的行业准则,它在国际项目融资市场中不可忽视。因此,EPFI 对有争议的项目融资时会三思而后行。

(2) EPFI 成了保护社会和环境的民间代理人。EPFI 通过履行审慎性审核调查义务,直接监督环境与社会标准在项目中的应用,从而实现保护社会和环境的目的。在赤道原则中,环境和社会保护的义务主体是 EPFI,其依据的是一个特殊的金融文件,而不是国际条约和协定。赤道原则的应用只受项目融资这个条件的限制,而不受国界的限制。

(3) 赤道原则没有强制执行的效力,但 EPFI 面临着来自利益相关者的压力。诸如劳工、环保和人权的非政府组织是监督赤道原则实施的主要力量,还有一些非政府组织专门监督金融机构的业务活动。非政府组织凭着强大的社会影响力和公信力进行舆论监督,或者直接起诉金融机构。

赤道原则在实践中也暴露了一些问题:一是以投资额为标准决定赤道原则的适用范围不太科学,因为位于敏感区或发展中国家的 1 000 万美元以下的小项目仍可能产生重大的负面影响,另外,项目发起人也可能会把大项目肢解成几个 1 000 万美元以下的小项目来规避投资额这条界定标准。二是如严格执行赤道原则,A 类项目就可能很难得到资金。三是基于赤道原则的自愿性,缺乏一个强制执行的机关,有时赤道原则得不到切实执行,某些 EPFIs 没有真正按照原则开展业务。四是赤道原则有时被恶意规避,如,项目发起人进行自我融资后利用有限追索权债务再投资、可能通过项目债券、直接公司贷款等工具寻求资金的替代来源,甚至银行可能会主动帮助公司安排融资替代方式。五是由于 EPFIs 前期介入比较困难,一般是项目定下来之后,发起人才向金融机构融资,因此 EPFIs 对项目的影响是有限的。

### (三) 赤道原则的意义

赤道原则在国际金融发展史上具有里程碑的意义,它是国际上第一个专门针对金融机构的企业社会责任基准,第一次确立了国际项目融资的环境与社会的最低行业标准,对金融业具有深刻的影响。

(1) 促进金融企业及经济的可持续发展。赤道原则的设立有利于形成良性循环,促进金融企业的可持续发展。成熟的发起人为使项目顺利得到批准,降低风险,会尽量选择 EPFI,并且会自觉性地带来评估更为科学全面的项目。同样,作为银团贷款成功的一个先决条件,非 EPFI 与 EPFI 合作也会被迫适用赤道原则。这样,就在发起人和 EPFI 之间、EPFI 和非 EPFI 之间形成良性循环。

(2) 有利于金融行业评估标准的完善。赤道原则设立以后,EPFI 就不会在环境和社会问题上展开恶性竞争,而是全身心地投入经营管理,这样,金融舞台中的游戏就更为公平。

在实践中,赤道原则的设立还有利于确定社会责任型投资的评估标准和社会责任投资股价指数的具体标准。社会责任型投资在对环境和社会问题进行价值判断时缺乏一个具体的标准,而赤道原则具有很强的操作性,可以弥补这一不足。目前全球的社会责任投资股价指数主要有道琼斯可持续全球指数(DJSGI)①、FFSE4Good 指数、KLD 指数、美国民众指数、克维特社会指数(Calvert)和艾斯贝尔可持续发展指数等。只有那些在环境和社会责任方面起表率作用的企业才能纳入这一指数。汇丰银行、荷兰银行等由于接受了赤道原则,成了多个社会型投资指数的成份股。

(3) 有利于加强金融机构风险管理和金融风险评级。除了《巴塞尔协议》中提到的信用风险和操作风险等传统风险,金融机构还面临环保,法律和政策,声誉和政治等各种新型风险。赤道原则以及未来其他金融机构企业社会责任评估标准的制定,能够改进银行的内部风险评估和管理程序,引进先进的评级体系,使投资和贷款更加安全。

(4) 有利于维护金融机构的市场信誉。在社会责任标准之下,金融机构在日常经营、项目融资时要考虑自身的公众形象。例如,EPFI 会承担更多的审慎性审核调查义务,这就意味着项目将会招致利益相关者更少的批评,降低了风险。因此,越来越多的项目发起人会青睐 EPFIs,银行也可以通过接受和遵守赤道原则来提高自身在同业中的竞争地位,以及诸如在社会责任型投资指数中的排名。

## 第二节　国外商业银行企业社会责任的实践模式

本节主要介绍花旗集团履行企业社会责任的实践模式。

### 一、企业运动的总体情况

在世界银行史和金融史上,花旗银行(以下简称"花旗")的发展无疑是最成功的,它在近二百年的发展历史中形成了非常明确的经营理念和企业特征,逐步将自己打造成为全球最成功的银行和金融服务集团。花旗集团对外宣称:"我们的目标其实很简单——成为世界上获利能力最强、最受尊敬的金融服务公司,并以绝对优势保持这一地位。"

在集团共同目标的指引下,花旗的每个成员承担着如下责任:① 对客户的责任——以"客户第一"为宗旨,本着最大诚信原则,为客户提供优质的产品与服务;② 对员工的责任——为促使员工发挥最大潜力尽可能地创造机会,员工互相尊重、互相支持;③ 对公

① 道琼斯可持续发展指数(Dow Jones Sustainability Group Index, DJSGI),旨在将包括环境因素在内的可持续发展思想纳入企业治理结构、股东价值、业绩基准以及社会责任等方面。DJSGI 是根据企业的可持续性指标对 64 个产业行业的企业进行鉴定和评级筛选,每年选取其中 10% 的领先企业作为指数成分而形成的。评价所需的信息来源是多方面的,包括企业问卷调查、企业档案资料、公开信息、利益相关者关系、媒体筛选以及企业访谈等。评价所遵循的方法和步骤是外部事先确立的,并根据新的研究进展逐年进行调整,以更好地反映企业可持续性绩效。

司的责任——面对小团体短期的利益时，要优先考虑集团的长期利益，要为股东谋求福利，尊重地区文化，积极参与社区活动，尊重同行业其他企业。

在履行企业社会责任的过程中，花旗在很多方面都有所作为，主要包括：提供小额信贷，开展金融教育，支持环境保护，实施多元化战略，鼓励员工参加志愿者活动，运作花旗基金会，等等。其中，小额信贷、金融教育、环境保护是花旗重点关注的三个领域。下面将从具有代表性的几个方面对花旗如何履行企业社会责任进行论述。

## 二、具体表现及分析

### （一）提供小额信贷

花旗集团和花旗基金会长期以来一直对小额信贷行业给予大力支持，通过金融服务为贫困农户或微型企业提供获得自我就业和自我发展的机会。花旗通过向小额信贷机构（microfinance institutions，MFI）及其客户提供产品和服务来拓展金融服务范围，涉及融资、资本市场、交易服务、对冲外汇风险、贷款、储蓄、汇款、保险等。花旗小额信贷部已与亚洲、拉丁美洲、非洲、中欧和中东的30多个国家和地区的超过70家小额信贷机构，以及全球各地的小额信贷网络、专业基金管理人和投资者建立了业务关系，对小额信贷予以支持。

在这一领域，花旗小额信贷部主要有如下成功举措：

（1）巴基斯坦第一小额信贷银行。在花旗的协助下，巴基斯坦第一小额信贷银行制定了2 200万美元期限融资方案，这为卡士夫基金会的成长计划提供了有力的支持，具有里程碑式的意义。

（2）促进成长，共担风险。最有代表性的是花旗在印度设立的4 400万美元的风险分担融资结构项目。

（3）为家庭提供保障。在墨西哥，花旗保险公司于2005年专门设计开发了一款针对小额信贷客户的寿险产品，截至2007年12月，为Compartamos Bank的80万小额贷款客户提供了100多万张保单，占整个墨西哥个人寿险保单总数的15%之多。

### （二）开展金融教育

花旗的金融教育项目所覆盖的方面很广，通过各种途径开展包括基本预算与储蓄、小型商业管理、银行与财富管理方面的教育活动。

（1）花旗员工的知识共享。在美国本土，花旗通过各种活动使员工分享其专业知识与技能，最有代表性的是其金融教育课程项目。通过国际希望工程（Operation Hope International），花旗培训了367名花旗志愿者，并安排他们在市区学校教授金融知识，惠及12 871名学生。通过美国银行家协会教育基金（American Bankers Association education foundation），花旗员工教育孩子如何养成良好的消费与储蓄的习惯，指导年轻人使用贷款并强调良好信用的重要性。

（2）巴纳梅克斯金融教育项目（Banamex financial education programs）。该项目由花旗集团下属的巴纳梅克斯银行发起，始于2005年，通过专题讲座、竞赛、展览陈列、录像及宣传手册等方式，向各个年龄段的人普及金融教育。主要包括：推进信贷、汇款、储蓄和保险方面的知识教育；培养首次购房者和中低收入投资者的财务能力；发展中小企业主及经营管理人员的财务竞争力;等等。

(三) 支持环境保护

花旗保护环境的途径主要有两条:一是尽量减少花旗建设和经营过程中自身对环境的影响;二是努力开发创新产品和服务,通过提供建议、实施环境与社会风险管理(Environmental and Social Risk Management,ESRM)政策,鼓励客户关注环境保护。

(1) 花旗成立了环境事务小组作为内部顾问机构,主要就环境方面的问题进行研究并提供建议,并同其他相关部门合作。

(2) 花旗实施 ESRM 政策,包括赤道原则和碳原则(Carbon Principles)。

(3) 为替代能源和新能源的开发提供资金支持。在花旗的理念中,银行贷款过程中最重要的一个原则就是要看借款人是否符合环保的要求,这既能够减少环境带来的风险,也能够为企业的发展带来更好的环境,提供更加具有竞争力的、更加环保的产品和服务。

(四) 花旗基金会

花旗基金会的资金对 87 个国家和地区的项目或事业进行了支持,其中,44% 的资金投向美国本土以外的国家和地区。花旗基金会主要关注并资助以下一些领域:

(1) 提供小额贷款,帮助个人和处于成长中的中小型企业获得发展机会。截至 2008 年 3 月,花旗基金会已捐助将近 6 000 万美元支持全球 55 个国家和地区的 250 家小额信贷机构、小额信贷网络和小型企业计划。

在中国,花旗基金会捐赠 1 300 万人民币,通过格莱珉基金会[①]向十多家机构提供小额信贷,使两万多人受益。小额信贷合理发展除了投资,也离不开合理的管理,为推动小额信贷机构能力建设、提高效率改善服务,花旗基金会于 2004 年捐赠 1 500 万元,支持成立小额信贷培训中心,支持几家机构共同发起中国小额信贷发展网络。

(2) 教育事业。最为典型的是花旗和布拉罕教育基金会联手支持印度初等教育的项目。设立于孟买的布拉罕组织是印度最大的关注初等教育基金会 NGO 组织,在花旗的资助下,68 582 名儿童已经接受教育,成立的图书馆能够惠及 15 万多的儿童。

(3) 金融教育,以帮助个人有效地管理财富。

(4) 环境保护,支持那些能够增加就业、创造经济效益,并且不对环境构成危害的可持续发展型企业。

(五) 其他实践活动

在人权方面,花旗积极倡导基本人权原则,将其应用于对雇员、供应商、客户和经营地区的政策制定与管理中。花旗在不同的国家或地区,在坚持自己人权原则的基础上,努力适应当地的法律和习俗。2007 年,花旗正式通过了一项关于人权的正式声明,在金融交易中与其他机构进行保护人权等的合作。

花旗集团同政府、国际组织和其他金融服务机构一道,尽力堵截洗钱者和恐怖组织所利用的金融通道,并制定了反洗钱政策(anti-money laundering policy, AML)。在全球,

---

① 格莱珉基金会(Grameen Foundation),于 1997 年在华盛顿建立,致力于使世界上的贫困人群通过获得资金和信息来摆脱贫困,通过提供策略融资、为世界上的微观金融机构提供技术和科技支持。

花旗有一支超过300人的反洗钱团队。

实践证明,在明确的企业责任目标指引下,近年来花旗集团一直是金融行业企业履行社会责任的先行者和成功者。对银行社会责任的全面分析和准确定位,决定了花旗诸多社会责任实践的成功。这不仅为他人、为社会谋求了福利,带来了收益,同时为花旗营造了良好的生存环境,提高了社会声誉,这更加有利于企业开展各种业务,创造更多的财富。

## 第三节　中国商业银行企业社会责任实践现状

### 一、我国商业银行履行社会责任的发展历程

我国商业银行在市场化和国际化进程中,不可避免地要与国际企业社会责任的要求接轨,特别是几家大银行,无论从总资产还是从核心资本看,都已位居世界前列,因而其承担社会责任的要求也成为必然。但是近年来关于银行服务效率、服务收费、违规放贷、差异服务、网络安全、法律诉讼等方面的问题层出不穷,社会公众的质疑和批评对银行造成了一定的压力,履行企业社会责任成为银行业内的一个热门话题。在我国银行转向商业运作、股份制改造、上市经营的背景下,银行的利益动机越来越强烈,如何在历史变革中适应潮流、在利益与责任之间权衡就成为银行履行社会责任的巨大挑战。

我国银行在经济、金融发展和改革过程中,除了发挥商业银行的基本功能,事实上还一直承担着贯彻执行国家政策和政府意图、为整体经济提供支持、维护社会稳定的社会责任。在经济体制改革伊始,由于国民收入分配格局的巨大变化,政府财力急剧弱化,原先以财政投入支持体制内经济增长的机制难以为继。于是,通过外生性国有金融中介聚集私人金融资源并利用其支持经济发展就成为当时政府的理性选择。长期以来,我国银行为国家培育和壮大了一大批国有骨干大型企业,支持了国家大量的基础设施建设和大型战略性项目建设,承担了部分社会转轨的成本,在配合经济体制改革和产业政策调整方面承载了巨大的社会责任,是我国经济建设资金的主要筹集者和供应者,是国家经济宏观调控政策忠实的执行者和有力工具,在促进国民经济发展和经济体制改革中发挥了不可替代的作用。[①]

但是,在计划经济和国有企业的背景下,当时社会普遍认为这是银行业的一种内生职责,而不是银行在单纯的经营活动之外承担的社会责任。随着经济体制转轨和国有企业改革的不断推进,银行在“去社会化”的改革进程中“商业化”功能不断加强,直至普遍确立了商业银行利润最大化的经营目标和最大化股东利益的价值取向。[②] 银行普遍将注意力集中在获取利润、增加财富上,而忽略了其作为金融中介所应承担的社会职能。

进入21世纪,受国际上银行业企业社会责任运动兴起的影响,在银行损害其他相关者利益甚至对经济、社会和环境带来不利影响的背景下,在政府的推动和社会的压力之下,我国商业银行也开始采取各种行动。2005年之前,还没有银行披露独立的社会责任

① 侯秉乾:《我国银行的社会责任及其实现》,《中国金融》,2005年第23期,第50—51页。

② 崔宏:《商业银行社会责任及其报告披露:问题与改进》,《金融论坛》,2008年第3期,第42—50页。

报告,四大国有银行也只是在其年度报告中对相关信息进行简单描述,主要包括募集捐款、赞助文化教育和体育事业等。2006 年 6 月 23 日,上海浦东发展银行公开发布《2005 年企业社会责任报告》,正式拉开我国商业银行发布社会责任报告的序幕。2007 年开始,银行建立社会责任履行机制、公开发布社会责任报告的进程步入了加速时期,并且在政府和监管部门的推动下,逐渐将绿色信贷、节能减排等提上日常经营活动日程。2008 年 10 月 31 日,兴业银行宣布加入赤道原则,成为中国首家承诺采纳赤道原则的银行,这标志着我国银行业在引入国际先进模式、加强环境和社会风险管理、推进可持续发展方面迈出了重要的一步,在我国银行业社会责任实践发展过程中具有里程碑式的意义。截至 2008 年年底,我国银行业社会责任发展标志性事件如表 14-2 所示。

**表 14-2　我国银行业社会责任发展标志性事件概览**

| 时间 | 机构 | 事件 | 说明 |
|---|---|---|---|
| 2006.6 | 上海浦发银行 | 《2005 年企业社会责任报告》 | 我国银行业发布的第一份社会责任报告 |
| 2006.9 | 深圳证券交易所 | 《深圳证券交易所上市公司社会责任指引》 | 适用于所有在该交易所上市的公司(包括上市银行) |
| 2006.10 | 招商银行 | 联合其他单位发起成立“中国企业社会责任同盟” | 发起单位中唯一的一家商业银行 |
| 2007.4 | 上海银监局 | 《上海银行业金融机构企业社会责任指引》 | 我国首部由地方银行监管机构发布的银行业企业社会责任指引文件 |
| 2007.5 | 中国建设银行 | 《2006 年度企业社会责任报告》 | 四大国有商业银行中的首份社会责任报告 |
| 2007.6 | 中国人民银行 | 《关于改进和加强节能环保领域金融服务工作的指导意见》 | 中国人民银行加强“绿色信贷”政策窗口指导 |
| 2007.7 | 国家环保总局、中国人民银行、银监会 | 《关于落实环保政策法规防范信贷风险的意见》 | 将建立绿色信贷机制作为银行履行社会责任报告的重要内容 |
| 2007.8 | 交通银行 | 成立社会责任委员会 | 我国第一家成立社会责任委员会的上市公司 |
| 2007.9 | 招商银行 | 《1987—2007 社会责任报告》 | |
| 2007.9 | 中国工商银行 | 《关于推进“绿色信贷”建设的意见》 | 建立环保政策的“一票否决制”,以国家产业政策和环保政策为基础,严格信贷市场准入 |
| 2007.10 | 中国农业银行 | 服务“三农”总体实施方案 | 国有商业银行中唯一一家将服务“三农”、推动新农村建设作为银行战略方向的银行 |

（续表）

| 时间 | 机构 | 事件 | 说明 |
| --- | --- | --- | --- |
| 2007.11 | 银监会 | 《关于加强大型商业银行社会责任的意见》 | |
| 2007.11 | 银监会 | 《节能减排授信工作指导意见》 | 明确规定银行要将促进社会节能减排作为履行社会责任的具体体现 |
| 2008.3 | 中国工商银行 | 《2007 年企业社会责任报告》 | |
| 2008.4 | 中国银行 | 《2007 年企业社会责任报告》 | 聘请国际权威认证机构挪威船级社(DNV)对报告的内容和数据进行第三方认证，这在目前国内金融企业中是第一家 |
| 2008.8 | 中国人民银行、银监会、证监会、保监会 | 《关于汶川地震灾后重建金融支持和服务措施的意见》 | |
| 2008.9 | 北京银行 | 《2007 年企业社会责任报告》 | 我国第一家对外发布社会责任报告的城市商业银行 |
| 2008.10 | 兴业银行 | 签署加入赤道原则 | 我国第一家实施赤道原则的银行 |

资料来源：根据相关公开资料整理。

当然，在实践过程中出现的问题也有很多。例如，我国银行目前发布社会责任报告尚不普遍，还有很多商业银行没有将自己的企业社会责任实践活动向社会公布，已发布报告的银行中有的未公开披露，或存在选择性披露、歌功颂德的居多，而直面差距和提出改进措施的较少。又如，许多银行仍以利润最大化为目标，而没有将资源、环境、社会等因素考虑进日常业务中。

## 二、我国商业银行履行社会责任的实践

根据各个银行开展的各项活动及发布的企业社会责任报告，可以看出我国商业银行已经越来越重视社会责任，并致力于此方面的研究和实践。下面将根据我国商业银行相关公开资料和社会责任报告，以建设银行和内蒙古呼伦贝尔盟鄂温克村镇银行为例，对我国大银行和中小银行履行社会责任的实践进行分析。

### （一）国有大型银行的企业社会责任实践：以中国建设银行为例

建设银行于 2007 年首次发布《2006 年度企业社会责任报告》，标志着我国四大国有商业银行首份社会责任报告的出炉。2008 年建设银行再度发布《2007 年度企业社会责任报告》，并首次聘请第三方会计师事务所对报告进行独立鉴证。建设银行在社会责任实践中，高度重视并尊重各利益相关者，通过多种形式和渠道沟通了解各方期望，并给予积极回应，兼顾各方利益，实现共赢（见表 14-3）。

**表 14-3　建设银行与利益相关者的关系**

| 名称 | 沟通方式 | 对建设银行期望 | 具体要求举例 | 相关指标 |
|---|---|---|---|---|
| 政府 | 法律法规、政策指示发布,国家和各部委、人民银行会议,专题汇报,报表等 | 不断稳定的成长,税收,就业机会,带动社会繁荣 | 创造效益,建设和谐社会、节约型社会,合规要求 | 税收总额,贷款投放量,创造就业机会数 |
| 监管机构 | 法律法规、部门规章、规范性文件,现场检查,非现场监管,监管通报,监管评级,风险通知,约见会谈等 | 合法、稳健运行,公平竞争,提高竞争力 | 完善公司治理结构,依法合规经营,加大金融创新力度,调整业务结构,建立科学的激励约束机制,提升经营绩效,改善资产质量,提高抗风险能力,及时披露信息 | 总资产净回报率,股本净回报率,成本收入比,不良贷款率,资本充足率,大额风险集中度,不良贷款拨备覆盖率 |
| 股东 | 临时报告、定期报告、股东大会、投资者热线、业绩发布会、路演等 | 不断提高公司价值和市值,降低企业风险,保证企业可持续发展,提高盈利能力与核心竞争力,确保国有资产保值增值 | 公开披露公司的重要信息,平等参与的机会,对股东利益的保护 | 利润、资本回报率、国有资产保值、增值率,资产负债率,所有者权益市值,少数股东利益 |
| 客户 | 网点及电子渠道服务、服务热线、客户接待日、网上意见反馈、客户经理上门访谈、座谈、联谊等 | 提供优质的产品和服务,并不断改进 | 响应速度,对客户提供个性化、专业化服务,服务质量,安全稳健运营 | 客户满意度 |
| 员工 | 职工代表大会、合理化建议、行长信箱、座谈会、征求意见等 | 不断提高公司的盈利能力和可持续发展能力,为员工提供更多福利和成长机会 | 职业前途、发展机会、待遇、和谐的工作环境 | 员工满意度、员工流失率、员工培训的投入 |
| 社区 | 社区金融网点服务、金融知识普及与咨询、文明共建、社区公益活动等 | 促进社区的繁荣与和谐 | 为建设和谐社区投入资源,为当地中小企业和个人客户提供个性化金融服务 | 小企业贷款余额、个人消费贷款余额、个人助业贷款余额 |
| 公众和媒体 | 新闻发布会、积极的新闻报道和宣传、定期发布报告、依法披露信息等 | 追求全面协调可持续发展,积极承担企业社会责任 | 诚信、健康、职业化、国际化 | 知名度、美誉度、获奖情况 |

资料来源:中国建设银行《2007 年度企业社会责任报告》。

2019年，建设银行坚持精准扶贫、精准脱贫基本方略，探索出可持续精准扶贫模式，即电商扶贫先行、信贷扶贫创新、服务网络延伸、公益扶贫带动、积聚各方资源扶贫。落实监管部门关于支持深度贫困地区的各项要求，全面提升深度贫困地区和金融精准扶贫质效。持续推进"跨越2020——$N$+建档立卡贫困户"产业扶贫模式的落地工作，带动贫困户增收致富。聚焦重点地区，针对深度贫困地区和定点扶贫地区信贷业务制定差别化支持政策。开展结对帮扶，将"三区三州"深度贫困地区分行分配给总行的资源和政策部门，加大对深度贫困地区分行的支持和帮扶力度。依托"善融商务"平台，通过电商扶贫和消费扶贫，开展"善融消费扶贫年"系列活动；在善融商务设立"三区三州"深度贫困地区扶贫馆，加快引进深度贫困县域商户，帮助深度地区贫困户实现有效增收。贵州分行选取红心猕猴桃产业试点，探索"龙头企业+金融+农户"产业扶贫新模式。通过为核心企业提供授信，支持企业打造全产业链条；农民以承包土地入股项目，还可获得土地流转费、务工收入以及核心企业的利润分红。依托"善融商务"平台，猕猴桃有了销售保障，农户也能用所得收益购买理财产品，实现保值增值。

在绿色金融方面，建设银行利用有效机制扎实推进绿色金融实践，取得了良好的绩效，也获得了较好的社会反响。专栏14-2是建设银行《2019年度企业社会责任报告》中所披露的绿色金融实施情况。

【专栏**14-2**】

## 赤道原则的背景介绍和内容

一、赤道原则的背景介绍

赤道原则形成于2002年10月，由国际金融公司与荷兰银行联合发起，全球主要金融机构共同参与，参照国际金融公司的可持续发展政策与指南建立的一套自愿性金融行业基准，旨在判断、评估和管理项目融资中的环境与社会风险，是金融可持续发展的原则之一，也是国际金融机构践行企业社会责任的具体行动之一。

1. 赤道原则基本内容

根据现行的自2006年7月1日开始执行的新文本的规定，赤道原则包括正文和附录两部分。

其一，正文部分包括序言、适用范围、原则陈述和免责声明等四项基本内容：

（1）序言主要阐明赤道原则出台的动因、赤道原则的目的、接受赤道原则的意义以及接受赤道原则的金融机构（以下简称为"EPFI"）的一般承诺。

（2）适用范围则规定赤道原则适用于总投资1 000万美元及以上的新项目融资、可能对环境和社会产生重大影响的旧项目扩容和更新现有设备有关的项目融资，以及项目融资财务咨询服务等金融行为。其中，项目融资的概念引自《关于统一国际银行资本衡量和资本标准的协议》（International Convergence of Capital Measurement and Capital Standards），指的是一种集资方式，即贷款人是为发展、拥有和营运有关设施而专门成立的特别职能机构,主要以单一项目所产生的收益(通常全部或绝大部分来自设施所生产产品的合约产生的款项)作为还款的资金来源,以项目作为风险的抵押品;其形式可以是新资本设施建设的融资,或现有设施(不论是否有改善)的重新融资。目前,这类融资一般用于大型、复杂且价值不菲的设施,如发电厂、化学加工厂、矿井、运输基建、环境和电信基建等,其还款主要取决于项目的现金流量和项目资产的整体价值。

(3) 原则陈述部分共有十项原则,包括:审查和分类、社会和环境评估、审查和分类、适用的社会和环境标准、行动计划和管理系统、磋商和披露、投诉机制、独立审查、契约、独立监测和报告、EPFI 报告。赤道原则要求金融机构对适用范围内的融资项目,按照潜在的环境社会风险和影响程度分为高(A)、中(B)、低(C)三类,银行要结合项目分类审查其环境和社会风险,与借款者签订契约,聘请独立的环保专家负责审查项目的社会和环境评估报告、行动计划以及磋商披露的记录等资料,对项目建设和运营实施持续性的监管,并定期披露银行在赤道原则方面的实施情况。

(4) 免责声明规定了赤道原则的地位和效力,强调其只是作为金融机构各自内部实践和政策的框架,而无任何强制性。

其二,附录部分由项目分类、潜在的社会与环境影响和风险的列表、国际金融公司关于社会与环境可持续性绩效标准以及世界银行和国际金融公司针对 63 个行业制定的专门指南等四部分组成。

2. 赤道原则的特征

(1) 非官方性。

赤道原则既非一项国际条约,也还没有形成一个国际组织,而是由几十家银行自行倡导并建立的行业指南,强调各家接受银行通过内部自律加以实施。

尽管赤道原则并非一部官方规范,但其已经成为国际项目融资的社会和环境方面的行业标准及行业规范,成为金融机构进入国际项目融资市场的一道约定俗成的准入门槛,并形成一股拥有无形威慑力影响各国的相关法律法规,如我国现行的《环境影响评价法》《建设项目环境保护管理条例》《关于加强国际金融组织贷款建设项目环境影响评价管理工作的通知》等与项目融资有关的一系列环境与社会法律法规以及其他规范性文件,其与国际金融公司和世界银行的政策都是相吻合的。

(2) 有限适用。

根据赤道原则正文内容的规定,赤道原则只适用于所述三种情况的项目融资业务,而不包括企业融资,就赤道原则本身来说,其规定的适用范围是有限的。

(3) 自愿性。

对于各家金融机构而言,是否接受赤道原则完全取决于金融机构根据自身的需求和规划作出的意愿,而无任何强制性的要求,这不同于法律法规的强制性规定。

目前,赤道原则已成为国际银行间公约。截至 2008 年 10 月 31 日,全球已经有包括汇丰银行、花旗银行、巴克莱银行、瑞穗实业银行等共 63 家金融机构宣布采纳赤道原则,其中绝大多数都是各国金融行业的领先机构。

## 二、赤道原则的内容

### 用以确定、评估和管理项目融资过程所涉及社会和环境风险的金融界指标

**序言**

项目融资是在全球各地融资发展中一种举足轻重的集资方式,贷款人一方面主要以单一项目所产生的收益作为还款的资金来源,另一方面以项目作为风险的抵押品。[①] 项目融资人可能会遇到一些社会和环境问题,它们既复杂又富有挑战性,特别是位于新兴市场的项目。

鉴于此情况,采用赤道原则的金融机构遂采纳赤道原则,确保所融资的项目按照对社会负责的方式发展,并体现健全的环境管理惯例。借此,受项目影响的生态系统和社区应可尽量免受不利影响。即使影响属无可避免,也应减轻、降低影响及/或对影响进行恰当的赔偿。我们相信,采用和遵守赤道原则会有助于借款人促进与当地受影响社区的关系,对融资人本身、借款人和当地利益关系方也有重大裨益。因此,我们深明作为融资人,应把握机会促进负责任的环境管理和对社会负责的发展。EPFI 会根据实践经验考虑不时审查赤道原则,以反映业界在持续学习和逐步形成良好惯例。

赤道原则旨在提供一套通用的基础和框架,以便各 EPFI 自行实施与项目融资活动相关的内部社会和环境政策、程序和标准。假如借款人不会或无法遵守与实施赤道原则相关的社会和环境政策与程序,我们将拒绝为项目提供贷款。

**范围**

赤道原则适用于全球各行各业项目资金总成本超过 1 000 万美元的新项目融资。此外,虽然目前不计划就过往项目追溯应用赤道原则,但当任何项目涉及扩充或提升现有设备,而有关改动在规模或范围上或会对环境及/或社会造成重大影响,又或对现有影响的性质或程度带来重大转变,则我们会就有关项目所涉及的一切项目融资应用赤道原则。

赤道原则也扩及项目融资顾问活动。在此情况下,EPFI 承诺会令客户明白赤道原则的内容、应用和在预期项目中采用赤道原则的益处,并要求客户在其后物色融资时,向 EPFI 表示有意遵守赤道原则的规定。

**原则声明**

EPFI 仅会为符合以下第 1 至第 9 项原则的项目提供贷款:

原则 1:审查和分类。

当项目提呈进行融资时,EPFI 将按照国际金融公司的环境和社会筛选准则,根据项目潜在影响和风险的程度将项目分类,作为内部社会和环境审查及谨慎调查工作 (due

---

① 这类融资一般用于大型、复杂且价值不菲的设施。有关设施可能包括发电厂、化学加工厂、矿井、运输基建、环境和电信基建等。项目融资的形式可以是新资本设施建设的融资,或现有设施(不论是否有改善)的重新融资。于有关交易中,贷款人获支付的款项通常全部或绝大部分来自设施所生产产品(如发电厂出售电力)的合约产生的款项。借款人通常是特别目标机构,即除发展、拥有和营运有关设施之外,不可担当其他职能的机构。因此,还款主要取决于项目的现金流量和项目资产的整体价值。资料来源:巴塞尔银行监管委员会. 关于统一国际银行资本衡量和资本标准的协议[S]. 2005-11,http://www.bis.org/publ/bcbs118.pdf。

diligence) 的一部分(附件一)。

原则 2:社会和环境评估。

对于每个被评定为 A 类或 B 类的项目,借款人均须开展社会和环境评估过程①,以在适当情况下解决建议项目有关社会和环境的影响与风险[当中可能包括(如有关)附件二所示的议题说明清单],而评估结果也须令 EPFI 满意。评估也应提议与建议项目性质及规模相关的适用减缓和管理措施。

原则 3:适用的社会和环境标准。

假如项目位于非经合组织成员国,或并非位于世界银行发展指针数据库所定义的高收入经合组织成员国,则评估将以当时适用的国际金融公司社会和环境可持续性绩效标准(附件三)以及当时适用的《行业特定环境、健康和安全导则》(《EHS 导则》,附件四)作为参考。评估将会证明并令参与的 EPFI 信纳,项目整体上符合(或只在合理情况下偏离)有关的绩效标准和《EHS 导则》。

按世界银行发展指针数据库定义为高收入的经合组织成员国,其监管、允许和公众磋商过程要求大致上符合甚至超越国际金融公司社会和环境可持续性绩效标准和《EHS 导则》的要求。因此,为免 EPFI 重复审查有关项目,以及将过程简化,如评估(或同等的手续)过程根据高收入经合组织成员国的地方或国家法律顺利完成,并符合有关法律或法例的规定,即能得到接纳,可代替国际金融公司社会和环境可持续性绩效标准、《EHS 导则》和下文原则 4、原则 5、原则 6 详述的进一步要求。然而,EPFI 仍须按照上文原则 1 与原则 2 将有关项目分类和审查。

在以上两种情况下,评估过程也应针对是否符合相关东道国与社会和环境事宜有关的法律、法规及许可。

原则 4:行动计划和管理系统。

任何 A 类和 B 类项目如位于非经合组织成员国,或并非位于世界银行发展指针数据库所界定的高收入经合组织成员国,则其借款人须准备一份行动计划②,借以处理相关发现,继而为评估做出结论。行动计划将描述需采取什么行动来实行减缓措施、纠正行动和监测措施,以便管理在评估中指出的影响和风险,同时为上述行动设定优先顺序。借款人则会发展、维持或建立一套社会和环境管理系统,以处理有关影响、风险和纠正行动的管理工作。有关纠正行动已在行动计划内界定,为要符合适用东道国社会和环境法律、法规,以及适用国际金融公司社会和环境可持续性绩效标准和《EHS 导则》的要求。

至于位于高收入经合组织成员国的项目,EPFI 可要求按照有关的许可和监管要求,

---

① 社会和环境评估是确定建议项目影响范围内所造成社会和环境影响与风险(包括劳工、健康和安全)的过程。就符合赤道原则而言,有关评估将适当、准确和客观地评价与说明相关事项,并由借款人、顾问或外部专家来完成。评估文件可能包括对社会和环境影响的全方位评估、有限的或集中于某个问题的环境或社会评估(如审核),或针对环境选址、污染标准、设计规范或施工标准的直接应用,并可能需要进行一或多项专门研究,但须视项目的性质和规模而定。

② 行动计划可以是对例行减缓措施的简要介绍,也可以是一系列文件(例如迁移行动计划、土著居民计划、紧急情况准备和响应计划、设施拆卸计划等)。行动计划的详细和复杂程度以及已制定的措施与行动的优先顺序将依据项目的潜在影响和风险而确定。为了与绩效标准 1 前后一致,内部社会和环境管理系统将加入以下元素:(i) 社会和环境评估;(ii) 管理计划;(iii) 组织能力;(iv) 培训;(v) 社区交流;(vi) 监督;(vii) 报告。

以及东道国法律所规定,制订一份行动计划。

原则 5:磋商和披露。

任何 A 类和(如适用)B 类项目如位于非经合组织成员国,或并非位于世界银行发展指针数据库所定义的高收入经合组织成员国,则其政府、借款人或第三方专家须通过有系统且文化上适当之方式,与受项目影响的社区进行磋商。[①] 对受影响社区构成重大不利影响的项目,磋商过程将须确保受影响社区在自由的、事先的和知情的情况下进行,并须便于受影响社区知情参与,以便就项目是否已充分加入受影响社区所关注的问题做出证明并令 EPFI 信纳。[②]

为了达到上述目标,借款人将于合理的最短期间内,以有关的当地语言和在文化上适当的方式,提供评估文件和行动计划(或有关的非技术概要),以便公众人士查阅。借款人将会考虑磋商的过程和结果,包括在磋商后协议的任何行动,并制成文件。对于具有不利社会或环境影响的项目,披露工作应在社会和环境评估过程的早期阶段进行,在任何情况下,均应在项目开工之前进行,并应一直持续下去。

原则 6:投诉机制。

任何 A 类和(如适用)B 类项目如位于非经合组织成员国,或并非位于世界银行发展指针数据库所界定的高收入经合组织成员国,为了确保磋商、披露和与社区交流能够在项目兴建及运作期间持续进行,其借款人将按照项目风险和不利影响的比例设立一套投诉机制,作为管理系统的一部分。此举可让借款人收集和促进解决受影响社区中,某一个人或团体对项目的社会和环境绩效所表达的关注和投诉。借款人会在与社区交流过程中将该机制告知受影响的社区,并确保投诉机制能够及时和透明地以文化上适当的方式解决社区关注的问题,而受影响社区的方方面面均能参与其中。

原则 7:独立审查。

任何 A 类项目和(如适用)B 类项目,均须由与借款人并无直接联系的独立社会或环境专家审查评估、行动计划和磋商过程的相关文件,以协助 EPFI 进行尽职审查和评估项目是否符合赤道原则。

原则 8:契约。

赤道原则的一项重要优点是可加入与遵守赤道原则相关的契约。A 类和 B 类项目的借款人将须在融资文件内约定:

(a) 在各重大方面遵守东道国一切相关的社会和环境法律、法规及许可;

(b) 于项目兴建和运作期间在各重大方面符合行动计划(如适用);

(c) 按与 EPFI 协议的格式提交由内部职员或第三方专家编制的定期报告(提供报告的频度与影响的严重程度成正比,又或按照法例所规定,但每年至少应提交一次),而

① 受影响社区是项目影响范围内可能受项目不利影响的当地人口社区。如需要有系统地进行磋商,EPFI 或会要求编制公众磋商和披露计划("公众咨询披露计划")。

② 磋商的原则是自由(不受外部操纵、滋扰、强压和威迫)、事前(适时披露信息)和知情(相关的、易于理解的和可获得的信息),并应在项目的整个过程而并非仅在初步阶段应用。借款人将根据受影响社区的语言偏好、决策过程以及弱势或易受伤害团体的需要来调整其磋商过程。咨询原住民必须符合国际金融公司绩效标准 7 详述的特定规定。此外,应注意东道国法规是否赋予所确认的原住民特别权利。

(i) 有关文件符合行动计划(如适用),及(ii) 提供有关当地、州和东道国社会和环境法律、法规和许可的合规陈述;

(d) 按照协议的拆卸计划在适用和适当情况下拆卸设备。

假如借款人未能遵守其社会和环境契约,EPFI 将与借款人合作以在可行情况下重新遵守契约,但假如借款人未能于协议的宽限期内重新遵守契约,EPFI 则将保留于认为适当的时候行使救济措施的权利。

原则 9:独立监测和报告。

为确保于贷款年期内持续监测项目和做出报告,EPFI 将要求所有 A 类项目和(如适用)B 类项目委任独立环境及/或社会专家,又或要求借款人聘请有资格且经验丰富的外部专家,核实将由 EPFI 共同使用的监测信息。

原则 10:EPFI 报告。

采用赤道原则的各 EPFI 承诺在考虑适当的保密因素后,最少每年向公众报告其赤道原则实施过程和经验。[①]

**免责声明**

采用赤道原则的 EPFI 认为,赤道原则是金融界中各机构个别地发展本身内部社会和环境政策、程序和惯例的优异典范。与所有内部政策一样,赤道原则没有在任何人士(包括公众机构和私人)中设定任何权利或责任。机构是在没有依赖或者求助于国际金融公司或世界银行的情况下,自愿和独立地采用与实施赤道原则的。

**附件一:项目的分类。**

对于一个项目的预期社会和环境影响,EPFI 的其中一项评估方法是运用一套基于国际金融公司环境和社会评价评审标准的社会与环境分类系统,反映经评估所了解影响的严重程度。

该等类别为:

- A 类——项目对社会或环境有潜在重大不利并涉及多样的、不可逆的或前所未有的影响;
- B 类——项目对社会或环境可能造成不利程度有限、数量较少的影响,而影响一般局限于场地,且大部分可逆并易于通过减缓措施加以解决;
- C 类——项目对社会或环境影响轻微或无不利影响。

**附件二:将会在社会和环境评估文件中处理的潜在社会与环境议题的说明清单。**

评估文件会处理(如适用)以下问题:

(a) 对基准社会和环境状况的评估;

(b) 对环境和社会方面更佳的可行替代办法的考虑;

(c) 东道国法律和法规、适用的国际条约和协议的规定;

(d) 对人权和社区健康及安全(包括项目使用安全人员的风险、影响和管理)的保护;

---

① 有关报告最少应包括各 EPFI 所筛选交易(包括交易分类,也可能包括按行业或地区细分的交易)的数目,以及有关实施的信息。

(e) 对文化财产和遗产的保护;

(f) 生物多样性(包括濒危物种和改造后、自然和主要栖息地的生态敏感区域)的保护和保育工作,以及对法律保护区的识别工作;

(g) 可持续性管理和使用可再生自然资源(包括通过适当的独立认证系统进行可持续资源管理);

(h) 危险物质的使用和管理;

(i) 主要灾患的评估和管理;

(j) 劳工议题(包括四个核心劳工标准),以及职业健康和安全;

(k) 防火和生命安全;

(l) 社会经济影响;

(m) 土地征用和非自愿搬迁;

(n) 对受影响社区和弱势或易受伤害团体的影响;

(o) 对原住民和其独有文化体系与价值观的影响;

(p) 对现有项目、拟议项目和预计日后进行的项目的累计影响;

(q) 就设计、评审和执行项目向受影响人士进行咨询和其参与;

(r) 能源的有效生产、运送和使用;

(s) 污染防治和废弃物的最大程度减少、污染(污水和废气)控制和固体和化学废物管理。

附注:上列数据仅供参考。社会和环境评估过程不一定在各项目中指出上述各项问题,也不一定与各项目有关。

**附件三:国际金融公司社会和环境可持续性绩效标准。**

于2006年4月30日适用的国际金融公司绩效标准载列如下:

- 绩效标准1:社会和环境评估及管理系统。
- 绩效标准2:劳动和工作条件。
- 绩效标准3:污染防治和控制。
- 绩效标准4:社区健康和安全。
- 绩效标准5:土地征用和非自愿迁移。
- 绩效标准6:生物多样性的保护和可持续自然资源的管理。
- 绩效标准7:原住民。
- 绩效标准8:文化遗产。

附注:国际金融公司已制定一套导则注释,夹附于各项绩效标准内。EPFI或借款人虽并无正式采纳上述导则注释,但在研究绩效标准的进一步指导或诠释时,可能以导则注释作为有用的参照点。国际金融公司绩效标准、导则注释和工业部门环境、健康和安全导则可于www. ifc. org/enviro下载。

**附件四:《行业特定环境、健康和安全导则》(《EHS导则》)。**

EPFI将运用国际金融公司使用(现正推行和可能经不时修订)的适当环境、健康和安全导则(《EHS导则》)。国际金融公司目前使用两套互相补足的《EHS导则》[可于国际金融公司网站(www. ifc. org/enviro)下载],包括于1998年7月1日正式使用的世界银行污染防治与控制手册(World Bank's Pollution Prevention and Abatement Handbook)(《污染防治与控制手册》)第III部所载的所有环境指引,以及国际金融公司于1991—2003年间在网站刊登的一系列环境、健康和安全导则。最后编制而成的新指引将会纳入减轻污染的生产概念和环境管理制度,并取代行业界别的指引、污染防治与控制手册和国际金融公司导则。

假若个别的特别项目并无行业特定指引,则《污染防治与控制手册》的一般环境指引和国际金融公司职业健康和安全导则(2003)将会在因应项目做出必要的修改后应用。

(二)中小银行履行社会责任的实践:马背银行模式①

中国中小商业银行服务于广大的小微客户,面向基层开展业务,与中国广大的城乡社区相联系,对当地的经济发展、社区建设、金融生态、伦理信用体系等产生了深远的影响。中小商业银行(包括城商行、农商行、村镇银行等)的社会责任体系构建要针对当地的经济社会情况,不断加强与城乡社区的内在联结,将社会责任体系构建与银行的信贷业务及风险管理紧密结合,实现银行与当地社会的共赢共生。

内蒙古呼伦贝尔盟鄂温克村镇银行是全国首家进驻少数民族自治县域的村镇银行,是全国唯一专注牧区服务的村镇银行,也是内蒙古呼伦贝尔市第一家村镇银行,被誉为"马背银行"。该行也是我国第一个发布企业社会责任报告的村镇银行。该行成立以来,以"马背银行,筑梦草原"为使命,以做全国最好的牧业金融机构为愿景,践行普惠金融理念,不断强化牧民客户、小微企业、贫弱群体的普惠金融服务供给,扩大覆盖面,致力于改善牧区贫弱群体的融资条件;针对牧民、合作社、小微企业等不同贫弱群体制定金融服务,填补市场空白;倡导商业绩效和社会绩效均衡发展,重视非金融性服务的拓展覆盖,深入牧区开展金融扫盲,推选典型信用示范户,引导各民族群众积累良好的信用。马背银行切实担当社会责任,致力于民族地区普惠金融事业,做好边疆、少数民族地区和弱势群体的金融服务补短板工程,维护边疆地区社会稳定、促进落后地区经济发展,民族团结创建工作取得阶段性发展,自身也走出了一条差异化发展的特色之路。

在履行企业社会责任的过程中,马背银行在很多方面都有所作为,主要包括为中小企业和个人提供信贷、开展金融教育、支持环境保护、支持民族文化保护、实践普惠金融、客户权益保护等。2018年,受全国经济下行、金融监管趋紧、流动性不足等因素影响,鄂温克当地实体经济景气程度下降。在此背景下,马背银行紧跟牧区市场发展变化,依据信贷资产的实际情况,适时适度调整和优化信贷结构,通过简化申请流程、放宽准入条件、采取综合授信等多种模式,将业务重点向质量相对良好的个人消费信贷类、小额住宅抵押类贷款等领域转移。为了更好地推进牧区信用体系的建设工作,鼓励牧民重视征信记录、远离非法高利贷活动,马背银行针对还款记录良好的客户开展星级客户评选工作,将剩余贷款期限两年以内且各期还款逾期天数合计不超过90天的客户评选为三星级客户,剩余贷款期限两年以内且各期还款逾期天数合计不超过20天的客户评选为四星级

① 参见王曙光主编:《马背银行》。北京:企业管理出版社2019年版。

客户，剩余贷款期限两年以内且各期还款逾期天数合计不超过 3 天的客户评选为五星级客户，并推出星级客户专享贷款产品，以满足星级客户群体的贷款需求。同时，该银行还开展了嘎查（村）三星级、四星级、五星级的评选工作，以拓宽整村授信范围，推动牧区信用体系建设工作。同时，马背银行致力于在少数民族牧区开展持续的金融教育。受环境等因素影响，牧民相对缺乏金融知识，马背银行积极开展牧区基础金融教育工作，组织送金融知识下牧区活动，为牧区群众普及金融知识。同时，在网站上创建"征信服务"版块，通过网络的形式向基层牧民提供认识金融服务、了解征信知识的平台。精通蒙古语的少数民族员工编写《学说蒙古语》小册子，鼓励员工学说蒙古语，打破与牧民客户之间的沟通障碍，便于传递金融知识。此外，通过建设"塔拉金融"加强金融教育。"塔拉金融"象征着草根银行、草根金融，以"塔拉微贷"为切入点，创办"塔拉微金融学社"，组建"塔拉小舞台"，开设"塔拉大讲堂"。借助银行的员工马队，更加贴近基层牧民。

马背银行还致力于保护鄂温克地区的民族文化。民族文化的传承与保护是牧区社会责任体系的一大特色。多年来，银行也积极帮助当地民族文化实现有效传承。鄂温克旗伊兰工作室是银行帮助传承民族文化的一个典型事例。自 2007 年 11 月成立起，社团挖掘整理当地民族民间文化遗产，建立数据库，开展各地各民族同胞的民族民间文化交流活动，开发研究并制作民族服装和工艺品，注重旅游产品的开发和具有呼伦贝尔草原特色民族工艺品的生产。在银行的帮助下，鄂温克旗伊兰工作室成长迅速，不断发展壮大。2012 年 9 月，为进一步扩大规模、发扬民族文化，该社团向银行申请贷款 8 万元，用于网站注册、商务平台、安装服务器、实现支付功能等，现已初具规模。2014 年 3 月，该社团再次申请贷款 10 万元，用于筹建新经营场所，增加了三个经营地点，分别位于鄂温克旗塞克社区、创业园以及呼伦贝尔市海拉尔区。在社区的帮助下，妇女手工艺品传习所得以成立，进一步将民族文化传承，也为社区百姓提供了就业创业机会。

马背银行在广大牧区通过金融产品创新实践普惠金融。马背银行立足"草根"定位，支持牧区建设，引导牧民致富，实践普惠金融，探索符合牧民需求的金融服务新模式。在服务群众广度方面，银行积极下沉基层营业网点，构建牧区金融服务网。截至 2018 年，马背银行下辖 5 镇、1 区、13 个苏木（乡）、73 个嘎查（村），辖内苏木实现服务全覆盖，嘎查服务覆盖率 80%，累计发放贷款 37.91 亿元，户均 15.29 万元，贷款涉牧比例达 92.5%，牧民客户比例超过 60%，女性客户比例 24.27%，直接用于牧区养殖业的贷款比例 66.12%。在服务群众深度方面，截至 2018 年，距银行 50 公里以上的嘎查 55 个，占服务覆盖嘎查总量的 75.3%。银行覆盖群众的地理位置跨度极大，深入服务辖区群众。如巴彦库仁支行辖区内最远客户位于与俄罗斯接壤的鄂温克苏木辉屯嘎查，距支行 200 公里。伊敏支行辖区内最远客户位于南辉苏木完工托海嘎查，距中蒙边界 57.4 公里，距支行 100 公里。此外，银行还设立了牧区服务站，现场为牧民提供业务咨询、贷款申请等金融服务，在有条件的嘎查（村）设立社区服务站，在民俗活动现场搭建蒙古包，设立流动服务站。

## 第四节　中国商业银行企业社会责任实践中的问题及原因

近年来,我国商业银行频繁地出现在各类公益活动、慈善活动中。但是,诸多商业银行仍然存在种种一味追求利润、置国家宏观调控政策和产业政策于不顾、社会责任意识普遍淡薄的现象。本节将主要从几个方面分析我国商业银行在企业社会责任方面存在的问题及其深层次原因。

### 一、我国商业银行在社会责任层面存在诸多问题

#### (一) 银行业金融机构选择性放贷

银行业金融机构在我国金融市场资金配置中占据着主要的位置,无论企业还是公众,无论存款还是融资,都依然以银行业为主渠道。然而在我国,银行发放贷款的受众大多是国有大中型企业和与国家有关的重点项目,随着市场经济的发展和企业形式的多样化,银行也越来越多地向非国有企业放贷,即便如此,总体上仍以实力较强的企业为主,中小企业和成长中的企业很少能够获得需要的银行贷款。这就出现了一个自相矛盾的现象:一方面,大企业由于有国家背景和雄厚的资金实力,实际上可得资金数额和融资渠道都要广泛很多,但银行仍对其青睐有加;另一方面,中小企业很需要资金来发展壮大,却由于政策的限制及自身融资实力的薄弱,融资渠道非常有限,因而对银行贷款的依赖度非常高,但在某种程度上,越是这样的企业越是受到银行的歧视。

在我国,中小企业特别是民营企业贷款难问题一直十分突出。我国中小企业的发展对经济增长的贡献越来越大,不论是上缴税收、提供就业机会还是出口贸易,中小企业都占据了绝对的地位。现实经验证明,中小企业的发展对于我国国民经济的发展意义非同小可。尽管如此,绝大多数的中小企业在发展中仍然面临着种种约束和困境,融资难就是其中之一。目前,中小企业外部融资主要还是依靠银行贷款这种较为单一的方式,但银行业金融机构普遍强化信贷管理,贷款成本高、风险大使银行缺少对中小企业贷款的利益驱动,因而中小企业很难获得贷款,出现了银行惜贷的现象。同时,由于我国资本市场发展较为滞后,中小企业很难通过发行股票或债券直接融资;民间借贷目前还处于非法阶段,既缺乏法律保障,又有很高的融资成本。法律和金融扶持的严重不足导致了中小企业面临生存和发展的困境。特别是实行信贷紧缩政策以后,原本资金链紧绷的中小企业面临着更加严重的资金的可得性问题。

#### (二) 信息不对称

在金融交易中,交易双方的信息不对称是一个普遍的现象,信息不对称会产生两个问题:逆向选择和道德风险。

逆向选择是发生在金融交易之前的信息不对称问题。企业是资金的使用者,对借入资金的实际投资项目的收益和风险有充分的信息,并且因拥有这些私人信息而处于信息优势地位。而我国的银行业步入市场经济不久,信息问题尚未得到足够重视,在信息极不对称的情况下,企业往往会利用信息优势,隐瞒真实信息甚至制造虚假信息,使得银行盲目发放贷款,导致大量贷款无法收回。随后迫于回收贷款的压力,缺乏信息的银行实

行了严格的信贷配给,结果又导致了所谓的惜贷现象。

相对逆向选择而言,道德风险则发生在金融交易之后。金融机构经营者有可能偏离所有者的利益,而从自身利益出发做出决策,使所有者蒙受损失。此外,一些银行为弥补较高的存款成本而在投资活动中冒更大的风险,因为作为存款契约剩余收益的求偿者,它们可以从高风险投资项目的获利中得到全部好处,而股权的有限责任性质又可以避免他们承担投资项目失败的全部损失。贷款者可能将贷款用于银行不希望从事的高风险领域,从而使该笔款项潜在的风险变得很高。

信息不对称的问题较为广泛地存在于我国银行业金融机构中,而不论逆向选择还是道德风险,都会对银行的正常经营产生不利的影响,并且这种信息不对称问题造成的社会负面效应也很明显。

### (三) 银行从业人员的职业道德缺失

银行从业人员的道德缺失行为大体可分为两类:

一类是商业银行基层人员一些重复、简单、技术含量极低的违规违法犯罪行为。如银行财务和业务人员盗窃联行资金、盗窃金库、挪用储户存款、大额提现、通过地下钱庄洗钱、伪造假票据、伪造假存单以及内外勾结等。由于计算机技术的广泛运用,金融系统员工凭借自身专业知识,利用金融服务的时间差、地点差、利息差等牟取不正当利益。部分银行服务意识淡薄,缺乏诚意,致使自身的承诺与实际工作严重脱节。当前商业银行基层行的重复、简单、技术含量极低的犯罪行为,已经占到银行案件总数的80%以上。[①] 低级案件的重复发生,暴露了一些商业银行内部对基层管理的严重松懈,在内控方面缺乏责任的约束以及能力的低下。

另一类是银行高管人员贪污腐败。这类案件在银行案件总数上虽然不占主要份额,但其涉案金额、波及范围及危害程度相当严重。特别是近期随着商业银行改革的深化,一系列银行要案被频频曝光。在我国,商业银行上至行长,下至一般管理层面,其身份基本上都类似于国家干部,而不仅仅是商业机构管理人员,因此他们都掌握有一定的行政权力。而由于目前尚缺乏对高管人员的科学考核和选拔以及对其权力的有效内外部监督,致使部分高管人员利用手中特殊的权利,内外勾结,与其他银行从业人员、企业甚至政府官员串谋,进行种种违法犯罪行为,牟取私利,使得银行乃至国家利益受损,给银行及整个金融系统信用造成不良影响,危害极大。

## 二、缺乏承担社会责任的动力机制

商业银行归根结底还是经济组织,承担社会责任意味着要将一部分资源用于不以获利为目的的活动,这无疑会增加商业银行的成本。所以,要想使银行主动承担社会责任,就必须有成熟的动力机制。这一动力机制主要由两部分组成:一是内部动力,即银行如何不局限于追求利润,还要消除对承担社会责任的质疑和担忧、树立正确的社会责任观;二是外部动力,也是外部压力,主要是来自监管机构、行业机构、非政府组织等社会机构的监督,以及相关法律政策的约束。而我国的现状是,银行既缺乏承担社会责任的内部

---

① 含岭:《防范银行罪案挑战重重》,《财经》,2005年第7期,第24—25页。

动力，也缺乏外部动力。

## (一) 缺乏内部动力

虽然企业社会责任概念被越来越多的银行所关注，但是大部分银行仍然对企业社会责任存在很多片面甚至错误的认识，缺乏对社会责任全面透彻的理解。现存的误区主要有：银行唯一的责任就是追求利润最大化；银行应承担的企业社会责任仅仅是法律和经济责任之外的义务，是可以承担也可以不承担的；企业社会责任与企业的长期发展战略无关；履行社会责任会增加企业的成本，给企业的经营带来负担；创造就业、按章纳税、慈善捐款就是履行社会责任；等等。

首先，我国不少商业银行的高管人员还认为社会责任与企业的经营战略是无关的，还没有把社会责任纳入银行的公司治理和企业文化之中，与企业的长期发展相联系。截至2010年，仅有交通银行在董事会下设立了社会责任委员会，其他银行在公司治理架构中尚未对社会责任提供组织保障，也未将履行社会责任纳入业务流程。

其次，表面上看银行承担企业社会责任的确可能带来成本，有悖于追求经济利益的基本目标，但是实际经验表明，承担企业社会责任并不排斥对正当经济效益的追求，并且具有更为积极长远的意义。它向社会表明了自己是一个富有责任感的企业，能够在经营活动中把公众利益放在重要的位置，这些将更有利于加强公众对银行的认同感，使银行获得更多的社会支持，为长远发展打下良好的基础。因此，银行应当认识到承担企业社会责任的重要性，有效利用履行社会责任带来的良好广告效应，向社会公众展示经济实力，赢得政府的支持，为银行的长期获益打好基础。

最后，银行还应当认真分析、深入理解企业社会责任的内涵，积极向国外优秀金融机构学习经验，提升银行的企业社会责任理念，发挥对社会的作用。诚然，按章纳税、创造就业、慈善捐助等都是企业履行社会责任的重要方面，我国的商业银行已经认识到企业社会责任的重要性并且开始在这些方面付诸实践，这本身就是一大进步。但是，银行不应当仅仅停留在对社会责任的片面认识上，而是应该树立正确的企业社会责任观，运用自身的特殊优势，真正履行其作为金融机构对所有利益相关者的责任。

## (二) 缺乏外部动力

银行履行社会责任不仅要有正确的理念作为内部动力，还要有足够的外部动力来促进其实践活动。外部动力既包括相关法律法规的完备，也包括来自外部利益相关者的压力，如政府的监管、行业协会的监督、非政府组织的引导、客户的选择，以及社会舆论的压力等。而在我国，银行履行社会责任的外部动力机制还不健全，发展仍然处于起步阶段，很大程度上没有为商业银行社会责任实践营造一个良好的外部环境。

### 1. 监督约束机制

就我国法律体系来说，企业社会责任并不是完全无法可依，《中华人民共和国公司法》《中华人民共和国合同法》《中华人民共和国企业破产法》《中华人民共和国劳动法》和《中华人民共和国社会保险法》等都从不同方面涉及了企业社会责任的具体内容。除这些普遍适用于各类型企业的法律法规以外，还有针对银行业的一些法律法规，诸如《中华人民共和国商业银行法》《中华人民共和国中国人民银行法》《中华人民共和国银行业监督管理法》以及《股份制商业银行公司治理指引》《股份制商业银行独立董事和外部监事制度指引》等,都在银行类金融机构的业务范围、组织形式、提高资产质量、降低信贷风险、保护存款人利益等方面做了规定,加强了对商业银行的合法经营权益和社会公众利益的保护,增加了银行的经营活力,促进了银行的稳健发展。

虽然以上相关的法律法规很多都涉及银行的社会责任,但是,到目前为止,我国仍然缺乏专门针对银行社会责任的相关规定和指导,还没有形成较为完备的法律体系来约束银行种种违背企业伦理、违反职业道德的行为,也没有完善的行业内准则来衡量银行社会责任的履行结果。另外,当前我国也还没有诸如会计师事务所、律师事务所等第三方权威机构对银行企业社会责任进行独立的评估,非政府组织对银行企业社会责任的评价、监督也尚未成为主流力量,这也与国际企业社会责任发展现状存在很大差距。以上种种原因导致了当前我国银行企业社会责任评价监督体系的滞后,这就让银行违反道德伦理有机可乘,造成了企业社会责任的缺失。可以说,在法律规章、监督评价层面,我国商业银行的外部压力并不大。

2. 客户的选择

对于银行来说,客户是决定其生存和发展的关键因素,他们可以按照个人意愿和偏好在市场自由选择自己满意的银行,从而对各家银行投出“货币选票”,可以说,客户拥有判断商业银行竞争力强弱的最终裁决权。并且随着经济的发展和人们社会关注意识的增强,客户的选择已不仅仅受经济因素的影响,满足于银行提供高质量的服务,而是越来越青睐具有社会责任的企业和产品。一旦他们认为银行提供的产品是有违社会伦理的,或者该银行的经营缺乏社会责任,就会拒绝消费,放弃选择该家银行。客户的退出对银行造成的影响显而易见是负面的,特别是在买方市场中,客户的联合退出对一家银行的打击是非常沉重的。但是在我国,金融消费者仍然处于弱势地位,往往缺乏应当有的选择权和知情权,缺乏法律知识和维权意识,从而不构成对银行强有力的外部约束。

## 三、没有发挥对社会资金流向的引导作用

银行通过贷款等业务将社会资金进行重新分配,在这一过程中,银行应当遵循效率与公平兼顾的原则,应关注各经济主体对银行服务的需求,加大对资金稀缺部门的信贷支持力度,以达到社会效用的最大化。但实际上,我国的银行业普遍存在过度有选择性的放贷的现象。一方面,受利益驱使,我国商业银行往往采取短期行为,贷款投向盲目,只顾追求自身利益的最大化,忽视了可能引发的社会风险;另一方面,对环境保护资源节约型的项目、高新技术企业等有利于社会可持续发展的资金需求方,我国银行的支持还十分有限。例如,房地产市场的快速发展给金融业带来了巨大的利润,但随着房价的高速上涨,“住房难”已经成为社会普遍关注的问题。但一些商业银行为谋求自身的利益,置国家相关政策于不顾,大量发放住房信贷,致使国家调控政策大大削弱。又如,某些银行为了追求利润,不仅不控制资金流向高能耗高污染的行业和项目,反而将大量资金贷出,完全不考虑这些企业或者项目给环境和资源造成的损害,不考虑社会的可持续发展。

## 四、社会责任的实践仍受制度制约

我国社会主义市场经济制度还不完善,金融体制改革在很多方面还仅仅停留在浅层

次的经营管理上,商业银行的内部治理和运作机制上还存在诸多问题。从融资制度来说,我国还遗留政府主导型融资制度,这种制度是在政府部门的强力介入下,基于一种自上而下构建的带有明显的非市场化特征的融资体系,资金流动的方向、价格等在很大程度上还受到政府强有力的控制和制约。正是在政府过度的干预下,高风险项目的逆向选择和借款人的道德风险行为屡见不鲜,因为资金的供需双方都知道可能产生的巨大风险是由政府承担。

我国当前的市场结构也阻碍了商业银行社会责任体系的构建。在垄断市场和竞争市场上,企业承担社会责任的机制是不同的。在完全垄断市场上,企业的产品没有竞争,市场占有率极高,可以获得垄断利润,既没有来自竞争对手的抢占市场的压力,也没有来自消费者的压力。在这种市场上,企业承担社会责任的内在动力主要有两个:一是内部管理的需要,包括改善工作条件和环境,激励员工;二是经营者自身的价值观念。这两种动力都带有很强的随机性和偶然性,其力度是比较弱的。因此,企业的社会责任行为不会是有规模、有系统的。这种情况下,就需要政府的干预和法律法规的要求这些外部动力来督促企业履行社会责任。但政府和法律的要求只能是具体的、有限的,不可能是全面的、细致的。因此,在这种情形下,总体上企业的社会责任状况是比较差的。

在竞争市场上,企业面临来自多方面的竞争和压力,企业的每一个行为都必须有利于其在竞争中占据优势。这种情形下,企业履行社会责任的内部动力受以下几个因素的影响:社会责任是否造成企业利润的损失以及损失有多大,短期损失能否带来长期收益;企业自身在竞争中的地位;其他企业承担社会责任的状况;是否将承担社会责任作为一种竞争策略或发展战略。这种情况下,企业面临的压力大,这就需要企业将自己的产品和服务与相关社会因素结合起来,以便在竞争中胜出,于是,承担社会责任就成为一种有效的手段,企业借此来扩大宣传、抢占市场、挤压竞争对手。从某种程度上讲,企业承担社会责任是受利益驱动的,也正是因为这种利益驱动,使得企业能够更主动、更有效地开展社会责任实践。

我国目前的金融市场还不是有效的竞争市场,虽然银行机构逐渐增多,政府也日益减少对银行的干预,但实际上仍然是少数几家大银行占有着绝大部分的资金,具有不少垄断市场的特征,这种金融市场结构也是银行不能很好地践行社会责任的原因之一。

## 第五节　完善商业银行社会责任体系的政策建议

从上文对企业社会责任理论的梳理可以看出,企业社会责任有着深厚的思想渊源,它伴随着社会化大生产和市场经济的发展而逐渐受到社会群体的广泛关注。基于不同的经济学思想和企业管理理论,不同流派的学者对企业社会责任的内涵的理解各不相同,并且以此为焦点,各流派之间产生了论争。也正是诸多学者思想的碰撞,促成了企业社会责任理论的完善和与其他经济、管理理论的融合。我们可以得到以下基本的结论:

第一,商业银行在本质上仍属于企业的范畴,但是,商业银行又不同于一般的工商业企业,而是具有一定的特殊性,重点体现在其经营对象的特殊性、资本结构的特殊性、行为选择的外部性,以及不同于其他金融机构的银行特有职能等方面。正是因为商业银行的特殊性与重要性,使得其不仅需要对自身负责,更应该对整个社会负责。商业银行应承担的特殊社会责任具体包括:强化风险管理,确保存贷款的安全性与稳定性;引导社会资金分配,发挥社会责任主体优势;加强自身信用体系建设。

第二,在国际上声势浩大的企业社会责任运动背景之下,国外商业银行关于企业社会责任的讨论和实践也逐渐兴起并得以迅速发展。在国际上知名度越高的银行,其对社会责任的重视和实践探索也越明显,它们将企业社会责任列入企业战略目标管理当中,积极加入相关的国际约束机制,定期对外公布社会责任报告等。

第三,国际上已经确立了一些完善的评估标准体系,既包括普遍适用于各行业企业的标准,也包括仅适用于金融行业的标准,如赤道原则。这些评估标准对于商业银行履行社会责任具有积极的指导意义和正面的社会效应。实践经验也表明,此类标准的运用不仅能够对商业银行本身的经营管理和业绩表现产生良好的作用,也会对社会带来有益的影响。

第四,在国际商业银行广泛推崇社会责任实践和我国金融业对外开放深化的情况下,我国的商业银行及相关政府监管部门、社会群体也逐渐认识到了企业社会责任的重要性。近些年的实践表明,国内越来越多的商业银行开始探索自身的企业社会责任文化理念,并且通过一些途径尝试将其付诸于实践。可以说,这是推进商业银行社会责任体系建设的一个良好的开端,也有助于我国银行紧跟国际银行业的发展潮流,提升自身的竞争力。

第五,尽管如此,我国银行在履行企业社会责任的实践中仍然存在诸多问题,主要有:商业银行存在诸多缺乏诚信的行为,如选择性放贷、信息不对称、从业人员的职业道德缺失等;缺乏承担社会责任的动力机制,包括内部动力及外部动力;没有发挥对社会资金流向的引导作用;仍然存在制度性的缺陷。这些问题的根源,不仅有银行内部相关者的道德缺失、外部相关者的参与不够等因素,还有诸如产权问题、融资制度问题、市场结构问题等方面的制度性缺陷。可见,我国商业银行社会责任体系的推进,仍然任重而道远。

根据以上的论述与分析,从我国商业银行的实践情况出发,最后给出如下政策建议:

第一,树立正确的社会责任观,完善公司治理。长期以来,我国金融领域的参与者对企业社会责任的认识一直处于较浅的层面,正如前文分析的,银行对企业社会责任的认识存在很多误区,可见我国商业银行在企业社会责任方面最主要的问题就是意识观念的问题。要树立正确的社会责任观,建立适应国际社会责任理念的企业治理结构,把银行的企业社会责任与银行的可持续发展有机结合起来。应将企业社会责任作为银行发展战略和治理结构的组成部分、作为管理者决策的重要考虑因素。它应该既是企业追求的发展目标和经营理念,又是企业用来约束内部及其商业伙伴行为的一套管理体系。

企业社会责任理念应包含以下内容:一是保证经营管理活动的合规性,对股东、员工、客户、商业伙伴等履行最基本的经济责任和法律责任;二是有效利用银行特殊的金融中介职能,发挥其自身优势,通过信贷投放、慈善捐助等引导社会资金,积极履行道德责任和慈善责任;三是重视银行的日常经营活动可能对金融体系甚至国民经济产生的重要影响,站在社会重要成员的角度来支持社会的发展;四是在核心理念上与国际主流观点保持一致，但在具体标准与操作上要适应中国的国情与发展目标，真正实现其社会价值。

第二，加强商业银行企业社会责任的宣传和教育。要继续加强对企业社会责任的研究和讨论，加强商业银行企业社会责任理念的普及和培训，让银行的每一个成员都能够理解企业社会责任的内涵和重大意义。在具体操作上，不能仅仅停留在宣传口号上，还要考虑银行自身的实力，有针对性在将企业社会责任与银行的长期可持续发展相联系，制定出合理的社会责任目标及实施策略。

根据国际经验，通常来讲，知名度高、实力雄厚的银行是银行业履行社会责任的先行者，也使得众多银行的企业社会责任实践有可参考可仿效的对象。在我国，也可以考虑首先加强四大国有银行和其他几家实力雄厚的股份制银行的企业社会责任体系建设，再进一步引导扩大其他股份制商业银行、城市商业银行、农村信用社等参与到企业社会责任的实践中来。

第三，建立企业社会责任信息披露制度。企业社会责任信息当前在很多国家并不属于强制性披露的信息，但大量的上市公司都进行了企业社会责任信息的披露，西方国家则明确要求企业以一定的规则披露企业社会责任信息。比如在美国，企业必须按规定披露其环境方面的信息，特别是那些有关环境污染或其他可能造成直接财务后果的财务问题。借鉴国外经验，建议我国也鼓励商业银行披露企业社会责任信息，并建立相应的企业社会责任信息披露机制，以及时公布银行的重大决策信息，确保财务和重大决策的透明度，利用公众的监督有效保护商业银行利益相关者的利益。

第四，建立向中小企业发放贷款的正向激励机制。中小企业在我国的经济发展中占有举足轻重的地位，作为社会资金融通的核心部门，商业银行有责任向经济体中这一影响重大的群体提供支持，商业银行也有权利从中获取收益。但是，鼓励商业银行向中小企业发放贷款，关键在于不能照搬传统企业贷款管理模式和风险管理方式，而是要根据实际情况充分运用创新的理念和经营模式。如果根据传统的做法，商业银行缺乏给中小企业贷款的根本动力，而在市场经济环境下，政府又不能完全依靠行政法规去强迫商业银行这么做。这就需要在政府、监管部门以及其他相关社会成员的共同协助下，建立正向激励机制，以鼓励商业银行向中小企业发放贷款。这并不与银行的经营特性相悖，相反，这才最大限度地发挥了银行作为社会资金融通渠道的重要作用，使其在正常经营获取收益的同时履行了社会责任。

第五，政府加强对商业银行的监管及宏观调控。① 推进法制化建设。法律作为硬约束，是现代文明国度保障国家和人民利益最有力的手段，企业能否将社会责任付诸实践，很大程度上依赖于法律力量。在企业社会责任方面，我国的立法已走到了理论的前面，比如《中华人民共和国公司法》中关于职工参与企业经营管理、劳动保护、对债权人负责的规定，《中华人民共和国公益事业捐赠法》对税法关于公益、救济性捐赠享受扣减所得税待遇的重申等，都为银行实施社会责任行为提供了基本的法律依据。但是，专门针对银行社会责任的法律体系还不够系统全面，仍需要进一步完善。建议政府及监管机构应加强金融机构社会责任方面的法制建设，用法律法规来约束银行，为其行为设定底线，特别是应当借鉴国外在立法中对企业社会责任给予明确定义的成功做法，把银行企业社会责任明确写入法律责任内容，由此引起社会各方对企业社会责任的关注和重视，也让银行的实践活动范围更加明晰。② 重视政府对商业银行社会责任的促进与监督作用。一方面,政府要制定相关激励政策,对承担企业社会责任的银行给予政策优惠,支持和奖励银行诚信经营、保护环境、节约资源、关爱员工、参与社会公益事业。另一方面,应该建立相应的稽查制度,监督银行的经营行为,对银行各种不道德、不负责任的行为采取一定的惩罚措施。③ 建立企业社会责任评价体系。在西方发达国家,对企业的评价都是从经济、社会和环境三个方面进行的,经济指标仅仅是企业最基本的评价指标。目前国际社会上关于企业社会责任的评价有很多,如道琼斯可持续发展指数、多米尼道德指数,《财富》《福布斯》等权威性的商业杂志在对企业进行评比时都将企业社会责任纳入了评价体系。但目前我国还普遍缺乏对企业履行社会责任的系统性评价,特别是我国银行业还没有建立起成熟的行业内企业社会责任标准和完善的评价体系,对于国外诸多原则也只是处于认识阶段,还没有广泛地推行运用。因此,建议我国政府、监管部门、行业组织、其他相关机构及银行自身加强社会责任评价体系的建设,引入第三方对于银行企业社会责任报告进行客观的评估认证,以此引导银行建立其适当的社会责任目标,开展合理的实践活动。

## 【关键术语】

赤道原则　全球契约　道琼斯可持续发展指数　赤道银行　金融教育　小额信贷
企业社会责任动力机制　企业社会责任监督约束机制　企业社会责任的制度制约

## 【进一步思考与讨论】

1. 国外商业银行的社会责任体系构建给我们哪些启发?
2. 什么是赤道原则? 实施赤道原则需要承担哪些社会责任?
3. 花旗银行的企业社会责任体系包含哪些要素?
4. 我国商业银行在企业社会责任体系构建方面有哪些优势和不足?
5. 如何借鉴国外经验完善我国商业银行的社会责任体系?
6. 我国商业银行在履行企业社会责任方面有哪些成功的经验?
7. 中小商业银行应该如何因地制宜构建社会责任体系?

## 本章参考文献


布莱尔. 所有权与控制:面向 21 世纪的公司治理探索[M]. 张荣刚,译. 北京:中国社会科学出版社,1999.

陈宏辉. 企业利益相关者的利益要求:理论与实证研究[M]. 北京:经济管理出版社,2004.

崔宏. 商业银行社会责任及其报告披露:问题与改进[J]. 金融论坛,2008(3):42—50.

单忠东等. 中国企业社会责任调查报告(2006)[M]. 北京:经济科学出版社,2007.

含岭. 防范银行罪案挑战重重[J]. 财经,2005(7):24—25.

侯秉乾. 我国银行的社会责任及其实现[J]. 中国金融,2005(23):50—51.

胡浩. 公共财政与商业银行金融服务[M]. 北京:中国金融出版社,2007.

贾国文,刘奕奕.从次贷危机看银行危机[N].中国证券报,2008-8-20.

科特勒,李.企业的社会责任:通过公益事业拓展更多的商业机会[M].姜文波,译.北京:机械工业出版社,2006.

黎友焕.论企业社会责任建设与构建和谐社会[J].西北大学学报(哲学社会科学版),2006(5):44—47.

李炳毅,李东红.企业社会责任论[J].经济问题,1998(8):34—36.

李立清,李燕凌.企业社会责任研究[M].北京:人民出版社,2005.

刘园,王达学.金融危机的防范与管理[M].北京:北京大学出版社,1999.

陆岷峰.商业银行危机管理[M].北京:中国经济出版社,2008.

尼尔森.伦理策略——组织生活中认知和推行伦理之道[M].陈育明,译.北京:中国劳动社会保障出版社,2004.

沈洪涛,沈艺峰.公司社会责任思想:起源与演变[M].上海:上海人民出版社,2007.

沈洪涛,沈艺峰.相关利益者理论研究传统之探讨[J].中国经济问题,2003(2):23—31.

王幼军.新兴市场条件下的企业管理:公司治理视角[M].成都:西南财经大学出版社,2006.

张长龙.金融机构的企业社会责任基准:赤道原则[J].国际金融研究,2006(6):14—20.

张旭.金融深化、经济转轨与银行稳定研究[M].北京:经济科学出版社,2004.

郑先炳.解读花旗银行[M].北京:中国金融出版社,2005.

《中国企业管理年鉴》编委会.中国企业管理年鉴[M].北京:企业管理出版社,1990.

周祖城.企业社会责任视角、形式与内涵[J].理论学刊,2005(2):58—61.

朱文忠.商业银行企业社会责任的基本内涵与做法[J].金融与经济,2007(2):88—90.

C F MICHELLE. Time to Go Green: Environmental Responsibility in the Chinese Banking Sector,2007.

L WILLIAM. Thomas. Equator-Risk and Sustainability [J]. Project Finance International, Yearbook,2004.

W CHRISTINA, DE C SEAN. Sustainability Banking in Africa[J]. African Institute of Corporate Citizenship, 2004, 9.

# 第六篇　金融伦理的历史解读与借鉴

本篇主要探讨中国传统经济伦理思想以及商业伦理实践，并以山西票号和近代私营银行的金融伦理实践来观照今日中国的金融伦理问题。中国在几千年的文明史中积淀了极为深厚、极为宝贵的德性主义伦理观，历代思想家都提出了极其深刻的经济伦理思想，值得珍视。本篇分两章。第十五章对我国传统经济伦理思想和实践做了系统的梳理。该章首先对我国传统伦理的形成与特征做出分析，指出我国古代伦理思想对道德在经济发展中的核心作用的强调，成为我国传统农业社会长期维持的伦理基础。该章分析了信用文化在中国古代各个学派的表述方式，并系统梳理了自孔子以来传统义利观的演变与发展，分析了义利范畴在中国传统经济伦理中的重要性及其内涵与层次，尤其详尽阐释了孔子的“见利思义”和“义以生利”的思想及其对现代经济与金融体系运行的意义。该章还对荀子以来尤其是司马迁、王安石、陈亮和叶适等人的功利主义义利观做了深入解析，并以范蠡、白圭、苏云卿等历代优秀的商贾为例，说明我国古代商业伦理的成功实践及其现代意义。第十六章第一节运用山西票号的案例，说明票号信任机制的形成和信号释放机制，并基于社会资本视角，对山西票号信用机制的维系做出了深入的分析；第二节则探讨了我国近代私营银行的金融伦理和企业文化构建，说明了我国近代私营银行如何在借鉴近代国际经验的基础上，有效而巧妙地融入我国传统经济伦理和商业伦理，成功地将其运用于近代私营银行的经营管理实践，并以陈光甫和上海商业储蓄银行为例，更详尽地说明了近代私营银行构建伦理文化的具体机制与创新。

# 第十五章　中国传统经济伦理和商业伦理的积淀与实践

【本章目的】

学习本章,主要应对我国传统的经济伦理观的演变有初步的了解,探讨传统义利观和信用观的发展变化,并从我国传统商业伦理的成功实践中得到启迪。

【内容提要】

本章对我国传统经济伦理思想和实践做了系统的梳理。本章首先对我国传统伦理的形成与特征做出分析,指出我国古代伦理思想对道德在经济发展中的核心作用的强调,成为我国传统农业社会长期维持的伦理基础。本章分析了信用文化在中国古代各个学派的表述方式,并系统梳理了自孔子以来传统义利观的演变与发展,分析了义利范畴在中国传统经济伦理中的重要性及其内涵与层次,尤其详尽阐释了孔子的“见利思义”和“义以生利”的思想及其对现代经济和金融体系运行的意义。本章还对荀子以来尤其是司马迁、王安石、陈亮和叶适等人的功利主义义利观做了深入解析,并以范蠡、白圭、苏云卿等历代优秀的商贾为例,说明了我国古代商业伦理的成功实践及其现代意义。

## 第一节　中国传统经济伦理与信用文化积淀

在中国的文化传统中,道德一直是一个核心命题。在中国的古代经济思想中,伦理思想占据着核心的主导性地位,而在古代的经济思想中,德性主义的伦理思想又占据着核心和主导性的地位。因此,强调道德对经济发展的积极作用一直是中国古代经济思想和伦理思想的核心内容。[①] 对伦理道德的经济功能的极端重视,是传统农业社会经济结构和社会结构的产物。在传统农业社会中,社员成员的伦理实践具有时间上的延续性、累积性,以及空间上的可观测性。时间上的延续性和累积性使得农业社会中成员的家族名誉在社会人际交往中扮演重要角色,农业社会更重视世代道德资源的不断积淀(所谓“忠厚传家久”[②])。空间上的可观测性缘于传统农业社会人际交往结构的单一,这个特点使得农业社会成员的行为必须接受社区内部的随时监督。因此,在传统经济观念中

---

① 唐凯麟、陈科华:《中国古代经济伦理思想史》。北京:人民出版社 2004 年版,第 11—15 页。

② 中国传统农业社会最著名、最典型、最常用的春联之一是“忠厚传家久,读书继世长”,前者表明该家族的品性与道德积淀,后者表明该家族的文化品位、诗书传统以及将来以读书跻身主流社会的梦想。

强调经济伦理,也就不足为奇。正是这种具有深邃历史感的伦理传统,维系着中国传统社会的和谐秩序,在一定程度上取代了法制,成为传统农业社会中社会秩序的主导性的维护力量。中国著名研究专家费正清先生以西方学者的视角也得出了同样的结论:

> 在西方那种多元社会里,各种社会力量,如教会与国家、资本与劳动力、政府与企业,都通过法制以获得有机的平衡。而在中国,社会行为规范却来自家庭制度本身所蕴含的忠贞诚善等个人品德。法律是进行管理的必需工具,而个人道德却是社会的基础。中国社会远未因为法律观念薄弱而导致无政府状态,恰恰相反,它靠儒家思想紧密地结成了一体。可以说,这种伟大的伦理制度比法律和宗教在西方所起的作用还要巨大。[①]

在中国传统农业社会的伦理原则中,"诚信"作为道德的一个重要范畴,历来得到思想家们的强调和重视,这说明信用的观念在农业社会中深入人心且占据着重要的地位。在古代,"诚"和"信"是相通的道德范畴,许慎在《说文解字》中,把"诚"和"信"互训:"诚,信也,从言成声;信,诚也,从人从言。"[②]在我国古代类似于原始社会的经济形态中,将"信"作为一种重要的道德实践加以强调,在那种"大同社会"中,"大道之行也,天下为公,选贤与能,讲信修睦"[③],描绘了一幅社会成员之间互相信任从而构造和谐社会的画面。儒家经典《论语》中,孔子把"信"列为"四教"之一,"子以四教:文,行,忠,信"[④]。孔子强调"信"是一个人行为的基础:"人而无信,不知其可也。大车无輗,小车无軏,其何以行之哉?"[⑤](意思是:人没有信用,真不知道怎么可以呢!就好比大车上没有輗,小车上没有軏,它靠什么行走呢?)《论语》既把"信"作为人际交往的基本准则("与朋友交,言而有信"[⑥]),也当作国家治理的一个基本方略("君子信而后劳其民"[⑦])。早期儒家学派的这些思想在后期的继承者那里得到更深刻的阐发,孟子把"朋友有信"与"父子有亲,君臣有义,夫妇有别,长幼有序"并列为"五伦"[⑧],明确了"信"在传统道德谱系中的地位。先秦其他学派的思想家也都强调"信"作为道德规范的巨大作用。墨子说"志不强者智不达,言不信者行不果"[⑨];老子说"信言不美,美言不信"[⑩];韩非子说"小信成则大信立,故明主

---

① 费正清著,张沛译:《中国:传统与变迁》。北京:世界知识出版社2002年版,第16—17页。

② 许慎:《说文解字》。《说文解字》是我国第一部正式的字典,作于东汉和帝时代,收汉字9 000个。关于该字典的介绍,请参照朱自清:《经典常谈》。上海:生活·读书·新知三联书店1998年版。

③ 《礼记·礼运》。

④ 《论语·述而》。

⑤ 《论语·为政》。輗、軏,是古代大车(用牛拉,以载重)和小车(用马拉,以载人)车辕前横木上嵌着的起关联固定作用的木梢子(榫头)。

⑥ 《论语·学而》。

⑦ 《论语·子张》。

⑧ 《孟子·滕文公上》。

⑨ 《墨子·修身》。

⑩ 《道德经》第八十一章。

积与信”[①]。庄子所讲的“尾生抱柱”[②]和韩非子所讲的“曾子杀猪”[③]的故事，历代传为美谈，成为传统文化里教人守信常用的著名典故。中国悠久的道德文化传统和深厚的伦理积淀是一笔宝贵的历史遗产，但是，由于传统社会结构在近代以来的巨大变迁，支撑传统信用传统的社会基础逐步被削弱，导致传统信用观念和信德文化的衰微，这种现象在社会剧烈转型的今天显得尤其明显。[④]

传统农业社会中对信用伦理的极端重视和近代以来由剧烈制度变迁带来的信德文化衰微，这两种力量导致当代农村社会出现两种不同的信用景观：一方面，农村人口流动的加快和农村社区的不稳定加剧，使得传统的信用观念受到冲击，农民不讲信用的现象开始出现，尤其当农民离开原来的农村社区而进入城市的时候，这种传统信德体系断裂的现象特别明显；另一方面，由于悠久的信用传统和乡土文化的熏陶，再加上农村的市场化和商业化的加强，农民的市场观念和与此相关的市场信用意识开始增强，这有可能成长为一种新的农村信用伦理文化。对此持过度悲观态度是没有必要的，在社会经济结构剧烈变化的时代，道德伦理的转型需要一个过程，这个过程不是依赖于道德说教，而是依赖于市场经济的实践。农民在市场经济中的伦理实践一旦与传统伦理积淀结合起来，就会产生一种新的极具市场适应力的伦理行为，从而使得农民和农户的从小农经济下朴素的信用观念转变为市场经济下严格的契约意识和守信意识。

## 第二节　中国传统经济伦理与义利观及其现代意义

### 一、义利范畴在中国传统经济伦理中的重要性及其内涵与层次

义利观是儒家的核心思想，被很多人称为“儒家第一义”。比如程子就说“天下之事，惟义利而已”[⑤]；朱熹说，“义利之说，乃儒者第一义”[⑥]；王夫之则说“以要言之，天下之大防二[⑦]，而其归一也。一者，何也？义，利之分也”[⑧]。义利观也是现代伦理学的核心范畴之一，因此系统梳理我国传统经济伦理思想中的义利观，对于我们理解当代经济伦理会

---

① 《韩非子·外储说左上》。

② 《庄子·盗跖第二十九》：“尾生与女子期于梁下，女子不来，水至不去，抱梁祝而死。”（意思是：尾生和一个女子相约在桥下见面，到时那女子却没有来，潮水涌来尾生也不肯离去，结果搂着桥柱而死。）“尾生抱柱”的故事最早载于《战国策·燕策》，“尾生”作“尾生高”。《论语·公冶长》：“孰谓微生高直？或乞醯焉，乞诸其邻而与之。”（意思是：孔子说，谁说微生高这个人直爽啊，有人向他要点醋，他到他的邻居家要了点醋，给了那个人。）“微生高”即“尾生”，鲁国人，以直爽、守信而著称。后人将“尾生抱柱”的故事编为“兰桥会”。

③ “曾子杀猪”的故事见于《韩非子·外储说左上》。曾子的妻子准备去赶集，孩子哭闹不已，曾子的妻子许诺孩子赶集回来杀猪给他吃（用这种方法来哄孩子）。曾子的妻子从集市回来后，曾子就捉猪来杀，妻子阻止说：“我不过是哄孩子玩的。”曾子说：“跟孩子是不可说着玩的。小孩子不懂事，凡事跟着父母学，听父母的教导。现在你哄骗他，就是教孩子骗人啊！”于是曾子就把猪杀了。

④ 余英时：《现代儒学论》。上海：上海人民出版社1998年版，第230页。王淑芹等著：《信用伦理研究》。北京：中央编译出版社2005年版，第130—133页。另参见王曙光：《制度变迁时期的伦理困境和市场经济的道德基础》，收于王曙光：《理性与信仰：经济学反思札记》。北京：新世界出版社2002年版，第110—121页。

⑤ 《河南程氏遗书》卷十一。

⑥ 朱熹：《李延平与先生书》，《朱文公文集》卷二十四。

⑦ “天下之大防二”指华夷之辨与君子小人之辨。

⑧ 王夫之：《读通鉴论》卷十四。

有很大的借鉴作用。[①] 从某种意义上来说,我国传统经济思想和伦理思想的源头是义利之辩,而贯穿中国几千年经济伦理的核心范畴仍然是义利之辩,可以说没有任何一种思想和价值观能够像义利观一样在中国的历史长河中占据如此高的地位,引起如此多的争议。因此,说"义利之辩"是中国经济思想和伦理思想的"元概念",是一点也不夸张的。[②]

在探讨义利观之前,我们需要对义利的概念做一些基本的梳理。从字源学的角度来说,在许慎的《说文解字》中说"义(繁体字为"義"——作者注),已之威仪也,从我、羊",在徐锴《繫传》中说"羊者,美物也。羊,祥也"[③]。"我"在古代文字中表征一个人"执戈垂立"的意思,意为对自我利益的保卫。因此,有学者解释说,"我"是认识到自身利益并产生了自卫意识的伦理主体,表征的是一种意识之我对实在之我的承认及其由此建立的主体人格[④],这种解释有一定道理。而羊是一种对人既有审美价值又有功利价值的动物,古代的"美""善"等字,都从羊,说明羊表征吉祥美善。因此,"義"的造字法充分表达了先民对自我利益和美善等伦理价值关系的看法,即自我功利价值在下,而美善等伦理价值在上,既注重维护自己的正当的个人利益,又在此基础上弘扬伦理道德的功能性因素[⑤],说得更清楚些,就以美善的途径和方式实现对自我的维护就是"義","義"字首先表达为一种"合宜"(即"义者,宜也"[⑥])的行为方式,是符合道德准则的一套行为方式。我们现在所说的正义、道义等,都指的是对一件事情的合宜性的价值判断。当然,义作为一个价值范畴,存在很多层次,属于不同的群体、不同的阶层,有不同的地位、不同的职业、不同文化背景,处于不同时代的人,其合宜的行为方式和价值要求是有所差异的。对一个人来说合宜的行为方式和价值要求,可能对另外一个与之不同阶层、地位和文化背景的人就不适用;即便如此,人类仍旧有一些共通的价值规范和行为准则被所有人所认同为合宜的,这些价值规范和行为准则可能超越时代、超越人群、超越文化背景,构成人类道德传统的核心部分。明清之际思想家王夫之就曾把"义"分成"一人之私义""一时之大义""古今之通义"这三个层次和范畴,这个三个范畴一个比一个高,在一定历史条件下可以统一,但又经常发生矛盾。而当这三个层次发生矛盾的时候,就要以较高的价值准则为基础,即"不可以一时废千古,不可以一人废天下"[⑦]。也就是说,当"一人之私义"与"一时之大义"矛盾的时候,就要以天下人所共有之"一时之大义"(在一定历史条件下天下所有人共同的价值准则)为依归,不能因为自己的一个人的私义而破坏所有人的共同价值准则;当"一时之大义"与"古今之通义"相矛盾的时候,就要以超越时代的古今共同的价值准则为依归,而不能因为一个时代的道德准则而破坏超越古今时代的人类最高价值

---

① 实际上,义利之辩在孔子和早期儒家学派之前就存在,很多人提出了精辟的思想。如早在孔子诞生前一个世纪,晋国大臣里克就说:"义者,利之足也。……废义则利不立。"(《国语·晋语二》)其后,晋文公的胥臣提出了"义以道(导)利"(《国语·晋语四》)的观点。周襄王的大夫富辰也说:"夫义所以生利也,……不义则利不阜。"(《国语·周语中》)晋卿赵衰说:"德义,利之本也。"(《左传》鲁僖公二十七年)。相关的论述,参见赵靖主编:《中国经济思想通史(第一卷)》。北京:北京大学出版社 1991 年版,第 81 页。

② 王泽应:《义利观与经济伦理》。长沙:湖南人民出版社 2005 年版,第 10—11 页。

③ 汤可敬:《说文解字今释》(东汉许慎原著)。长沙:岳麓书社 1997 年版,第 1809—1910 页。

④ 王泽应:《义利观与经济伦理》。长沙:湖南人民出版社 2005 年版,第 11 页。

⑤ 同上。

⑥ 《礼记·中庸》。

⑦ 王夫之《读通鉴论》卷十四。

准则。

《说文解字》对"利"的解释是:"銛(音 xian,平声)也,从刀。和然后利,从和省。《易》曰:'利者,義之和也'。"在屈翼鹏《殷虚文字甲编考释》中说:"利当是犁之初文。从禾,从刀。"[①]有些人把"利"字训为"以刀割禾,即收获之义",这种解释有些偏差,但并不妨碍我们对"利"的基本含义的理解。"利"表示对人类有功利价值的物质或非物质利益。而《易》中对"利"的解释"利者,義之和也"很有意思,把"义""利"很自然地统一起来,意谓只要遵循合宜的行为准则与伦理价值,就能获得对自己有功利价值的利益。从这个角度来说,我国先民在很早以前就已经把义、利这两个基本范畴统一起来了。利也有不同的层次,有一己之私利,有一群体之利,有一国之利,有全人类之利。利的层次性意味着不同层次的利益关系很可能遭遇矛盾的情况。如我们在前面很多章节讨论的金融伦理问题中,就有很多伦理问题是由于不同层次的利益矛盾所致。举例来说,一个银行职员为了自己的私利而做假账、侵吞银行资产,这是以一己之私利来侵害企业之公利。再如,一些投资银行为了自己的企业发展需要,向客户推销高风险的金融衍生产品,从而造成客户的损失和金融体系的不稳定,这是以一个企业或行业之私利而侵害公众之公利。再如不平等的贸易地位、歧视性的贸易保护政策、故意实施以邻为壑式的汇率政策、故意维系不公正的国际货币体系等,导致别的国家的利益受损,这是以一国之私利而侵害别国乃至全人类之公利。在经济体系和金融体系中,如何处理个人、企业、国家和公众利益之间的关系,是一个核心的伦理问题。

## 二、孔子和传统儒家学派的义利观

作为儒家学派的创始人,孔子对于义利范畴的论述对中国传统经济思想史和伦理思想史产生了深远的影响。尽管孔子对"利"采取"罕言"[②]的态度(即很少谈论),但是其实在《论语》中还是记录了很多孔子对"利"以及义利关系的观点,兹列举要者如下:

> 君子之于天下也,无适也,无莫也,义与之比。(《论语·里仁》)
>
> 君子喻于义,小人喻于利。(《论语·里仁》)
>
> 见利思义,见危授命,久要不忘平生之言,亦可以为成人矣。(《论语·子张》)
>
> 君子谋道不谋食,……忧道不忧贫。(《论语·卫灵公》)
>
> 饭疏食,饮水,曲肱而枕之,乐亦在其中矣。不义而富且贵,于我如浮云。(《论语·述而》)
>
> 群居终日,言不及义,好行小惠,难矣哉!(《论语·卫灵公》)
>
> 富与贵,是人之所欲也,不以其道得之,不处也;贫与贱,是人之所恶也,不以其道得之,不去也。(《论语·述而》)
>
> 富而可求也,虽执鞭之士,吾亦为之。(《论语·述而》)
>
> 邦有道,贫且贱焉,耻也;邦无道,富且贵焉,耻也。(《论语·泰伯》)

---

① 引自汤可敬:《说文解字今释》。长沙:岳麓书社 1997 年版,第 591 页。

② 《论语·子罕》。

从以上言论看来，孔子及其早期儒家学派在义利方面的观点可以概括为“义主利从论”[①]，即在义和利的关系中，“义”是核心的价值观，“利”要服从“义”，谋利要合乎价值准则和伦理规范，但孔子及早期儒家学派并不完全否定“利”的合理性。有些人把孔子学说中的义利观理解为“义”和“利”对立的关系，以为孔子倡导“义”而否定“利”，把仁义作为君子的行为准则而完全鄙弃“利”，从而把孔子理解为一个单纯强调道德准则而否定功利准则的道德至上主义者，这是极大的误解。这种片面的理解不利于我们全面理解孔子的经济伦理观念。在孔子看来，一个君子，要以社会价值准则为行动指南，而不以自己的私利来破坏这种价值准则；一个人以正当的方式和合宜的途径获得正当的利益，这是值得肯定的，孔子所批评的是“不义而富且贵”，而不是简单地否认一切追求“富贵”的行为。他曾说过这样的话，“富而可求也，虽执鞭之士，吾亦为之”，可见孔子并不鄙薄功利和富贵，只要这种追求富贵的行为不损害公认的社会价值准则和道德观念。孔子甚至还半开玩笑地对自己的得意弟子颜回说：“使尔多财，吾为尔宰。”[②]可见孔子在财富（利）的问题上是很通透的，完全没有后来人们误解的道学家的教条主义色彩。从“富与贵，是人之所欲也”这句话中，则可以看出孔子还是非常实事求是的，他肯定喜富恶贫是所有人再正常不过的愿望，不管这个人是君子还是小人。

孔子的义利观集中体现在“见利思义”和“义以生利”这两个观点上。我们先分析“见利思义”。其实，“见利思义”“见得思义”[③]“义然后取”[④]等类似的话，在《论语》中多处谈到。“见利思义”，即是当一个君子面临利益（主要是指物质或非物质的功利）关系时，要以是否合乎“义”为标准，来判断是否获得或占有这些“利”。所谓“君子爱财，取之有道”也，否则就是“见利忘义”。对于那些损害他人和社会道德准则的获利机会（其实名誉等也是一种利），一个正直的君子应该毫不犹豫地放弃之。当然，在这个“利”中，主要还是指“私利”，正是从这个意义上来说，冯友兰先生认为，“儒家所谓义利之辨之利，是指个人私利。……若所求的不是个人私利，而是社会的公利，则其行为不是求利，而是行义”[⑤]，这个观点的确有一定道理。但是假若超越这个“私利”的范畴，是否在获得这种“公利”的时候就可以抛弃“义”的要求而不择手段呢？在这一点上，孔子的态度也是很明确的，就是即使为了国家利益或集体利益等“公利”，也要考虑实现方式的正当性，要符合社会道德准则，而不能不择手段，即获取“公利”的前提也要符合“义”。孔子强调“德政”和“仁政”，反对为了国家利益而不择手段的那种“霸道”和“诡道”，提倡以正当的方式获得国家利益和振兴国家的“王道”。孔子在评价晋文公和齐桓公两个人的霸业时，是有褒有贬的，他赞成齐桓公和管仲的“仁道”，而谴责晋文公获得霸业时使用的“诡道”。他说：“晋文公谲而不正，齐桓公正而不谲。”[⑥]他也曾多次赞叹管仲以“仁道”帮助齐桓公成就春秋首霸之业：“桓公九合诸侯，不以兵车，管仲之力也。如其仁，如其仁！”[⑦]可见，冯

① 赵靖主编：《中国经济思想通史（第1卷）》。北京：北京大学出版社1991年版。
② 司马迁：《史记·孔子世家》。
③ 《论语·季氏》。
④ 《论语·宪问》。
⑤ 冯友兰：《冯友兰学术论著自选集》。北京：北京师范学院出版社1992年版，第282页。
⑥ 《论语·宪问》。
⑦ 《论语·宪问》。

友兰先生所理解的儒家“义利之辨”中的“利”仅为“个人私利”，是有一定局限性的。在孔子看来，不仅追求个人私利应该以一定的道德准则为前提，就是在追求集团或国家利益时，也要以“义”为前提，反对不择手段追求集团和国家的利益。这一观点对我们当今的经济运行效率和金融体系运作有特别重要的意义。在最低的个人私利的层次上，我们都可以理解，一个银行的职员或证券公司的员工应该遵守基本的道德准则，应该以正当的方式获取自己的利益，而不应破坏职业道德进而获得不正当的私利。但是，如果为了更多的企业利益，很多银行职员或证券公司、投资银行的员工就认为可以“不择手段”，因为他们以为，他们的行为不是为了个人私利，而是为了企业的生存和发展，所以即使有些行为破坏了社会道德准则，也是值得赞赏的。如我们前面所举的例子，很多投资银行职员为了企业的高利润，不惜损害客户和社会的利益，推销高风险的衍生金融产品，结果这种看起来符合企业“公利”的行为却恰恰损害了更高层次的社会“公利”。从孔子的伦理标准来看，即使为了企业“公利”，这种不道德的行为也是必须受到谴责的。

我们再来分析“义以生利”。这个命题很有意味。孔子虽然“罕言利”，但是他也非常清楚，“利”是人之“大欲”，他是承认人的正当的利益需求和功利欲望的，并不是一个不食人间烟火的道学家。但他为什么又“罕言利”呢？这可以从两个层面去理解：第一个层面，孔子认为，在“义”和“礼”的范围之外，不能言利，“义”对于“利”有道德价值上的优先性，不能破坏道德准则去获利；第二个层面，在“义”和“礼”的范围之内，不必谈“利”，因为在孔子看来，只要符合“义”和“礼”，利就自然而然获得了。赵靖在《中国经济思想通史》中，精辟地谈到：“礼制本身已对各级奴隶主贵族的财富占有和生活享用做了明确的规定，只要坚持礼义，奴隶主贵族所需要的财利自然就有了保证，而不需要再‘言’。”赵靖还谈到：“‘义’以外的‘利’是‘君子’所不当言，‘义’以内的‘利’是君子所不需言——这就是孔丘‘罕言利’的秘密所在。……在孔丘看来，义不但体现着君子之德和君子之质，而且义对利既有约束、规范的作用，又有保证的作用，所以在义和利的关系中，必须把义放在主导的地位，而利只能处于从属的地位。”[①]如果抽象掉孔子说“义以生利”的历史背景和阶级背景，那么这句话对于我们今天的经济运行和金融体系运作有什么现实意义呢？笔者认为，“义以生利”的观点，从现代经济学的视角来看，也是有很深刻的合理性的。“义”作为一种道德准则体系和行为规范，如果被行为主体切实地实行，必然为行为主体带来极大的社会声誉，其社会信用度和美誉度就会极大地提升，从而积累极为珍贵的“社会资本”。社会资本比物质资本、金融资本、知识资本更重要，是决定行为主体经济效率和经济利益的重要变量。因此，如果一个行为主体在经济运行和金融体系运作中遵循了“义”，模范地执行了道德准则，则其社会资本就会增多，其成功的可能性就越大，也就是说，“义”直接带来了“利”。这就是用现代经济学和社会资本观点来重新阐释的“义以生利”。可见，如果抛开具体的历史环境和阶级背景，“义以生利”对现代社会运行也是有巨大的借鉴意义的。比如本书第五篇探讨金融机构的社会责任问题，就是“义以生利”的一个很好的说明。一个银行如果模范地履行其社会责任，在促进环境保护、可持续发展、增进性别平等、促进社区发展和民族文化多样性以及扶持弱势群体等方面做得很优

---

① 赵靖主编：《中国经济思想通史（第1卷）》。北京：北京大学出版社1991年版，第87页。

秀，它必然赢得巨大的社会声誉，这种社会声誉对于银行而言就是一笔巨大的、难以替代的“社会资本”，它赢得了社会的广泛信任，因而其客户美誉度和信任度就会大幅提升，从而会赢得大量的商业机会和利润。再如，一个会计师事务所如果能够严格地履行其职业规范和道德准则，维护自己的信用，那么它必然会奠定长久发展的坚实基础，对于它而言，坚守道德准则这样的符合“义”的行为，直接就可以为它带来“利”，这就是“义以生利”。反之，如果这个会计师事务所采取欺诈的手段破坏诚信，为整个社会提供假信息，那么它存在的根基就会坍塌，没有了“义”，“利”就随之消失，安达信的覆灭就是生动案例。

## 第三节　儒家功利主义学派义利观和我国传统商业伦理的实践

### 一、荀子以来儒家功利主义学派义利观的发展

自荀子以来，秦汉以降迄于宋明，儒家传统义利观发生了一些引人注目的变化，出现了一批敢于批判和矫正旧的伦理传统、肯定人的利益需求的功利主义学派。尽管这些学派的具体观点可能有所不同，但是它们都承认人追求物质利益和其他非物质利益的正当性，承认这些追求利益的行为对社会经济发展的好处，并认为国家应该顺应人的这些自然欲望来管理经济，而不应扼杀和压抑人的自然本性。

战国后期的荀子基于他的“人性恶”的人性论，提出了“义利两有”的价值观。他认为人的自然本性就是“好利恶害”，他说：“饥而欲食，寒而欲暖，劳而欲息，好利而恶害，是人之所生而有也。”[①]“目好色，耳好声，口好味，心好利，骨体肤理好愉佚。”[②]这些人的自然本性是与生俱来、难以消除的，因而从这种人性观出发，荀子反对孔孟重义轻利的伦理思想，而提出“义与利者，人之所两有也”[③]的伦理思想。荀子认为老百姓的物质利益是不应当被否定的，认为国家应该适当满足人们的物质利益，并加强对老百姓的道德教育；最重要的不是取消“欲利”，而是不要让“欲利”之心超过“好义”之心，这样国家就可以治而不乱。[④]

汉代司马迁也提出了顺应自然的人性观和接近功利主义的经济伦理观。他认为，人类经济活动的目的就是满足人的物质生活需要，这是由人的自然本性决定的，人的本性都想获得利。他在《史记·货殖列传》中专门为那些商人立传，这不能不说是一个创举，这与他的功利主义伦理观是密切相关的。他根据人的趋利避害的自然本性，提出了著名的“善因论”：“夫神农以前，吾不知已。至若诗书所述，虞夏以来，耳目欲极声色之好，口欲穷刍豢之味，身安逸乐，而心夸矜势能之荣，使俗之渐民久矣。虽户说以眇论，终不能化。故善者因之，其次利道之，其次教诲之，其次整齐之，最下者与之争。”[⑤]司马迁认为只

---

① 《荀子·非相》。
② 《荀子·性恶》。
③ 《荀子·大略》。
④ 罗国杰主编：《中国伦理思想史(上卷)》。北京：中国人民大学出版社2008年版，第242页。
⑤ 《史记·货殖列传》。

要善于充分利用和引导人的这种自然本性,这种本性就可以成为发展经济的动力来源,最坏的情况是违逆人的自然本性,限制人的主观能动性的发挥,则不利于经济的发展和每个人才能的发挥,他说:“人各任其能,竭其力,以得所欲。故物贱之征贵,贵之征贱,各劝其业,乐其事,若水之趋下,日夜无休时,不召而自来,不求而民出之,岂非道之所符而自然之验邪?”“故曰:‘天下熙熙,皆为利来;天下攘攘,皆为利往。’夫千乘之王,万家之侯,百室之君,尚犹患贫,而况匹夫编户之民乎?”[①]司马迁的这种代表经济自由主义思想的“善因论”,不仅是指经济发展应该充分尊重和发挥自然人性的力量,而且包含着对物质文明和道德文明的关系考量,从这个角度来说,他直接汲取了管仲的“仓廪实则知礼节,衣食足则知荣辱”[②]的伦理思想,提出“人富而仁义附焉”[③]的思想。

荀子的“性恶论”和“义利两有”的义利观对后世影响很大。到了宋代,王安石成为功利主义经济伦理思想的集大成者。王安石重视人民的物质生活,在与保守派的斗争中,系统阐述了自己关于“义利”和“理财”的基本思想。他认为物质生活和道德教化相比,不能不占首位,他解释《洪范》的“五福”时说:“人之始生也,莫不有寿之道焉,得其常性则寿矣,故一曰寿。少长而有为也,莫不有富之道焉,得其常产则富矣,故二曰福。得其常性,又得其常产,而继之以毋扰,则康宁矣,故三曰康宁也。夫人君使人得其常性,又得其常产,而继之以毋扰,则人好德矣,故四曰攸好德。好德,则能以令终,故五曰考终命。”[④]也就是说,人只有得其常性达到长寿,又得其常产达到富裕幸福,又不被滋扰达到康宁,则物质生活得到基本保障,才会追求比较好的道德情操。相反,如果“人窘于衣食,而欲其化而入于善,岂可得哉!”[⑤]在这里,王安石明确指出,功利在道德之先,因此他特别重视理财,认为理财是为天下公利,为谋取天下公利而理财,本身就是义。他说:“政事所以理财,理财乃所谓义也。一部《周礼》,理财居其半,周公岂为利哉?奸人者,缘名实之近而欲乱之以眩上下,其如民心之愿何?”[⑥]他对那些只讲仁义而不讲功利、只谈道义而不谈德业的所谓“君子”提出了尖锐的批评。可以说,王安石的功利主义经济伦理思想,是对当时中国渐趋保守封闭的传统义利观的一种批判和反动,具有积极的时代精神,开启了儒家功利主义学派的新纪元。

到了南宋,功利主义经济伦理思潮方兴未艾,永康学派的陈亮和永嘉学派的叶适倡导功利之学,成为当时反理学的主要代表人物。他们所建立的以“事功”为核心的功利主义思想体系,是宋代功利学最完善的形态,也是中国伦理思想史上功利主义伦理思想的成熟形态,反映了当时时代的要求和进步的趋势,对南宋时期的哲学和伦理思想的发展产生了重要影响。[⑦] 陈亮和叶适都提出了以“事功”为核心的功利主义思想,主张道德和

---

① 《史记·货殖列传》。
② 《管子·牧民》。
③ 《史记·货殖列传》。
④ 王安石:《洪范传》。
⑤ 王安石:《夔说》。
⑥ 王安石:《答曾公立书》。
⑦ 罗国杰主编:《中国伦理思想史(上卷)》。北京:中国人民大学出版社2008年版,第585页。

功利、理和欲的统一,反对朱熹等理学派提出的“存天理、灭人欲”的命题。[①] 在与朱熹的辩论中,陈亮认为,功利是衡量价值的基本标准,道义不能脱离功利,若是脱离了功利,道义就成为无用的虚语,这个观点和王安石的思想有些类似。叶适主张“义利相合”,认为不能把“义”和“利”对立起来,反对“贵义贱利”的思想。他说:“‘仁人正谊不谋利,明道不计功’,此语初看极好,细看全疏阔。古人以利与人而不自居其功,故道义光明。后世儒者行仲舒之论,既无功利,则道义者乃无用之虚语尔。”[②]在义利关系问题上,叶适主张“成其利,致其义”[③],而且要考虑长远的、更高意义上的功利。从他的义利论出发,叶适对传统的“重本抑末”论提出了尖锐的批判,认为应该扶持商贾,使士农工商等不同职业的人之间可以通过互相交换实现共同发展。无疑,叶适的这些功利主义的思想是反传统的,是正在兴起的商品经济在人们思想中的反映,顺应了时代发展的潮流。

## 二、我国古代商业伦理的实践

我国古代正统的儒家伦理思想虽然一直强调“重本抑末”,商人的地位在正统儒家规范中并不高,但是历代以来均有很多成功的商人,在其商业实践中不仅展现了较高的经营才华,而且反映出值得称赞的道德伦理水平。其中后人尊称为“商圣”的范蠡,就是一个将经营才能与伦理道德完美结合的商人典范。范蠡,字少伯,春秋楚国宛(今河南南阳)人,是春秋末期越国著名的政治家、军事家和实业家。古人“富者皆称陶朱公”,说的就是范蠡。在中国先秦以降两千多年的封建社会中,陶朱公的名字一直被商人们所称道,直到近代社会,在从事商业贸易活动的人们中仍然流传着“陶朱事业,端木生涯”[④],“经营不让陶朱公,货殖何妨子贡贤”[⑤]的联语。范蠡出身贫贱,但博学多才,辅佐越王勾践,卧薪尝胆,励精图治,越国终于转弱为强,灭吴称霸。范蠡在功成名就之后激流勇退,相传一袭白衣与西施西出姑苏,泛一叶扁舟于五湖之中,遨游于七十二峰之间。[⑥] 他先到齐国经商,化名鸱夷子皮,后又到陶地(山东定陶县境),在这个当时中原的商业中心定居下来,并化名陶朱公,其间三次经商成巨富,并三散家财,成为我国儒商之鼻祖。范蠡提出了一系列“富国之术”和“积著之理”,如“劝农桑,务积谷”“农末俱利”“务完物、无息币”[⑦]“平粜齐物,关市不乏[⑧],治国之道也[⑨]”。陶朱公无疑是历史上最成功的大商人之

---

① 宋代理学家二程(程颢、程颐)就提出了“灭私欲,则天理明矣”(《河南程氏遗书》卷二十四)的观点,认为“人欲肆而天理灭矣”(《明道先生行状》),把天理和人欲对立起来。朱熹承袭二程理学,他说“天理人欲,不容并立”(《孟子集注·滕文公章句上》),并说“人之一心,天理存,则人欲亡;人欲胜,则天理灭”(《朱子语类》卷十三),又说“革尽人欲,复尽天理”(《朱子语类》卷十三)。

② 叶适:《习学记言序目》。北京:中华书局 1977 年版,第 324 页。

③ 同上书,第 322 页。

④ 端木,指的是孔子的学生端木赐(子贡),有经商才能,是当时的大商人。

⑤ 赵靖主编:《中国经济思想通史(第 1 卷)》。北京:北京大学出版社 1991 年版,第 303 页。

⑥ 先秦文献中有的提到,范蠡在灭吴后,“遂乘轻舟以浮于五湖,莫知其所终极”,见《国语·越语》。《史记·越王勾践世家》和《史记·货殖列传》也提到范蠡弃官经商及化名陶朱公等说法。

⑦ “务完物”是指在商业贸易的买进卖出中,要严格保障货物的质量,务必使所经营的货物保持完好;“无息币”,是指不要让货币滞留在手中,即“财币欲其行如流水”(《史记·货殖列传》)。参见赵靖主编:《中国经济思想通史(第 1 卷)》。北京:北京大学出版社 1991 年版,第 305 页。

⑧ 指的是通过国家的平粜活动来保持城市粮食价格的稳定和市场的稳定。

⑨ 《史记·货殖列传》。

一，他“治产积居”“十九年之中三致千金”“后年衰老而听子孙，子孙修业而息之，遂至巨万”[①]。他的财富观更加值得学习和赞赏。他诚然是一个巨贾，但是他不仅重视积累财富，还善于“散财”，《史记·货殖列传》中说他虽然“十九年之中三致千金”，却“再分散与贫交疏昆弟”，司马迁说“此所谓富好行其德者也”。他的财产都散给自己的穷朋友和穷亲戚，这种善行无疑给范蠡带来巨大的社会声望。赵靖就很精辟地指出：“这件事不能单纯地看作一种善行，而是有着宣扬自己‘多财善贾’的作用。在古代缺乏信息传播手段的情况下，通过这种办法向人们较广泛地散布陶朱公买卖殷实、经营本领高强的信息，对提高自己的商业信誉是有作用的。”[②]这句话实际上揭示了商人的慈善行为与其商誉和利润之间的关系。现在大家所热衷讨论的企业社会责任，不就是基于这样的思想吗？可见，范蠡在两千多年前就已经领悟到这一点了。范蠡以智与诚经商，以善行与仁义处世，成就了彪炳史册的功业。

司马迁在《史记·货殖列传》中还提到另外一个大商人白圭，此人约与孟子同时，有很深刻的商业经营管理思想，他以“治生之术”教人，并以“智、勇、仁、强”四个条件作为选拔学生的标准，认为“其智不足以与权变，勇不足以决断，仁不能以取予，强不能有所守，虽欲学吾术，终不告之矣”[③]。白圭对于“仁”的解释是“能以取予”，即懂得并善于处理“取”和“予”之间的关系。现在人们常常说“能舍才能得”，就是这个意思。从事商业活动一定要有利润，但利润不是凭空取得的，而是通过与交易对手的交换以及通过自己团队的努力而获得的，因此在从事商业活动的过程中，一定要正确地处理好与商业伙伴（交易对手）和企业员工的关系，这也是现代管理学中“利益相关者理论”的精髓，我们在本书第五篇中已经有所论述。白圭深刻地理解“取”和“予”之间的辩证法，只有很好地“予”，才能更多地“取”。对交易对手，要秉持诚信的原则，要给人最好的商品（即“务完物”），对于自己的助手和员工，他认为要“与用事童仆同苦乐”[④]，这才能“以取为予”，这不能不说是较高的经商智慧。

不光范蠡和白圭这样的大商人注重商业实践的伦理因素，一些小商品生产者同样如此。南宋的苏云卿本来有经国济民的才略，被他的老乡、后来的宰相张浚誉为“管乐流亚”（即像管仲、乐毅这样的经邦济世之才），但后来“遁迹湖海”，隐居起来，成为一个真正的小商品生产者。他勤奋生产，“夜织履”“布褐草履，终岁不易”[⑤]，过着普通百姓一样的生活。由于他的刻苦经营和商业智慧，他终于成为一个成功的商人。他重视信誉，坚持“不二价”，不靠欺诈来获得利润。在自己的商业利润积累到一定程度的时候，他不是用于自己的奢侈消费，而是用于“周急”，即周济那些有急用的人。对于向他借贷的人，他不但不放高利贷，而且对“负偿一不经意”，还不还本也毫不在乎，因此邻居“无良贱老稚皆爱敬之”[⑥]。应该说，苏云卿完全遵循了一个商品生产者的伦理道德规范，讲时效、守信

---

① 《史记·货殖列传》。
② 赵靖主编：《中国经济思想通史（第1卷）》。北京：北京大学出版社1991年版，第309页。
③ 《史记·货殖列传》。
④ 同上。
⑤ 《宋史·隐逸传下》。
⑥ 同上。

用、重质量、买卖公平,因而信誉卓著,同时又有超脱的财富观,周济穷困、债不取利、乐于助人,社会声誉很高,这样的商人显然为自己营造了极好的商业环境,他能够成功也就不足为奇了。①

我国古代商业伦理实践累积了丰富的伦理遗产,这些伦理遗产的核心是公平交易、诚信从商、重视信誉、秉持义利合一的价值观和财富观,以及对社会利益和国家利益的高度关注。这些优秀的商业伦理,在历代商业和金融业实践中不断得以丰富和完善,形成我国极为宝贵的经济文化和伦理遗产,值得挖掘和弘扬。接下来,我们将以山西票号和近代私营银行为例,来总结我国金融伦理的历史经验,以作为当今金融伦理规范的一种借鉴。

## 【关键术语】

信用观　义利观　传统儒家利益观　义以生利　见利思义　义利合一　功利主义义利观　义利两有　人性恶　人性善　善因论　重本抑末　古代商业伦理

## 【进一步思考和讨论】

1. 我国古代伦理学有什么特点?这种德性主义伦理学体系对我国的社会经济发展造成了何种影响?

2. 先秦诸子在信用方面的论述对我们有何启发?

3. 孔子的义利观有什么特点?“见利思义”和“义以生利”思想对现代经济和金融伦理有何启发?

4. 在孔子之后,荀子、司马迁、王安石、陈亮、叶适等人又提出了哪些功利主义义利观?

5. 我国古代商业伦理的实践对我们现代金融伦理有何启发意义?

## 本章参考文献


费正清. 中国:传统与变迁[M]. 张沛,译. 北京:世界知识出版社,2002.

冯友兰. 冯友兰学术论著自选集[M]. 北京:北京师范学院出版社, 1992.

罗国杰主编. 中国伦理思想史:上卷[M]. 北京:中国人民大学出版社,2008.

汤可敬. 说文解字今释[M]. 长沙:岳麓书社,1997.

唐凯麟,陈科华. 中国古代经济伦理思想史[M]. 北京:人民出版社,2004.

王淑芹,等. 信用伦理研究[M]. 北京:中央编译出版社,2005.

王曙光. 制度变迁时期的伦理困境和市场经济的道德基础[M]//王曙光. 理性与信仰:经济学反思札记. 北京:新世界出版社,2002.

王泽应. 义利观与经济伦理[M]. 长沙:湖南人民出版社,2005.


① 赵靖. 宋代小商品生产者经济思想的代表人物——苏云卿[M]//赵靖. 学术开拓的主要路标. 北京:北京大学出版社,2005:282—283.

余英时. 现代儒学论[M]. 上海:上海人民出版社,1998.

赵靖. 宋代小商品生产者经济思想的代表人物——苏云卿[M]//赵靖. 学术开拓的主要路标. 北京:北京大学出版社,2005.

赵靖. 中国经济思想通史[M]. 北京:北京大学出版社,1991.

朱自清. 经典常谈[M]. 上海:生活·读书·新知三联书店,1998.

# 第十六章　中国传统金融伦理的实践与变迁

## 【本章目的】

学习本章的目的主要是考察中国传统金融伦理的历史实践及其演变，也就是从传统模式向现代模式的演变。首先了解山西票号创造金融奇迹背后的伦理根源，了解票号信任机制的形成及其信号释放机制，并从社会资本角度理解票号信用机制维系的制度框架。同时，通过梳理我国近代私营银行在伦理构建、社会责任和企业文化构建等方面的成功实践，为我国构建现代金融伦理和商业银行伦理文化提供借鉴。

## 【内容提要】

本章以山西票号和近代私营银行为例，探讨了中国传统金融伦理的实践与变迁问题。本章首先运用山西票号的案例，说明票号信任机制的形成和信号释放机制，并基于社会资本视角，对山西票号信用机制的维系做出深入的分析。山西票号依靠共同的地域文化，通过“泛家族共同体”的构建，有效动员了社会资本，形成了较为稳固有效的信任机制，从而维系了山西票号一个多世纪的金融奇迹。第一节对山西票号中共同的文化特质、共同的道义信仰、共同的道德文化载体、共同的伦理失范惩戒机制等进行了深入的分析，揭示了山西票号信任机制的内在伦理制度保障。第二节探讨了我国近代私营银行的金融伦理和企业文化构建，说明了我国近代私营银行如何在借鉴近代国际经验的基础上，有效而巧妙地融入我国传统经济伦理和商业伦理，成功地将其运用于近代私营银行的经营管理实践。最后以陈光甫和上海商业储蓄银行为例，更详尽地说明近代私营银行构建伦理文化的具体机制与创新。

## 第一节　山西票号金融奇迹、信用机制与社会资本

### 一、山西票号的出现及其历史背景

一个新生事物的产生，总是会有息息相关的社会背景和历史发展的需要作为支撑。山西票号也不例外。工商业资本主义在中国的萌芽，对于金融领域的渴望，以及山西商帮多年经营的丰厚积累，无疑满足了历史发展的需求。具体而言：

从客观方面来说，工商业发展中遇到自有资本不足的困难，迫切需要融资来源；贸易领域的扩大，引起埠间货币流通的需要；长途运输大量现钞风险加大，仅凭镖局难以保障安全。因此，一个从事资金融通的机构的出现成为必然。

同时，近代中国商业的发展中出现的汇票、帐局、民信局等，为这样一个新的组织的

诞生提供了值得借鉴的经验。例如,汇票出现时已经有了即期汇票和远期汇票的区分;帐局更是为票号提供了借贷最初的形态,“闻帐局自来借贷,多以一年为期。……每逢到期,将本利全数措齐,送到局中,谓之本利见面。帐局看后,将利收起,令借者更换一券,仍将本银持归,每年如此”①。

从主观方面来说,山西商人多年在外经商,一方面积累了丰厚的资本,另一方面,晋商的分支机构遍布全国,商人会馆也随处可见,天然地形成了信息、资金传送的网络。更重要的是,长期贸易使山西商人建立了可靠的商业信用。由此,山西票号的出现成为必然,山西票号承担起了历史赋予的重任。

道光初年②,坐落在平遥城里赫赫有名的“西裕成”颜料庄,审银行融通之时,度社会动荡之势,增加资本,改行从事票号汇兑业务,更名“日升昌”——山西票号就此诞生。时人对票号多有称颂③:

> 汇者,归一也;兑者,两平也。其中之接济流通,无满无溢。一纸之文凭甫寄,万事之举措咸宜,虽则迢遥千里外,亦犹方寸咫尺间。转运通而接济有方,库储充而度支自裕。左宜右者,以逸待劳,是大有裨益于国计民生者,岂与寻常商贾可比哉?吾闻深藏若虚,良贾之图惟綦慎。而汇兑者有形无形之经画,或隐或现之机宜,声气之相惑,乡音之互通,诚能审其致力之所在。斯位置不敢自卑,不然骄慢成习,锱铢必较,返新何堪自问乎?夫益己莫先于利人。苟能以天下之财为财,是汇兑即所以利于天下也。用之于国而国裕,用之于民而民便,诚足为天下之良图……

## 二、山西票号金融网络的建立

此后,山西票号经历了最初发展的30年,由于此时与京津地区、江浙地区、俄罗斯、蒙古的商业往来增多,逐渐形成了平、祁、太三帮票号,并以此为核心,向全国各地乃至周边邻国广设分号,“在内陆30多个城镇设庄200多个,重心在北方,分号以京师为中心”④;中期随着贸易的扩展,“海陆并重,在边疆和沿海大设分号,京津沪汉成为票庄分号集中的四大中心”⑤;直至清朝晚期,山西票号达到了自成立以来的极盛时期。据统计,在

---

① 《王侍郎奏议》卷三,转引自中国人民银行山西省分行、山西财经大学、黄鉴晖编著:《山西票号史料(增订本)》。太原:山西经济出版社2002年版,第9页。

② 关于山西票号诞生的年代,目前史学界有不同的看法,上迄隋唐,下至清代道光年间,众说纷纭。在这里笔者所赞同的起讫年代来源于黄鉴晖先生《山西票号史》中的论述,他认为,山西第一家票号——日升昌建立于清道光初年,即1823年左右。立论依据主要有三:第一,日升昌前身西裕成颜料庄在1819年仍经营颜料生意,为票号产生年代提供了上限;第二,江苏巡抚陶澍1828年论及银钱贵贱的奏章,说明1827年在苏州市场已经出现了大量的汇票流通,即进一步说明苏州已设立山西票号的分号,根据这两个有证可考的年代,推断出山西票号诞生于1823年左右;第三,日升昌票号首任总经理雷履泰的年龄也提供了佐证,雷履泰生于1770年,1844年(道光二十四年)平遥县重修城隍庙碑刻雷履泰捐银的事实,说明1844年他仍健在,时年74岁,而1823年前后雷履泰恰年过半百,阅历较深、经验丰富,改营票号是可能的。

③ 石生泉《平遥票号史》(未刊稿)收存之张旭东《汇兑记》,光绪四年。转引自史若民:《票商兴衰史》。北京:中国经济出版社1992年版,第1—2页。

④ 田树茂:《清代山西票号分布图》,《文史月刊》,1998年6月,第179页。

⑤ 同上。

国内，山西票号总号、分号共有647家[①]，南至香港，北抵库伦，东涉上海，西跨新疆；在国外，山西票号的分号开设于蒙古、日本、俄罗斯、美国、印度等国。1907年，合盛元票号日本设庄，开启了中国银行业国外设庄之先声。

## 三、山西票号的信用机制与信号释放

### （一）山西票号严格的经营管理规章

票号的经营管理规章，俗称为"号规"。在山西票号的经营者看来，"凡事之首要，箴视为先。始不箴视，后头难齐""经商之道，首在得人，振兴各庄，端赖铺章"[②]。因此，票号的经营者对票号都会制定严格的号规。

黄鉴晖先生在《山西票号史》中以大得通票号1884—1921年间的六份号规为例进行分析，例如，关于"经营方针和借贷政策"方面的号规要求分庄初设时，一般只做汇兑，半年后市面渐熟，再做存放；票号放款以大商号为主，而且规定由最高限额；等等。再比如，"经营管理与纪律"方面的号规更加严格：禁止亲友浮借和为客户担保，资本家不准向本号推荐员工，分号"不准私分厚道，致滋舞弊也"，不准向客户暂借拖欠，向家捎物要经总号转寄……这些号规制度都反映出大得通票号在开设分号经营时谨小慎微，对顾客严谨负责。内部管制的约束也是票号反映在外部形象的一个方面，这也正是一个民间金融组织能够在整个社会中树立可靠信用形象、吸引外部资金来源和业务的最基本层面。

### （二）山西票号用人制度体现出可信程度

1. 对员工的选择

遴选的工作从招收学徒开始。学徒多为本乡人，并且必须由殷实铺号荐举，经本号负责人对其祖上三代身世加以考核，然后又有关于智力与文字的笔试和口试，最终决定取舍。进号学徒还有三年的试用期，票号认为不合格者，即予以辞退。这种"教养同人"[③]的学徒选择方式，有利于在保持票号人际关系和信任关系稳定的前提下，选择优秀而可靠的人才，并且知人善任，用人唯贤。因此，时人评价："山西票庄营业，自清初迄今，其同业间未闻有危险之事，未始非雇佣人之限制，有以绝其弊端耳。"[④]

2. 对员工的培养

按票号规定，被录人员进号须学徒满三年，其间无论离家远近，一律住在号内。除日常杂活外，学徒主要的业务为练习写字、打算盘、背"平码银色折"[⑤]等，这是做生意必须掌

---

① 田树茂：《清代山西票号分布图》，《文史月刊》，1998年第6期，第179页。

② 黄鉴晖：《山西票号史》。太原：山西经济出版社2002年版，第63页。

③ 颉尊三在《山西票号之构造》（1936年未刊稿）中描述山西票号的遴选："票号以道德信义为根据，前已言之。故选用职员，教养同人，非常慎重。当练习生，求人说项之时，恐有不良遗传，必先问其以上三代做何事业，出身贵贱，再侦询本人之履历资格，当面测其智力，试其文字，如属合格，则日进号。"转引自中国人民银行山西省分行、山西财经大学，黄鉴晖编著：《山西票号史料》（增订本）。太原：山西经济出版社2002年版，第612页。

④ 贺覹晃：《中国经济全书》（1910年）第11册，第192页。转引自中国人民银行山西省分行、山西财经大学，黄鉴晖编著：《山西票号史料》（增订本）。太原：山西经济出版社2002年版，第613页。

⑤ 由于明清时期全国各地成银两重量的天平砝码不统一，山西票号为了在全国开展汇兑和存放款业务，各自建立了自己统一的天平砝码制度，并且针对不同地方的银两，制定了各种便于记忆的银色平码歌，进行对学徒的平码教育。例如，通行银色歌中，"天津'化宝''松江'京，'纹银'出在广朝城，上洋'豆规'诚别致，'公估纹银'西安行"指出各地不同的银两；上洋（上海）平码歌中，以9315为起点拟歌，意思是上海豆规银每一千两合足纹银为九百三十一两五钱。

握的基本功。为了业务上的需要,有些设在边疆和少数民族地区的分号还要求职工必须通晓外语和少数民族语言,利用业余时间请人教授。“其在蒙者通蒙语,在满州者通满语,在俄边者通俄语,每日昏暮,伙友皆手一编,习语言文字,村塾先生徒无其勤也。”①

对员工的严格培养无形中也成为增进相互信任的一种机制。因为几年的培训增添了学徒的人力资本专用性,使其在所受培训的特定工作中驾轻就熟,能获得最大化的经济租金,而不擅长专业领域之外的工作,即使从事专业之外的工作,也是非理性的。这种情况的存在鼓励个体坚守自己的专业工作而不改行,即对其专业领域有较强的依附性,由于害怕被解雇而会自觉遵守职业道德。②

同时,选择并培养一个符合如上标准的学徒,更重要的是为了保持一个“同质”团队的纯粹性,保持文化背景上的统一,于是更加强化了山西票商这样一个整体团队形象的信号释放。

(三) 山西票号经营方式对风险采取有效的防范措施

金融机构,特别是民间经营的金融组织,防范商业及道德风险是其完善经营、建立可靠信用机制必然要采取的举措。山西票号也不例外,从票号建立初期资本组织中的无限责任制及其“护本”制度,到汇兑经营方式中的密押制度,再到出现“挤兑”危机时的积极迅速的应对,都将山西票号的信用机制打造得愈加坚固。

第一,无限责任制及其投入“护本”资金预防风险。

山西票号实行的是独资或者数姓合资的无限责任制。一家票号,不论其资本是几万两纹银还是一二十万两纹银,当其倒闭时,所有负债必须由票号的资本家(东家)负责。如果票号的放款收回不足支付存款,一般要有东家拿出现银来支付,否则就以破产的办法处理东家的其他企业和财产来支付存款。③ 尽管这种无限责任制随着现代经济的发展逐渐被有限责任制所替代,但是,在当时缺乏法律制度保障的社会环境中,凭借对票号财东的责任约束来保障整个票号的信用,不失为一种有效的方式。

票号资本家投入票号的资本,一般被称为“正本”,除“正本”之外,票号还有“护本”之说。所谓“护本”,是财东和经理为巩固资本及应付不测所立的一种名目。东家、经理及顶身股伙计遇到账期,由红利中提留一部分,存入号内,一般称作护本或统事,它不分红,只得利息,专提专储,不能随意抽取。票号此举的目的,主要在于防患于未然,防止拖欠倒累,亏折资本,出现“底空”,以确保有充足的底本资金作为后盾,从而巩固票号的信誉,在竞争中立于不败之地。④ 这种类似于现代银行“法定准备金”的票号资本,无疑又是一个向外界发出信用保证的明确信号。

第二,汇兑方式的密押制度有效控制了交易过程中的道德风险。

汇兑是山西票号的主营业务之一。为了便利顾客,方便汇票转让,山西票号采取了“认票不认人”的汇兑制度。⑤ 认票,是指在兑付票款时,必须确认是它的联号签发的汇

---

① 李新文:《山西票号的用人之道》,《中国地方志》,2003 年第 1 期,第 78 页。
② 王小龙:《对商业道德行为的一种经济学分析》,《经济研究》,1998 年第 9 期,第 70—79 页。
③ 黄鉴晖:《山西票号史》。太原:山西经济出版社 2002 年版,第 58 页。
④ 董继武、景占魁:《晋商与近代中国金融》。太原:山西经济出版社 2002 年版,第 115 页。
⑤ 黄鉴晖:《山西票号史》。太原:山西经济出版社 2002 年版,第 124 页。

票;不认人,是指无论汇票的抬头与取款人是否相同,只要汇票是真的,就照常兑付。

但是这种"认票不认人"的制度也会因冒领而发生风险,这一点山西票号的经营者们早已发现并且采取了有效的防伪措施。一是凭借书写人的字迹,票号每个分号书写人都是固定的,加之中国书法笔画变化多端、难于模仿的特点,书写字迹成为最直接简单的甄别方法。二是山西票号创造了一套汉字符号的密码,作为汇票签发时间和银两数目的密押。例如,"谨防假票冒取,勿忘细视书章"代表一年的12个月,"堪笑世情薄,天道最公平,昧心图自利,阴谋害他人,善恶终有报,到头必分明"代表一个月30天,"生客多察看,斟酌而后行"代表大写数字1到10,"国宝流通"代表"万千百十"。[①] 这些用"生意经"做成的汉字密码易读易记,外人却很难明白其对应关系,并且在进行业务的同时还没有忘记教导员工踏实行事、品行端正。此外,还有汇票印刷时加入的水印和特殊编排的防遗图等。所有这些,都是票号以严谨的作风和周全缜密的措施来防范道德风险、释放良好信誉的信号,从而一步步把山西票号的信用机制建立并发展开来。

第三,票号陷于危机时表现出积极迅速的应对,为其信用机制稳固增加了重要砝码。

票号发展到极盛时期,清朝社会也进入了它的晚年。随着外国资本主义的入侵,丝茶等中国商业亏损倒闭,不断冲击着山西票号的业务,也掀起了一次又一次的"倒账"风波。尽管危机重重,很多地方的分号被迫"歇业",但是讲求信用的山西票号并没有在危机中被动"破产",而是"各埠同心,应付裕如。至是之后,信用益彰"[②]。其中,最典型的事件当属"庚子事变"。

八国联军入侵北京之后,"仓库军备洋兵占夺,各署存款亦搜索一空,……官民住户又迭被抢掠,十室九空,生计殆尽"[③]。票号更是"遇义匪扰乱,被抢不能立足"[④]"失款之状,更令人毛发森竖"[⑤]。尽管如此,在众多分号陷于危机之中的情况下,山西票号的同仁们相互扶植,同舟共济,"以庄存海关巨款,约同人以死守,屡遇非常之警,从容应付,了无惧色"[⑥]。及至慈禧太后西逃的一年间,山西票号凭借百年信用,即使暂时亏损,也以国家之义为最大,辅佐朝廷,效忠国家。因此,经历了动荡的社会危机之后,山西票号的信用非但没有下降,反而因其在国难危及时的卓著表现,赢得了社会各界更广泛的信任。正如李宏龄在《同舟忠告》所记述:

> 自庚子之变,各行息业者多,即有一二接续开张者,亦皆勉强支持。如京中之四恒钱铺仅存其三,其字号较前亦大为减色。独我西号自二十七年回京后,声价大增,不独京中各行推崇,即如官场大员无不敬服,甚至深宫之中亦知西号之诚信相符,不

---

① 黄鉴晖:《山西票号史》。太原:山西经济出版社2002年版,第125—126页。

② 李宏龄:《山西票商成败记·序》。太原:山西经济出版社2003年版,第177页。

③ 清档《庆亲王来电》光绪二十八年,《朱批》财政类,卷号70。转引自山西财经学院编著:《山西票号史料(增订本)》。太原:山西经济出版社2002年版,第227页。

④ 山西票号蔚盛长京庄经理雷士炜自述稿,转引自山西财经学院编著:《山西票号史料(增订本)》。太原:山西经济出版社2002年版,第227页。

⑤ 山西票号蔚泰厚资本家侯从杰控诉号伙张石麟的呈文,1905年。转引自山西财经学院编著:《山西票号史料(增订本)》。太原:山西经济出版社2002年版,第228页。

⑥ 《齐老先生炳南事略》,齐炳南老先生,时任志成信票号庄经理,后任该票号总经理。转引自山西财经学院编著:《山西票号史料(增订本)》。太原:山西经济出版社2002年版,第228页。

欺不昧,此诚商务之大局,最为同乡极得手之时也。[①]

## 四、山西票号的伦理基础:泛家族共同体和社会资本

正是凭借信用卓著的精神内核,山西票号构筑了"汇通天下""辐辏八方"的金融体系,甚至在一段时期内,以一种民间金融的方式扮演着国家金融的角色。而百年来,山西票号信用机制的长久维系,却依靠着建立在共同的地域文化背景之上的一种泛家族共同体,这也正是山西票号最大的社会资本。

"社会资本"这一概念最早由法国社会科学家皮埃尔·布迪诺(Pierre Bourdieu)提出并定义为"实际或潜在资源的集合,这些资源与由相互默认或承认的关系所组成的持久网络有关,而且这些关系或多或少是制度化的"。[②]

1988 年,科尔曼首次在《美国社会学杂志》(*American Journal of Sociology*)发表了《社会资本在人力资本创造中的作用》(Social Capital in the Creation of Human Capital)一文,初步论述了社会资本的概念。1989 年,科尔曼的著作《社会理论的基础》(*The Foundations of Social Theory*)出版,在书中科尔曼对社会资本的概念、理论以及分析范式做了较为系统的阐述。科尔曼认为,社会资本是指作为个人资本财产的社会结构资源,其定义由其功能而来,具有不同形式的实体,这些实体有两个共同特征:它们由构成社会结构的各个要素组成,它们为结构内部的个人行动提供便利。社会资本有生产性,是否拥有社会资本,决定了人们是否可能实现某些目标。[③]

福山的社会资本概念借鉴了布迪诺和科尔曼的社会资本概念。福山认为,社会资本是"在群体和组织中,人们为了共同的目的在一起合作的能力"[④]"社会资本是一种能够被示例的非正式的规范,这种规范能够推进两个或更多个人之间的合作,……在这种定义之下,和社会资本相关的信任、人际网络、市民社会以及诸如此类的事物等都是附带的现象,它们是社会资本产生的结果,而非组成社会资本本身"[⑤]。同时,"社会资本是由社会或社会的一部分普遍信任所产生的一种力量。它不仅体现在家庭这种最小、最基本的社会群体中,还体现在国家这个最大的群体中,其他群体也同样体现这种资本。社会资本与通过文化机制诸如宗教、传统或风俗等创造和转化的其他形式的人类财富不同"[⑥]。

此外,社会资本还是一个由诸多不同价值梯度组合而成的复杂系统:基于血亲利益关系的共同体构成社会资本的最初形态,它只存在于血亲成员内部;基于对利益追求非

---

① 李宏龄:《同舟忠告》。太原:山西经济出版社 2003 年版,第 121 页。

② Prerre Bourdieu, Loic Wacquant. *An Innovation of Reflexive Sociology*. Chicago: University of Chicago Press,1992.

③ 〔美〕詹姆斯·S. 科尔曼著,邓方,译:《社会理论的基础》。北京:社会科学文献出版社 1999 年版,第 354 页。

④ 〔美〕弗朗西斯·福山著,彭志华,译:《信任:社会美德与创造经济繁荣》。海口:海南出版社 2001 年版,第 12 页。

⑤ "Social capital is an instantiated informal norm that promotes cooperation between two or more individuals. ……By this definition, trust, networks, civil society, and the like which have been associated with social capital are all epiphenomenal, arising as a result of social capital but not constituting social capital itself." By Francis Fukuyama, *Social Capital and Civil Society*, Prepared for delivery at the IMF Conference on Second Generation Reforms, 1999.

⑥ 〔美〕弗朗西斯·福山著,彭志华,译:《信任:社会美德与创造经济繁荣》。海口:海南出版社 2001 年版,第 30 页。

零和博弈的互惠互利的关系共同体,构成社会资本的普遍形态,它往往局限于一定利益范围之内,且难以面对一次性博弈困境;基于群体规范的社会关系共同体构成社会资本的高级形态,它旨在突破血缘、情感、地域等条件的限制和束缚,真正实现信息共享、信念认同和相互信任的合理化的社会关系和交往活动。①

在论述社会资本的过程中,科尔曼提到了关于信用的概念,“信任,作为社会资本的一种形式,其重要性还体现在相互信任的系统内”②。其中,相互信任的共同体是包括信任关系的大系统之一。“它产生的条件是众多行动者共同从事某种为全体成员带来好处的活动。在这种行动系统中,个别人无法直接及充分地观察到他人的行动,因此,他们只能采取相互信任的态度。在这一交换系统内,众多行动者对商品与事件有不同程度的控制,并各自从中获得不同利益,行动者的信用行为为具有惩罚性措施的社会规范所保证,最常见的惩罚措施是禁止与触犯社会规范的行动者进行任何交易。”③

福山所谓的信任,与科尔曼稍有不同的是,他认为,信任、网络、公民社会以及诸如此类的事物虽同社会资本相关联,但它们产生于社会资本,而不是社会资本本身。“人们互相联系的能力(社会资本)又取决于共享规范和价值观的程度的高低,以及社团能否将个人利益融进群体利益。从这些共享的价值中产生了信任。”④“信任可以在一个行为规范、诚实而合作的群体中产生,它依赖于人们共同遵守的规则和群体成员的素质。这些规则不仅包含公正的本质这种深层次的‘价值’问题,而且包括世俗的、实实在在的规则。”⑤

上文的论述中,科尔曼和福山都提到了一组相似的概念。例如,科尔曼认为信任的重要性体现在相互信任的“共同体”内;福山认为信任在一个“社团”中、一个“群体”中产生,由此可见,一个存在边界的集合是信任和信用机制产生的载体,或者说是一种社会资本,而这一集合的范围又依赖于特定的社会文化的环境和背景。

在福山看来,家庭和社会资本之间有着密切的联系。一方面,家庭构成了社会合作最基本的单位。在家庭内部,由于诸多事务需要家庭成员的协作来完成,这样就大大增加了亲属群体内部的互惠和长期合作机会。家庭内的信任机制很容易建立起来,并且拥有较为稳定的社会资本根基。另一方面,对家庭亲属关系的过分依赖会对家庭之外的社会大环境产生负面影响。福山关于低信任度社会的论述中提到了中国传统社会极端的“家庭主义”。这种极端的“家庭主义”就造成了两种层次上的道德标准,即在道德上对各种公共权威承担的义务要弱于对亲属承担的义务。在这种文化背景下,家庭内部的社会资本有着很高的程度,而亲属关系以外的社会资本却相对比较匮乏,其信任半径很短。⑥

此外,福山还提到了中国传统社会的另一种更广的“血亲同心圆”——宗族。“所谓宗族,就是指有统一仪规的社团组织,是由一个共同的祖先繁衍下来的一群人。除此以

---

① 李兰芬、李西杰:《社会信仰:社会资本的权威内核》,《人文杂志》,2003 年第 3 期,第 131—136 页。

② 〔美〕詹姆斯·S. 科尔曼著,邓方,译:《社会理论的基础》。北京:社会科学文献出版社 1999 年版,第 360 页。

③ 同上书,第 220 页。

④ 〔美〕弗朗西斯·福山著,彭志华,译:《信任:社会美德与创造经济繁荣》。海口:海南出版社 2001 年版,第 12 页。

⑤ 同上书,第 30 页。

⑥ 杨月如:《试论福山的社会资本概念》,《重庆社会科学》,2006 年第 1 期,第 12—15 页。

外,它还可以被理解为家庭的家庭,都有共同的血统。”[①]从家庭到宗族,亲戚圈的范围有所扩大,相应地,信任圈的范围也得以扩大。尽管如此,宗族也没有突破血缘关系的限制,在宗族圈之外,社会资本仍然很匮乏。

这种家族以外缺乏信任很难使没有血缘关系的人走入同一集合中,组成更加广泛的、社会资本程度较高的社群组织,也就没有了更广泛意义上的信用机制的建立基础。因此,福山所一直强调的是,在一个低信任度的社会中,建立一个不以血缘关系为基础的新的自发性社会群体,进而走向高信任度的社会。

尽管处于中国传统社会——这一被福山定义为低信任度的社会环境中,山西票号却走出了诞生初期仅仅依靠血缘关系维系的家庭、宗族的集合,建立了一种以地域文化和精神信仰为支撑的泛家族共同体,打破了传统中国社会的特殊信任。[②] 同时,这种泛家族共同体也成为山西票号维系百年信用机制的强有力的社会资本。

山西票号最初的诞生,通常也是源于一个资本丰厚的家庭,然而很快地,家庭的界限由整个家族所突破,进而扩展到票号所在的整个县城,此时已经走出了血缘共同体的圈子,更多地是依靠地缘关系的界定,比如平遥、祁县、太谷这些各大票号总号所在地的同乡人。接下来,随着票号在全国广设分号,分号伙计的来源变得更加广泛。这种泛家族共同体得到了最大限度的扩展。

作为维系票号信用机制的最强有力的社会资本,这种泛家族共同体之所以能够顺利扩展并且使得信用机制也遍及整个中国,其原因在于共同体的背后存在厚重的文化支持和严格的惩罚机制。

### (一) 共同的文化特质

山西地处华夏腹地,早在春秋时期,就被形容为“表里山河”,东部是雄踞八百里的太行山脉,西边是自北而南劈开黄土高原的晋陕大峡谷,南端奔腾而下的母亲河辗转向东,北沿则是遍布雄关的万里长城。独特的地理环境,造就了山西不同于周边地区的文化特质。[③]

首先是兼容并包,表现在两个层面:一是精神层面,三晋文化中,儒家思想始终是占据主导地位的。《国语·周语上》有“礼所以观忠、信、仁、义也……信所以守也”。此后,“信”不断发扬光大,成为儒家着重倡导的行为道德规范之一。[④] 孔子说“人而无信,不可知其也”(《论语·为政》),又说“自古皆有死,民无信不立”(《论语·颜渊》)。孔子的弟

---

① 〔美〕弗朗西斯·福山著,彭志华,译:《信任:社会美德与创造经济繁荣》。海口:海南出版社2001年版,第91页。

② 马克斯·韦伯(Max Weber)把建立在血缘共同体上的信任称为特殊信任,把建立在正式制度和组织基础上的信任称为普遍信任。在解释中国人之间为什么不存在普遍意义上的信任,而只有特殊意义上的信任时,他认为,由于中国人的信任是建立在家族亲属关系及准亲属关系的“血缘共同体”基础之上的,而不是建立在“信仰共同体”基础上的,所以一般来讲,中国人对于血缘共同体以外的人都存在普遍的不信任。

③ 关于山西的文化特质,刘纬毅先生《三晋文化的特质》(1998)中认为三晋文化有四个特点——民族融合性、兼容并包性、地域差异性和黜华尚实性;李元庆先生《晋文化内涵的基本特点》(2002)从三晋古文化发展的自身层面上概括出两个最本质、最重要的特点——一是顺应时代的变革精神,二是兼容并蓄的开放势态。

④ 孔祥毅:《诚信建设的历史和现实——兼谈晋商的诚信品格》,《山西财政税务专科学校学报》,2003年12月第5卷,第6期,第3—7页。

子子夏宣扬“与朋友交，言而有信”。[①] 与此同时，佛教蕴藏的智慧，对宇宙人生的洞察和对人类理想的反省；道家崇尚自然，主张少私寡欲、清净无为的思想，在三晋的思想文化领域，也有着深刻而广泛的影响，形成了儒、释、道三教兼容的恢宏气势。[②] 而这种兼容并包的精神传承，带给山西商人们“海纳百川”的包容和大度。二是民族层面，发生在山西地域内的四次民族融合高潮[③]将少数民族的文化潜移默化地植入山西汉文化当中，文化的渗透和融合重塑了山西人的性格：开放、接纳、乐观和质朴。这种开放、兼容并包的文化特质，使得山西票号的泛家族共同体不断地在全国范围内不同的文化基础上发展开来。

其次是大胆革新。山西地域自春秋战国时代起，就承担了历史赋予新兴阶级的使命，顺应时代需求不断革新。例如，春秋时，面对“礼崩乐坏”、诸侯割据的大动荡局势，如何对待传统的宗法制度及其观念形态，亦即对支撑宗法奴隶制的“周礼”采取什么样的态度，是各诸侯国家面临抉择的重大实践课题。晋国率先举起了革除周礼、推行法治的大旗。[④] 革新的传统一直延续到山西发展的历史中，当经济发展到迫切需要足够庞大的金融网络支持的时候，山西商人们又一次顺应潮流，大胆革新，突破了家族传统的血缘、地缘文化的羁绊，建立了近代中国最具规模的金融汇兑机构。

最后是黜华尚实。“三晋文化的历史发展中，有一条主线贯穿其内，那就是质朴、真淳、直情、豪放、务实。这是土地贫瘠而文化积淀丰厚的黄土高原培育出来的，是三晋人民情感、愿望、理念和志趣的结晶。”[⑤]这种淳朴的文化特质，在山西票商所建立的泛家族共同体中，使得每一个身处内部的人们坚守信用，踏实做事，对外界树立了一种典型的值得信赖的“山西票商”的整体形象。

(二) 共同的道义信仰

信仰通过一定仪式反映社会成员间的交互关系以及对未来的预期，它是对社会交往中合理性关系的认同和确信。信仰将社会交往所需的信任赋予情感认同和神圣般的执著信念，为人类交往提供了主观价值权威。信仰寄托了人类的终极价值理念和社会生活理想，反映社会的价值趋向和社会精神状况。信仰也是人类对其存在方式的主观表达及价值理想的执着追求以及伴随着的精神信赖。信仰一方面是一种精神活动，是一种以“确信”为基本特征的认知、情感、意志相统一的精神状态，是一种主观的信以为真，能够为主体建构一种主观的权威合理性价值认同，主观的认为真的行为价值判断标准；另一方面，它绝不局限于单纯的精神活动，它总是通过主体行为去实践其“真理”的，信仰具有强烈的实践性，信仰产生并作用于社会主体的活动中，存在于主体的精神世界中，体现在信仰主体的行为中。[⑥]

在厚重的文化特质基础上，出于地域相通的情结，山西票号商人将关羽尊为精神上

---

① 张岱年：《中国伦理思想研究》。南京：江苏教育出版社2005年版，第124页。

② 刘纬毅：《三晋文化的特质》，《山西师范大学学报(社会科学版)》，1998年第1期。

③ 山西地域内四次民族融合的高潮指：春秋时期融合戎狄，东汉末年至西晋初年融合匈奴，北魏融合鲜卑，辽金元时期融合契丹、女真和蒙古族。

④ 李元庆：《晋文化内涵的基本特点》，《晋阳学刊》，2002年第4期。

⑤ 刘纬毅：《三晋文化的特质》，《山西师范大学学报(社会科学版)》，1998年第1期，第61—68页。

⑥ 李兰芬、李西杰：《社会信仰：社会资本的权威内核》，《人文杂志》，2003年第3期，第131—136页。

的信仰和追求,顶礼膜拜。关羽是山西解州池南常平人,以侠义忠诚、“精忠贯日月,大义薄云天”著称,被视为世间“绝伦逸群”的忠义化身,被尊为关圣帝君。乡音土情,票号商人们把神化的“乡亲”关羽加以信奉,有着非常的亲切感、荣耀感和自豪感,希望得到关羽的庇佑,以消灾降福。因此,票号总号每到异地开设分号,一经发展就会和同在一地的山西老乡们修建关帝庙,朝拜神灵。更为重要的是,关羽在神灵中以“义”而著称,票号商人们以此来告诫和激励自己,信义为先。这种忠义精神在古老三晋大地积淀尤深,是三晋思想文化的重要组成部分。同时,共同的文化信仰将票号商人们团结在一起,从关圣帝君的身上吸取无穷的正义的力量,取信于主顾,取义于同仁,使得山西票号的信誉遍布中国的各个角落。

(三) 共同的维系载体

会馆是明清时期山西商人的社团组织,在这种泛家族共同体意识基础上,会馆作为“叙语之地,正可坐论一堂,以谋商业之公益”[①],成为维系相同地域的山西商人们最显著的物质载体。

会馆随着山西商人的足迹遍布于全国各大商埠,距现存的史料统计,有记载的山西会馆为88家[②],多分布于北京、洛阳、开封、汉口、上海等工商业发达的城市,为走南闯北的山西商人们提供乡土乡情的聚义之地。同时,也是商人们齐心协力、同舟共济,规避风险之所。正如李宏龄在《同舟忠告》中所言:“区区商号如一叶扁舟,浮沉于惊涛骇浪之中,稍一不慎颠覆随之……必须同心以共济。”[③]在山西会馆里,山西商人们笃寄同乡之情,联结同乡之谊,启发智识,研究商学,同仁相助,集思广益。北京的山西票号章程中规定:“一人智慧无多,纵能争利亦无几何。不务其大者而为之。若能时相聚议,各抒己见,必能得巧机关,以获厚利。即或一人力所不及,彼此信义相孚,不难通力合作,以收集思广义之效。兹定于每月初一、十五两日为大会之期,准于上午十一钟聚会,下午一钟散会,同业各家执事齐集到会,或有益于商务者,或有病于商务者,即可公平定议。如同业中有重要事宜,尽可由该号将请告之商会董事,派发传单定期集议。”[④]

除会馆以外,山西票号还有自己独有的地缘和业缘的群体组织,是山西票号泛家族共同体的一个表现,是山西票号最终形成气候的一个重要因素。地缘组织,例如票号的平遥帮、祁县帮、太谷帮等;业缘组织,即票号的联号制,如平遥城“蔚”字五联号,就是介休侯家的票号联合体组织。

会馆和票号的地缘业缘组织除了在业务上同舟共济,在一定程度上也增强了山西票号与外界之间的信任度。因为,当面对外界,以一个共同体组织而不是单个票号的面貌出现在顾客面前时,带给人们的是山西票号整体的“笃信崇义”的社会形象,而一旦发现单个票号的失信行为时,也更加容易实施对整个共同体的惩罚。

---

① 刘鹏生、刘建生等:《晋商研究》。太原:山西人民出版社2005年版,第469页。

② 同上书,第456—462页。

③ 李宏龄:《同舟忠告》。太原:山西经济出版社2003年版,第95页。

④ 《商部批准北京汇兑庄金银号禀创立商会拟定章程请立案由》,《大公报》,1904年6月13、14日。转引山西财经学院编著:《山西票号史料(增订本)》。太原:山西经济出版社2002年版,第673—674页。

（四）共同的惩戒措施

在山西票号的泛家族共同体内部中，社会资本一个很典型的特征表现在惩戒机制上。“若有一人失足，则为同行所耻，乡里所鄙，亲人所指，并失却营生，再业无门，也无颜再回故土。作弊即自缚，故人人戒之。”[①]在明清社会法制尚不健全的前提下，这样一种近似于无情的惩罚措施的约束力与压力是极强的。而约束力的实现正是因为山西票号有自己的共同体组织，在业界的交际圈中，各个票号足以互通信息的往来，一旦发现有失信用的行为，于票号的员工，所有票号将永不录用；于票号本身，则难以在业界立足。

以人们的道德标准和社会规范，山西票号建立了共同的严厉有效的惩戒机制，也为票号的信用机制的体现增加了一个有分量的砝码。

从上面的论述中可以看出，在一个泛家族共同体的维系下，这些共同的文化特质、道义信仰、维系载体以及惩戒措施，展现于世人面前的是山西票号“一纸之文凭甫寄，万事之举措咸宜”的富于信誉的整体形象，更为重要的是，共同体所蕴含的深厚文化土壤为山西票号及其信用机制的传播与长存提供了最为坚实的社会资本基础。

山西票号作为一个历史名词已经谢幕，但是在一个制度和法律都不健全、家庭血缘仍然为社会信任基础的封建社会中，民间兴起的山西票号能够发展成为汇通天下盛极百年的金融网络，不能不说是一个奇迹。而奇迹的产生，靠的是“一纸为凭，往来无间，全恃信用”。这种在今天看来都让人叹为观止的信用机制，正是当年的山西票号商人们通过严谨踏实的经营作风和缜密周全的经营方式建立起来并且昭示于天下的，与此同时，他们大胆地走出厚厚的城墙，打破家族观念的禁锢而形成了一种泛家族共同体，将这种建立起来的民间金融信用机制遍及全国并且牢牢地维系在一起。今天，我们应当再度重温和汲取先人留下的宝贵经验，重新审视和完善我们今天所处社会的信用机制，使其成为社会经济发展坚固而有力的支撑。

## 第二节　中国近代私营银行的金融伦理与企业文化

### 一、中国近代私营银行的发展状况

19 世纪后半期，不少中国人，比如著名买办唐廷枢、广州商人陈栟生、洋务派官员李鸿章和马建忠等都开始了自办银行的尝试[②]，尽管他们的计划因为各种各样的原因未能落实，却对当时的社会产生了深刻的影响，极大地激发了中国人创办银行的愿望和热情。1897 年，在盛宣怀的努力之下，第一家中国人自己的银行——中国通商银行正式宣告成立，虽然它和清政府之间有着千丝万缕的联系，创办伊始户部即存入一百万两白银以示

① 刘鹏生等：《晋商研究》。太原：山西人民出版社 2005 年版，第 441 页。

② 1876 年，唐廷枢和丁日昌就曾试图筹建一家主要服务于海外贸易和远洋航运的银行，同年，广帮商人陈栟生筹办“不准西人入股”的荣康银行，后因集资困难而停滞。1886 年，马建忠计划在台湾成立一家以开发台湾经济为目的的银行，终因当政者的不支持态度而作罢。参见张国辉：《中国金融通史 · 第二卷 · 清鸦片战争时期至清末时期(1840—1911)》。北京：中国金融出版社 2003 年版，第 295—297 页。

扶持，但从形式上看这家银行并没有官股进入。时人曾指出，中国通商银行“实由户部拨款以为资本，而其营业之性质则与寻常之商业同。故可称之为民立银行而得官款之补助者，未可以国立银行称之也”[①]。正因为如此，我们才将其视为近代金融史上的第一家华资私营银行。晚清时期的私营银行只是有了初步的发展，继中国通商银行之后，1906 年信成商业储蓄银行成立，1907 年浙江兴业银行成立，1908 年四明商业储蓄银行、信义银行、裕商银行等银行成立，但其中的一些（如信成银行、信义银行、裕商银行等）在成立后不久就相继停业了，到清末尚存的私营银行并不多，就数量而言，甚至少于官方银行。[②]总体看来，华资银行在清末十几年间的发展是非常缓慢的，到 1911 年为止依然存在的华资银行不过十余家。

进入民国以后，华资私营银行迎来了自身发展的一个黄金时代，不论数量、规模还是实力，都得到了迅速的扩张。而促成这一局面的原因有很多，其中有几点尤其值得关注。其一，民族资本工商业在这一时期，确切地说，是在第一次世界大战前后，由于国外侵略者的无暇东顾而获得了长足的发展，它们的壮大以及第一次世界大战期间外资银行在华势力的暂时衰退都为华资银行业的快速成长提供了一定的机遇。其二，北洋政府为了缓解日益严峻的财政压力，大量举借内债，这也在一定程度上刺激了国内银行业的发展，不少私营银行从与政府的借贷关系中赚取了巨额利润。其三，从北洋政府时期整体来看，政府对于金融业的干预相对较少，以至于中国银行、交通银行两家明显带有官方色彩的银行都出现明显的商办化倾向。虽然在这十余年间军阀混战，社会动荡不安，但政府管制的减少在客观上为私营银行的发展提供了一个相对宽松的环境。它们在政府相应制度供给不足的条件下，自发地进行制度创新，以彼此间规范的联营、合作和行业自律的形式尽可能地确保整个群体的健康发展。在此期间，一些全国或区域性的金融中心也逐步形成，它们的出现与华资私营银行的深入发展是相互推动的。

从数量上看，私营银行在整个华资银行中占有绝对的优势，在 1912—1927 年成立的 304 家银行中，私营银行占到了 5/6 左右。[③] 官方银行则数量有限，各省地方银行的业务范围很广，它们可以代理公库，代理军款，代发公债，经营存放汇、储蓄、信托、仓库、保险，经营附属企业，等等，但大量发行纸币、为当地军阀筹措军政费用却成为很多地方银行最主要的使命。[④] 在发钞上较为节制、日常经营更接近于商业化运作的地方银行也有，比如江苏银行、浙江地方实业银行[⑤]等，但这样的地方银行极为少见。也就是说，就业务开展

---

① 《论国立银行之性质》，《东方杂志》，第三卷第二期，1906 年 2 月 25 日，《财政》第 1 页。

② 晚清时期成立了一些官方银行，除了在一定程度上扮演着国家银行角色的大清银行、交通银行，还有其他几家省地方银行，如四川浚川源银行、浙江银行、广西省银行、直隶省银行、福建省银行等，其中后四家都是由当地的官钱银号改组而成的。

③ 按照《全国银行年鉴》的统计，1934 年全国共有 146 家华资银行，其中私营银行仍占到了 2/3 强，在本章后面的内容里有详细的统计和说明。

④ 参见姜宏业主编：《中国地方银行史》。长沙：湖南出版社 1991 年版，第 188 页。

⑤ 后来由于官股与商股之间的矛盾难以调和，这家银行中的商股部分最终独立出来，成立了新的浙江实业银行，浙江实业银行后成长为一家著名的私营银行，跻身南三行之列。

和经营而言,掌握在各地方政府手中的官方银行与普通的私营银行相比还是有一些区别的。[①] 比较特殊的两家官方银行是一直与中央政府联系相对紧密的中国银行和交通银行,在后文中会陆续提到,一些著名的近代华资私营银行与这两家银行之间以及这些银行的高层决策者、管理者之间都有十分密切的关系,他们经常相互支援、扶持、提供便利。北洋政府时期中国银行和交通银行不断增强的商办化色彩使得它们同众多华资私营银行结成了一个团结的整体,之所以能够如此,与外资银行、旧式金融机构钱庄给整个华资银行带来的竞争压力不无关系。

经过北洋政府时期的发展,华资私营银行成长为金融体系中不可忽视的力量。1928年,南京国民政府建立并在形式上完成了对全国的统一,此后的十年是近代中国经济发展较快的一段时间,私营银行也相应地有所扩张,但是,它们在金融体系中的地位逐步发生了变化。从南京国民政府建立到20世纪30年代初,华资私营银行的增长是比较快的,有学者甚至认为私营银行在这一时期的发展达到了“最高峰”,以1931年的情况和1927年进行对比,私营银行的实收资本增长了14%,存款增长了378%。[②] 然而30年代以后,华资私营银行的发展势头受到了很大的影响。在金融机构的成长过程中,政府开始扮演着越来越重要的角色,这不仅体现在此时的政府相继出台了一些金融法规以加强监管的力度,更重要的是,还表现在官方金融势力的增强上。1928年,中央银行成立并被赋予了很多特权,此后的几年时间里,它在政府的大力支持下得以迅速扩张,在一定程度上充当了政府控制金融体系的一个重要工具。南京国民政府还通过不断强行加入官股的方式控制了中国银行和交通银行,并先后成立了邮政储金汇业局、中国农民银行和中央信托局。在30年代中期的白银风潮中,政府又以“救济”为名对中国通商银行、四明商业储蓄银行、中国实业银行等一些银行进行改组,从而获得了这些银行的经营管理权。至1935年前后,以“四行二局”为核心的官方金融势力已经基本上发展成为整个金融体系中的主导力量,私营银行曾经的重要地位也随之丧失,它们不再具有与官方银行相抗衡的能力。抗日战争的爆发使中国近代银行的成长受到了巨大的影响和破坏,从而进入了一个非常态的发展时期。

## 二、中国近代私营银行的的金融伦理和文化构建

### (一) 开拓创新的经营精神与伦理文化

富于开拓进取和强烈的创新精神是近代许多私营银行所具有的特点,而这种精神往往是一个企业乃至一个社会经济发展的原动力。根据约瑟夫·熊彼特(Joseph Schumpet-

---

① 学者杜恂诚对此进行过较为详细的讨论,他将北洋政府时期各地的官方银行大体分为五种情况:第一,以军队防区作为设立地方金融机构的基础,以四川为典型,这些银行局限于军队财政,经营十分不规范;第二,在军事上得势的军阀轮流掌握所辖地的地方银行,以湖南为典型代表,这类银行的管理者经常随着地方政权的更替而变换;第三,比较稳定地由一派军阀掌握,统一管理由该派军阀所控制地区的金融,以东三省官银号为代表;第四,把经营重心放在上海,商业色彩较为浓厚,在发钞方面也较为节制,这类银行有江苏银行和浙江地方实业银行;第五,广东的官方银行。广东在相当长的一段时间内是孙中山的北伐根据地,因此它的情况较为特殊,由于受到较多的政治影响,广东的官办金融业很不稳定。参见汪敬虞主编:《中国近代经济史(1895—1927)(下册)》。北京:人民出版社2000年版,第2208—2211页、第2227—2241页。

② 钟思远、刘基荣:《民国私营银行史(1911—1949)》。成都:四川大学出版社1999年版,第106页、第108页。

er,1883—1950)的观点,采用新的产品、新的生产方法、开辟新的市场、控制原材料的新的供应来源、实现一种新的组织(比如通过托拉斯造成垄断地位)[①]等都可以被视为企业的创新。但近代私营银行的创新不仅表现在它们对产品、服务、市场或组织方式的创新上,还表现在它们有时候会将一种新的理念引入社会生活中并切实地对公众和社会经济产生影响。正如上海商业储蓄银行总经理陈光甫所说的,“吾人必须努力求学,必须放开眼光,不断注意世界之新技术、新工具、新方法、新趋势……抉发种种新可能,在社会一般人士未思未觉之先,发出惟我独到之政策与业务”[②]。而这种适应、引领甚至是创造社会需求和潮流的精神是私营银行企业文化中最值得我们关注的地方。

在业务上私营银行是颇具开创性的,储蓄业务的迅速发展是一个典型的例证。中国人素有勤俭积蓄的习惯,但在传统社会中,由于缺乏相应的金融机构,人们的资财多只用来“贮藏以待不时之需,未能贮蓄以收孳生之息。其较能利用储金者,唯置田宅长子孙而已”[③],也有人将现款存于典当铺或商店内,“然不甚普遍”[④]。我国历史上第一家专营储蓄的现代金融机构就是成立于清光绪三十二年(1906)的私营银行——信成银行。“其时吾国工业化逐渐发展,上海得风气之先,各种工厂争相设立,人口集中之现象,渐为识者所注意。工人日获之资,所积甚微,存储无地,不免耗散,商人周廷弼氏等有鉴于此,……筹集资本五十万元,设信成银行,首订储蓄存款章程,以开风气。”[⑤]从这以后,越来越多的商业银行开始兼办储蓄存款业务,而信成银行成为最早的小额储蓄的经营者。

尽管如此,直到民国初年,小额存款仍然是不被重视的。当时的中国货币并不统一,银两与银元并行。作为最重要的传统金融机构,钱庄并不是特别重视小额储蓄,因为和数额较大的贸易、商业融资比起来,小额储蓄并不能为它们带来较多的利润。钱庄甚至不接受银元存款,要想存入钱庄必须折算成银两才行。而富于创新精神的近代私营银行恰恰从中看到了商机,上海商业储蓄银行总经理陈光甫先是开办银元存款,后来又首创了一元开户的储蓄业务,即储户只要持有一元钱就可以在该行开立帐户,对于储蓄不满一元者,可领用该行专门制作的储蓄盒,使储户将日常积蓄之“铜元银毫积贮其中”“一俟储有成数送交本行收帐”,目的在于“使公众了解储蓄之功效,鼓舞储蓄之兴趣,俾社会散漫资金能由斯而汇集”。这一举措在当时非同凡响,业务开办之初,立即受到同业的讥笑,更有甚者,“曾有某地钱庄以 100 元来索开储蓄折 100 扣以事讥讽”[⑥]。然而正是通过这样的方式,上海银行吸引了大量的社会闲散资金,存款数量大幅提高,到 1936 年年底,该行拥有储户 15.7 万余户,储蓄存款 3 800 万元。[⑦] 而众多中小储户的存款和大户比起

① 〔美〕约瑟夫·熊彼特著,何畏等,译.《经济发展理论》。北京:商务印书馆 2000 年版,第 73—74 页。

② 中国人民银行上海市分行金融研究室编:《上海商业储蓄银行史料》。上海:上海人民出版社 1990 年版,第 870—871 页。

③ 参见王志莘:《中国之储蓄银行史》。上海:新华信托储蓄银行,1934 年。

④ 同上,第 1 页。

⑤ 同上,第 1—2 页。

⑥ 中国人民银行上海市分行金融研究室编:《上海商业储蓄银行史料》。上海:上海人民出版社 1990 年版,第 111 页。

⑦ 《陈光甫创办上海银行及其经营特点》,载《旧上海的金融界》,上海市委员会文史资料委员会编:《上海文史资料选辑(第六十辑)》。上海:上海人民出版社 1988 年版,第 144 页。

来要更加稳定。不过十余年后，一元即可开户已经成为银行业的经营惯例。而且，各银行相继推出了零存整付、整存零付、整存整付、存本付息、教育储蓄、婴孩储蓄、婚嫁储金、团体储蓄、旅行储蓄、礼券储金等多种多样的业务以满足人们的各种需求。

为了招揽存款，私营银行对于新产品的开发不遗余力，上海商业储蓄银行后来还成立了“储蓄协赞会”，在社会上广为宣传，类似的机构不止一个，比如四明商业储蓄银行组织的“四明储蓄会”，中南银行、金城银行、大陆银行、盐业银行组织的“四行储蓄会”，等等。四行、四明两个储蓄会“除由基本会员担保普通储金本息外，尚采取普通会员分红之制，含有合作投资之性质”①，业务极其兴盛。由此可以看出，近代私营银行创新的特殊之处在于它们一方面要敏锐地体察市场与公众的潜在需求并开发出与之相适应的金融产品或服务，另一方面积极地为自己的产品培养消费者，通过提供便利、利润分享、简化手续、长期规划（如教育储蓄、婴儿储蓄）等种种手段引导着人们的需求，从而为新的金融产品开拓市场。

### （二）私营银行的“服务”伦理：与客户及社会的伦理关系构建

近代私营银行可以说是在一个夹缝中成长起来的群体，论实力，它们不如有着雄厚基础的外商银行；论资历，它们比不上早已对人们的商事习惯和传统社会的金融服务驾轻就熟的钱庄，这种尴尬的境地逼使近代私营银行不论在自己的经营指导思想上还是在对顾客的态度上都具有强烈的服务意识，这与外商银行和钱庄有明显的区别。金融业从本质上讲是一个服务行业，而当时的私营银行家们已经意识到了这一点，“银行业务，不若他种商店有陈列货物可以任人选择，银行之货物即为服务，……可恃者乃发挥服务之精神”②。

第一，近代私营银行的“服务”意识体现在它们有着“服务社会”的理念和精神。有的银行明确指出应将银行作为一种“社会事业”，而“银行在社会事业之立场，必须兼顾公共之利益。故本行授信业务除注意收益性外，其公益性，亦素所重视。凡能有裨于社会建设者，虽薄利亦所不辞，否则，纵能博得厚利，不取也”③。这在它们提供的业务和服务中即可得到体现。比如金城银行在 1934 年 4 月，与北平市政府组设北平市民小本借贷处，办理小额（10—100 元）农、工、商三种低利贷款（月息 6—8 厘），其后又在南京、镇江、苏州、青岛、兰溪等处设小本借贷处，1934 年至 1936 年的 3 年间，各地放款累计总数达 145 万余元，借户 5.48 万余户。其他如天津、汉口、武昌等地小本借贷处则为当时政府联合银行界同业共同组设，金城银行亦均有参加。④ 又如上海商业储蓄银行较早地设立了农村合作贷款部，聘请农业专家邹秉文以副总经理名义主持其事，先后和湖南棉业试验场、金陵大学乌江实验区、北平华洋义赈会以及江浙皖湘冀陕几省的农村合作社等各种机构合作向农村、农民放款。⑤ 同时，在各大学设立办事处，便于为学校师生员工服务，还

---

① 王志莘：《中国之储蓄银行史》。上海：新华信托储蓄银行，1934 年，第 13 页。

② 中国人民银行上海市分行金融研究室编：《上海商业储蓄银行史料》。上海：上海人民出版社 1990 年版，第 870 页。

③ 金城银行编印出版《金城银行创立二十周年纪念刊》，1937 年，第 112 页。

④ 许家骏等编：《周作民与金城银行》。北京：中国文史出版社 1993 年版，第 28 页。

⑤ 参见符致逵：《商业银行对于农村放款问题》，《东方杂志》，第三十二卷第二十二号，1935 年 11 月 6 日，第 11 页。上海商业储蓄银行也是第一家将放款对象拓展到农村领域的近代商业银行。

面向师生开展个人贷款业务。这些服务项目并不是金城银行、上海商业储蓄银行所特有的,许多大中型的近代私营银行都有类似的放款投资,更不要说那些原本就是为了满足地方上金融需求而成立的区域性的私营银行了。

不可否认,私营银行各种经营行为的最终目标都是获取利润,但我们并不能因此而忽视它们一直倡导的服务精神和这一理念所发挥的积极作用。客观而言,当时的小额信贷是很难给金融机构带来高额利润的,陈光甫在谈论小额信用借款时就曾这样说,“本行创办信用小借款,在欲便利社会,使其不至于急遽需要之时,受高利剥削,本行并无牟利之心。……即如现在小借款金额 26 万元,而通计所取利息仅及一分一厘,扣除成本,仅得三厘左右,每年金数收入不过 8 000 余元,而坏帐已在 2 000 元以上,尚须专派行员,掌理其事,照此计算,有何可图”[①]。因而,外商银行和钱庄很少或不屑于将目光投向这一领域,而近代私营银行却不然。近代私营银行服务社会的精神还表现在它们对于民族工商业的支持,像范旭东的永利公司、卢作孚的民生实业、荣氏家族的企业集团、刘鸿生的工厂、张謇的纱厂等一批著名的民族资本企业都在创业的关键时期得到众多私营银行强有力的资金支持,而这种融资服务它们是很难从外资银行和钱庄那里获取的。迫于竞争的压力,私营银行更愿意把银行作为一种“社会事业”来经营,尽可能将更多有着融资需求的主体纳入自己的服务体系之中,因为它们深知,眼前付出的成本很可能为日后它们与被服务者的长久双赢奠定基础。

第二,很多近代私营银行都奉行着“顾客乃衣食父母”“顾客至上”的信条,它们已经具有了一定的以人为本的服务意识。如浙江兴业银行一直训练行员礼貌待客,树立“绝对服务顾客”的观念,要认识顾客、了解顾客的信用,对于经常往来的存户要做到不验印鉴和不看结存即能付款,以此提高效率并给顾客以好感。[②] 金城银行总经理周作民经常要求行员对待顾客要殷勤周到,使其不致有疏远之感,日常工作要尽可能为顾客提供便利,凡遇有顾客托收托付之事,如代取息款、代交股款之类,无论平常与行有无往来,现在于事有无利益,均应竭力揽做,等等。上海商业储蓄银行在这方面向行员灌输得更多,其总经理陈光甫不止一次地强调“本行所恃为命脉者,即为‘服务’二字”“吾人经营斯业,宗旨在辅助工商,服务社会。平时待人接物宜谦恭有礼,持躬律己宜自强不息,务求顾客之欢心,博社会之好感”[③];客户不论大小,都应热情相待,“顾客之生意,无论巨细,即百元以及一元,客既来行,则其惠顾之厚意已可感谢,即无一元生意之客,亦须恭慎款待”[④]。为此,陈光甫要求自己的员工,“应对顾客,首当和蔼。惟面貌死板为国人通病,此或为旧时代礼教所养成。我等力须改之。宜常以笑脸迎人,使人于见面之时即有好感”[⑤];遇有顾客咨询,不论与营业有无直接联系,都应和颜悦色,“善为答复”;办事手续务求敏捷,

---

① 中国人民银行上海市分行金融研究室编:《上海商业储蓄银行史料》。上海:上海人民出版社 1990 年版,第 618 页。

② 中国人民银行金融研究所编:《近代中国金融业管理》。北京:人民出版社 1990 年版,第 197 页。

③ 吴经砚:《陈光甫与上海银行》。北京:中国文史出版社 1991 年版,第 219 页。

④ 中国人民银行上海市分行金融研究室编:《上海商业储蓄银行史料》。上海:上海人民出版社 1990 年版,第 870 页。

⑤ 吴经砚:《陈光甫与上海银行》。北京:中国文史出版社 1991 年版,第 219—220 页。

"以宝贵顾客之光阴"[①]。为了接近普通民众,上海银行甚至要求各分支机构的大门要开得较一般银行小,目的在于使处于社会中下层的民众不致望而生畏,不敢接受银行的服务。正是这种注重细节、处处为顾客着想的人性化的服务方式使得近代私营银行在众多的金融机构中独树一帜,受到了人们的关注与青睐。

### (三) 稳健谨慎的经营伦理与信用文化

大多数的近代私营银行都秉承着稳健谨慎的经营作风和恪守信用的经营原则。在现有的很多讨论近代银行的文献中,我们经常可以看到关于近代银行大量投资公债或房地产的介绍,这不免使得它们给人留下善于投机的印象。而事实上,我们要想更加客观全面地判断近代私营银行,就应将它们的所有行为都置于当时的历史条件和社会环境之中去考察,才能得出较为公允的结论。就经营风格而言,近代私营银行是趋于稳健谨慎的。

浙江兴业银行就是一个典型的例子。该行一贯坚持谨慎、稳妥、不贪厚利、不赶潮流、不与同业竞做业务的方针,"力取稳健主义,对于各种放款,尤不敢稍事扩张"。从其各分支机构的营业报告中亦可看出这种经营取向,如上海分行的第一届营业报告中写道"为巩固根本之计,故其日拆虽大,未敢贪做,现惟内外兼顾,谨慎将事,以社会之信用,而图臻发达"。第五届报告中说,"本行自经风潮以后,于营业各事无不慎之又慎,虽有重利不敢冒险,虽至琐屑不敢辞劳,兢兢业业勉持现状"。第十七届报告中强调该行"以稳固为主,慎益加慎,不敢稍涉夸张;于营业一面仍审慎熟察,于进行之中随时留退守之余地……决不与同业抢做竞胜";汉口分行第三届营业报告中声明"押款以首饰、房屋为主……仍以殷实妥保为主";等等。[②] 为了取信于公众,甚至做到只有在准备金100%为现金的情况下才发行钞票,同时对所放贷款进行严格管理,其稳健的作风在同业中堪称表率。

金城银行也提出"银行之运用资金,固应尽量发挥其利殖机能,而稳实性尤为必要"[③];日常业务本着"于审慎之中力求急进"的方针,"各行放做款项,自须先求用户或押品之妥实,次求利息之优厚。遇有用户及押品妥实时,利虽不厚尚可酌量通融,反此,则利虽厚而用户或押品不甚妥实者,则绝对不宜放做"[④],而对于存款则多提准备金以备应付随时可能出现的金融风潮。陈光甫更是强调"银行经营,首重稳健,若意存侥幸,惟利是图,未有不趋于失败者",因此"一切经营之方法,以资金安全为第一要义"[⑤]。对于储蓄、贷款、押款等日常业务,上海商业储蓄银行都有一套规范的、严格的管理办法,不仅注重商情和信用调查,还厚积准备以备不时之需。此外,像浙江实业银行、大陆银行、中南银行、盐业银行、中国垦业银行等当时著名的私营银行无一不是奉行着稳健谨慎的业务

---

① 中国人民银行上海市分行金融研究室编:《上海商业储蓄银行史料》。上海:上海人民出版社1990年版,第817页。

② 中国人民银行金融研究所编:《近代中国金融业管理》。北京:人民出版社1990年版,第188—191页。

③ 金城银行编印出版《金城银行创立二十周年纪念刊》,1937年,第111页。

④ 中国人民银行上海市分行金融研究室编:《金城银行史料》。上海:上海人民出版社1983年版,第123页、第125页。

⑤ 中国人民银行上海市分行金融研究室编:《上海商业储蓄银行史料》。上海:上海人民出版社1990年版,第871—872页。

方针。

和其他领域的企业相比,信誉对于银行的重要性是不言而喻的,而近代私营银行大多坚持稳健谨慎的经营方针,这本身就是它们维护自身信誉的一种表现。在特殊的发展环境下,它们常常需要不惜代价地维护客户对自己的信任。1927 年,以汪精卫为首的武汉国民政府由于财政问题强令各银行停止兑现,这导致武汉市场钞票的巨幅贬值。而在这种情况下,上海商业储蓄银行总经理陈光甫要求汉口分行拒不执行政府的停兑令,规定凡停兑前存入的,一概支付现金,停兑后存入的,亦按存款日钞票市价支付,仅此举动就使银行多支出了 200 多万元现钞。① 虽然蒙受了巨额损失,却赢得了当地广大存户对银行的高度赞誉。类似的遭遇并不是只发生在这一家银行身上,一些大的私营银行在数次由金融风潮或其他因素引起的挤兑事件中,做出的回应与上海商业储蓄银行并无二致。为了树立并维持良好的信誉以在市场中求得立足之地,近代私营银行常常要付出比外资银行、官方银行甚至钱庄更多的努力。

## 三、近代私营银行伦理文化的案例研究:陈光甫与上海商业储蓄银行

### (一) 信用伦理构建:“办银行者第一在于信用”

“办银行者第一在于信用。”②和其他领域的企业相比,信誉对于银行的重要性是不言而喻的。近代的华资私营银行是在夹缝中成长起来的一个群体,银行家们对于银行自身的信誉是高度关注的,因为公众的认可和信任来之不易。

上海商业储蓄银行一直坚持着稳健谨慎的经营作风和恪守信用的经营原则。在陈光甫的眼里,“银行经营,首重稳健,若意存侥幸,惟利是图,未有不趋于失败者”,因此“一切经营之方法,以资金安全为第一要义”③,要“以保护存款人士之利益为最大天职”④。通过前文的论述,我们知道陈光甫在负债管理方面的一个重要举措就是执行严格的公示制度,他不仅对外公布上海商业储蓄银行的营业报告,还每三个月公示一次该行储蓄部的“贷借对准表”,让公众了解上海商业储蓄银行对于储蓄存款的使用及风险情况。同时奉行“脚到街头”的经营策略,不仅注重商情和信用调查,通过对贷款用户的长期、高度关注确保资金使用的安全,还厚积准备以备不时之需。而所有这些举措都是为了博取存款者对于银行的信任。

在维护银行的信誉方面,陈光甫是十分用心并谨慎的,他从不轻易地将银行置于风险之中,即使可能以牺牲一部分眼前的收益为代价也在所不惜。在近代中国的金融市场上,有一个很特别的现象,即很多银行(包括外商银行)都拥有货币发行权,市场上流通着各种各样的兑换券。兑换券其实是由发行银行开出的一种支付凭证,持有者可以凭借兑换券向银行索取等额的金银或铸币。由于众多的持有者不太可能同时要求兑现,发行银

① 徐矛、顾关林、姜天鹰等主编:《中国十银行家》。上海:上海人民出版社 1997 年版,第 156 页。

② 杨桂和:《陈光甫与上海银行》,载吴经砚主编:《陈光甫与上海银行》。北京:中国文史出版社 1991 年版,第 87 页。

③ 中国人民银行上海市分行金融研究室编:《上海商业储蓄银行史料》。上海:上海人民出版社 1990 年版,第 871—872 页。

④ 同上书,第 871 页。

行也就因此占有了大量的信贷资金从而获取厚利。在华资私营银行发展初期,发行兑换券是某些银行赚取利润的一个重要途径,晚成立的一些银行都极力向政府争取发行权。而陈光甫深深知道其中可能面临的风险,早在经营江苏银行时,他就因意识到在没有确实准备的情况下"发行省钞调剂省府财政"的危险性而决定"不以发行为其业务之一"[①]。在上海商业储蓄银行成立后,为了避免提存挤兑的风险,陈光甫直接放弃争取发行权,需要时只领用其他银行的兑换券[②],如前文所述,领用时也严格按照对方的要求提供充足的现金准备。

在涉及银行信誉的问题上,陈光甫是不涉险的,但这并不意味着在危险发生时他不愿意承担责任。兑换券发行权的放弃在很大程度上降低了上海商业储蓄银行自身的风险,但因为领用其他银行的兑换券使它同样可能遭遇挤兑问题。前文中提到的 1927 年武汉市场钞票的巨幅贬值,陈光甫要求汉口分行拒不执行政府的停兑令的举措使银行蒙受了巨额损失,但在面临挤兑时勇于担当的表现却使上海商业储蓄银行赢得了当地广大存户的信任。良好的信誉为上海商业储蓄银行创造出了更为广阔的发展空间。

### (二)服务伦理构建:银行"所恃为命脉者,即为'服务'二字"

"银行业务,不若他种商店有陈列货物可以任人选择,银行之货物即为服务,故我行一无所恃,可恃者乃发挥服务之精神。"[③]在近代金融家里,陈光甫对于"服务"意识的强调是颇为突出的,在几十年的经营实践中,他不停地向员工们灌输自己的这一理念,强烈的"服务"意识也因此而成为上海商业储蓄银行企业文化中一个独特的组成部分。

#### 1."服务无差等"——客既来行,则其惠顾之厚意已可感谢

近代中国的金融市场上活跃着种类丰富、数量众多的金融机构。以银行为例,1912 年到 1927 年 16 年间,仅新设立的华资银行就高达 304 家。[④] 激烈的竞争迫使每一个银行家都不得不使尽浑身解数为自己的银行赢得一些立足之地。"服务"是陈光甫打出的一块响亮的招牌,"本行所恃为命脉者,即为'服务'二字"[⑤]。

在谈及上海商业储蓄银行的资产负债管理时,我们曾经提到,该行已经表现出了一些细分市场的理念和做法,比如在吸引存款时他们会根据不同的客户制定不同的策略和价格。但是,不论对哪一个客户群体,他们提供的服务都是"无差等"的。陈光甫多次在对员工的讲话中强调,"顾客之生意,无论巨细,即百元以及一元,客既来行,则其惠顾之厚意已可感谢,即无一元生意之客,亦须恭慎款待"[⑥]。金融业从本质上讲是一个服务行业,不论在何种条件下,"务求顾客之欢心,博社会之好感"[⑦]都应是银行力争达到的目标。

---

① 姚崧龄:《陈光甫的一生》。台北:传记文学出版社 1984 年版,第 10 页。

② 薛念文:《上海商业储蓄银行研究(1915—1937)》。北京:中国文史出版社 2005 年版,第 112 页。

③ 中国人民银行上海市分行金融研究室编:《上海商业储蓄银行史料》。上海:上海人民出版社 1990 年版,第 870 页。

④ 这一数字并不包括同期新设立的传统金融机构钱庄和外资银行。数据引自汪敬虞主编:《中国近代经济史 1895—1927(下册)》。北京:人民出版社 2000 年版,第 2198—2199 页。

⑤ 中国人民银行上海市分行金融研究室编:《上海商业储蓄银行史料》。上海:上海人民出版社 1990 年版,第 870 页。

⑥ 同上。

⑦ 吴经砚:《陈光甫与上海银行》。北京:中国文史出版社 1991 年版,第 219 页。

曾有一名顾客因衣着朴素而被上海商业储蓄银行的茶房拒绝，不准其参观银行的保管箱，陈光甫知道后不仅派分行经理亲自登门赔罪，还专程邀其来行参观以示歉意。陈光甫说过，“本行以服务社会为使命，无论贫富贱贵，视同一律，必须实现平民化，为多数平民服务，方可视为已达到目的”[①]。况且“一行之美誉，非少数人所能阿私，全赖普通顾客之满意而传播，一传十，十传百，行员能获顾客之满意，则顾客不招自来”[②]。

对于银行而言，这种“无差等”的服务意识并不会带来边际成本的大幅增加，也许在很多情况下只是需要员工以一样和蔼、热情的态度去接待每一个光顾银行的消费者——不论是重要客户还是普通客户，但由此可能给银行带来的收益是不能估量的。消费者的好感与信任对于从事授信和受信业务的银行来说永远都是一笔不可多得的财富。

2. 人性化与注重细节的服务文化

“服务社会，第一不可自满，本行虽蒙社会信用，然仍须时时警惕，不存丝毫骄傲之心，于进步中再求发展，尽量发挥其服务社会之能力，方能博得社会之好评，营业发展之基础即在于是。”[③]除了一视同仁的服务态度，陈光甫还努力倡导一种注重细节的、人性化的服务方式。这体现在很多细微之处。比如他主张对待顾客，首当“谦恭和悦”，最忌“呆板之容貌，刻薄之言词”“和悦愉快之精神，尤宜流行于银行中，盖吾人之愉快，足以引起顾客之愉快”[④]，使人见面之时即有好感。同时，还当“面手清洁，衣服整齐”，遇有顾客咨询，不论与营业有无直接联系，都应和颜悦色，“善为答复”[⑤]。办事手续当务求敏捷，“以宝贵顾客之光阴”[⑥]。经理襄理要在营业室的柜台外面办公，一方面使顾客有亲切之感，另一方面也可更为直接地听取意见、接洽业务，等等。

在陈光甫的心目中，银行应该是一个“处处予人以便利”的机构。他要求各地的员工必须会说本地话，因为“我等在当地办事，最要使当地人毫无异感，而言事说理，能透达明白，不可稍有言语上之隔阂”[⑦]。在经营中也尽可能地多考虑客户的需求，比如上海的淮海路分行曾专门办过“夜金库”，商店可将夜间营业收入的货款封包投入，银行次晨入帐，以解决商户夜间保存大量现款问题，等等。[⑧] 1931 年，上海商业储蓄银行的新行址落成，为了大楼内部的布置安排，陈光甫不惜重金从美国请来经验丰富的银行业内人士 Wallace 为顾问，因为他希望上海商业储蓄银行首先在“布置建设”上就能够“引起顾客快感与印象”“凡安设桌椅等等，均需在适当地位，为顾客立谋便利，为行员兼谋办事上之敏捷，使

---

① 中国人民银行上海市分行金融研究室编：《上海商业储蓄银行史料》。上海：上海人民出版社 1990 年版，第 885 页。

② 同上书，第 813 页。

③ 同上书，第 870 页。

④ 同上书，第 813 页。

⑤ 吴经砚：《陈光甫与上海银行》。北京：中国文史出版社 1991 年版，第 219—220 页。

⑥ 中国人民银行上海市分行金融研究室编：《上海商业储蓄银行史料》。上海：上海人民出版社 1990 年版，第 817 页。

⑦ 陈光甫 1930 年 12 月 17 日日记，引自邢建榕、李培德编注：《陈光甫日记》。上海：上海书店出版社 2002 年版，第 114 页。

⑧ 袁熙鉴：《陈光甫的一生与上海银行》，载吴经砚主编《陈光甫与上海银行》。北京：中国文史出版社 1991 年版，第 109 页。

顾客均有信托与美满之倾向"[1]。为了接近普通民众,陈光甫甚至要求各分支机构的大门要开得较一般银行小,目的在于使处于社会中下层的民众不致望而生畏,不敢接受银行的服务,总行大楼为此还特别封闭了几米宽的大门,出入改走偏门。正是这种注重细节、处处为顾客着想的人性化的服务方式使得近代私营银行在众多金融机构中独树一帜,受到了人们的关注与青睐。

3. "我为社会服务后,社会对我自亦有相当之酬报":与社会的伦理关系构建

"本行之设,非专为牟利计也,其主要宗旨在为社会服务,凡关于顾客方面有一分便利可图者,无不尽力求之,一面对于国内工商业,则充量辅助,对于外商银行在华之势力,则谋有以消削之,是亦救国之道也。"[2]特殊的时代背景使近代华资银行的处境和今天的国内银行不尽相同,除了银行自身的一些问题,它们还面临着社会经济发展水平相对落后、人们对于银行这一新式金融机构的认同感不高、中国逐步地开始由传统步入现代等其他因素对银行发展造成的障碍。似乎正是这些成就了近代银行家特殊的社会责任感,他们愿意去尝试一些至少在短期看来并不能给银行带来巨大收益的金融服务。比如辅助国内刚刚起步的民族工商业、在城市发放平民小额信用贷款等。所以陈光甫在创办上海商业储蓄银行时才会将"服务社会、辅助工商实业、发展国际贸易"定为行训。[3]

对于陈光甫来说,在这样的社会条件下,经营银行不必"急于近利",而"最要使柜上客人有热闹之气象。顾客心理,往往群趋热闹之地。热闹之肆,必为人所信用,故不可因徒劳无利而存嫌恨之心。吾辈本为社会服务,即无利亦需为之。吾辈所事,未必无利乎"[4]。他会随时思考上海商业储蓄银行的服务还有什么可改进的地方。在一次视察过旅行社之后,陈光甫就指出,"现在旅行社只招待一二等客人,而对于三等客人,毫无招待之方,殊觉失宜。三等客人守候火车,餐风饮露,而宿于车站者甚多。为服务社会计,为谋人群福利计,皆宜设一备有浴室卧所之招待所,使风尘劳顿之旅客,得藉安适之卧房,温暖之浴水,削减其劳乏,恢复其精神。旅行社能如此设备,方可稍达服务社会之目的,方能于社会上有立足之地"。当然,他并不是单纯地为了"服务"而服务,而是要"以为社会服务之精神,博社会上之信用"[5],陈光甫坚信,"我为社会服务后,社会对我自亦有相当之酬报"[6]。而这样的做法恰恰为银行日后的长远发展奠定了更坚实的基础。

"银行所售者,并非商品,而为信用与服务。……其服务精神之周到,可以增加原来

---

① 陈光甫1931年1月17日日记,引自邢建榕、李培德编注《陈光甫日记》。上海:上海书店出版社2002年版,第139页。

② 中国人民银行上海市分行金融研究室编:《上海商业储蓄银行史料》。上海:上海人民出版社1990年版,第869页。

③ 同上书,第58页。

④ 陈光甫1930年12月18日日记,引自邢建榕、李培德编注:《陈光甫日记》。上海:上海书店出版社2002年版,第115页。

⑤ 陈光甫1930年12月11日日记,引自邢建榕、李培德编注:《陈光甫日记》。上海:上海书店出版社2002年版,第108页。

⑥ 陈光甫1930年12月26日日记,引自邢建榕、李培德编注:《陈光甫日记》。上海:上海书店出版社2002年版,第125页。

信用不少，循环相生，绵延无尽。”[1]即使对于今天的银行经营者而言，这样的经营哲学依然是适用的。

(三) 竞争伦理构建：积极进取的银行伦理文化氛围的营造

陈光甫的成功并不是偶然的，作为一个企业家，除了具有杰出的经营谋略，他还有一项特殊的才能，就是善于在企业营造一个积极的、充满朝气的“内环境”。良好的工作氛围使得他和他的员工们总是以饱满的热情与精神姿态投入到工作中。陈光甫说过，“凡人任事，不当有退却之念，而当有勇迈之气，倘他人所不能为者，而我亦畏缩不前，则难事将无人肯任。必当不顾一切，毅然行之，行之失败，亦不过如行路之颠仆，颠仆之后，仍跃然自起再行前进，具此毅力乃有成功之望，若或以水土不宜而挫勇气，或以办理困难而灰壮志，则是弱小而无能力者所为。吾人必自奋起，勿为阻力所抗，方可称为特别之精神”[2]。在上海商业储蓄银行发展了十余年、于金融界已经颇有名气的时候，他依然告诫自己的员工，“我等事业，一切尚在草创之中，今后各事总宜用心研究，逐步攻进，不可稍存敷衍苟安之心”[3]。陈光甫将银行的成长比喻成几个阶段，“初开办时，如人在青年时代，有勇猛精进之心。迨开办多年，金融界已有相当之基础，社会上已有稳固之信用，即如人到中年，经验较深，眼光较确，对于进展事务，能权衡利害，稳健进行。不复如青年时代之一往直前，倘在此不存勉励之心，转抱骄矜之意，则如老年人之精神颓敝，只求敷衍，不尚事功，此之谓血枯症，是银行之大忌”[4]。安于现状、缺乏开拓意识是导致银行停滞不前的一个重要原因，也是银行在成长过程中最忌讳的事情，即使对于那些已经具有一定规模和影响力的银行来说也同样如此。在竞争日趋激烈的条件下，保持积极进取的精神才是银行得以不断发展的前提。

“我等从事银行业界，有何所恃而可以骄人耶？故官僚习气，最宜戒除。”[5]陈光甫最不希望看到他的企业内部充斥着官僚习气而丧失了一个商业银行所应当具有的活力。企业的积极进取最终是要由员工来实现和推动的，因此，陈光甫在很多场合都十分注意鼓励自己的员工，培养后者积极创新、奋发图强的敬业精神。他不止一次地通过在行内的各种讲话向员工们传递着相同的信息：各同人“凡于行务有认为应行改革及举办之事，如有怀抱利器者，尽可尽量发挥其建议，他人幸勿从中破坏，俾其远见卓识，得以贡献于本行。虽各有专司，不宜越俎。而本行对于行务上之建议，自当博采群言，以资借助，对于同人建议之确有见地者，更当以闻善则喜，若决江河之态度，尽量容纳，藉收交换知识，裨益进行之实效”。他觉得作为员工，就当“抱定自强不息四字，为作事之基本观念，万勿作在行服务不过为糊口计之论调，以障碍求进之精神……否则在此兴新时代中，事业经

---

① 中国人民银行上海市分行金融研究室编：《上海商业储蓄银行史料》。上海：上海人民出版社 1990 年版，第 812 页。

② 同上书，第 881 页。

③ 陈光甫 1930 年 12 月 15 日日记，引自邢建榕、李培德编注：《陈光甫日记》。上海：上海书店出版社 2002 年版，第 112 页。

④ 中国人民银行上海市分行金融研究室编：《上海商业储蓄银行史料》。上海：上海人民出版社 1990 年版，第 880 页。

⑤ 陈光甫 1930 年 12 月 11 日日记，引自邢建榕、李培德编注：《陈光甫日记》。上海：上海书店出版社 2002 年版，第 108 页。

营，如无进化之方，则社会无所需要之时，亦将受自然之淘汰，而不能自存于社会也"[①]。与此同时，陈光甫还尽可能在行内营造出一种平等的工作环境。比如学习外国银行的经验，不辟经理室，副经理、襄理等一些中高层的管理人员都要与普通行员一样，坐在大办公室办公并负担一些具体工作[②]；提拔并重用那些真正有才能的经营人才等，有效地调动员工的积极性。在他的领导下，上海商业储蓄银行很快成长起了一批优秀的经营管理人才，像后来的中国国货银行总经理朱成章、交通银行总经理唐寿民、中国实业银行总经理奚伦、湖北省银行总经理周苍伯、上海女子商业银行总经理严淑和等都曾供职于上海商业储蓄银行。他们的脱颖而出与陈光甫搭建的良好的工作平台是分不开的。

在激烈的竞争面前，陈光甫并没有采取退却的态度，他曾经说过这样的话，"外商银行与华商银行并立，伺机竞争，人人认为可虑，余独认为可喜，盖外商银行与吾人并立，不啻为华商银行之监督机关，足令华商银行自动生其戒惧谨慎之心，而防止不宜之行动，讵非佳事？故余不以为忧，而以为可喜"[③]。他应对这种挑战的一个重要方法就是将自己的企业打造成一个充满活力和朝气的、积极进取的竞争主体。对于中国今天面临着 WTO 框架下金融业开放的众多银行而言，这似乎仍然是一个行之有效的经营原则。管理学家埃德加·H. 沙因曾经说过，"领导者所要做的唯一重要的事情就是创造和管理文化，领导者最重要的才能就是影响文化的能力"[④]，陈光甫在上海商业储蓄银行中发挥的正是这样的作用。

## 【关键术语】

山西票号　信用机制　社会资本　道义信仰　异地汇兑　无限责任制　密押制度
泛家族共同体　近代私营银行　银行伦理文化　私营银行服务伦理　小额存款
银行信用文化和信用伦理　人性化服务　银行竞争伦理

## 【进一步思考与讨论】

1. 山西票号在金融史上创造了什么样的奇迹？
2. 如何从博弈论的视角来理解山西票号的信任机制？
3. 山西票号如何通过泛家族共同体的构建而建立了一套信用机制？
4. 山西票号建立信用机制的具体做法如何？
5. 山西票号的金融奇迹与山西的独特地域文化有何关系？
6. 近代私营银行在发展过程中面临何种发展环境？
7. 近代私营银行形成了什么样的银行伦理文化？

---

① 陈光甫 1931 年 1 月 18 日日记，引自邢建榕、李培德编注：《陈光甫日记》。上海：上海书店出版社 2002 年版，第 143 页。

② 童昌基：《我所知道的陈光甫与上海银行》，载吴经砚主编：《陈光甫与上海银行》。北京：中国文史出版社 1991 年版，第 122 页。

③ 中国人民银行上海市分行金融研究室编：《上海商业储蓄银行史料》。上海：上海人民出版社 1990 年版，第 879 页。

④ 转引自张德主编：《企业文化建设》。北京：清华大学出版社 2003 年版，第 265 页。

8. 近代私营银行的服务伦理有哪些特点?

9. 陈光甫如何运用人性化服务来改善银行的经营管理?

10. 陈光甫如何处理银行和社会之间的关系,这对我国商业银行构建社会责任体系有何借鉴意义?

## 本章参考文献


董继武,景占魁. 晋商与近代中国金融[M]. 太原:山西经济出版社, 2002.

符致逵. 商业银行对于农村放款问题[J]. 东方杂志,第32卷第22号,1935-11-6:11.

福山. 信任:社会美德与创造经济繁荣[M]. 彭志华,译. 海口:海南出版社, 2001.

黄鉴晖. 山西票号史[M]. 太原:山西经济出版社,2002.

吉本斯. 博弈论基础[M]. 高峰,译. 北京:中国社会科学出版社,1999.

姜宏业. 中国地方银行史[M]. 长沙:湖南出版社,1991.

金城银行. 金城银行创立二十周年纪念刊[Z]. 1937.

科尔曼. 社会理论的基础[M]. 邓方,译. 北京:社会科学文献出版社, 1999.

孔祥毅. 诚信建设的历史和现实——兼谈晋商的诚信品格[J]. 山西财政税务专科学校学报,2003(6):3—7.

李宏龄. 山西票商成败记[M]. 太原:山西经济出版社,2003.

李宏龄. 同舟忠告[M]. 太原:山西经济出版社,2003.

李兰芬,李西杰. 社会信仰:社会资本的权威内核[J]. 人文杂志,2003(3):131—136.

李新文. 山西票号的用人之道[J]. 中国地方志,2003(1):77—78.

李元庆. 晋文化内涵的基本特点[J]. 晋阳学刊,2002(4):27—32.

刘建生,刘鹏生,燕红忠,等. 明清晋商制度变迁研究[M]. 太原:山西人民出版社,2005.

刘鹏生,刘建生,等. 晋商研究[M]. 太原:山西人民出版社,2005.

刘纬毅. 三晋文化的特质[J]. 山西师范大学学报(社会科学版),1998(1):61—68.

史若民. 票商兴衰史[M]. 北京:中国经济出版社, 1992.

田树茂. 清代山西票号分布图[J]. 文史月刊,1998(6).

汪敬虞. 中国近代经济史(1895—1927):下册[M]. 北京:人民出版社,2000.

王小龙. 对商业道德行为的一种经济学分析[J]. 经济研究,1998(9):70—79.

王志莘. 中国之储蓄银行史[M]. 上海:新华信托储蓄银行,1934.

吴经砚. 陈光甫与上海银行[M]. 北京:中国文史出版社,1991.

邢建榕,李培德. 陈光甫日记[M]. 上海:上海书店出版社,2002.

熊彼特. 经济发展理论[M]. 何畏,等译. 北京:商务印书馆,2000.

徐矛,顾关林,姜天鹰,等. 中国十银行家[M]. 上海:上海人民出版社,1997.

许家骏,等. 周作民与金城银行[M]. 北京:中国文史出版社,1993.

薛念文. 上海商业储蓄银行研究(1915—1937)[M]. 北京:中国文史出版社,2005.

杨桂和. 陈光甫与上海银行[M]// 吴经砚. 陈光甫与上海银行. 北京:中国文史出版社,1991.

杨月如. 试论福山的社会资本概念[J]. 重庆社会科学,2006(1):12—15.

姚崧龄. 陈光甫的一生[M]. 台北:传记文学出版社,1984.

袁熙鉴. 陈光甫的一生与上海银行[M]//吴经砚. 陈光甫与上海银行. 北京:中国文史出版社,1991.

张岱年.中国伦理思想研究[M]. 南京:江苏教育出版社,2005.

张德.企业文化建设[M]. 北京:清华大学出版社,2003.

张国辉.中国金融通史·第二卷·清鸦片战争时期至清末时期(1840—1911)[M]. 北京:中国金融出版社,2003.

张维迎.博弈论与信息经济学[M]. 上海:上海三联书店,上海人民出版社,2004.

中国人民银行金融研究所.近代中国金融业管理[M]. 北京:人民出版社,1990.

山西财经学院.山西票号史料:增订本[M].太原:山西经济出版社, 2002.

中国人民银行上海分行金融研究室.金城银行史料[M]. 上海:上海人民出版社,1983.

中国人民银行上海分行金融研究室.上海商业储蓄银行史料[M]. 上海:上海人民出版社,1990.

上海市委员会文史资料委员会.旧上海的金融界(上海文史资料选辑第六十辑)[M].上海:上海人民出版社,1988.

钟思远,刘基荣.民国私营银行史(1911—1949)[M]. 成都:四川大学出版社,1999.

B PRERRE, W LOIC Wacquant. An Innovation of Reflexive Sociology[M]. Chicago: University of Chicago Press,1992.

F FRANCIS. Social Capital and Civil Society[C]. Prepared for delivery at the IMF Conference on Second Generation Reforms,1999.

# 第二版后记

2011年年初,《金融伦理学》一书竣稿,当年8月由北京大学出版社出版。作为我国最早的系统的金融伦理学教科书之一,本书的出版得到了金融业界和研究者的广泛关注,一些大学以本书为教材开设了金融伦理学课程,金融学及相关专业学生以及金融从业者对金融伦理学这一学科有了更深的认识。近十年来,随着我国金融改革与发展的进一步深入,金融伦理这一学科对于金融安全和金融稳定的重要性正在被政策制定者及业界所普遍认同。没有金融伦理支撑的金融体系是脆弱的和不可持续的,这一观念正越来越深刻地渗透进中国金融机构和监管者头脑之中。

2020年春节至初秋,在漫长的居家闭关状态中,我开始对本书进行系统的修订。很多章节内容进行了较大的删减和改写,有些章则进行了合并,全书由十八章调整为十六章,使得本书篇幅较第一版大为缩减,这样既便于课程讲授者的教学,也更便于读者和学生们的阅读。本书第十三、十四章初稿由万虹麟撰写,第十五章初稿由崔婧撰写,第十六章初稿由王丹莉撰写,第二版对初稿内容做了较大的调整。

在北京大学经济学院讲授本课程的过程中,很多选课学生参与了案例以及相关内容的整理、讨论和写作,杨矛、叶繁青、邓一婷、孟朔、阚方圆、黄宏兴、林杨、莫雨璐、黄有平对第一版相关案例与内容的梳理、图表整理以及本人手稿校对贡献尤多,在新版付梓之时,我不由得想起十几年前与同学们共同讨论交流的美好时刻。同时我还要感谢在我开设金融伦理学课程以及进行相关学术研究的过程中给予我巨大关怀和帮助的老师们。长期以来,我在本科、硕士和博士阶段的指导老师陈为民教授和胡坚教授给予我宝贵的指导,刘伟教授、孙祁祥教授、黄桂田教授、何小锋教授等前辈对我的研究和开课给予了诸多支持,在此谨致诚挚的谢意。厉以宁教授、王海明教授、刘伟教授作为我研究经济伦理和金融伦理的启蒙恩师,尤应得到晚辈特别的感谢。衷心感谢吴志攀教授和孙祁祥教授在百忙中赐序。感谢北京大学对这本教材出版的资助与支持,感谢北京大学出版社对本书出版与再版的支持。第一版编辑郝小楠老师和第二版编辑兰慧老师为本书付出艰辛的劳动,特此致谢。

中国的金融体系尚处于深刻的变革之中,金融监管的法律体系正在逐步完善之中,金融从业者所面临的从业环境也处在剧烈的变迁之中。未来的世界将更加充满不确定性。然而在这不确定性的世界中,金融从业者自身的伦理认知与整个业界的伦理水平,将作为最重要的安全阀发挥作用。金融机构之间的竞争,也必将是深层的伦理层面的竞争。而金融伦理的教育乃是未来金融安全的最可靠基石。“将伦理视角嵌入金融学教育过程,将道德基因融入金融学学生心灵”,本书试图始终如一地向所有金融学的学生们传达这一理念。

**王曙光**

2022年10月1日于北京大学经济学院